普通高等教育“十二五”规划教材

21世纪普通高等院校规划教材——化学化工类

涂料基础教程

主编　朱万强

西南交通大学出版社

·成　都·

图书在版编目（CIP）数据

涂料基础教程/朱万强主编. —成都：西南交通大学出版社，2012.6（2019.6 重印）
普通高等教育“十二五”规划教材. 21 世纪普通高等院校规划教材. 化学化工类
ISBN 978-7-5643-1803-1

Ⅰ. ①涂… Ⅱ. ①朱… Ⅲ. ①涂料–高等学校–教材 Ⅳ. ①TQ63

中国版本图书馆 CIP 数据核字（2012）第 140496 号

普通高等教育“十二五”规划教材
21 世纪普通高等院校规划教材——化学化工类
涂料基础教程
主编 朱万强

责任编辑	牛 君
封面设计	墨创文化
出版发行	西南交通大学出版社 （四川省成都市二环路北一段 111 号 西南交通大学创新大厦 21 楼）
发行部电话	028-87600564 028-87600533
邮政编码	610031
网 址	http://press.swjtu.edu.cn
印 刷	成都蓉军广告印务有限责任公司
成品尺寸	185 mm × 260 mm
印 张	18.125
字 数	474 千字
版 次	2012 年 6 月第 1 版
印 次	2019 年 6 月第 2 次
书 号	ISBN 978-7-5643-1803-1
定 价	39.80 元

前　言

本书是作者根据自己多年给我校化学系“应用化学”专业学生讲授“涂料化学与工艺”课程的心得体会编写而成的。作者本人还有在涂料生产企业长期从事生产、开发以及技术服务的经历。这本书就是这些经历和体会的总结。

作者在教学中发现，在给“应用化学”专业学生讲授关于涂料的课程时，要选择一本合适的教材，还不是十分容易。因为涂料学科涉及了很多知识领域，仅有化学知识是不够的。虽然国内现在出版的关于“涂料”的资料、文献很多，也有专门的大学教材，有些不乏涂料界公认的“经典”。但作者认为，这些文献对于初次接触涂料的学生来讲，有的属于“大部头”，有的太“精炼”，有的属于涂料某一方面的“专著”，还有的可能深浅度不适合初次接触涂料的学生。编写一本适合初次接触涂料的学生的教材，关键在于要给学生一个初步认识涂料的台阶，使其对涂料有一个全面的认识。而要真正成为涂料方面的专家，只有在通过对涂料知识的学习后，如能激发起对涂料领域的兴趣，并在今后继续从事这一领域的工作才可以实现。在这个过程中，上述涂料文献（本书末列出的部分中文参考文献），就是他们进阶学习的参考资料。本书不求“深”，不讨论过多的理论，只求“够用”就行。这就是本书作者的初衷。

本书适合作为高等院校化学化工与涂料专业方向的教材，也可作为涂料专业人员和对涂料感兴趣的人员的参考资料。

本书在编写过程中，参考和查阅了部分和涂料有关的文献，同时也通过互联网收集了一些资料，在此表示感谢！如有遗漏，敬请谅解！

本书的出版，得到了遵义师范学院重点学科建设经费的支持，在此表示感谢！

由于作者的水平有限，加以书中涉及的面很广，很多内容并非作者所长，所以一定存在不少的错误和缺点，敬请读者给予批评指正。

编　者

2012 年 4 月

目 录

1 绪 论

1.1 涂料的作用、功能

1.1.1 涂料的作用

涂料是由高分子物质和配料组成的混合物，并能涂覆在基材表面形成附着牢固、连续的涂膜的高分子材料。20 世纪 30 年代采用植物油、高分子化合物和有机溶剂、颜（填）料进行工厂化生产油漆，才开始使用涂料这一名称。古代西方国家也是使用天然物质做油漆，称为 paint，直到 19 世纪中叶才用合成树脂配制油漆，并将其涂膜与电镀膜一并称为 coating（涂料）。1867 年第一个涂料专利在美国出现，标志着涂料科学与技术的开始。

在我们日常生活中，很容易观察到涂料的存在。涂料的应用可以追溯到史前时代，我国应用涂料，最先是使用生漆和桐油，已有 4 000 年以上的历史，这也是涂料被习惯上称为油漆的原因。在历代王朝中，秦始皇墓的兵马俑就使用了彩色的涂料，而在马王堆出土的文物中，发现有精美的漆器。在我国民间，用天然的颜料拌和上一些能够干燥的天然树脂，就制成了原始的油漆。世界上其他具有悠久文明历史的国家，也都有很长的使用涂料的历史。埃及很早就使用阿拉伯胶、蛋白等来制造油漆和装饰。在 11 世纪，欧洲开始使用亚麻油制造清漆（不含颜料）。涂料对人类社会及文明的进步与发展作出过重要的贡献。

1.1.2 涂料的功能

实际上，现代涂料已经是一类多功能的工程材料。涂料的功能，主要有以下几种：

1. 装饰功能

这是涂料最早的功能，并且经常和艺术品相联系，那些美轮美奂、精彩绝伦的壁画，实际上是涂料色彩的巧妙组合。另一方面，在不同的环境，不同的物件上，涂覆上适宜的颜色、适宜的光泽、适宜质感的涂料后，可以使人心情舒畅，可以美化环境，也可以带来高雅的享受，如家中温馨的家具，城市道路上五颜六色、光鲜耀眼的汽车，涂上外墙涂料并可视为艺术作品的现代建筑等。

2. 保护功能

这是涂料的另一个重要的功能。在现代社会，随着经济的高速发展，各种暴露在大气中的物件越来越多。它们可能因长时间受到光线的辐射、风霜雨雪的侵蚀、氧气的氧化、酸性气体的腐蚀等，最终造成金属腐蚀、木材腐朽、水泥风化等破坏。使用有机涂料可以大大降低或延缓这种腐蚀作用。现在已经成功开发出具有防火功能的防火涂料，火灾发生时可以增强防火作用。在某些特殊场合，涂料还可以在严冬、酷暑、高温条件下使用，如保护文物的特殊涂料，保护在大气层中飞行的导弹、宇宙飞船不被烧毁的耐高温涂料等。

3. 特殊功能

现代涂料，有些是专门为某种特殊环境和功能研制的，如上述防火、耐高温涂料。此外，还有防水涂料、防结露涂料、绝缘（导电）涂料、防静电涂料、防辐射涂料、隔热涂料、示温涂料、防污涂料、防海洋生物黏附的特殊涂料，军事上应用于飞机、舰船的隐形涂料等。涂料还应用于标志，如公路上的各种标志牌、分离线、两旁扶栏的荧光涂料（晚上经车灯照射时，发出醒目的光）等。

特殊功能涂料对于高技术的发展有着重要的作用。高科技的发展对材料的要求越来越高，而涂料是对物体改性最容易和最廉价的方法。因为在物体上涂覆涂料后，很有可能给原来的物体赋予新的功能，而不管物体原来的形状、材质、大小等。因此，涂料对高技术、高科技的发展将起着越来越重要的作用，越来越受到人们重视。

1.2 当代涂料的发展趋势

当今涂料与塑料、黏合剂、合成橡胶、合成纤维并称为五大合成材料。涂料工业属于高新技术产业，其发展水平是一个国家化学工业发达水平的标志之一。由于涂料在干燥成膜时向空气中散发的挥发性有机化合物（volatile organic com-pound，VOC）对人类生态环境构成了严重的威胁。为此，世界各国根据自身特点制定了相应的环保法规，限制涂料中 VOC 的排放，例如，美国关于 VOC 大会排放的国家建筑和工业保护（aim）法规在 1999 年 9 月 13 日正式生效；北欧、丹麦、瑞典、荷兰等地规定，内墙涂料最大 VOC 含量标准为 75 g/L（包括水），并于 2000 年 1 月 1 日起生效；我国则于 2001 年针对 10 种室内建筑装修材料制定了强制性的安全标准。

当今世界涂料发展潮流是向“5e”迈进，即提高涂膜质量（excellence of finish）、方便施工（easy of application）、节省资源（economics）、节省能源（energy saving）和适应环境（ecology）。涂料的研究应向水性化、高固体分化、高性能化和功能化方向发展，环境友好涂料（或称绿色涂料）是人们的共同期待。

环境友好涂料应体现如下思想：由于传统涂料对环境和人体健康有影响，所以现在人们都在想办法开发绿色涂料。所谓“绿色涂料”是指节能、低污染的水性涂料、粉末涂料、高固体含量涂料（或称无溶剂涂料）和辐射固化涂料等。20 世纪 70 年代以前，几乎所有涂料都是溶剂型的。70 年代以来，由于溶剂的价格昂贵和降低 VOC 排放量的要求日益严格，越来越多的低有机溶剂含量和不含有机溶剂的涂料得到了大发展。现在越来越多使用绿色涂料，下面几种新涂料是目前开发较好的涂料。

1. 高固含量溶剂型涂料

这类涂料是为了适应日益严格的环境保护要求而在普通溶剂型涂料基础上发展起来的。其主要特点是在可利用原有的生产方法、涂料工艺的前提下，降低有机溶剂用量，从而提高固体组分。这类涂料是 20 世纪 80 年代初以来以美国为中心开发的。通常的低固含量溶剂型涂料固体含量为 30%～50%，而高固含量溶剂型涂料（HSSC）要求固体成分达到 65%～85%，从而满足日益严格的 VOC 限制。

2. 水基涂料

水有别于绝大多数有机溶剂的特点在于其无毒、无味和不燃烧。将水引入涂料中，不仅可以降低涂料的成本以及在生产、施工、储存中由于有机溶剂的存在而可能导致的火灾，也可大大降低 VOC。因此，水基涂料从其开始出现就得到了长足的进步和发展。中国环境标志认证委员会颁布了《水性涂料环境标志产品技术要求》，其中规定：产品中的挥发性有机物含量应小于 250 g/L；产品生产过程中，不得人为添加含有重金属的化合物，重金属总含量应小于 500 mg/kg（以铅计）；产品生产过程中不得人为添加甲醛和聚合物，含量应小于 500 mg/kg。事实上，现在水基涂料使用量已占所有涂料的一半左右。水基涂料主要有水溶性、水分散性和乳胶性三种类型。

3. 粉末涂料

粉尘涂料是国内比较先进的涂料。粉末涂料理论上是绝对的零 VOC 涂料，具有其独特的优点，也许在将来完全摒弃 VOC 后，是涂料发展的最主要方向之一。但其在应用上受到的限制需更为广泛而深入的研究，例如，其制造工艺相对复杂一些，涂料制造成本高，粉尘涂料的烘烤温度比一般涂料高很多，难以得到薄的涂层，涂料配色性差，不规则物体的均匀涂布性差等。这些都需要进一步改善，但它是今后发展方向之一。

4. 液体无溶剂涂料

不含有机溶剂的液体无溶剂涂料有双液型、能量束固化型等。液体无溶剂涂料的最新发展动向是开发单液型，且可用普通刷漆、喷漆工艺施工的液体无溶剂涂料。

此外，涂料中颜料的选择也越来越严格，以前不受限制使用的含有重金属铅、铬、镉的颜料，已有严格限制。就是在水性涂料中使用的乙二醇醚和醚酯类溶剂因对人体有害，也被禁止或限制使用。由于很多高性能涂料在成膜时需要高温烘烤，能量消耗很多，为了节约能量，特别是电能，在保证质量的前提下，降低烘烤温度或缩短烘烤时间，也是涂料发展的方向之一。

总之，涂料的研究和发展方向越来越明确，就是寻求 VOC 不断降低直至为零、能量消耗小、使用范围尽可能宽（多功能）、使用性能优越、设备投资适当等。因而水基涂料、粉末涂料、无溶剂涂料、低温成膜涂料等可能成为将来涂料发展的主要方向。

2 涂料基础知识

2.1 涂料的组成及涂料各成分的功能

涂料的成分：涂料通常由基料（又称树脂、成膜物质等）、颜（填）料、溶剂和助剂（少量功能性添加剂）等组成。

2.1.1 基 料

这是涂料中最重要的组分，对涂料和涂膜的性能起决定性作用，没有基料涂料就不能成膜。

可以作为涂料成膜物质使用的物质品种很多。原始涂料的成膜物质是油脂，主要是植物油，到现在仍在应用。后来大量使用树脂作为涂料成膜物质。树脂是一类以无定形状态存在的有机物，通指未经过加工的高分子聚合物。过去，涂料使用天然树脂为成膜物质；现代则广泛应用合成树脂，包括各种热塑性树脂和热固性树脂。

常见的涂料基料有天然树脂（桐油、大漆、豆油、蓖麻油、椰子油等）及其改性产品，现代涂料以合成树脂居多，常见的有丙烯酸树脂、氨基树脂、聚氨酯树脂、聚酯树脂、醇酸树脂、环氧树脂、合成橡胶树脂等。由于它们的性质迥异，制成的涂料用途差别也较大，例如，环氧树脂主要用于防锈而并不用于面漆；聚氨酯树脂和丙烯酸树脂涂料常用于要求高装饰性和高耐候性的物件，如汽车、飞机等。

根据形成涂膜的结构和机理，又将成膜物质分为两大类：非转化型成膜物质和转化型成膜物质。

1. 非转化型成膜物质

这类成膜物质在成膜过程中组成结构不发生变化，在涂膜中可以检查出成膜物质的原有结构。它们具有热塑性，受热软化，冷却后又变硬，多具有可溶解性。由此类成膜物质构成的涂膜，具有与成膜物质同样的化学结构，也是可溶及可熔的。属于这类成膜物质的品种有：

（1）天然树脂，包括来源于植物的松香（树脂状低分子化合物），来源于动物的虫胶，来源于文化石的琥珀、柯巴树脂等，和来源于矿物的天然沥青；

（2）天然高聚物的加工产品，如硝基纤维素、氯化橡胶等；

（3）合成的高分子线型聚合物即热塑性树脂，如过氯乙烯树脂、聚乙酸乙烯树脂等。用于涂料的热塑性树脂与用于塑料、纤维、橡胶或黏合剂的同类品种，组成、相对分子质量和性能都不相同，它应按照涂料的要求而制成。

2. **转化型成膜物质**

这类成膜物质在成膜过程中组成结构发生变化，即成膜物质形成与其原来组成结构完全不相同的涂膜。它们都具有能起化学反应的官能团，在热、氧或其他物质的作用下能够聚合成与原组成结构不同、不溶及不熔的网状高聚物，即热固性高聚物。因而所形成的涂膜是热固性的，通常具有网状结构。

属于这类成膜物质的品种有：

(1) 干性油和半干性油，主要来源于植物油脂，它们是具有一定数量官能团的低分子化合物；

(2) 天然漆和漆酚，也属于含有活性基团的低分子化合物；

(3) 低分子化合物的加成物或反应物，如多异氰酸酯的加成物；

(4) 合成聚合物，有很多类型。属于低聚合度、低相对分子质量的聚合物有：聚合度为5～15的齐聚物、低相对分子质量的预聚物和低相对分子质量的缩聚型合成树脂，如酚醛树脂、醇酸树脂、聚氨酯预聚物、丙烯酸酯齐聚物等，属于线型高聚物的合成树脂，如环氧树脂、热固性丙烯酸树脂等。现在还开发了多种新型聚合物如集团转移聚合物、互穿网络聚合物等。

2.1.2 颜（填）料

颜料是有颜色的涂料即通称的色漆的一个主要组分。它通常是极小的结晶体，分散于成膜介质中。颜料和染料不同，染料是可溶的，以分子形式存在于溶液之中，而颜料是不溶的。颜料会直接影响涂料的质量，颜料的质量和数量在很大程度上决定了涂料的质量。

颜料的作用：颜料使涂膜呈现色彩，并使涂膜具有一定的遮盖物件表面的能力，以发挥其装饰和保护作用，颜料还能增加涂膜的机械性能和耐久性能，有的颜料还用来降低成本（体质颜料，又称填料）；有些颜料还能为涂膜提供某一种特定功能，如防腐蚀、导电、防延燃、发光（荧光）等。

颜料的分类：颜料按其来源可分为天然颜料和合成颜料两类。按颜料的化学成分，又可分为无机颜料和有机颜料。按其在涂料中所起的作用，可分为着色颜料、体质颜料、防锈颜料和特种颜料。每一类又有很多品种。

当颜料均匀分散在成膜物质（树脂或基料）或其分散体中之后即形成色漆。在涂膜中，颜料一般都是均匀分布的。因此，色漆的涂膜实质上是颜料和成膜物质的固-固分散体。

2.1.3 溶　剂

溶剂是除了无溶剂涂料（如粉末涂料）外，在液态涂料中组成涂料的一部分。溶剂在涂料中的作用，体现在两个方面：生产时可以帮助颜料在树脂中分散和流动，以及降低涂料成本；施工时，可以帮助涂料流动以得到平整光滑的薄膜。溶剂在施工后，一般不会留在涂膜中而挥发进入大气中，因此又称为挥发成分。

根据溶剂与成膜物质的相互作用情况，有的溶剂能够溶解成膜物质（树脂）；有的不能直接溶解成膜物质，但与其他溶剂在一起时，有助溶作用等，将溶剂又分为5类：真溶剂、助溶剂、稀释剂、分散剂、活性稀释剂。

真溶剂：能溶解成膜物质的溶剂；助溶剂：能增进溶剂的溶解能力；稀释剂：能稀释成膜物溶液；分散剂：能分散成膜物质；活性稀释剂：既能溶解又能分散成膜物，还可能在成膜过程中与成膜物质发生化学反应而形成不挥发组分留在涂膜中的溶剂，称为反应性溶剂或活性稀释剂。

涂料溶剂的选择标准，主要是溶剂的溶解能力、挥发性、表面张力、黏度、闪点、毒性及价格。常见的涂料溶剂有水和有机溶剂。

（1）水：水是乳胶漆连续相的主要成分。它也可以单独或与醇类、醚醇类溶剂一起用做溶解水溶性树脂的溶剂。水作为溶剂的主要优点是价廉易得、无毒无味、不燃。但是它并不是一种十分理想的涂料溶剂，因为能与水混溶的有机液体种数有限，而以水为溶剂或分散相的成膜物质往往在成膜之后还对水敏感。由于自然界到处都有水存在，因此任何涂膜都要考虑抗水性的问题。

（2）有机溶剂：有机溶剂型涂料，一般是不能混入水的，否则会带来不易克服的弊端。以上性质，将在后续课程中介绍。

2.1.4 助　剂

涂料助剂，又称涂料辅料，是涂料不可缺少的组分。助剂是除了主要成膜物质、颜（填）料、溶剂之外，一种添加到涂料中去的成分，能使涂料或涂膜的某一特定性能起到明显改进作用的物质。其在涂料配方中的用量很小，主要是多种无机化合物和有机化合物，包括高分子聚合物。

助剂能改进涂料性能，促进涂膜形成，生产时可以改进生产工艺，保持储存稳定，改善施工条件，提高产品质量，赋予特殊功能。合理正确选用助剂可降低成本，提高经济效益。

经多年发展，涂料助剂种类众多，而且在涂料生产的各个阶段都发挥了不同的作用。制造阶段有：引发剂、分散剂、酯交换催化剂；反应过程有：消泡剂、乳化剂、过滤助剂等；储存阶段有：防结皮剂、防沉淀剂、增稠剂、触变剂、防浮色发花剂、抗胶凝剂等；施工阶段有：流平剂、防缩孔剂、防流挂剂、锤纹助剂、流动控制剂、增塑剂、消泡剂等；成膜阶段有：聚结助剂、附着力促进剂（也叫附着力增进剂）、光引发剂、光稳定剂、催干剂、增光剂、增滑剂、消光剂、固化剂、交联剂、催化剂等助剂。赋予特殊功能方面有：阻燃剂、杀生物剂、防藻剂、抗静电剂、导电剂、腐蚀抑制剂、防锈剂等助剂；改善涂膜性能并赋予特种性能的有：紫外线吸收剂、光稳定剂、阻燃剂、抗静电剂、防霉剂等。

涂料助剂又可以分为油性涂料助剂和水性涂料助剂两类。随着对环境保护的日益重视，水性涂料助剂有了飞跃的发展。新型环保类型的助剂越来越多，应用也越来越广泛，是涂料助剂今后发展的主流方向。

涂料助剂的生产厂家很多，针对自己的产品，都有专门的使用说明书。同时，也有专门介绍涂料助剂的手册，如《国内外涂料助剂手册》（化学工业出版社），已经出版了第二版。比较有影响的助剂厂商有：BYK公司、德谦公司、阿克苏诺贝尔公司、埃夫卡公司、卡博特公司、汽巴公司等。

还有一部专门介绍涂料助剂功能与原理的著作：《涂料助剂——品种和性能手册》，也是一本很好的参考书。

2.2 涂料的分类及分类方法

涂料产品分类方法很多，按基料种类或成膜物质分为：醇酸、环氧、氯化橡胶、丙烯酸、聚氨酯、氨基、纤维素、聚酯、有机硅、乙烯树脂、酚醛、沥青、天然树脂等 17 种；按性能特点可分为有机涂料、无机涂料、溶剂型涂料、无溶剂型涂料、水性涂料、粉末涂料、高固体成分涂料和厚浆型涂料等；按其功能特点又可分为磁漆、色漆、清漆（透明漆）、调和漆、底漆、面漆和中间漆等；按行业特点则可分为工业涂料、船舶（舰船）涂料、建筑涂料、家具涂料和汽车涂料等。船舶涂料还可根据使用部位和应用环境特点分为防锈涂料、防腐涂料、防污涂料、耐候涂料、耐热涂料、道路标线涂料以及船底漆、船壳漆、甲板漆、标志漆、油舱漆、电瓶舱漆、压载水舱涂料、弹药舱涂料、生活舱涂料和其他特殊功能涂料等。有机涂料由于其使用的溶剂不同，又分为有机溶剂型涂料和有机水性（包括水乳型和水溶型）涂料两类。

特别要指出，生活中常见的涂料一般都是有机涂料。无机涂料指的是用无机高分子材料为基料所生产的涂料，包括水溶性硅酸盐系、硅溶胶系、有机硅及无机聚合物系。有机-无机复合涂料有两种复合形式：一种是涂料在生产时采用有机材料和无机材料共同作为基料，形成复合涂料；另一种是有机涂料和无机涂料在装饰施工时相互结合。

此外，还可按装饰效果分类，可分为：① 表面平整光滑的平面涂料（俗称平涂），这是最为常见的一种施工方式；② 表面呈砂粒状装饰效果的砂壁状涂料，如真石漆；③ 形成凹凸花纹立体装饰效果的复层涂料，如浮雕；④ 橘纹漆、垂纹漆、哑光漆等。按在建筑物上的使用部位分类，分为内墙涂料、外墙涂料、地面涂料和顶棚涂料。按使用外观颜色效果分类，可分为如金属漆、透明清、珠光漆等。

2.3 涂料科学包含的学科知识

涂料的研究，要涉及多学科知识。尽管高分子科学的发展是涂料科学最重要的基础，但单是高分子科学并不能使涂料成为一门独立的科学。涂料不仅需要聚合物，还需要各种无机、有机颜料以及各种助剂、溶剂的配合，借以获得各种性能。为了制备出稳定、适用的涂料及获得最佳的使用效果，还需要有胶体化学、流变学、光学等方面理论的指导。因此，涂料科学是建立在高分子科学、有机化学、无机化学、胶体化学、表面化学和表面物理、流变学、力学、光学和颜色学等学科基础上的新学科。正因为涂料科学涉及如此多学科的理论，在过去相当长的时间内，不能发展成为一门学科。近来的一些研究表明，即使生物学科的研究，也可能对涂料的发展有重要作用，例如，信息素的研究，就有可能为具有杀虫或其他生物功能的新型涂料提供参考。当然，涂料并不是各种相关学科的简单合并，而是以它们为基础建立起具有本身特点的独立学科，包括涂料的成膜理论、表面结构与性能、涂布工艺及各种分析测试手段和理论，以及各种应用品种的有关理论。

2.4 涂料科学常用术语

（1）表干时间。在规定的干燥条件下，一定厚度的湿漆膜，表面从液态变为固态，但其下层仍为液态所需要的时间；也指涂膜表面初步固化、形成干膜，达到不会黏住空气中灰尘的程度所需要的时间。

（2）实干时间。在规定的干燥条件下，从涂覆好的一定厚度的液态漆膜至形成固态漆膜所需要的时间。

（3）透明度。物质透过光线的能力。透明度可以表明清漆、漆料及稀释剂含有机械杂质和可溶浑浊物的多少。

（4）密度。在规定的湿度下，物体单位体积的质量。常用单位为千克每立方米（kg/m^3）或克每立方厘米（g/cm^3）。

（5）黏度。液体产生的抵抗流动而具有的内部阻力。

（6）固体含量。涂料所含有的不挥发物质的量。一般用不挥发物的质量百分数表示，也可以用体积百分数表示。

（7）研磨细度。涂料中颜料及体质颜料分散程度的一种量度，也表示它们颗粒的大小。它是这样获得的：在规定的条件下，将液体涂料或正在分散的混合物于标准细度计上所得到的读数，该读数表示细度计某处槽的深度，一般以微米（μm）表示。

（8）储存稳定性。在规定的条件下，涂料产品保证其性能不改变的能力，即抵抗存放后可能产生异味、黏度增高、结皮、返粗、沉底，结块等性能变化的程度。

（9）相容性。一种产品与另一种产品相混合后而不至于产生不良后果（如沉淀、凝聚、变稠等）的能力。

（10）遮盖力。色漆消除或覆盖底材上的颜色或颜色差异的能力。

（11）施工性。涂料施工的难易程度。

注：涂料施工性良好，一般是指涂料易施涂（刷、喷、浸等），流平性良好，不出现流挂、起皱、缩边、渗色、咬底；干性适中，易打磨，重涂性好；对施工环境条件要求低等。

（12）重涂性。同一种涂料进行多层涂覆的难易程度与效果好坏。

（13）漆膜厚度。漆膜厚薄的量度，一般以微米（μm）表示。

（14）光泽。涂膜表面的一种光学特性，以其反射光的能力来表示。涂膜表面越光滑，光泽越高。

（15）附着力。漆膜与被涂面之间（通过物理和化学作用）结合的牢固程度。被涂面可以是裸底材也可以是涂漆底材。

（16）硬度。漆膜抵抗诸如碰撞、压陷、擦划等机械力作用的能力。

（17）柔韧性。漆膜随其底材一起变形而不发生损坏的能力。

（18）耐磨性。漆膜对摩擦作用的抵抗能力。

（19）打磨性。漆膜或腻子层，经用浮石、砂纸等材料打磨（干磨或湿磨）后，产生平滑无光表面的难易程度。

（20）黄变。漆膜在老化过程中出现的变黄倾向。

（21）耐湿变性。漆膜经过冷热交替的温度变化而保持其原性能的能力。

（22）发混。清漆或稀释剂由于不溶物析出而呈现云雾状不透明的现象。

（23）增稠。涂料在储存过程中通常由于稀释剂的损失，或涂料中基料变质、颜料凝聚而引起稠度增高的现象。

（24）絮凝。在色漆或分散体中颜料重新形成松散聚集体的现象。

（25）胶化。涂料中因基料（树脂）发生一定程度的交联，而变为不能使用的固态或半固态的现象。

（26）结皮。涂料在容器中，由于氧化聚合作用，其液面上形成半干皮膜的现象。

（27）沉淀。涂料在容器中，其固体组分（通常是颜填料）下沉至容器底部的现象。

（28）结块。涂漆中颜料、体质颜料等颗粒沉淀成用搅拌不易再分散的致密块状物。

（29）有粗粒。涂料在储存过程中展现出的粗颗粒（即少许结皮、凝胶、凝聚体或外来粗粒）。

（30）返粗。已合格的涂料成品或半成品，在生产或储存过程中，由于颜料的絮凝而使颜料粒子重新结合变粗的现象。

（31）发花。含有多种不同颜料的色漆在储存或干燥过程中，一种或几种颜料离析或浮出并在色漆或漆膜表面集中，呈现颜色不匀的条纹和斑点等现象。

（32）浮色。发花的极端状况。

（33）气泡（也称起泡）。涂料在施涂过程中形成的空气或溶剂蒸气等气体或两者兼有的泡。这种泡在漆膜干燥过程中可能消失，也可能永久存在。极小的气泡如果破裂，就是针孔。

（34）针孔。一种在漆膜表面存在的类似针刺破的细孔的病态。

（35）起皱。漆膜呈现一定规律的小波幅波纹形式的皱纹，它可深及部分或全部膜厚。

（36）橘皮。漆膜呈现橘皮状外观的表面病态，但在特定要求的涂装效果时除外。

（37）发白。有光涂料干燥过程中，漆膜上有时呈现出乳白色的现象。

（38）流挂。涂料施于垂直面上时，由于其抗流挂性差或施涂不当、漆膜过厚等原因而使湿漆膜向下移动，形成各种形状的下边缘厚的不均匀涂层。

（39）刷痕。刷涂后，在干漆膜上留下的一条条脊状条纹现象。这是由于涂料干燥过快、黏度过大、漆刷太粗硬，刷涂方法不当等原因使漆膜不能流平而引起的。

（40）缩孔。漆膜干燥后仍滞留的若干大小不等、分布各异的圆形小坑的现象。

（41）厚边。涂料在涂膜边缘堆积呈现脊状隆起，使干漆膜边缘过厚的现象。

（42）咬底。在干漆膜上涂覆同种或不同种涂料时，上层湿涂膜溶解下层干膜并使其发生软化、隆起或从底材上脱离的现象（通常的外观如起皱）。这种现象可在上层涂膜涂覆或干燥期间发生。

（43）渗色。来自下层（底材或漆膜）的有色物质，因扩散进入或透过上层漆膜，使漆膜呈现不希望有的着色或变色的现象。

（44）表面粗糙。漆膜干燥后，整个或局部表面分布着不规则形状的凸起颗粒的现象。

（45）积尘。干漆膜表面滞留尘垢等异粒的现象。

（46）失光。漆膜的光泽因受气候环境的影响而降低的现象。

（47）开裂。本应是连续的漆膜出现断裂、不连续的外观变化。通常是由于漆膜老化而引起的。

（48）剥落。一道或多道涂层脱离其下涂层，或整个涂层完全脱离底材的现象。

（49）回黏。干燥不发黏的漆膜表面又呈现发黏的现象。

（50）触变助剂。能使涂料具有触变性的助剂。

（51）触变性。指涂料由于搅拌而液化、变软的特性（在漆刷、滚筒的机械剪切力作用下，黏度急剧降低的特性），静止后仍然会恢复原来状态，这有助于涂料抵抗重力作用。

(52) 成膜物质。涂料介质中不挥发，并把颜料颗粒等连接在一起的部分。

(53) 半光涂料。指涂料的 60°光泽值处于 10～40 之间（正常光泽值的一半以下）。

(54) 表面张力。液体表面扩张单位面积需要的能量（N/m 或者 J/m^2）。由于分子间力的作用，液体一般将尽量缩小表面积。

(55) 表面活性剂。能降低表面张力，提高润湿性能，提高颜料分散性，抑制泡沫等性能的助剂。表面活性剂一般同时具有亲油和亲水两种基团。

(56) 玻璃化温度（T_g）。聚合物性质发生急剧变化，结构呈现玻璃状脆性状态的温度。一般认为，在 T_g 温度以下，聚合物分子的部分运动受到限制，聚合物变得坚硬、脆弱；在 T_g 温度以上，则类似橡胶状态。

2.5 涂料质量的评价

涂料生产完成后，首先要对涂料进行产品质量检验。涂料工厂对产品进行的质量检验，实际上仅是对涂料生产过程的质量控制。要对涂料质量进行全面评价，只有在涂料已经完成涂装并形成涂膜后，且经一定的实际使用环境的检验才能给出。这样的全面评价，要很长的时间。有些性能参数，可以经过人工加速进行，如人工老化、人工腐蚀、加温储存等。另一方面，不同用途的涂料，其性能指标的要求差别很大，不能一概而论。

一般而言，涂料在生产和使用时，要例行检测的指标参数有：细度、不挥发分、黏度、遮盖力、干燥条件（时间、温度、湿度）、流平性、施工性、光泽、硬度、附着力、漆膜厚度、抗冲击性能、杯突实验、色差、鲜映值、储存性等；施工完成后要观察的参数有：耐水性、耐油性、耐酸性、抗老化、耐盐雾、耐湿热、失光率、抗污性、打磨性（底涂）、层间附着力等。每一种参数，针对使用的对象不同，其检测方法也不同。很多参数都有标准检测方法（国标 GB）可参阅。目前，对涂料检测方法进行总结和介绍的著作已有多部可供参考，在此不再赘述。

3 成膜物质

成膜物质也称黏结剂或基料，又称树脂，它是涂料中的连续相，也是最主要的成分。没有成膜物的表面涂覆物不能称之为涂料。可以作为涂料成膜物质使用的物质品种很多，但主要使用的是树脂。人类最早用于制造涂料的树脂是天然树脂。本书主要介绍常见的合成树脂及其基本结构、成膜后涂膜性能的主要特点及使用场合，对每一种树脂的合成原理、工艺等不介绍，有兴趣的读者，可参阅相关文献。

需要知道的是，虽然一些单一成分的成膜物质在特定条件下也可以成膜，但获得的涂膜一般得不到理想的性能。要获得理想性能的涂膜，往往要两种或更多不同种类的成膜物质一起拼合。

3.1 与成膜物质有关的几个概念

3.1.1 玻璃化温度

无定形固体与晶体或高结晶性聚合物的物理状态，在随温度升高时的变化差别是不同的。如物质的比容（cm^3/g）随温度（K）的变化。晶体在升高到某一温度前，比容的变化不是很明显，当到达某一温度后，比容迅速增大，晶体开始熔化，但在晶体没有完全熔化前，受热物质的温度不会变化，该温度称为熔点（T_m），这一变化如图 3.1 所示。非晶体或一般的无定形高聚物则不同，随温度升高，比容在开始阶段的变化也不是很明显，到某一温度后，比容增加比较明显，但聚合物并未熔化，只是开始变软，该点温度称为玻璃化温度（T_g）。随温度进一步升高，聚合物也会熔化，但从固体转变到液体，没有明显的界线，只有一个熔融的温度范围，如图 3.2 所示。聚合物在高于玻璃化温度（T_g）的状态，称为高弹态；低于玻璃化温度（T_g）的状态，称为玻璃态。在此温度以下，高聚物表现出脆性。晶体在温度低于熔点时，也是玻璃态，但晶体没有高弹态。

作为塑料使用的高分子，当温度升高到玻璃化转变温度以上时，便失去了塑料的性能，变成了橡胶。平时我们所说的塑料和橡胶，是按它们的 T_g 是在室温以上还是在室温以下而言的，T_g 在室温以下的是橡胶，T_g 在室温以上的是塑料。因此从工艺的角度来看，T_g 是非晶态热塑性塑料使用的上限温度，是橡胶使用的下限温度。T_g 是高分子的特征温度之一，可以作为表征高分子的指标。

玻璃化温度的测定比较困难，它与测定时加热或冷却的速度有关。因此，不同文献获得的数据可能有较大误差。

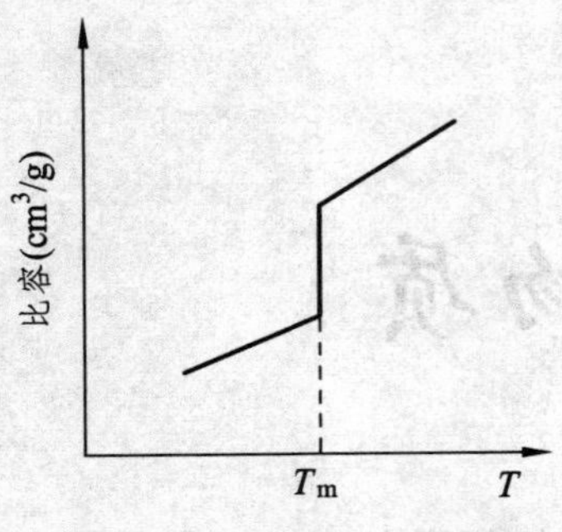

图 3.1 晶体的比容与温度关系

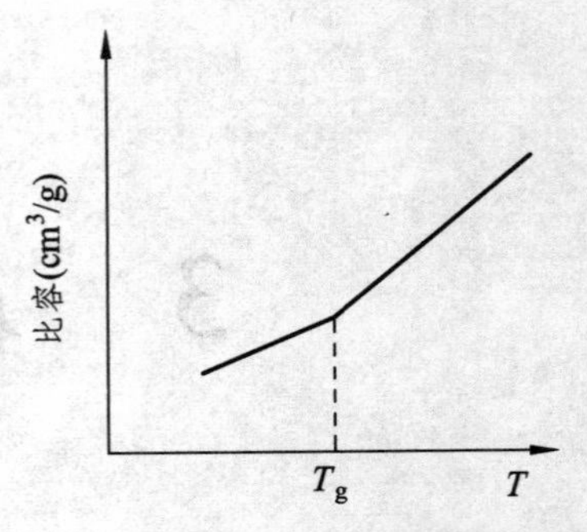

图 3.2 聚合物的比容与温度关系

3.1.1.1 玻璃化转变的自由体积理论

对于非晶体的玻璃化转变现象，曾经有很多理论来进行描述。但自由体积理论更适合对于涂膜形成的讨论。自由体积理论是由 Fox 和 Flory 提出的，它的主要观点是，液体或固体物质的体积是由两大部分组成的，一部分是被分子本身占据的部分，另一部分是未被占据的自由体积，后者以空穴的形式分散于整个物质中。只有存在足够的自由体积，分子链才能进行各种运动。当聚合物冷却时，自由体积减小，随温度的进一步降低到达某一温度时，自由体积也达到一个最低值，这时聚合物进入玻璃态。在玻璃态下，聚合物的链段运动被停止，只有原子基团和小链段的短程振动，自由体积（或称“空穴”）的大小及分布也基本不变。因此可以说，玻璃化温度就是聚合物的自由体积达到某一临界值的温度。在玻璃态以下，聚合物随温度升高也要发生体积的膨胀，这是分子的正常膨胀过程造成的，包括分子振动幅度的增加和链长的变化。这种膨胀和晶体的膨胀相同。到玻璃化温度以上，再进一步升高温度，自由体积开始增加和移动，并参加到整个膨胀过程中去，此时分子链段也获得了足够的能量和自由空间，可以开始运动。当处于高弹态时，聚合物的链段移动、链节的内旋转以及构象的相互转化都变得比较容易，在力的作用下，链段还可以进行长程运动。

3.1.1.2 影响玻璃化转变温度的因素

因为玻璃化温度是高分子的链段从冻结到运动的一个转变温度，而链段运动是通过主链的单键内旋转来实现的，所以凡是影响高分子链柔性的因素，都会对 T_g产生影响。例如，引入刚性基团或极性基团、交联和结晶等减弱高分子链柔性或增加分子间作用力的因素都使 T_g升高；加入增塑剂或溶剂、引进柔性基团等增加高分子链柔性的因素都使 T_g降低。以下是一些常见的因素。

1. 聚合物的相对分子质量的影响

数均相对分子质量增加，聚合物的玻璃化温度升高。当聚合物的数均相对分子质量达到 25 000～75 000 时，玻璃化温度基本为一常数。一般文献提供的聚合物玻璃化温度是指高相对分子质量时的 T_g。在涂料中使用的聚合物，通常情况下是低聚物，所得的 T_g和文献值有较大的差距。它们的关系可表示如下：

$$T_g = T_{g(\infty)}\left(1-\frac{\varepsilon}{M_n}\right)$$

式中：T_g（∞）为相对分子质量为无穷大时的 T_g；$\overline{M_n}$ 为数均相对分子质量；ε 为由聚合物种类决定的常数。

当相对分子质量较小时，T_g 随相对分子质量增加而增加；当相对分子质量达到某一 $\overline{M_c}$ 临界值时，$T_g \to T_g$（∞），不再随相对分子质量改变。高聚物进一步分散交联，可以使玻璃化温度升高，但微量的交联对其影响不大。当交联达到某一程度时，交联度升高，玻璃化温度也会急剧升高。相对分子质量的分布对 T_g 也有影响。相对分子质量分布宽，T_g 显得低；反之，T_g 显得高。

2. 聚合物结构的影响

（1）主链结构的影响

聚合物主链越柔顺，玻璃化温度越低；主链越僵硬，玻璃化温度越高。主链结构为—C—C—、—C—N—、—Si—O—、—C—O—等单键的非晶态聚合物，由于分子链可以绕单键内旋转，链的柔性大，所以 T_g 较低。但硅氧键和碳氧键相比较，硅氧键更易转动，因而玻璃化温度更低。

例如，聚二甲基硅氧烷（硅橡胶）

$$-\!\!\!\left[O - \underset{\displaystyle CH_3}{\overset{\displaystyle CH_3}{\underset{|}{\overset{|}{Si}}}} - O \right]\!\!\!-_n$$

$T_g = -123$ ℃，是耐低温性能最好的合成橡胶；1, 4-聚丁二烯 $-\!\!\left[C-C=C-C \right]\!\!-_n$ 的 $T_g = -70$℃。

当主链中含有苯环、萘环等芳杂环时，链中可内旋转的单键数目减少，链的柔顺性下降，因而 T_g 升高。例如，聚对苯二甲酸乙二酯的 $T_g = 69$ ℃，聚碳酸酯的 $T_g = 150$ ℃。

（2）侧链的影响

如果侧链是刚性僵硬的基团，玻璃化温度就会升高。例如，聚苯乙烯的玻璃化温度比聚乙烯高 200 ℃，就是因为在聚苯乙烯中侧链上是苯基，它使整个聚合物变得更具刚性。

在涂料中，为了提高聚合物的 T_g，在合成树脂时，常常加入含有苯环的单体。因为苯环与其他基团相比更具刚性。以乙烯基 $-\!\!\left[CH_2 - \underset{\displaystyle X}{\underset{|}{CH}} \right]\!\!-_n$ 类聚合物为例，当侧基 X 为极性基团时，由于使内旋转活化能及分子间作用力增加，因此 T_g 升高。例如，聚丙烯（$X = CH_3$）的 $T_g = -15$ ℃，聚氯乙烯（X = Cl）的 $T_g = 82$ ℃，聚乙烯醇（X = OH）的 $T_g = 85$ ℃，聚丙烯腈（X = CN）的 $T_g = 104$ ℃。若 X 是非极性侧基，其影响主要是空间阻碍效应。侧基体积增大，对单键内旋转阻碍增大，链的柔性下降，所以 T_g 升高。

（3）共聚的影响

共聚物的 T_g 介于两种（或几种）均聚物的 T_g 之间，并随其中某一组分的含量增加而呈线性或非线性变化。如果由于与第二组分共聚而使 T_g 下降，称为“内增塑作用”。例如，苯乙烯（聚苯乙烯的 $T_g = 100$ ℃）与丁二烯共聚后，由于在主链中引入了柔性较大的丁二烯链，所以 T_g 下降。共聚物的 T_g 可用如下 Fox 方程计算：

$$\frac{1}{T_g} = \frac{w_A}{T_{gA}} + \frac{w_B}{T_{gB}}$$

式中：T_g 为共聚物的玻璃化温度（K）；T_{gA}、T_{gB} 分别为组分 A 及 B 的均聚物的玻璃化温度（K）；w_A、w_B 分别为组分 A 及 B 在共聚物中占的质量分数。

(4) 增塑剂的影响

添加某些低分子物使 T_g 下降的现象称为外增塑作用，所以低分子物称为增塑剂。一般增塑剂分子与高分子具有较强的亲和力，会使链分子间作用减弱，因此 T_g 下降；同时流动温度 T_f 也会降低，因而加入增塑剂后可以降低成型温度，并可改善制品的耐寒性。例如，纯聚氯乙烯的 $T_g = 78$ ℃，室温下为硬塑性，可制成板材，但加入 20%～40%邻苯二甲酸二辛酯之后，T_g 可降至-30 ℃，室温下呈高弹态。

(5) 交联作用的影响。

当分子间存在化学交联时，链段活动能力下降，T_g 升高。交联点密度越高，T_g 增加越多。例如，苯乙烯与乙烯基苯共聚物的 T_g 随后者的用量增加而增加。

(6) 结晶作用的影响

因为结晶聚合物中含有非结晶部分，因此仍有玻璃化温度，但是由于微晶的存在，使非晶部分链段的活动能力受到牵制，一般结晶聚合物的 T_g 要高于非晶态同种聚合物的 T_g。例如，聚对苯二甲酸乙二酯，对于无定形聚对苯二甲酸乙二酯，$T_g = 69$ ℃，而结晶聚对苯二甲酸乙二酯的 $T_g = 81$ ℃（结晶度≈50%），随结晶度的增加 T_g 也增加。

3. 加入溶剂

除此之外，加入溶剂也可改变玻璃化温度。加入溶剂与加入增塑剂的本质是一样的。溶剂也具有本身的玻璃化温度，只不过溶剂是易挥发的，要测定溶剂的 T_g 比较困难。当聚合物溶于溶剂时，其溶液的玻璃化温度可以看成是聚合物 T_g 与溶剂 T_g 的加和。溶剂的 T_g 一般都在-100 ℃以下。

总结：玻璃化温度 T_g 的高低可反映聚合物的柔软性或硬脆性，这对涂膜的最终性能具有较大的影响。调整树脂的玻璃化温度可以获得理想的柔韧性或脆性。

3.1.2 成膜物质的成膜机理与分类

涂料成膜物质具有的最基本特性是它能经过施工形成薄层涂膜，并为涂膜提供所需要的各种性能。它还能与涂料中所加入的必要的其他组分混容，形成均匀的分散体。成膜物质的成膜机理，根据成膜物质的种类、结构等而不同。成膜方式主要有下列几种。

1. 非转化型成膜物质

成膜物质在成膜过程中组成结构不发生变化，在涂膜中可以检查出成膜物质的原有结构，这类成膜物质称为非转化型成膜物质。它们具有热塑性，受热软化，冷却后又变硬，多具有可溶解性。由此类成膜物质构成的涂膜，具有与成膜物质同样的化学结构，也是可溶可熔的。这类成膜方式有的又称为溶剂挥发和热熔成膜。属于这类成膜物质的品种有:

(1) 天然树脂，包括来源于植物的松香（树脂状低分子化合物），来源于动物的虫胶，来源于文化石的琥珀、柯巴树脂等，和来源于矿物的天然沥青。

(2) 天然高聚物的加工产品，如硝基纤维素、氯化橡胶等。

(3) 合成的高分子线型聚合物即热塑性树脂，如过氯乙烯树脂、聚乙酸乙烯树脂等。用于涂料的热塑性树脂与用于塑料、纤维、橡胶或黏合剂的同类品种相比，组成、相对分子质量和性能都不相同，它应按照涂料的要求而制成。

2. 转化型成膜物质

成膜物质在成膜过程中组成结构发生变化，即成膜物质形成与其原来组成结构完全不相同的涂膜，这类成膜物质称为转化型成膜物质。它们都具有能起化学反应的官能团，在热、氧或其他物质的作用下能够聚合成与原组成结构不同的不溶不熔的网状高聚物，即热固性高聚物。因而所形成的涂膜是热固性的，通常具有网状结构。这类成膜方式也被称为化学成膜。属于这类成膜物质的品种有：

（1）干性油和半干性油，主要来源于植物油脂，它们是具有一定数量官能团的低分子化合物。

（2）天然漆和漆酚，也属于含有活性基团的低分子化合物。

（3）低分子化合物的加成物或反应物，如多异氰酸酯的加成物。

（4）合成聚合物，有很多类型。属于低聚合度、低相对分子质量的聚合物有：聚合度为 5～15 的齐聚物、低相对分子质量的预聚物和低相对分子质量的缩聚型合成树脂，如酚醛树脂、醇酸树脂、聚氨酯预聚物、丙烯酸酯齐聚物等。属于线型高聚物的合成树脂，如环氧树脂、热固性丙烯酸树脂等。现在还开发了多种新型聚合物，如基团转移聚合物、互穿网络聚合物等。合成聚合物的品种在不断发展。

3.2 丙烯酸树脂

3.2.1 简　介

1. 丙烯酸树脂的组成和分类

丙烯酸树脂是由丙烯酸酯类或甲基丙烯酸酯类及其他烯属单体共聚制成的树脂。通过选用不同的树脂结构、配方、生产工艺及溶剂组成，可合成不同类型、不同性能和不同应用场合的丙烯酸树脂。丙烯酸树脂根据结构和成膜机理的差异又可分为热塑性丙烯酸树脂和热固性丙烯酸树脂。从涂料溶剂又可分为：溶剂型涂料、水性涂料、高固体组分涂料和粉末涂料。水性涂料具有价格低、使用安全、节省资源和能源、减少环境污染和公害等优点，因而已成为当前涂料工业发展的主要方向之一。

2. 丙烯酸树脂的性能和应用

热塑性丙烯酸树脂在成膜过程中不发生进一步交联，因此它的相对分子质量较大，具有良好的保光保色性、耐水耐化学性、干燥快、施工方便，易于施工重涂和返工，制备铝粉漆时铝粉的白度、定位性好。这类涂料为单组分体系，但涂膜的耐溶剂性较差。热塑性丙烯酸树脂在汽车、电器、机械、建筑等领域应用广泛。

热固性丙烯酸树脂是指在结构中带有一定的官能团，在制漆时通过和加入的氨基树脂、环氧树脂、聚氨酯等中的官能团反应形成网状结构。热固性树脂一般相对分子质量较小。热固性丙烯酸涂料有优异的丰满度、光泽、硬度、耐溶剂性、耐侯性、耐酸碱盐、耐洗涤剂、较好的抗腐蚀性，适合于制备防腐涂料。在高温烘烤时不变色、不泛黄，有优越的装饰性能，尤其适合用做高装饰性的面漆，如轿车、摩托车等。

用丙烯酸酯和甲基丙烯酸酯单体共聚合成的丙烯酸树脂对光的主吸收峰处于太阳光谱范围之外，所以制得的丙烯酸树脂漆具有优异的耐光性及户外老化性能。

丙烯酸树脂最重要的应用是和氨基树脂配合制成氨基-丙烯酸烤漆。目前在汽车、摩托车、自行车、卷钢等产品上应用十分广泛。国内外丙烯酸树脂涂料的发展很快，目前产量已占涂料的 1/3 以上，因此，丙烯酸树脂在涂料成膜树脂中居于重要地位。

3.2.2　基本组成和结构通式

3.2.2.1　用于合成树脂的单体

丙烯酸树脂是由含有丙烯酸官能团的丙烯酸酯单体合成而成的。通常用于合成树脂的单体分为以下几类。

1. 含羧基的单体

主要有甲基丙烯酸甲酯、丙烯酸丁酯、丙烯酸-2-乙基己酯（异辛酯）、甲基丙烯酸甲酯、甲基丙烯酸乙酯、丙烯酸乙酯、甲基丙烯酸丁酯、丙烯酸环己酯。含羧基的单体引入了羧基，可以改善树脂对颜填料的润饰性及对基材的附着力，而且同环氧基团有反应性，对氨基树脂的固化有催化活性。

树脂的羧基含量常用酸值（A.V.，即中和 1 g 树脂所需 KOH 的质量）表示，单位：mg KOH/g（固体树脂），一般 A.V. 控制在 10 mg KOH/g（固体树脂）左右，聚氨酯体系用时，A.V. 稍低些，氨基树脂用时 A.V. 可以大些，促进交联。

2. 含羟基、环氧基的单体

主要有丙烯酸羟乙酯、丙烯酸羟丙酯、甲基丙烯酸-β-羟乙酯、丙烯酸缩水甘油酯、甲基丙烯酸环氧丙酯。羟基的引入可以为溶剂型树脂提供与聚氨酯固化剂、氨基树脂交联用的官能团。双组分聚氨酯体系的羟基丙烯酸组分常用伯羟基类单体：丙烯酸羟乙酯（HEA）或甲基丙烯酸羟乙酯（HEMA）。由于伯羟基类单体活性较高，由其合成的羟丙树脂用做氨基烘漆的羟基组分时影响成漆储存，因此氨基烘漆的羟基丙烯酸组分常用仲羟基类单体。所以，丙烯酸树脂的羟基值是一个重要的参数（在聚氨酯涂料章节介绍）。

还可通过羟基型链转移剂（如巯基乙醇、巯基丙醇、巯基丙酸-2-羟乙酯）在大分子链端引入羟基，改善羟基分布，提高硬度，并使相对分子质量分布变窄，降低体系黏度。

3. 多元醇丙烯酸酯、丙烯酸磺丙酯和磷酸酯等

同时，在合成丙烯酸树脂时，为了调节树脂成膜后的综合性能，还要用到其他非丙烯酸酯类单体，常见的有苯乙烯、醋酸乙烯酯、叔碳酸乙烯酯、顺丁烯二酸酐的单酯或双酯。

为提高耐乙醇性，要引入苯乙烯、丙烯腈及甲基丙烯酸的高级烷基酯，降低酯基含量。

丙烯酸单体都有毒性，选择单体时还应注意单体的毒性大小，一般丙烯酸酯的毒性大于对应甲基丙烯酸酯的毒性，如丙烯酸甲酯的毒性大于甲基丙烯酸甲酯的毒性，此外丙烯酸乙酯的毒性也较大。在与丙烯酸酯类单体共聚用的单体中，丙烯腈、丙烯酰胺的毒性很大，应注意防护。

每一种单体在合成和树脂成膜后，都有自己特殊的作用，有的单体可能同时具有几种功能。例如，丙烯酸甲酯可提供适中的玻璃化温度，少量的亲水性，控制反应温度；丙烯酸乙酯有适中的强韧性，降低玻璃化温度；丙烯酸丁酯可降低玻璃化温度，提高耐水性，降低强度；含羟基的丙烯酸单体用于向聚合物提供羟基；丙烯酸环己酯可使涂膜更强韧，有更好的抗氧化、抗黄变、抗龟裂性；苯乙烯分子中含有苯环，是硬单体，主要与丙烯酸丁酯等软性单体复配使用，可起到降低成本、提高硬度、控制回黏的作用，但耐光性、耐水性差；醋酸乙烯酯也是与软性单体复配，起到降低成本、增加亲水性的作用。有关丙烯酸树脂合成单体及合成工艺，可参阅相应的文献，本书不作专门讨论。对树脂的使用和选择，要考虑的因素很多，但如能对合成树脂的知识有一些基本了解，对丙烯酸树脂的选择及使用，应有帮助。表 3.1 给出了丙烯酸单体在树脂成膜后的一些主要功能，以供参考。

表 3.1　丙烯酸单体在树脂成膜后的一些主要功能

单体名称	主要功能
甲基丙烯酸甲酯，甲基丙烯酸乙酯，苯乙烯，丙烯腈	硬单体，提高硬度
丙烯酸乙酯，丙烯酸正丁酯，丙烯酸月桂酯，丙烯酸-2-乙基己酯，甲基丙烯酸月桂酯，甲基丙烯酸正辛酯	软单体，提高柔韧性，促进成膜
丙烯酸-2-羟基乙酯，丙烯酸-2-羟基丙酯，甲基丙烯酸-2-羟基乙酯，甲基丙烯酸-2-羟基丙酯，甲基丙烯酸缩水甘油酯，丙烯酰胺，*N*-羟甲基丙烯酰胺，*N*-丁氧甲基（甲基）丙烯酰胺，二丙酮丙烯酰胺（DAAM），甲基丙烯酸乙酰乙酸乙酯（AAEM），二乙烯基苯，乙烯基三甲氧基硅烷，乙烯基三乙氧基硅烷，乙烯基三异丙氧基硅烷，γ-甲基丙烯酰氧基丙基三甲氧基硅烷	交联单体，引入官能团或交联点，提高附着力
丙烯酸与甲基丙烯酸的低级烷基酯，苯乙烯	抗污染性
甲基丙烯酸甲酯，苯乙烯，甲基丙烯酸月桂酯，丙烯酸-2-乙基己酯	耐水性
丙烯腈，甲基丙烯酸丁酯，甲基丙烯酸月桂酯	耐溶剂性
丙烯酸乙酯，丙烯酸正丁酯，丙烯酸-2-乙基己酯，甲基丙烯酸甲酯，甲基丙烯酸丁酯	保光、保色性
丙烯酸，甲基丙烯酸，亚甲基丁二酸（衣康酸），苯乙烯磺酸，乙烯基磺酸钠，AMPS	实现水溶性，增加附着力，为水溶性单体、表面活性单体

另一类较重要的单体为叔碳酸乙烯酯。叔碳酸是 α-C 上带有三个烷基取代基的高度支链化的饱和酸，其结构式如下所示。涂料树脂合成单体用叔碳酸的碳原子数一般是 9、10、11。壳牌公司是叔碳酸乙烯酯的主要生产商。

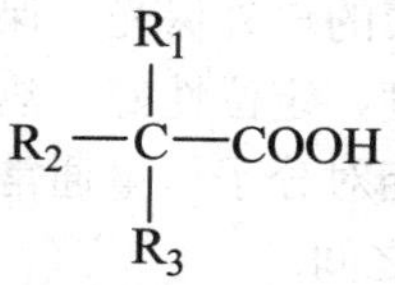

$$R_2-\underset{R_3}{\overset{R_1}{C}}-COOH$$

叔碳酸结构

$$R_2-\underset{R_3}{\overset{R_1}{C}}-COOCH_2-\underset{O}{\triangle}$$

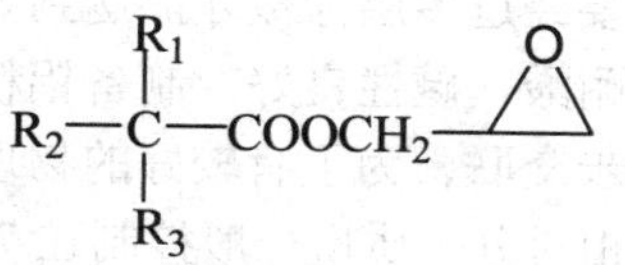

叔碳酸缩水甘油酯

式中：R_1、R_2、R_3 为烷基取代基，而且至少有一个取代基为甲基，其余的取代基为直链或支链的烷基。

叔碳酸缩水甘油酯是一种特殊性能的单体，它的主要物理特性是黏度低、沸点高、气味淡等；主要特性参数是环氧当量：244～256；密度（20 ℃）：0.958～0.968 g/mL；黏度（25 ℃）：0.71 cPa·s；沸点：251～278 ℃；蒸汽压（37.8 ℃）：899.9 Pa；闪点：126 ℃；凝固点＜−60 ℃。

由于叔碳酸乙烯酯上有三个支链，一个甲基，至少还有一个大于C_4的长链，因此空间位阻特别大。另外，烷基的非极性及其对紫外光的稳定性，使得叔碳酸乙烯酯分子极性小，具有极强的疏水性，且对紫外光不敏感。所以，不仅自身单元难以水解，而且对于共聚物大分子链上邻近的醋酸乙烯酯单元也有很强的屏蔽作用，使整体抗水解性、耐碱性得到很大的改善；同时，由于三个支链的屏蔽作用，使叔碳酸乙烯酯共聚物漆膜具有很好的抗氧化性及耐紫外线性能。其均聚物或与其他单体的共聚物也具有优良的耐候性、耐碱性、耐水性。

叔碳酸缩水甘油酯的环氧基有很强的反应性。对涂料用树脂最有用的反应是其与羟基、羧基和氨基的反应。环氧基的反应性使之能在常温下进入聚酯、醇酸树脂、丙烯酸树脂大分子链中，反应几乎是定量的，副反应很少，这就为制备相对分子质量分布窄和低黏度的高固体份涂料树脂提供了原料支持。

叔碳酸乙烯酯-醋酸乙烯酯共聚物乳液配制的乳胶漆，性价比很高，综合性能不低于纯丙乳液；纯丙乳胶漆目前存在耐水解性、耐温变性较差等缺点，与叔碳酸乙烯酯共聚，可以大大提高丙烯酸树脂的耐候性、耐碱性等，不仅可以作为内墙涂料也可用做外墙涂料。

3.2.2.2 结构通式

丙烯酸树脂的结构可表示为

$$\left[CH_2 - \underset{\underset{R'-O-C=O}{|}}{\overset{\overset{R}{|}}{C}} \right]_n$$

式中: R 为—H、—CN、烷基、芳基、卤素等; R′为—H、—CN、烷基、芳基、羟烷基; —COOR′也可被—CN、—CONH₂、—CHO 等基团取代。

3.2.3 丙烯酸树脂的交联

3.2.3.1 热塑性丙烯酸树脂

溶剂型挥发性丙烯酸酯涂料依靠溶剂挥发自己干燥，施工时固体含量低，成膜较薄，装饰性及丰满度较差，要经过多层涂覆才能达到要求；但所得涂膜的户外保光、保色性、耐久性比较优异，耐水性、耐酸、碱性良好。制备铝粉漆时铝粉的白度、定位性好。热塑性丙烯酸树脂在成膜时不会进一步交联，为了有较好的物理性能，树脂的相对分子质量通常较大，但为了不使固体含量太低，相对分子质量一般控制在 75 000～120 000 之间。

热塑性丙烯酸树脂涂料也有缺点：施工黏度低，施工性不好，不易流平，溶剂释放性不好，不易干透；与其他树脂的混容性不好；生产时对颜料的润湿分散性不好，产品容易浮色发花；成膜后涂膜丰满度不好，附着力差，不易打磨，低温易脆裂。在设计配方时常常要考虑改进上述缺点。一般的方法有，拼用其他成膜物质，如硝酸纤维素、醋酸丁酸纤维素、过氯乙烯树脂。若冷拼适量的硝酸酯纤维素或醋酸丁酸酯纤维素可以显著改善成漆的溶剂释放性、流平性或金属闪光漆的铝粉定向性。金属闪光漆的树脂酸值应小于 3 mg KOH /g（树脂）。

此外，通过调整组成树脂的单体组成，得到改进的共聚树脂。例如，有机硅改性丙烯酸树脂可提高耐久性；醇酸树脂改性丙烯酸树脂可提高丰满度、挠度，降低成本。还要根据不同基材的涂层要求，设计不同玻璃化温度的热塑性树脂。例如，金属漆用树脂的玻璃化温度通常在30～60 ℃；塑料漆用树脂可将玻璃化温度设计得高些（80～100 ℃）；溶剂型建筑涂料树脂的玻璃化温度一般大于50℃。

引入甲基丙烯酸正丁酯、甲基丙烯酸异丁酯、甲基丙烯酸叔丁酯、甲基丙烯酸月桂酯、甲基丙烯酸十八醇酯、丙烯腈改善耐乙醇性。引入丙烯酸或甲基丙烯酸及羟基丙烯酸酯等极性单体可以改善树脂对颜填料的润湿性，防止涂膜浮色发花。

3.2.3.2 热固性丙烯酸树脂

热固性丙烯酸树脂与热塑性树脂相比，更有自己独有的特点。热固性树脂通过固化交联，使涂膜的分子变成巨大的网状结构，具有不溶不熔、更优良的物理性能和耐化学腐蚀性能。由于热固性丙烯酸树脂的相对分子质量一般都在30 000以下（控制在10 000～20 000之间），高固体分树脂的相对分子质量甚至低于3 000，因此，制得的涂料产品施工固含高，形成的涂膜比较丰满。

热固性丙烯酸树脂的交联反应，是通过树脂侧链上带有的可与其他树脂反应或自身反应的活性官能团来实现的。在聚合反应制造树脂时，采用不同的活性官能团单体，在树脂侧链上可以得到不同交联体系的官能团。热固性丙烯酸树脂的交联反应，分为以下几大类：

1. 加温固化

典型的反应是丙烯酸树脂与三聚氰胺甲醛树脂的固化反应。依据不同三聚氰胺树脂本身的特性，这类反应需在120～130 ℃的温度条件下，烘烤30～60 min不等。如果在共聚物中先引入羧基做内催化剂或通过外加一些酸性催化剂，可以降低固化温度或缩短固化时间。但酸性催化剂有可能引起涂料的絮凝而缩短存储时间，因此要多做相关的考察实验。丙烯酸树脂与三聚氰胺树脂固化得到的漆膜，有较好的丰满度和保光、保色性，机械性能优良，耐化学品性能良好，是工业上大规模、连续涂装应用最多的涂料品种。反应可表示如下：

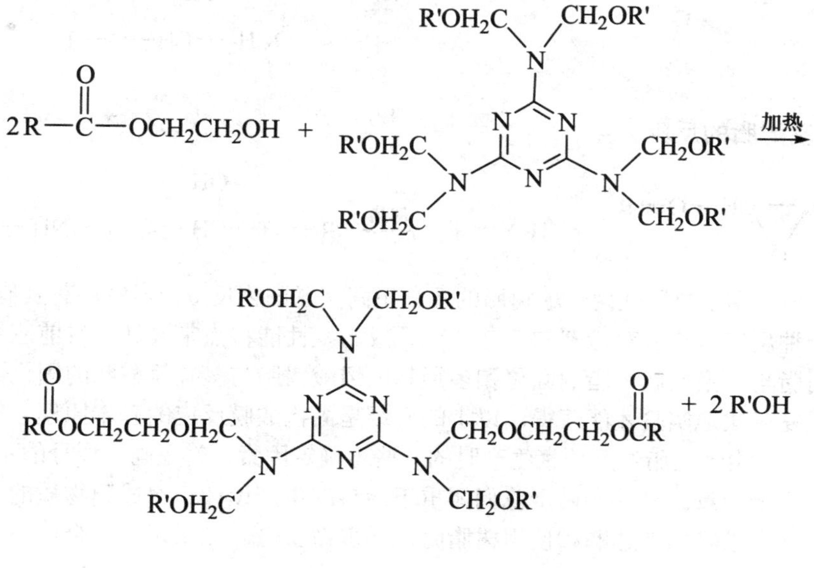

$$2R-\overset{\overset{O}{\|}}{C}-OCH_2CH_2OH + \text{(R'OH}_2\text{C)}_2N-\text{三嗪环}[-N(CH_2OR')_2]_2 \xrightarrow{加热}$$

$$\overset{\overset{O}{\|}}{R C}OCH_2CH_2OH_2C(R'OH_2C)N-\text{三嗪环}[-N(CH_2OR')_2]-N(CH_2OR')CH_2OCH_2CH_2O\overset{\overset{O^-}{\|}}{C}R + 2\,R'OH$$

2．与多异氰酸酯的固化反应

这类反应就是通常所说的聚氨酯涂料的成膜固化。丙烯酸树脂常常为多羟基的树脂。典型反应如下：

$$R-\overset{O}{\overset{\|}{C}}-OCH_2CH_2OH + O=C=N-R'-N=C=O + HOCH_2CH_2-O-\overset{O}{\overset{\|}{C}}-R \longrightarrow$$

$$R-\overset{O}{\overset{\|}{C}}-OCH_2CH_2O\overset{O}{\overset{\|}{C}}NH-R'-NH-\overset{O}{\overset{\|}{C}}OCH_2CH_2O-\overset{O}{\overset{\|}{C}}-R$$

这类反应可在常温下进行，所得涂膜丰满、高光泽，具有优良的耐水、耐化学品性能和机械性能。如果采用 HDI 的缩二脲或三聚体多异氰酸酯，涂膜的耐候性、保光保色性能更加优良，但价格比一般涂料要贵得多。这类涂料通常用于高档汽车、大型飞机等需要高装饰性的场合。有关这部分内容，在介绍聚氨酯涂料时，还要讨论。

3．与环氧树脂的固化反应

这类反应是含有羧基的丙烯酸树脂与环氧树脂的反应。反应的成膜温度在 170 ℃以上，如用适当的碱做催化剂，反应温度可降到 150 ℃。所得涂膜光亮丰满、具有较高的硬度和耐污染性能，附着力极好，但保光保色性差，不适于做户外高装饰性的涂层，常用于洗衣机、电冰箱、罐头内壁、内用卷材涂料等。典型反应如下

$$R-\overset{O}{\overset{\|}{C}}-OH + \underset{\diagdown O \diagup}{H_2C-CH}-O-R' \xrightarrow{加热} R-\overset{O}{\overset{\|}{C}}-OCH_2-\underset{OH}{\underset{|}{CH}}-O-R'$$

4．含有环氧基丙烯酸树脂的自聚反应

$$2\ \underset{\diagdown O \diagup}{H_2C-CH}-O-R \xrightarrow{加热} R-O-\underset{OCH_2-\underset{|}{CH}-O-R}{\underset{|}{CH}}-\overset{\overset{|}{O}}{\overset{|}{CH_2}}$$

5．与氨基树脂的反应

$$\underset{\diagdown O \diagup}{H_2C-CH}-O-R + H_2N-R' \xrightarrow{加热} R-O-\overset{OH}{\overset{|}{CH}}-CH_2-NH-R'$$

上面简单地介绍了热固性丙烯酸树脂的几种不同交联固化反应，当然还有其他类型的反应。具体采用哪一种反应，应从对涂覆的工艺要求、成本、性能特点来设计。目前应用得最多的是羟基丙烯酸树脂与三聚氰胺树脂的固化和多羟基丙烯酸树脂与多异氰酸酯的固化。涂膜最终的性能，要靠反复多次地实验才能获得。以上的介绍是固化成膜反应的基本原理，实际的反应要复杂得多。此外，由于树脂生产厂家生产时的一些不确定因素，就是同一型号的不同批次产品，质量也可能不完全一致。另外，由于我们侧重于涂料的生产设计，对成膜物质的合成没有要求更多的了解，这要求我们在选购和使用树脂时，要多做实验。如果是自己合成树脂，详细了解

树脂合成的各种影响因素，是很有必要的。这方面的文献读者自己查阅。

3.2.4 丙烯酸树脂的溶剂

用做室温固化双组分聚氨酯羟基组分的丙烯酸树脂不能使用醇类、醚醇类溶剂，以防其和异氰酸酯基团反应，溶剂中含水量应尽可能低。常用的溶剂为甲苯、二甲苯，以及适量的乙酸乙酯、乙酸丁酯。环保涂料用溶剂不准含“三苯”——苯、甲苯、二甲苯，通常以乙酸乙酯、乙酸丁酯（BAC）、丙二醇甲醚乙酸酯（PMA）混合溶剂为主。也有的体系以乙酸丁酯和重芳烃（如重芳烃 S－100，重芳烃 S－150）做溶剂。

氨基烘漆用羟基丙烯酸树脂可以用二甲苯、丁醇做混合溶剂，有时拼入一些丁基溶纤剂（BCS，乙二醇丁醚）、S－100、PMA、乙二醇乙醚乙酸酯（CAC）。

热塑性丙烯酸树脂除使用上述溶剂外，丙酮、丁（甲乙）酮（MEK）、甲基异丁基酮（MIBK）等酮类溶剂，乙醇、异丙醇（IPA）、丁醇等醇类溶剂也可使用。实际上，通常都要用混合溶剂。

3.2.5 水性丙烯酸树脂

水性丙烯酸树脂包括丙烯酸树脂乳液、丙烯酸树脂水分散体（也称水可稀释丙烯酸）及丙烯酸树脂水溶液。乳液主要是在水性自由基引发剂引发下，由油性烯类单体乳化在水中合成的；而树脂水分散体则是通过自由基溶液聚合或逐步溶液聚合等不同的工艺合成的。从粒子粒径看：乳液粒径>树脂水分散体粒径>水溶液粒径。从应用看，以前两者最为重要。丙烯酸乳液主要用于乳胶漆的基料，在建筑涂料市场占有重要的地位。根据单体组成通常分为纯丙乳液、苯丙乳液、醋丙乳液、硅丙乳液、叔醋（叔碳酸酯-醋酸乙烯酯）乳液、叔丙（叔碳酸酯-丙烯酸酯）乳液等。丙烯酸酯乳液是最重要的品种。

3.2.5.1 水溶性丙烯酸树脂的原理

水溶性丙烯酸树脂一般是阴离子树脂，它由含有不饱和双键的羧酸、丙烯酸、甲基丙烯酸、顺丁烯二酸酐、亚甲基丁二酸等共聚，使侧链上接有羧基，再用有机胺或氨水中和成盐，就获得了水溶性。此外，还可在侧链上通过选用适当的单体，引入羟基（—OH）、酰胺基（$—CONH_2$）或醚键（—O—）等亲水基团来增加树脂在水中的溶解性。但即使有了上述结构上的改善，丙烯酸树脂的水溶性并不理想，常常得到的是乳浊状的液体或黏度较高的液体。为了得到理想的水溶性液体，通常还要在树脂体系中加入一定比例的亲水助剂来增加树脂的水溶性。

3.2.5.2 水性丙烯酸树脂的组成及应用

水性丙烯酸树脂的组成有三大部分：单体、中和剂和助溶剂。每一部分的作用总结如下。

（1）组成单体。用于调整基础树脂硬度、柔韧性及耐大气性能的单体，有甲基丙烯酸甲酯、丙烯酸己酯、苯乙烯、丁酯、乙基己酯等。

（2）官能单体。提供亲水基团和水溶性，并为树脂固化成膜提供交联反应的活性基团的单体，有甲基丙烯酸羟乙酯、甲基丙烯酸羟丙酯、丙烯酸羟乙酯、丙烯酸羟丙酯、丙烯酸、甲基丙烯酸、顺丁烯二酸酐等。

（3）中和剂。中和树脂上的羧基以形成盐，使树脂溶于水的中和剂，有氨水、二甲基乙醇胺、*N*-乙基吗啉、2-二甲氨基-2-甲基丙醇、2-氨基-2-甲基丙醇等。

（4）助溶剂。提供偶联效率及增溶作用，调增黏度、流平性等性能的助溶剂，有乙二醇乙醚、乙二醇丁醚、丙二醇乙醚、丙二醇丁醚、仲丁醇、异丙醇等。

实验证明，过高的羧基含量能增加水溶性，但不是水溶性越高，涂料的成膜性质也越高。过高的水溶性可能引起漆膜的性能降低。一般在体系中丙烯酸的物质的量（mol）为10%～20%，并有一定比例的羟基酯，树脂的酸值在 50～100 之间时，已经有足够的交联官能度，同时涂膜的物理性能比较良好。

3.2.6　丙烯酸树脂乳液

丙烯酸乳液是最重要的乳胶漆基料，具有颗粒细、弹性好、耐光、耐水、耐候性好的优点。其对涂料工业的发展，作出了重要的贡献。这里进行简单介绍。

丙烯酸乳液的合成原料：乳液聚合的最简单配方为，油性（可含少量水性）单体：30%～60%；去离子水：40%～70%；水溶性引发剂：0.3%～0.7%；乳化剂（Emulsifier）：1%～3%。油性单体在水介质中由乳化剂分散成乳状液，由水溶性引发剂引发的聚合称为乳液聚合。

1．乳化剂

乳化剂实际上是一种表面活性剂，通常依其结构特征分为：阴离子型、阳离子型、两性型及非离子型。乳化的原理，是因为表面活性剂可以极大地降低界面（表面）张力，使互不相溶的油水两相借助搅拌的作用转变为能够稳定存在、久置难以分层的白色乳液，是乳液聚合必不可少的组分，在其他工业部门也具有重要应用。

乳化剂的结构包括两部分：其头部表示亲水端，棒部表示亲油的烃基端，如果这两个部分以恰当的质量进行结合，则这种表面活性剂分子既不同于水溶性物质以分子状态溶于水中，也不同于油和水的难溶，而是以一种特殊的结构——“胶束”（micelle）——的形式分散在水中。胶束的结构如下。

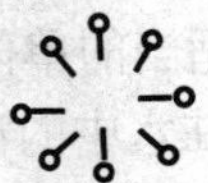

甘油脂肪酸

胶束是一种纳米级的聚集体，呈球形或棒形，一般含 50 个表面活性剂分子，亲水端指向水相，亲油端指向其内核，因此油性单体就可以借助搅拌的作用扩散进入内核，或者说胶束具有增溶富集单体的作用。研究发现增溶胶束才是发生乳液聚合的场合。

乳化剂有三方面的作用：

（1）分散作用——乳化剂使油水界面张力极大降低，在搅拌作用下，使油性单体相以细小液滴（d<1 000 nm）分散于水相中，形成乳液。

（2）稳定乳液——在乳液中，表面活性剂分子主要定位于两相液体的界面上，亲水基团与水相接触，亲油基团与油相接触。乳液聚合中常用阴离子型表面活性剂（如十二烷基硫酸钠，$H_3C(CH_2)_{11}OSO_3^-Na^+$）做主乳化剂，其亲水端带有负电荷，这样液滴上的同种电荷层相互排斥，可阻止液滴间的聚集，起到稳定乳液的作用。非离子型表面活性剂（如壬基酚聚环氧乙烷醚，$CH_3(CH_2)_8-C_6H_4-O(CH_2CH_2O)_nH$，$n = 10 \sim 40$）做助乳化剂，其亲水链段聚环氧乙烷嵌段定向吸附到乳胶粒的表面上，通过氢键作用吸附大量的水，这层水层的位阻效应也有利于乳液的稳定。

（3）增溶液作用——表面活性剂分子在浓度超过临界胶束浓度时，可形成胶束，这些胶束中可以增溶单体，称为增溶胶束，也是真正发生聚合的场所。例如，在室温时溶解度为 0.07 g/cm^3 的物质，在乳液聚合中可增溶到 2 %，提高了 30 倍。

2. 引发剂

合成乳液时，要有引发剂，才能使反应发生。乳液聚合常采用水溶性热分解型引发剂。一般使用过硫酸盐（$S_2O_8^{2-}$）：过硫酸氨、过硫酸钾、过硫酸钠。其分解反应式为

$$S_2O_8^{2-} \longrightarrow 2SO_4^{-}\cdot$$

$$\left({}^{-}O-\overset{O}{\underset{O}{S}}-O-O-\overset{O}{\underset{O}{S}}-O^{-} \longrightarrow 2\,{}^{-}O-\overset{O}{\underset{O}{S}}-O\cdot \right)$$

硫酸根阴离子自由基如果没有及时引发单体，将发生如下反应：

$$SO_4^{-}\cdot + H_2O \longrightarrow HSO_4^{-} + HO\cdot$$

$$4HO\cdot \longrightarrow 2H_2O + O_2$$

其综合反应式为

$$2S_2O_8^{2-} + 2H_2O \longrightarrow 4HSO_4^{-} + O_2$$

此外，氧化-还原引发体系也是经常使用的品种。其中氧化剂有：无机的过硫酸盐、过氧化氢；有机的异丙苯过氧化氢、特丁基过氧化氢、二异丙苯过氧化氢（结构如下）等。

$C_6H_5-C(CH_3)_2-OOH$　　$H_3C-C(CH_3)_2-OOH$　　$(CH_3)_2CH-C_6H_4-C(CH_3)_2-OOH$

异丙苯过氧化氢　　特丁基过氧化氢　　二异丙苯过氧化氢

还原剂有亚铁盐（Fe^{2+}）、亚硫酸氢钠（$NaHSO_3$）、亚硫酸钠（Na_2SO_3）、连二亚硫酸钠（$Na_2S_2O_6$）、硫代硫酸钠（$Na_2S_2O_3$）、吊白粉等。过硫酸盐、亚硫酸盐构成的氧化-还原引发体系，其引发机理为

$$S_2O_8^{2-} + SO_3^{2-} \longrightarrow 2SO_4^{2-} + SO_4^{-}\cdot + SO_3^{-}\cdot$$

氧化-还原引发体系反应活化能低，在室温或室温以下仍具有正常的引发速率，因此在乳液聚合后期，为避免升温造成乳液凝聚，可用氧化-还原引发体系在50～70°C条件下进行单体的后消除，降低单体残留率。

3. 其他组分

(1) 保护胶体。乳液聚合体系常加入水溶性保护胶体。保护胶体的水性高分子的亲油大分子主链吸附到乳胶粒的表面，形成一层保护层，可阻止乳胶粒在聚合过程中的凝聚；另外，保护胶体提高了体系的黏度（增稠），也有利于防止粒子的聚集以及色漆体系储存过程中颜填料的沉降。属于天然水溶性高分子的有羟乙基纤维素（HEC）、明胶、阿拉伯胶、海藻酸钠等。其中HEC 最为常用，其特点是对耐水性影响较小；但合成型水溶性高分子更为常用，如聚乙烯醇(PVA1788)、聚丙烯酸钠、苯乙烯-马来酸酐交替共聚物单钠盐。保护胶体的加入也有缺点，如可能使涂膜的耐水性下降，因此在品种选择、加入量等方面，要仔细通过实验确定。

(2) 缓冲剂。主要作用是使体系的pH维持相对稳定，使链引发正常进行。常用的缓冲剂有碳酸氢钠、磷酸二氢钠、醋酸钠。

关于乳液的聚合机理，不再讨论。

3.3 聚氨酯树脂

聚氨酯是聚氨酯甲酸酯的简称，但其结构单元并非完全是氨基甲酸酯，而是指聚合物中含有相当数量的氨基甲酸酯键：

$$\left(\overset{\displaystyle H}{\underset{}{\overset{|}{N}}} - \overset{\displaystyle O}{\overset{\|}{C}} - O - R \right)$$

聚氨酯是由多异氰酸酯与多元醇（包括含羟基的低聚物）反应生成的。但聚氨酯形成的涂膜并不一定含有聚氨酯树脂。凡是用异氰酸酯树脂或其反应物为原料的涂料都可称为聚氨酯涂料。如上一节我们在介绍丙烯酸树脂时，已经介绍过多羟基丙烯酸树脂与异氰酸酯的反应，得到的就是聚氨酯涂膜。

聚氨酯涂料是目前较常见的一类涂料，可以分为双组分聚氨酯涂料和单组分聚氨酯涂料。双组分聚氨酯涂料一般是由异氰酸酯预聚物（也叫低分子氨基甲酸酯聚合物）和含羟基树脂两部分组成的，通常称为固化剂组分和主剂组分。这一类涂料的品种很多，应用范围也很广，根据含羟基组分的不同可分为丙烯酸聚氨酯、醇酸聚氨酯、聚酯聚氨酯、聚醚聚氨酯、环氧聚氨酯等品种。

在聚氨酯涂膜中，除含有大量的氨酯键外，还可能含有酯键、醚键、缩二脲键、脲基甲酸酯键、异氰脲酸酯键，以及油脂的不饱和键等。正是氨酯键的存在，使得在高聚物大分子之间有氢键存在，这是氨酯键的特点。聚氨酯高聚物分子之间形成了两类氢键：环形氢键与非环形氢键（结构如下）。

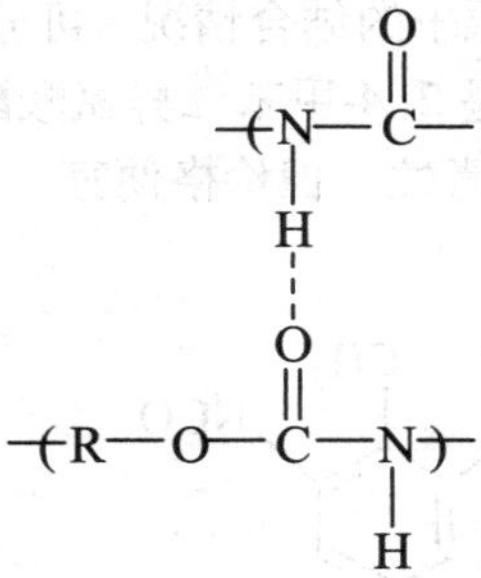

$$-\!\!\left(N-\underset{}{\overset{O}{\overset{\|}{C}}}-O-R\right)\!\!-$$

非环形氢键 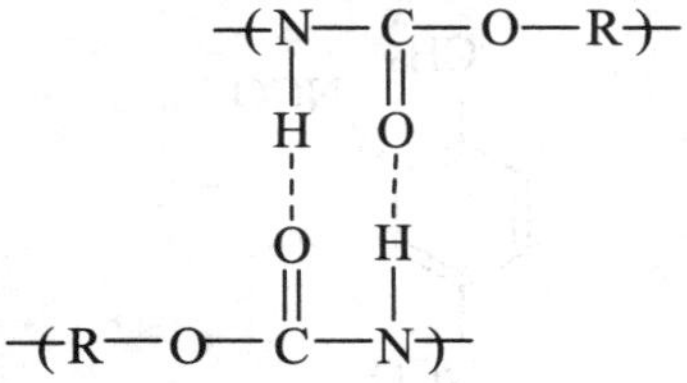　　　　环形氢键

氢键的大量存在，使得分子之间的内聚力很大，增强了涂膜的抗撕裂强度。当有外力作用时，氢键还可以吸收外来的能量；当外力取消后，氢键又重新恢复。这一特性，使涂膜具有了优良的机械耐磨性和韧性。

正因为存在以上的化学键和氢键，聚氨酯涂膜一般都具有良好的机械性能、较高的固体含量、优良的附着力和耐油、耐酸碱、耐水以及耐化学品性能，是目前很有发展前途的一类涂料品种。主要应用方向有木器涂料、高档汽车的涂层修补、大型飞机、防腐、地坪、电子材料、防水涂料等对性能要求较高的场合。缺点是施工工序复杂，对施工环境要求很高，漆膜容易产生弊病。

单组分聚氨酯涂料主要有氨酯油涂料、潮气固化聚氨酯涂料、封闭型聚氨酯涂料等品种。应用面不如双组分涂料广，主要用于地板涂料、防腐涂料、预卷材涂料等，其总体性能不如双组分涂料全面。

3.3.1 多异氰酸酯

3.3.1.1 异氰酸酯的结构和种类

异氰酸酯是制备聚氨酯涂料的主要原料。可以说，没有异氰酸酯，就没有聚氨酯。异氰酸酯有很高的活性，可以和含有活泼氢（主要是含—OH、—NH_2、—SH 等基团）的化合物反应。此外，还有异氰酸酯的自聚反应及其他一些交联反应。

异氰酸酯的结构为 $R-\overset{\delta-}{N}=\overset{\delta+}{C}=\overset{\delta-}{O}$

分子中含有两个双键。一般来说，氧原子上的电子密度最高，呈负电性；氮原子上的电子密度也较高，但没有氧原子高，也呈负电性；碳原子显正电性，极易遭到亲核试剂（上述含有活泼氢的基团中的氧、氮、硫等原子）的进攻，而活泼氢原子与氧原子结合生成羟基。但不饱和碳原子上的羟基不稳定，重排形成氨基甲酸酯（与醇反应）或脲（与水或胺反应）。反应机理可表示如下：

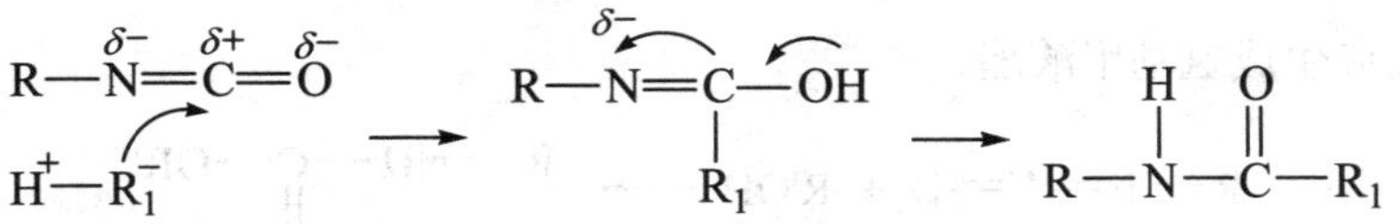

$$R-\overset{\delta-}{N}=\overset{\delta+}{C}=\overset{\delta-}{O} + \overset{+}{H}-\overset{-}{R_1} \longrightarrow R-\overset{\delta-}{N}=\underset{R_1}{\underset{|}{C}}-OH \longrightarrow R-\overset{H}{\overset{|}{N}}-\overset{O}{\overset{\|}{C}}-R_1$$

异氰酸酯的种类很多。根据异氰酸酯基（—NCO）与碳原子的结合情况，可分为下面几种：

（1）芳香族异氰酸酯，如甲苯二异氰酸酯（TDI）。一般是2, 4-甲苯二异氰酸酯和2, 6-甲苯二异氰酸酯（结构如下），前者含量一般占80%。TDI有较高毒性，但价格便宜。

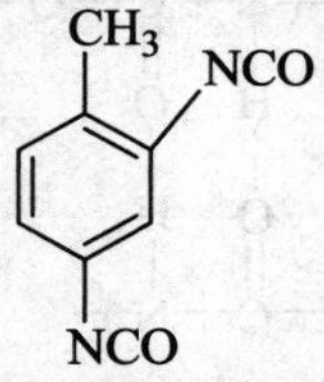

2, 4-甲苯二异氰酸酯 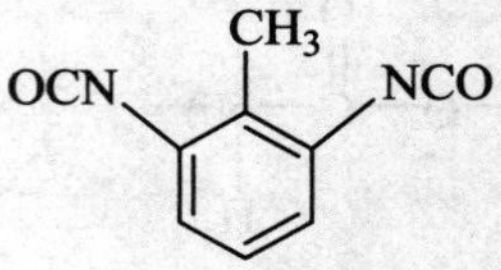　　2, 6-甲苯二异氰酸酯

（2）脂肪族异氰酸酯，如六亚甲基二异氰酸酯（HDI），其结构如下：

$$OCN—(CH_2)_6—NCO$$

（3）芳脂族异氰酸酯，在苯环与异氰酸酯基之间嵌有一个或多个亚甲基的异氰酸酯，如对苯二亚甲基二异氰酸酯（XDI），其结构如下：

$$OCN—H_2C—C_6H_4—CH_2—NCO$$

（4）脂环族二异氰酸酯，就是氢化芳香族异氰酸酯，如氢化甲苯二异氰酸酯（HTDI）。分子中不存在不饱和双键。

（5）二苯甲烷二异氰酸酯（MDI）：

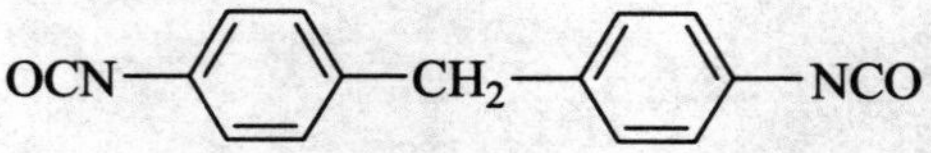

$$OCN—C_6H_4—CH_2—C_6H_4—NCO$$

（6）异佛尔酮二异氰酸酯（IPDI）：

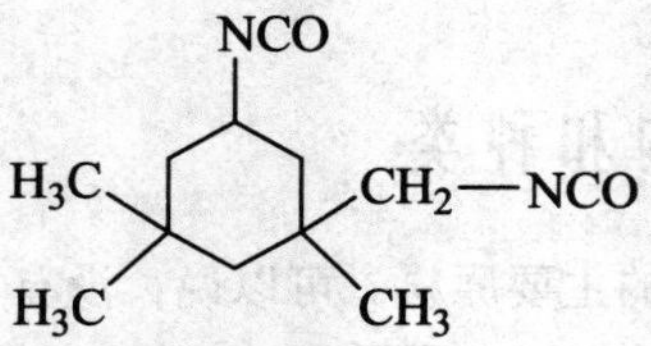

（7）二环已基甲烷二异氰酸酯（$H_{12}MDI$）：

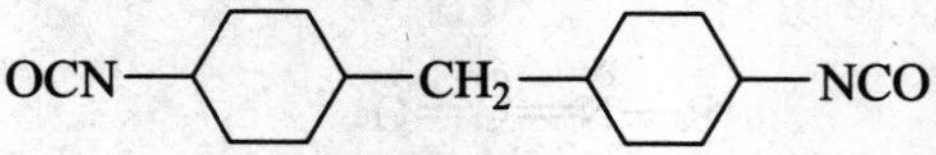

$$OCN—C_6H_{10}—CH_2—C_6H_{10}—NCO$$

实际上，异氰酸酯还有很多，读者可参阅其他有关文献。

3.3.1.2 异氰酸酯的反应

异氰酸酯因为有很高的反应活性，可以和含有活性氢的基团发生反应。下面是它的一些常见反应。

（1）与醇反应生成氨基甲酸酯：

$$R—N{=}C{=}O + R'OH \longrightarrow R—NH—\underset{\underset{O}{\|}}{C}—OR'$$

（2）与胺反应生成取代脲：

$$R-N=C=O + R'NH_2 \longrightarrow R-NH-\underset{\underset{O}{\|}}{C}-NHR'$$

（3）与水反应，第一步生成胺，胺进一步与异氰酸酯反应（见上一反应），生成二氧化碳和脲：

$$R-N=C=O + H_2O \longrightarrow R-NH-\underset{\underset{O}{\|}}{C}-OH \longrightarrow RNH_2 + CO_2$$

（4）与羧酸反应生成酰胺：

$$R-N=C=O + R'COOH \longrightarrow R-NH-\underset{\underset{O}{\|}}{C}-O-\underset{\underset{O}{\|}}{C}-R' \longrightarrow R-NH-\underset{\underset{O}{\|}}{C}-R' + CO_2$$

（5）与脲反应生成缩二脲：

$$R-N=C=O + R'NHCONHR'' \longrightarrow R-NH-\underset{\underset{O}{\|}}{C}-\underset{\underset{R'}{|}}{N}-\underset{\underset{O}{\|}}{C}-NHR''$$

（6）与氨基甲酸酯反应生成脲基甲酸酯：

$$R-N=C=O + R'NHCOOR'' \longrightarrow R-NH-\underset{\underset{O}{\|}}{C}-\underset{\underset{R'}{|}}{N}-\underset{\underset{O}{\|}}{C}-OR''$$

（7）与肟反应：

$$R-N=C=O + \begin{matrix}R' \\ R''\end{matrix}\!\!>\!C=NOH \longrightarrow R-NH-\underset{\underset{O}{\|}}{C}-O-N=C\!<\!\!\begin{matrix}R' \\ R''\end{matrix}$$

（8）与酸酐反应生成酰亚胺：

$$R-N=C=O + \text{(maleic anhydride: } \underset{\text{O}}{\overset{\text{O}}{\|}}\text{C}-\text{CH}=\text{CH}-\text{C}(=\text{O})-\text{O}-\text{ ring)} \longrightarrow \text{(maleimide ring)}-N-R + CO_2$$

（9）与环氧基反应生成恶唑烷：

$$R-N=C=O + R'-HC\underset{O}{\diagdown\!\diagup}CH_2 \longrightarrow \text{(oxazolidinone ring: } R'-CH-CH_2,\ O,\ N-R,\ C=O)$$

异氰酸酯的反应还包括自聚反应、与—SH的反应，在此不再列出。

3.3.1.3　异氰酸酯的黄变性与光降解

上述异氰酸酯中，TDI和MDI是芳香族异氰酸酯，其活性比脂肪族的大，反应快，但形成的涂膜容易变黄。原因是聚氨酯涂膜中的氨酯键在紫外光作用下将发生分解，键断裂生成胺，胺进一步氧化并使分子发生重排，形成醌式结构或偶氮结构。这种黄变，对芳香族异氰酸酯最为敏感。不过XDI虽有苯环，但由于分子中的亚甲基（—CH_2）阻断了醌式结构的形成，仍然属于脂肪族异氰酸酯。芳香族异氰酸酯的黄变机理可能是

RO—C(=O)—NH—C_6H_3(CH_3)(NHCOX) $\xrightarrow{h\nu}$ H_2N—C_6H_3(CH_3)(NHCOX) $\xrightarrow{[O]\ 重排}$ HN=C_6H_3(=CH_2)(NHCOX)

单醌酰亚胺

—C(=O)—NH—C_6H_4—CH_2—C_6H_4—NH—C(=O)— $\xrightarrow[O_2]{h\nu}$

—C(=O)—NH—C_6H_4—CH=C_6H_4=N—C(=O)— $\xrightarrow[O_2]{h\nu}$

—C(=O)—N=C_6H_4=C=C_6H_4=N—C(=O)—

双醌酰亚胺，深色

RO—C(=O)—NH—C_6H_3(CH_3)(NHCOO—) $\xrightarrow{h\nu}$ H_2N—C_6H_3(CH_3)(NHCOO—) $\xrightarrow{[O]}$ HN=C_6H_3(=CH_2)(NHCOO—)

↓[O]

H_3C—C_6H_3(—OOCHN)—N=N—C_6H_3(NHCOO—)—CH_3

偶氮化合物

以TDI为原料的涂层氧化后形成单醌酰亚胺，以MDI为原料的涂层氧化后生成双醌酰亚胺，以MDI为原料的涂层黄变性比以TDI为原料的涂层严重。TDI的三聚体黄变趋势比TDI预聚物（以下介绍）要低，因为异氰脲酸酯环要稳定一些。

以脂肪族聚氨酯为原料的涂膜不易受到紫外线作用而分解。与芳香族异氰酸酯比较，脂肪族异氰酸酯具有优异的耐候性，不变黄。因为脂肪族的氨酯键比芳香族的氨酯键稳定，其氨酯

键在紫外线作用下，也会分解成脂肪胺，但由于脂肪胺接于脂肪链上、脂环链或芳香族链上（如XDI），均被亚甲基阻断，所以难以被氧化；另一方面，脂肪胺因不直接与苯环连接，不易与苯环产生共轭效应，因此也就不会氧化重排为醌式或偶氮结构的发色基团。这是脂肪族异氰酸酯不发生黄变的原因。要得到保色性好的聚氨酯，通常选用脂肪族异氰酸酯，缺点是价格要贵很多和大多数聚合物一样，聚氨酯的光降解反应的途径和速度主要由单体链段的性质决定。实验证明，环酯族多异氰酸酯（IPDI 三聚体）的耐候性优于脂肪族异氰酸酯（HDI 的缩二脲或三聚体，下面介绍）；丙烯酸多元醇的聚氨酯涂膜的光稳定性要优于聚酯聚氨酯涂膜。此外，在合成丙烯酸树脂时，选择的一些单体可能导致光稳定性下降，如常见的苯乙烯单体会降低涂膜的光稳定性，含有苯乙烯的光诱导型交联剂会导致涂膜过早开裂；而甲基丙烯酸羟乙酯和甲基丙烯酸羟丙酯的抗光降解及光稳定性比较好。

3.3.1.4　异氰酸酯的加成物

除 MDI 外，异氰酸酯的单体都有较高的蒸汽压，易挥发和有毒性，不能直接用于涂料生产和制备。涂料用的异氰酸酯都要预先和多羟基化合物反应制成预聚物或形成缩二脲或三聚体的聚异氰脲酸酯，即异氰酸酯的一部分—NCO 先生成氨基甲酸酯，以降低挥发性和反应活性；另一部分—NCO 保留在预聚体中，在涂料施工后，继续与多羟基化合物反应。预聚体形成后的异氰酸酯，相对分子质量增大，蒸汽压降低，毒性减小，性质稳定，并能使涂膜具有快干、耐温、耐候性较好的特性。常见的异氰酸酯预聚体及其反应有：

（1）TMP（三羟甲基丙烷）与 TDI 的预聚物

$$CH_3CH_2-C(CH_2OH)_3 + 3\,CH_3C_6H_3(NCO)_2 \longrightarrow CH_3CH_2-C\left[CH_2O-\overset{O}{\overset{\|}{C}}-NH-C_6H_3(CH_3)(NCO)\right]_3$$

（2）多异氰酸酯缩二脲型预聚物

使用多异氰酸酯与水反应得到的产物。常用的是 HDI 的缩二脲。此外，XDI 也是工业上用于制备缩二脲的多异氰酸酯。HDI 的缩二脲反应分两步进行：

第一步反应生成胺：

$$OCN\!+\!\!\left(CH_2\right)_6\!\!-NCO + H_2O \longrightarrow H_2N\!+\!\!\left(CH_2\right)_6\!\!-NCO + CO_2\uparrow$$

第二步反应生成脲基二异氰酸酯，继续与己二异氰酸酯反应生成缩二脲：

$$OCN\!+\!\!\left(CH_2\right)_6\!\!-NCO + H_2N\!+\!\!\left(CH_2\right)_6\!\!-NCO \longrightarrow O{=}C\begin{cases} NH\!+\!\!\left(CH_2\right)_6\!\!-NCO \\ NH\!+\!\!\left(CH_2\right)_6\!\!-NCO \end{cases}$$

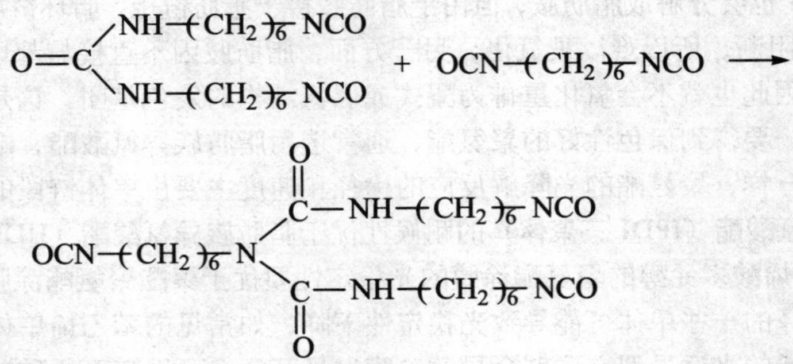

$$O{=}C\begin{matrix}NH\text{-}(CH_2)_6\text{-}NCO\\NH\text{-}(CH_2)_6\text{-}NCO\end{matrix} + OCN\text{-}(CH_2)_6\text{-}NCO \longrightarrow$$

$$OCN\text{-}(CH_2)_6\text{-}N\begin{matrix}C(=O)\text{-}NH\text{-}(CH_2)_6\text{-}NCO\\C(=O)\text{-}NH\text{-}(CH_2)_6\text{-}NCO\end{matrix}$$

上面反应如果控制不好，有可能生成缩三脲、缩四脲，甚至不溶物，就不能作为制备涂料的缩二脲。典型的HDI缩二脲产品有德国拜耳公司生产的系列产品，其中N75最为大家熟悉，其固含量为75%；N3390在国内市场的用量也很大，固含量达到90%。现在无溶剂的HDI缩二脲产品已很常见，拜耳公司生产的产品有N100、N3200、N3300、N3600等。

(3) 多异氰酸酯的三聚体（异氰脲酸酯）

在催化剂作用下，异氰酸酯可以聚合为三聚体。三聚体与一般的异氰酸酯比较有自己的优点，主要体现在：异氰脲酸酯上没有活性氢，不会形成氢键，所以产品的黏度低，可以制成高固体产品；可以制成快干涂料，因为异氰脲酸酯环的强吸电子效应，使—NCO上的N、C电子云密度加大，反应活性加大；所有三聚体的异氰酸脲酯环相对于一般预聚体，对光和热的稳定性增高，热分解温度可以高达 500 ℃，因此不易变质；由于三聚体的异氰脲酸酯环对热稳定性好，制得的涂膜具有一定的阻燃性，另外，普通的聚氨酯涂膜在180℃可能开始分解，而三聚体的异氰脲酸酯的聚氨酯涂膜可在 200 ℃使用。同样，HDI的缩二脲和三聚体比较，HDI三聚体制得的涂膜性能更优越。目前市场上还有以IPDI为单体制得的三聚体，用于制备户外耐候性优良的高档涂料和高级粉末涂料。三聚体的合成反应如下：

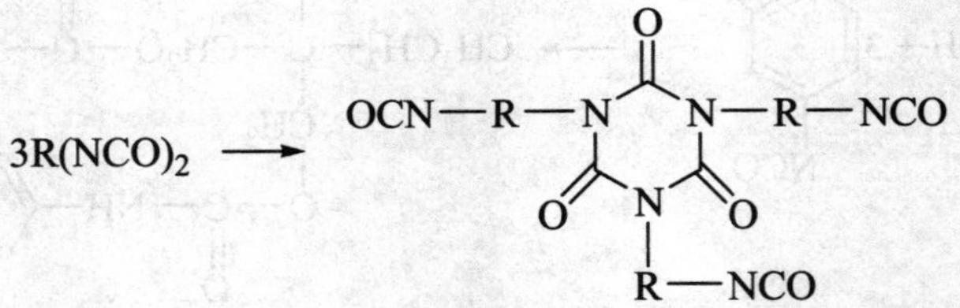

$$3R(NCO)_2 \longrightarrow \text{(OCN—R—N, N—R—NCO, N—R—NCO 三取代异氰脲酸酯环，环上三个 C=O)}$$

(4) 封闭型异氰酸酯

异氰酸酯的活性大，一般使用时，都是双组分即异氰酸酯树脂（甲组分）与含活性氢的另一组分（乙组分）分开放置，使用时按一定比例混合后再施工。

单组分的聚氨酯涂料可以用以下方法制备：使用封闭型的异氰酸酯，即将异氰酸酯基团和某些化合物反应，在高温下化合物再重新分解（称为解封反应）为异氰酸酯。封闭型异氰酸酯有以下优点：可以和多元醇的乙组分合装为单组分；降低了毒性；不易与水反应。但也有以下缺点：需要高温解封，因此增大了能耗；反应有副产物。

用于封闭异氰酸酯基团—NCO的化合物称为封闭剂，常用的此类化合物有：苯酚类、丙二酸酯类、己内酰胺类、环己酮胺类、甲乙酮类、肟类、醇类等。苯酚、丙二酸酯和己内酰胺的封闭反应表示如下：

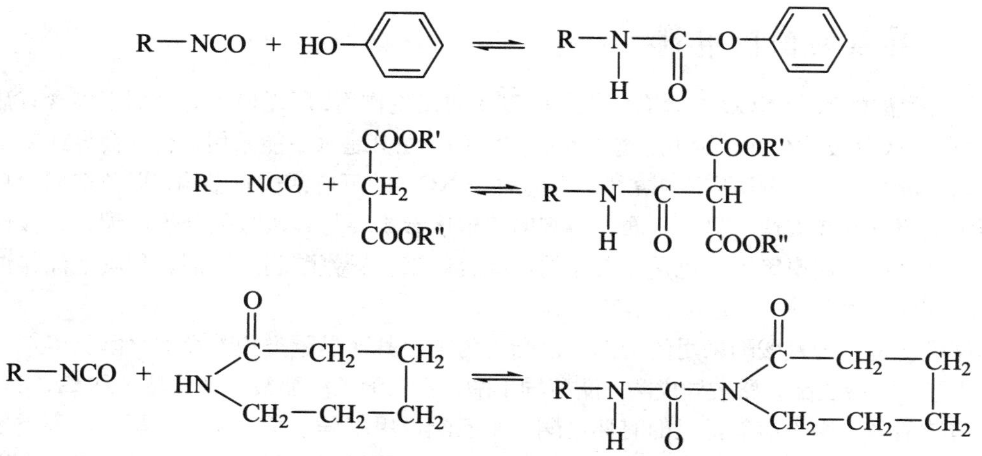

$$R-NCO + HO-C_6H_5 \rightleftharpoons R-NH-C(=O)-O-C_6H_5$$

$$R-NCO + CH_2(COOR')(COOR'') \rightleftharpoons R-NH-C(=O)-CH(COOR')(COOR'')$$

$$R-NCO + HN\overset{\displaystyle C(=O)-CH_2-CH_2}{\underset{\displaystyle CH_2-CH_2-CH_2}{}} \rightleftharpoons R-NH-C(=O)-N\overset{\displaystyle C(=O)-CH_2-CH_2}{\underset{\displaystyle CH_2-CH_2-CH_2}{}}$$

在加热时，封闭的异氰酸酯氨酯键重新开封生成异氰酸酯，进一步与含羟基的树脂交联固化形成涂膜。用苯酚封闭的异氰酸酯的交联固化成膜反应如下：

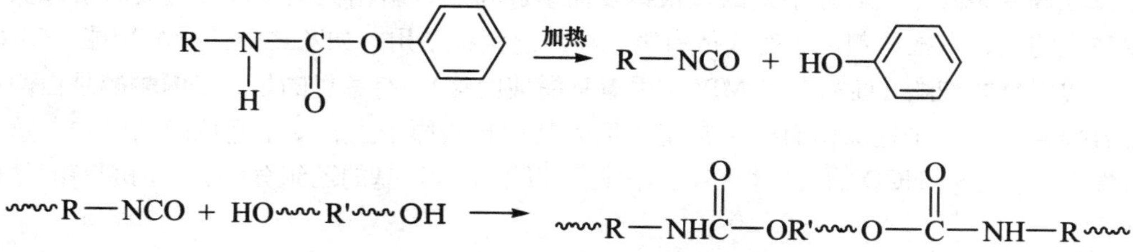

$$R-NH-C(=O)-O-C_6H_5 \xrightarrow{\text{加热}} R-NCO + HO-C_6H_5$$

$$\sim\sim R-NCO + HO\sim\sim R'\sim\sim OH \longrightarrow \sim\sim R-NHC(=O)-OR'\sim\sim O-C(=O)-NH-R\sim\sim$$

注意：脂肪族的异氰酸酯一般不用苯酚来封闭，以免引起色变，常用肟和乳酸酯等进行封闭。封闭型异氰酸酯用于粉末涂料的制备比较多。

3.3.1.5 异氰酸酯反应的催化剂

为了加快反应速度，可以加入催化剂。异氰酸酯生成聚氨酯的催化剂主要有三类：

（1）叔胺类，有甲基二乙醇胺、二甲基乙醇胺、二甲基环己胺。这类催化剂主要用来催化芳香族异氰酸酯与羟基的反应，在潮气固化的聚氨酯涂料中效果较好；而对脂肪族的异氰酸酯基本无作用。其中催化能力较强的三亚乙基二胺（DABCO），结构如下：

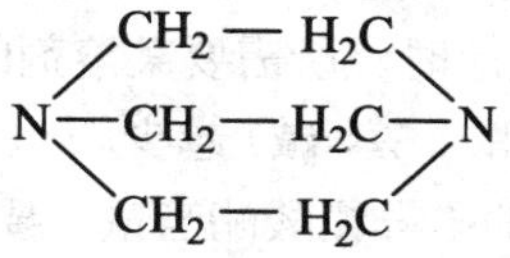

$$N\left(-CH_2-H_2C-\right)_3N$$

（2）有机金属化合物，有环烷酸钴、锌酸亚锡、二丁基二月桂酸锡（DBTL）。最常用的是二丁基二月桂酸锡，分子式为：

$$(C_4H_9)_2Sn(OOCC_{11}H_{23})_2$$

锡催化剂对芳香族和脂肪族异氰酸酯与羟基的反应都有催化作用，并且它的催化作用比叔胺强。当用二丁基二月桂酸锡作为脂肪族异氰酸酯的催化剂时，其反应速度与芳香族的相当。

（3）有机膦类，有三丁基膦、三乙基膦。它们对异氰酸酯的三聚反应特别有效。

3.3.1.6 异氰酸酯的溶剂

因为异氰酸酯的—NCO与含有活性氢的基团要发生作用，所以使用的溶剂不能含有活性氢或不能与—NCO发生作用。因此，醇、醚醇类溶剂，尤其是水不能采用，否则会导致制得的涂料凝胶化；同时，还要考虑所用的溶剂是否会对—NCO的反应活性有影响，以免造成涂料在使用过程中成膜过慢或太快；另一方面，溶剂的溶解度参数要与异氰酸酯分子匹配，即极性相似和溶剂本身的挥发速率等因素也是要考虑的。综合起来，异氰酸酯的溶剂，和其他涂料溶剂配方设计时一样，大多采用的是混合溶剂。

具体情况是，异氰酸酯采用的溶剂，以酯类为主，其次是酮类和芳烃类。酯类溶剂常见的有醋酸丁酯、醋酸乙酯、醋酸异戊酯、醋酸异丁酯、乙二醇乙醚醋酸酯（商品名称CAC）、丙二醇甲醚醋酸酯等；酮类溶剂常见的有环己酮、甲乙酮、甲基异丁基酮和二丙酮等。酮类溶剂溶解力强，但挥发速度较低、气味较浓，不宜过多加入。芳烃类溶剂，通常选择二甲苯、甲苯作为稀释剂，以获得适宜的施工黏度。乙二醇单丁醚（BCS）常作为慢干溶剂，主要用于提高流平性，防止在高温条件下因其他溶剂的过快挥发而引起树脂析出和在空气湿度过大时引起涂膜发白。要注意的是，有些溶剂由于对人体有害，已经逐渐被禁用，如乙二醇乙醚醋酸酯（CAC），改用丙二醇甲醚醋酸酯（商品名称MPA，甲氧基醋酸丙酯）。有意思的是，二丙酮醇是由两分子丙酮缩合而得，分子中还保留有一个羟基，但因其在叔碳原子上，受空间位阻的影响，这个羟基的活性很小，与—NCO的反应性很低，因此可以用于含羟基的乙组分中。二丙酮醇的结构可表示如下：

$$(CH_3)_2C(OH)CH_2COCH_2$$

“氨酯级溶剂”的概念：涂料用溶剂，通常情况下都是普通的工业溶剂，它们看上去都是清澈透明的。但实际上，每一种溶剂都可能多多少少溶有水。前面已经知道，溶剂中的水分会引起异氰酸酯涂料凝胶。这是由于水与异氰酸酯反应，先生成胺和 CO_2，生成的胺再与异氰酸酯反应生成脲，脲再与异氰酸酯反应生成缩二脲。以水和TDI（甲苯二异氰酸酯）为例，18g水要消耗174 g以上的TDI。含水溶剂最终将导致涂膜起泡或针孔，在涂料存放时，还会引起容器鼓胀。除了水分以外，还要尽量减少游离酸和醇的含量，它们都含有活性氢。所谓“氨酯级溶剂”，就是指含杂质极少，能够用于聚氨酯涂料使用的溶剂。“氨酯级溶剂”的纯度比一般工业品要高。

通常用“异氰酸酯当量”来测定溶剂是否符合聚氨酯涂料的使用。“异氰酸酯当量”是指1 mol 异氰酸酯基（—NCO）完全反应时，所需要某溶剂的质量。数值越大，涂料的稳定性越好，也就是该溶剂中所含的杂质（水、酸、醇、碱）越少。一般规定，“异氰酸酯当量”低于2 500为不合格。符合“氨酯级溶剂”要求的“异氰酸酯当量”要在3 000以上。“异氰酸酯当量”的具体测定方法是：将定量的溶剂和过量的苯基异氰酸酯单体充分反应，再用二丁胺滴定未反应的苯基异氰酸酯。聚氨酯涂料常用溶剂的异氰酸酯当量为：醋酸乙酯，5 600；醋酸丁酯，3 000；甲乙酮，3 800；乙二醇乙醚醋酸酯，5 000；甲基异丁基酮，5 700；甲苯，大于10 000；二甲苯，大于10 000。

溶剂的极性对—NCO与—OH的反应影响：研究表明，溶剂的极性越大，—NCO与—OH的反应越慢。以甲苯和甲乙酮分别做溶剂，考察苯基异氰酸酯与甲醇的反应，它们反应的速率相差24倍。这是因为后者的分子极性较大，并能与甲醇形成氢键，减缓了反应的进行。

最后，还要考虑溶剂的表面张力对聚氨酯涂料成膜的影响。涂料的表面张力低于 35×10^{-3} N/m，涂膜就容易起泡，尤其是潮气固化的聚氨酯涂料更要注意。一些常用溶剂的表面张力数值如表 3.2 所示。

表 3.2 常用溶剂的表面张力

溶剂	醋酸乙酯	醋酸丁酯	甲基异丁基酮	环己酮	乙二醇乙醚醋酸酯	甲苯	二甲苯
表面张力（10^{-3}N/m）	23.9～24.3	27.6～28.9	25.4	38.1	31.8～32.7	30	32.8

3.3.2 聚氨酯涂料

3.3.2.1 聚氨酯树脂涂料的分类

聚氨酯树脂是一大类涂料，对它的分类标准，各种文献以及各个国家、各个时期都有不同。本书将聚氨酯涂料简单分类如下：双组分聚氨酯涂料、单组分聚氨酯涂料、水性聚氨酯涂料。

1. 双组分聚氨酯涂料

双组分聚氨酯涂料分为两部分，习惯上将多异氰酸酯部分称为甲组分，另一部分为含羟基的树脂（清漆）或用含羟基树脂分散好的颜料、助剂、催化剂等，称为乙组分。有时还专门配有用于调制涂料以便于施工的稀释剂。在某些地区或场合，由于习惯不同，又将甲组分称为固化剂。

甲组分通常就是前述的多异氰酸酯的预聚物，这里不再介绍。作为乙组分的树脂是含羟基的丙烯酸树脂、环氧树脂、聚醚、聚酯、醇酸树脂以及蓖麻油等。它们制得的涂膜各有优缺点，相对来说，用丙烯酸树脂与异氰酸酯交联所得的涂膜，综合性能更理想一些。但在开发聚氨酯涂料时，要根据使用对象、成本、施工条件等因素来决定采用哪一种异氰酸酯和含羟基树脂，常常要做大量的实验才能确定最后的生产配方。目前，双组分的聚氨酯涂料应用最为广泛。

2. 单组分聚氨酯涂料

单组分聚氨酯涂料又分为好几种：潮气固化或湿固化聚氨酯涂料、封闭型聚氨酯涂料、氨酯油和氨酯醇酸。

（1）潮气固化或湿固化聚氨酯涂料是由含有羟基的大分子化合物，一般是蓖麻油树脂、聚酯树脂、环氧树脂、聚醚树脂等与过量的多异氰酸酯反应，生成芳香族或脂肪族异氰酸根端基的预聚物，再与溶剂、助剂、催化剂等组成。它的成膜反应是，涂料施工后，预聚物中的端基异氰酸根（—NCO）与水反应生产脲键固化成膜。反应分两步完成：先是环境（主要为大气或空气）中的水与—NCO 反应生产不稳定的氨基甲酸，氨基甲酸马上分解为胺和二氧化碳气体，后者从涂膜中挥发；生成的胺继续与剩余的异氰酸酯基团反应生成脲。反应可表示如下：

$$\sim\sim NCO + H_2O \longrightarrow \sim\sim NH_2 + CO_2$$

$$\sim\sim NH_2 + \sim\sim NCO \longrightarrow \sim\sim NH—CO—NH \sim\sim$$

潮气固化的聚氨酯的干燥时间与空气的相对湿度和温度有关。如果温度低，湿度小，则涂膜干燥慢，一般要求室温在 0 ℃以上，空气湿度在 30%～98%。空气湿度太大，会造成固化时间太短，给施工带来不便。另外，施工时，湿膜不能太厚，因为有 CO_2 气体放出，太厚的涂膜会导致 CO_2 不能及时排出而可能被封闭在涂膜里面，使最后得到的涂膜有鼓泡，影响外观。

（2）封闭型聚氨酯涂料，参见前述异氰酸酯的反应一节。

（3）氨酯油和氨酯醇酸

用含有羟基的油（如蓖麻油）或经多元醇部分醇解的油与二异氰酸酯反应所得的聚合油称为氨酯油，氨酯油中不含自由的异氰酸酯。氨酯醇酸和醇酸树脂的合成相似，在合成时，将苯酐换为二异氰酸酯，首先是植物油与多元醇（如甘油）进行交换得到甘油二酯或甘油单酯，甘油酯上的自由羟基再与二异氰酸酯反应，就得到氨酯醇酸。氨酯醇酸大分子中也没有自由的异氰酸酯。

氨酯油和氨酯醇酸有时都被称为氨酯油，干燥机理与干性油相似，主要靠干性油中的不饱和双键以及活泼亚甲基，在金属催化剂的作用下，氧化聚合而干燥。氨酯油和氨酯醇酸制得的涂膜在光泽、丰满度、硬度、耐磨性、耐水性、耐油性、耐化学腐蚀等方面比醇酸树脂涂料要好。这是因为成膜后，没有邻苯二甲酸酯结构，所以抗水性好；因为有氨酯键，所以耐磨性好。缺点是涂膜流平性不好，耐候性不佳，在户外使用时，容易变黄。

在制造单组分聚氨酯涂料时，对颜料和溶剂的要求比较高，如果颜料或溶剂含水量高（因为存放导致吸水使含量超过正常值），会给生产带来困难。有时需要给颜料和溶剂脱水。溶剂一般要求达到氨酯级。

3. 水性聚氨酯涂料

聚氨酯从 20 世纪 30 年代开始发展，在 50 年代就有少量水性聚氨酯的研究。1953 年 Du Pont（杜邦）公司的研究人员将端异氰酸酯基团聚氨酯预聚体的甲苯溶液分散于水，用二元胺扩链，合成了聚氨酯乳液。到了 20 世纪 60～70 年代，对水性聚氨酯的研究开发才开始迅速发展，1972 年已投入大批量生产。20 世纪 70～80 年代，美、德、日等国的一些水性聚氨酯产品已从试制阶段发展为实际生产和应用，一些公司有多种牌号的水性聚氨酯产品供应，如德国 Bayer（拜耳）公司的磺酸型阴离子聚氨酯乳液 ImPranil 和 Dispercoll KA 等系列、Hoechst（赫斯特）公司的 Acrym 系列、美国 Wyandotte 化学公司的 X 及 E 等系列、日本大日本油墨公司的 Hydran HW 及 AP 系列、日本公司的聚氨酯乳液 CVC36 及水性乙烯基聚氨酯胶黏剂 CU 系列、日本光洋产业公司的水性乙烯基聚氨酯胶黏剂 KR 系列等。

（1）水性聚氨酯的分类

水性聚氨酯品种繁多，可以按多种方法分类。

① 以外观分类

水性聚氨酯可分为聚氨酯乳液、聚氨酯分散液、聚氨酯水溶液。实际应用最多的是聚氨酯乳液及分散液。

② 按使用形式分类

水性聚氨酯胶黏剂按使用形式可分为单组分及双组分两类。可直接使用，或无需交联剂即可得到所需使用性能的水性聚氨酯称为单组分水性聚氨酯胶黏剂。若单独使用不能获得所需的性能，必须添加交联剂；或者一般单组分水性聚氨酯添加交联剂后能提高黏接性能，在这种情况下，水性聚氨酯主剂和交联剂二者就组成双组分体系。

③ 以亲水性基团的性质分类

根据聚氨酯分子侧链或主链上是否含有离子基团，即是否属离子键聚合物（离聚物），水性聚氨酯可分为阴离子型、阳离子型、非离子型。含阴、阳离子的水性聚氨酯又称为离聚物型水性聚氨酯。

④ 以聚氨酯原料分类

按主要低聚物多元醇的类型可分为聚醚型、聚酯型及聚烯烃型等，分别指采用聚醚多元醇、聚酯多元醇、聚丁二烯二醇等作为低聚物多元醇而制成的水性聚氨酯。还有聚醚-聚酯、聚醚-聚丁二烯等混合型。以聚氨酯的异氰酸酯原料分，可分为芳香族异氰酸酯型、脂肪族异氰酸酯型、脂环族异氰酸酯型。按具体原料还可细分，如 TDI 型、HDI 型等。

除此之外，还有按聚氨酯树脂整体结构、水性化方法等分类方法。

（2）合成水性聚氨酯用原料

① 多异氰酸酯：

与溶剂型聚氨酯树脂基本相同。常用的多异氰酸酯是 TDI、IPDI、HDI、TMXDI 等。由脂肪族或脂环族二异氰酸酯制成的聚氨酯，耐水解性比芳香族二异氰酸酯制成的聚氨酯好，因而水性聚氨酯产品的储存稳定性好。高品质的聚酯型水性聚氨酯一般采用脂肪族或脂环族异氰酸酯原料制成。

② 扩链剂：

1, 4-丁二醇、乙二醇、己二醇、乙二胺等。

为了调节大分子链的软、硬链段比例，同时也为了调节相对分子质量，在聚氨酯合成中常使用扩链剂。扩链剂主要是多官能度的醇类。水性聚氨酯制备中常常使用扩链剂，其中可引入离子基团的亲水性扩链剂有多种，除了这类特种扩链剂外，经常还使用 1, 4-丁二醇、乙二醇、一缩二乙二醇、己二醇、乙二胺、二亚乙基三胺等扩链剂。由于胺与异氰酸酯的反应活性比水高，可将二胺扩链剂混合于水中或制成酮亚胺，在乳化分散的同时进行扩链反应。

③ 水（蒸馏水、去离子水）：

水是水性聚氨酯胶黏剂的主要介质，为了防止自来水中的 Ca^{2+}、Na^{+}等杂质对阴离子型水性聚氨酯稳定性的影响，用于制备水性聚氨酯胶黏剂的水一般是蒸馏水或去离子水。除了用做聚氨酯的溶剂或分散介质，水还是重要的反应性原料。目前合成水性聚氨酯以预聚体法为主，在聚氨酯预聚体分散于水的同时，水也参与扩链。由于水或二胺的扩链，实际上大多数水性聚氨酯是聚氨酯-脲乳液（分散液），聚氨酯-脲比纯聚氨酯有更大的内聚力和黏接力，脲键的耐水性比氨酯键好。

④ 亲水性扩链剂：

二羟甲基丙酸（DMPA）、二羟基半酯、乙二胺基乙磺酸钠、二亚乙基三胺等。亲水性扩链剂就是能引入亲水性基团的扩链剂。这类扩链剂是仅在水性聚氨酯制备中使用的特殊原料。这类扩链剂中常常含有羧基、磺酸基或仲胺基，当其结合到聚氨酯分子中，使聚氨酯链段上带有能被离子化的功能性基团。

⑤ 成盐剂：

使聚氨酯具有水中的分散性。阳离子型水性聚氨酯使用的是 HCl、醋酸，阴离子型水性聚氨酯用三乙胺、二甲基乙醇胺、二乙醇胺等。

⑥ 溶剂：丙酮、甲乙酮、甲苯、乙酸乙酯、乙酸丁酯等。

⑦ 乳化剂：聚氧化乙烯-氧化丙烯共聚物。

⑧ 交联剂：环氧树脂、三聚氰胺-甲醛树脂、多异氰酸酯。

⑨ 增稠剂：羧甲基纤维素、羟甲基纤维素等。

3.3.2.2 聚氨酯涂料的有关术语及计算方法

1. 官能度（前已有叙述）

官能度是指有机化合物结构中反映出特殊性质（即反应活性），能够参与化学反应的原子或原子团（活性点）数目。对聚醚或聚酯多元醇来说，官能度为起始剂含活泼氢的原子数。

2. 当量值

当量值是指每一个化合物分子中含一个单位官能度所相应的质量。

当量值 = 数均相对分子质量/官能度

3. 异氰酸酯指数

是指体系中异氰酸酯的当量与羟基或胺基的当量的比值。

异氰酸酯指数 f = 异氰酸酯当量/羟基（或胺基）当量

在设计配方时，不管采取哪种原料、方式，最终在生成制品时都要使体系中的异氰酸酯指数 $f = 1.05 \sim 1.10$。理论上讲，f 值应该为 1.0，但是由于体系和环境的影响，再加上异氰酸酯基团有时会有自聚反应，所以应该让异氰酸酯基团偏多一点，这样还有利于体系固化时形成网状交联结构，提高制品的动态机械性能。

4. 羟基含量的表示方式

(1) 羟值 E。1 g 样品中的羟基所相当的氢氧化钾的质量（单位：mg），即表示酯化每克样品中的羟基所需的羧酸，以其相当量的 KOH 质量表示。一般来说，1 mol 羟基对应消耗 1 mol KOH。在进行化学计算时，一定要注意，计算公式中的羟值是指校正羟值，即

$$羟值_{校正} = 羟值_{分析测得数据} + 酸值$$

$$羟值_{校正} = 羟值_{分析测得数据} - 碱值$$

对聚醚来说，因酸值通常很小，故羟值是否校正对化学计算影响不大。但对聚酯多元醇则影响较大，因聚酯多元醇一般酸值较高，在计算时，务必采用校正羟值。严格来说，计算聚酯羟值时，连聚酯中的水分也应考虑在内。

例如，聚酯多元醇测得羟值为 224.0，水含量 0.01%，酸值 12，则聚酯羟值为

$$羟值校正 = 224.0 + 1.0 + 12.0 = 237.0$$

(2) 羟基当量 D。指含 1 mol 羟基的树脂的质量。1 当量的羟基为 17 g。

$$羟基当量\ D = 羟基相对分子质量 \times 100 / 羟基含量\ C = 1\,700 / 羟基含量\ C$$

(3) 羟基含量 C（%）。100 g 树脂中羟基的质量数。

羟基含量、羟基当量与羟值的关系：

$$羟值\ E = (KOH\ 相对分子质量 \times 1\,000 \times 羟基含量\ C) / (17 \times 100) = 羟基含量\ C \times 33$$
$$= (KOH\ 相对分子质量 \times 1\,000) / 羟基当量\ D$$

公式表示为 $D = 1\,700 / C$ 或 $C = 1\,700 / D$

$D = 56\,100 / E$ 或 $E = 56\,100 / D$

$C = E / 33$ 或 $E = C \times 33$

例如，已知某聚酯的羟基含量为 5%，则其羟基当量为 $D = 1\,700/C = 1\,700/5 = 340$，羟值为

$$E = C \times 33 = 5 \times 33 = 165$$

又如，聚酯 N-210 的羟值为 100，则其羟基含量 $C = E / 33 = 100 / 33 = 31\%$，羟值当量 $D = 56\ 100/E = 56\ 100/100 = 561$。

注意：环氧树脂的羟基值有其独特的表示方法，它的羟值是指每 100 g 树脂中所含羟基的物质的量（单位：mol）。

例如，E-42 羟值为 0.16 / 100 g，E-20 为 0.32 /100 g，E-12 为 0.34 /100 g，在聚氨酯漆中要统一换算。如 E-20，每 100 g 含羟基 0.32 mol，即含羟基 0.32×17 g，$C = 0.32 \times 17 / 100 \times 100\ \% = 5.44\%$。

多异氰酸酯中异氰酸根含量的表示方法，有两种：① NCO 的质量分数 A；② 胺当量数，表示含有 1 mol—NCO（或相当于一个当量的二丁胺）的多异氰酸酯的质量 B。

以上两种表示方法的数值之间有如下关系：$A = 4\ 200 / B$，按每 B g 产品中含有一当量—NCO 即含有—NCO 42.02 g

$$\text{NCO}\ \% = 42.02 \times 100\ \% / B$$

$$A = 4\ 202 / B \approx 4\ 200 / B$$

例如，聚氧化丙烯甘油醚的数均相对分子质量为 3 000，则其当量值＝3 000/3＝1 000。又如，已知异氰酸根（NCO）的相对分子质量为 42.02，则

TDI 当量值 ＝ 分子质量/官能度＝ 174/2 ＝ 87

异氰酸酯的当量 ＝ 42.02 × 100/ 异氰酸酯含量

5. 双组分聚氨酯涂料甲、乙组分配比计算举例

聚氨酯漆产品，其活泼基团含量大多采用质量分数表示，例如，

甲组分： TDI 加成物（50%溶液），含 NCO 8.7%；乙组分： 聚酯（50%溶液），含 OH 2.0%。两组分之间配漆的质量配比可计算如下：

若取 NCO / OH = 1：1（当量比），则甲 / 乙质量比应为

胺当量（g）/ 羟基当量（g）$= B / D$

又 $B = 4\ 200 / A$，$D = 1\ 700 / C$，代入上式

甲/乙 $= 4\ 200 / A \times (C/1\ 700) = 2.47 \times C / A = 2.47 \times 2.0 / 8.7 = 0.57$

即每 0.57 kg 甲组分需配 1 kg 乙组分。

若取 NCO / OH = f =1.2，则

甲/乙 $= f \times 2.47 \times C / A = 1.2 \times 2.47 \times 2.0 / 8.7 = 0.60$

同理，用上述 TDI 加成物溶液，与 E-12 配合，按 NCO / OH = 1.2，

甲/乙 $= f \times 2.47 \times C / A = 1.2 \times 2.47 \times 5.78 / 8.7 = 1.96$

即每 1.96 kgTDI 加成物溶液需加 1 kg E-12 树脂（5.78 为 E-12 环氧含羟基的百分数）。

最后，用异氰酸酯还可制得高固体分聚氨酯涂料、粉末聚氨酯涂料和聚氨酯弹性涂料。感兴趣的读者，可以阅读相关的专业文献或专著。

3.4　醇酸树脂与聚酯树脂

醇酸树脂是由脂肪酸或其相应的植物油、多元酸（主要是二元酸）及多元醇反应而成的树

脂。生产醇酸树脂常用的多元醇有甘油、季戊四醇、三羟甲基丙烷、山梨醇、各种二甘醇等；常用的二元酸有邻苯二甲酸酐（即苯酐）、间苯二甲酸、己二酸、马来酸等；一元酸主要是亚麻油、豆油、桐油，也用苯甲酸、合成脂肪酸等。醇酸树脂主要用于涂料制造，制得的涂膜具有耐候性、附着力好，光亮、丰满等特点，且施工方便；但涂膜较软，耐水、耐碱性欠佳。醇酸树脂可与其他树脂配成多种不同性能的自干或烘干磁漆、底漆、面漆和清漆，广泛用于桥梁等建筑物以及机械、车辆、船舶、飞机、仪表等涂装。

在合成醇酸树脂时，只用多元醇和多元酸，而不用脂肪酸进行缩聚反应，所生成的缩聚物大分子主链上含有许多酯基（—COO—），这种聚合物称为聚酯。醇酸树脂应该看成是用脂肪酸或油脂改性的聚酯树脂。如果聚酯大分子主链上含有不饱和双键，称为不饱和聚酯，其他的聚酯则称为饱和聚酯。聚酯树脂在涂料工业中也有重要的应用。

以上可以看出，聚酯树脂与醇酸树脂的本质是一样的，醇酸树脂是聚酯的一种。

3.4.1 醇酸树脂的分类

1. 按改性用脂肪酸或油的干性分类

（1）干性油醇酸树脂：由高不饱和脂肪酸或油脂制备的醇酸树脂，可以自干或低温烘干，溶剂用 200 号溶剂油。该类醇酸树脂通过氧化交联干燥成膜，从某种意义上说，氧化干燥的醇酸树脂也可以说是一种改性的干性油。干性油漆膜的干燥需要很长时间，原因是它们的相对分子质量较低，需要多步反应才能形成交联的大分子。醇酸树脂相当于“大分子”的油，只需少许交联点，即可使漆膜干燥，漆膜性能当然也远超过干性油漆膜。

（2）不干性油醇酸树脂：不能单独在空气中成膜，属于非氧化干燥成膜，主要用做增塑剂和多羟基聚合物（油）。用做羟基组分时可与氨基树脂配制烘漆或与多异氰酸酯固化剂制备双组分自干漆（见前一节聚氨酯涂料）。

（3）半干性油醇酸树脂：性能界于干性油、不干性油醇酸树脂性能之间。

2. 按醇酸树脂油度分类

包括长油度醇酸树脂、短油度醇酸树脂、中油度醇酸树脂。油度表示醇酸树脂中含油量的高低。其定义如下：醇酸树脂配方中油脂的用量（W_o）与树脂理论产量（W_t）之比。其计算公式如下：

$$OL = \frac{W_o}{W_t}(100\%)$$

前面已经知道，醇酸树脂是由脂肪酸（或其相应的植物油）、多元酸（主要是二元酸）及多元醇反应而成的树脂，多元酸绝大多数用的是邻苯二甲酸酐，因原料充足，价格便宜。因此，油度也常用苯二甲酸酐的用量表示，计算公式不变。

W_t=单体用量－生成水量＝甘油（或季戊四醇）用量＋油脂（或脂肪酸）用量－生成水量

醇酸树脂的油度范围如表 3.3 所示。

表 3.3 醇酸树脂的油度范围

油度	极长油度	长油度	中油度	短油度
油量（%）	＞70	>60	40～60	<40
苯酐量（%）	＜0	<30	30～35	>35

引入油度（OL）对醇酸树脂配方有如下意义：

（1）表示醇酸树脂中弱极性结构的含量。因为长链脂肪酸相对于聚酯结构极性较弱，弱极性结构的含量直接影响醇酸树脂的可溶性，如长油度醇酸树脂溶解性好，易溶于汽油，中油度醇酸树脂溶于汽油-二甲苯混合溶剂，短油度醇酸树脂溶解性最差，需用二甲苯或二甲苯-酯类混合溶剂溶解；同时，油度对光泽、刷涂性、流平性等施工性能也有影响，弱极性结构含量高，光泽高、刷涂性、流平性好。

（2）表示醇酸树脂中柔性成分的含量，因为长链脂肪酸残基是柔性链段，而苯酐聚酯是刚性链段，所以 OL 也就反映了树脂的玻璃化温度（T_g），或常说的“软硬程度”，油度长的硬度较低，保光、保色性较差。

3.4.2 合成醇酸树脂的原料

1. 油 类

油类一般根据其碘值将其分为：干性油、不干性油和半干性油。

干性油：碘值≥140，每个分子中双键数≥6 个；不干性油：碘值≤100，每个分子中双键数<4 个；半干性油：碘值为 100～140，每个分子中双键数 4～6 个。

所谓碘值，定义为 100 g 油能吸收碘的质量（单位：g）。它表示油类的不饱和程度，也是表示油料氧化干燥速率的重要参数。

衡量油脂的质量，除了表示干性的碘值外，还有一些也很重要的参数，主要有：

（1）外观、气味：植物油一般为清澈透明的浅黄色或棕红色液体，无异味，其颜色色号小于 5。若产生酸败，则有酸臭味，表示油品变质，不能使用。

（2）密度：油的密度比水小，大多数都在 0.90～0.94 g/cm^3 之间。

（3）黏度：植物油的黏度相差不大。但是桐油由于含有共轭三烯酸结构，黏度较高；蓖麻油含羟基，氢键的作用使其黏度更高。

（4）酸价：酸价用来测量油脂中游离酸的含量。通常以消耗 1 g 油中所含的酸所需的氢氧化钾质量来计量。合成醇酸树脂的精制油的酸价应小于 5.0 mg KOH/g（油）。

（5）皂化值和酯值：皂化 1 g 油中全部脂肪酸所需 KOH 的质量（单位：mg）称为皂化值；将皂化 1 g 油中化合脂肪酸所需 KOH 的质量（单位：mg）称为酯值。

$$\text{皂化值} = \text{酸值} + \text{酯值}$$

（6）不皂化物：皂化时，不能与 KOH 反应且不溶于水的物质，主要是一些高级醇类、烃类等。这些物质影响涂膜的硬度、耐水性。

（7）热析物：含有磷脂的油料（如豆油、亚麻油）中加入少量盐酸或甘油，可使其在高温下（240～280 ℃）凝聚析出。

为使油品的质量合格，适合醇酸树脂的生产，合成醇酸树脂的植物油必须经过精制才能使用，否则会影响树脂质量甚至合成工艺。精制方法包括碱漂和土漂处理，俗称“双漂”。碱漂主要是去除油中的游离酸、磷脂、蛋白质及机械杂质，也称为“单漂”。“单漂”后的油再用酸性漂土吸附掉色素（即脱色）及其他不良杂质，才能使用。

目前最常用的精制油品为豆油、亚麻油和蓖麻油。亚麻油属干性油，故干性好，但保色性差、涂膜易黄变。蓖麻油为不干性油，同椰子油类似，保色保光性好。大豆油取自大豆种子，是世界上产量最多的油脂。大豆毛油的颜色因大豆的品种及产地不同而异，一般为淡黄、略绿、深褐色等，精炼过的大豆油为淡黄色。大豆油属半干性油，综合性能较好。可用于制备醇酸树脂的油类还有桐油、亚麻仁油、豆油、棉籽油、妥尔油、红花油、脱水蓖麻油、椰子油等。几种常见植物油的主要性质列于表 3.4。

表 3.4 常见植物油的主要性质

油品	酸值	碘值	皂化值	密度（g/cm^3，20℃）	色泽（号）（铁钴比色法）
桐油	6～9	160～173	190～195	0.936～0.940	9～12
亚麻油	1～4	175～197	184～195	0.97～0.938	9～12
豆油	1～4	120～143	185～195	0.921～0.928	9～12
松浆油（妥尔油）	1～4	130	190～195	0.936～0.940	16
脱水蓖麻油	1～5	125～145	188～195	0.926～0.937	6
棉籽油	1～5	100～116	189～198	0.917～0.924	12
蓖麻油	2～4	81～91	173～188	0.955～0.964	9～12
椰子油	1～4	7.5～10.5	253～268	0.917～0.919	4

植物油是一种三脂肪酸甘油酯。三个脂肪酸一般不同，可以是饱和酸、单烯酸、双烯酸或三烯酸，但是大部分天然油脂中的脂肪酸主要为十八碳酸，也可能含有少量月桂酸（十二碳酸）、豆蔻酸（十四碳酸）和软脂酸（十六碳酸）等饱和脂肪酸。脂肪酸受产地、气候甚至加工条件的重要影响。

几种重要的不饱和脂肪酸结构表示如下：

油酸（十八碳烯-9-酸）：$CH_3(CH_2)_7CH = CH(CH_2)_7COOH$

亚油酸（十八碳二烯-9, 12-酸）：$CH_3(CH_2)_4CH = CHCH_2CH = CH(CH_2)_7COOH$

亚麻酸（十八碳三烯-9, 12, 15-酸）：

$$CH_3CH_2CH = CHCH_2CH = CHCH_2CH = CH(CH_2)_7COOH$$

桐油酸（十八碳三烯-9, 11, 13-酸）：$CH_3(CH_2)_3CH = CHCH = CHCH = CH(CH_2)_7COOH$

蓖麻油酸（12-羟基十八碳烯-9-酸）：$CH_3(CH_2)_5CH(OH)CH_2CH = CH(CH_2)_7COOH$

因此，构成油脂的脂肪酸非常复杂，植物油酸是各种饱和脂肪酸和不饱和脂肪酸的混合物。

2. 多元醇

制造醇酸树脂的多元醇主要有丙三醇（甘油）、三羟甲基丙烷、三羟甲基乙烷、季戊四醇、乙二醇、1, 2-丙二醇、1, 3-丙二醇等（其性质见表 3.5）。根据醇羟基的位置，有伯羟基、仲羟基和叔羟基之分。它们分别连在伯碳、仲碳和叔碳原子上。羟基的活性顺序为：伯羟基＞仲羟基＞叔羟基。

表 3.5 常见多元醇的质性

单体名称	结构简式	相对分子质量	熔点/沸点（℃）	密度（g/cm^3）
丙三醇（甘油）	$HOCH_2CH(OH)CH_2OH$	92.09	18 / 290	1.26
三羟甲基丙烷	$CH_3CH_2C(CH_2OH)_3$	134.12	56～59 / 295	1.1758
季戊四醇	$C(CH_2OH)_4$	136.15	189 / 260	1.38
乙二醇	$HO(CH_2)_2OH$	62.07	−13.3 / 197.2	1.12
二乙二醇	$HO(CH_2)_2O(CH_2)_2OH$	106.12	−8.3 / 244.5	1.118
丙二醇	$CH_3CH(OH)CH_2OH$	76.09	−60 / 187.3	1.036

用三羟甲基丙烷合成的醇酸树脂具有较好的抗水解性、抗氧化稳定性、耐碱性和热稳定性，与氨基树脂有良好的相容性；此外还具有色泽鲜艳、保色力强、耐热及快干的优点。乙二醇和二乙二醇主要同季戊四醇复合使用，以调节官能度，使聚合平稳，避免胶化。

3.4.3 醇酸树脂和聚酯树脂制造的有关化学反应

1. 醇解反应

油类与醇共热，因有过多的羟基存在，将产生羟基的重新分配现象。

油类也可用多元醇醇解（甘油、季戊四醇）。主要反应如下：

$$\begin{array}{l} R-C(=O)-O-CH_2 \\ R-C(=O)-O-CH \\ R-C(=O)-O-CH_2 \end{array} + CH_3OH \xrightleftharpoons{KOH} \begin{array}{l} CH_2-O-OH \\ CH-O-OH \\ CH_2-O-OH \end{array} + 3R-C(=O)-O-CH_3$$

醇解的最终产物随多元醇用量、反应条件的改变，为不同数量的油、甘油一酸酯、甘油二酸酯的混合物。其他多元醇与油反应得到的产物也类似。油不能直接用于制造醇酸树脂，必须要经过醇解反应形成不完全酯，使之能够溶解苯二甲酸酐与甘油混合物，形成均相反应。醇解反应对合成醇酸树脂极为重要。

2. 酯化反应

醇中羟基的氢原子与酸中羧基的氢氧基团缩合，生成水与酯，通常是醇与酸混合在一起加热而发生的。为了有利于反应正向进行，要将生成的水及时引出。反应表示如下：

$$R-C(=O)-OH + HO-R' \rightleftharpoons R-C(=O)-OR' + H_2O$$

3. 酸解反应

油类与有机酸共热，因有过多的羧基存在产生羧基的重新分配现象，这种反应在实际生产中用得不多，只有用间苯二甲酸时才采用。反应表示如下：

$$\begin{array}{l} R-C(=O)-O-CH_2 \\ R-C(=O)-O-CH \\ R-C(=O)-O-CH_2 \end{array} + C_6H_4(COOH)_2 \rightleftharpoons \begin{array}{l} R-C(=O)-O-CH_2 \\ R-C(=O)-O-CH \\ HOOC-C_6H_4-C(=O)-O-CH_2 \end{array} + RCOOH$$

4. 酯与酯的交换反应

不同酯的相互作用，则发生酸与醇的重新组合。

$$\mathrm{RCOOR' + R''COOR''' \rightleftharpoons RCOOR''' + R''COOR'}$$

这一反应可能对制得的醇酸树脂最终产品的相对分子质量有一定影响。但对合成反应不是主要的影响因素。

5. 醚化反应

两个羟基缩合，脱出一个水分子，使原来两个羟基相连的化合物以醚链连接起来。在醇酸树脂制造中，反应温度为 200～250 ℃，并有酸碱存在，醚化反应有可能发生。

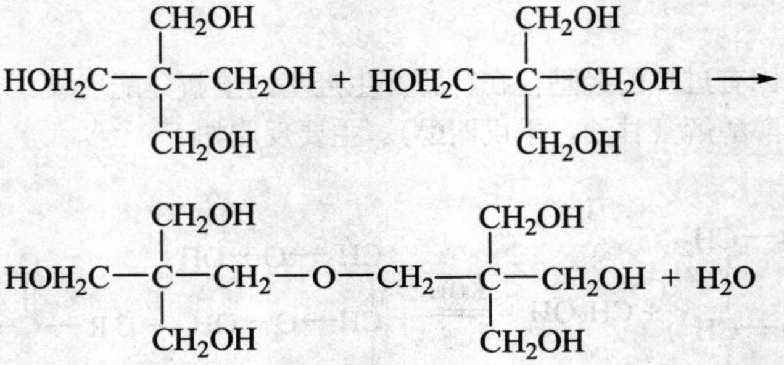

$$\begin{array}{c} \mathrm{CH_2OH} \\ | \\ \mathrm{HOH_2C{-}C{-}CH_2OH} \\ | \\ \mathrm{CH_2OH} \end{array} + \begin{array}{c} \mathrm{CH_2OH} \\ | \\ \mathrm{HOH_2C{-}C{-}CH_2OH} \\ | \\ \mathrm{CH_2OH} \end{array} \longrightarrow$$

$$\mathrm{HOH_2C{-}}\begin{array}{c} \mathrm{CH_2OH} \\ | \\ \mathrm{C} \\ | \\ \mathrm{CH_2OH} \end{array}\mathrm{{-}CH_2{-}O{-}CH_2{-}}\begin{array}{c} \mathrm{CH_2OH} \\ | \\ \mathrm{C} \\ | \\ \mathrm{CH_2OH} \end{array}\mathrm{{-}CH_2OH + H_2O}$$

6. 不饱和脂肪酸的加成反应

干性油含有不饱和脂肪酸，具有不饱和双键，在醇酸树脂的制造过程中，由于受热而发生加成反应——二聚反应。

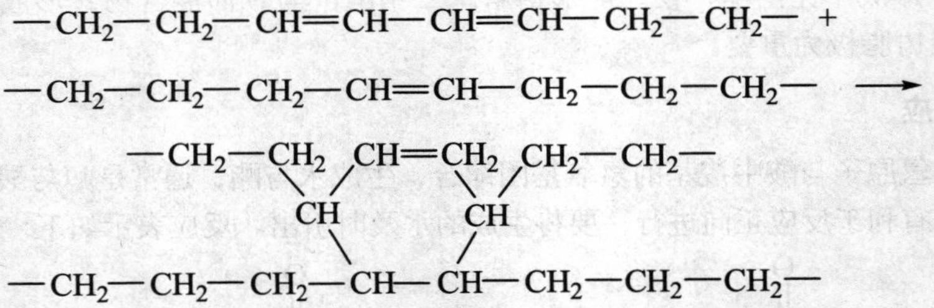

$$\mathrm{{-}CH_2{-}CH_2{-}CH{=}CH{-}CH{=}CH{-}CH_2{-}CH_2{-}} +$$

$$\mathrm{{-}CH_2{-}CH_2{-}CH_2{-}CH{=}CH{-}CH_2{-}CH_2{-}CH_2{-}} \longrightarrow$$

$$\begin{array}{l} \mathrm{\quad\quad{-}CH_2{-}CH_2\quad CH{=}CH_2\quad CH_2{-}CH_2{-}} \\ \mathrm{\quad\quad\quad\quad\quad\;\; \diagdown\;\;\diagup \quad\quad \diagdown\;\;\diagup} \\ \mathrm{\quad\quad\quad\quad\quad\quad CH \quad\quad\quad\quad CH} \\ \mathrm{\quad\quad\quad\quad\quad\quad\quad \diagdown \quad\quad\quad \diagup} \\ \mathrm{{-}CH_2{-}CH_2{-}CH_2{-}CH{-}CH{-}CH_2{-}CH_2{-}CH_2{-}} \end{array}$$

除上述几种反应之外，在合成醇酸树脂时，还可能发生的反应有不饱和脂肪酸与其他化合物发生的加成反应、分子之间的缩聚反应等。

3.4.4 醇酸树脂的合成

在醇酸树脂的合成反应中，常常要用到两个概念，即官能团与官能度。它们是这样定义的：官能团是决定化合物特性的原子或原子团，如—COOH、—OH、—NCO、—C═C—、—C≡C—等。官能度是在特定条件下某一单体中具有反应活性或能力的反应点数。例如，甘油中有 3 个羟基，官能度为 3；脂肪酸中有 1 个羧基，官能度为 1；苯二甲酸酐有 2 个羧基，官能度为 2；乙烯有一个双键，官能度为 2。如果某分子的官能度为 0，就不能够发生反应。

醇酸树脂的合成，不是本书讨论的主要内容。但简单了解醇酸树脂的合成方法是有必要的。醇酸树脂的合成工艺按所用原料的不同可分为 ① 醇解法；② 脂肪酸法。从工艺上可以分为 ① 溶剂法；② 熔融法。熔融法设备简单、利用率高、安全，但产品色深、结构不均匀、批次性能差别大、工艺操作较困难，主要用于聚酯合成。醇酸树脂合成主要采用溶剂法生产。溶剂法中常用二甲苯的蒸发带出酯化水，经过油水分离器分离油水后，油重新流回反应釜，如此反复，促进聚酯化反应的进行，生成醇酸树脂。

1. 脂肪酸法

将脂肪酸、多元醇（甘油）、多元酸（苯二甲酸酐）在一起进行酯化。

（1）常规法：将全部反应物加入反应釜内混合，不断搅拌下升温，在 200～250 ℃下保温酯化。中间不断地测定酸值和黏度，达到要求时停止加热，将树脂溶化成溶液。这种方法制得的漆膜干燥时间慢，挠折性、附着力均不太理想。

（2）高聚物法：先加入部分脂肪酸（40%～90%）与多元醇、多元酸进行酯化，形成链状高聚物，然后再补加余下的脂肪酸，将酯化反应完成。所制得的树脂漆膜干燥快，挠折性、附着力、耐碱性都比常规法有所提高。

2. 醇解法

在生产中，先将油（甘油三酸酯）与甘油进行醇解，生成甘油一酸酯和甘油二酸酯，再与苯二甲酸酐酯化。

脂肪酸法必须用脂肪酸，而不是直接用油类，脂肪酸是由油加工而得的。因而增加了工序，提高了成本。如果把油、多元醇、多元酸直接混合在一起酯化，由于多元醇和多元酸（酐）优先酯化，生成聚酯。聚酯不溶于油，而且反应到一定程度就发生胶化（凝胶）。在生产中，先将油（甘油三酸酯）与甘油进行醇解，生成甘油一酸酯和甘油二酸酯，再与苯二甲酸酐酯化。

$$\underset{\text{油}}{\begin{array}{l}CH_2OCOR\\ |\\ CHOCOR\\ |\\ CH_2OCOR\end{array}} + \underset{\text{甘油}}{\begin{array}{l}CH_2OH\\ |\\ CHOH\\ |\\ CH_2OH\end{array}} \xrightleftharpoons[\text{加热}]{\text{催化剂}} \underset{\text{甘油二酸酯}}{\begin{array}{l}CH_2OH\\ |\\ CHOCOR\\ |\\ CH_2OCOR\end{array}} + \underset{\text{甘油一酸酯}}{\begin{array}{l}CH_2OCOR\\ |\\ CHOH\\ |\\ CH_2OH\end{array}}$$

（1）醇解反应：醇解后，在均相中形成一个平衡状态的混合物，包括甘油一酸酯、甘油二酸酯、未醇解的甘油和甘油三酸酯。在惰性气体保护下，不断搅拌下将温度升至 230～250 ℃，然后再加入催化剂、多元醇，并保温。醇解程度可以通过检测反应混合物在无水甲醇中的溶解度来判断，当 1 份体积的反应混合物在 2～3 份体积无水甲醇中得到透明的溶体时，加入二元酸（酐），在 210～260 ℃下进行酯化反应。

醇解反应时，投料比例一般按油、多元醇、催化剂三者之比为（质量比）1：（0.2～0.4）：（0.000 4～0.000 2）进行。

常用的醇解催化剂有氧化钙（环烷酸钙、氢氧化钙）、氧化铅（环烷酸铅）、氢氧化锂（环烷酸锂）。催化剂能加快达到醇解平衡的时间，不能改变醇解的程度。

有一些因素要影响醇解反应的进行：① 反应温度，在催化剂存在下，反应温度在 200～250℃之间。反应温度升高，醇解速度加快，醇解程度加大，颜色加深；② 反应时间，时间越长，甘油一酸酯含量越高；③ 惰性气体：无惰性气体时，空气中的氧气使油被氧化并发生聚合使颜色加深，醇解时间延长；④ 油中杂质，油未精制时（碱漂），影响醇解程度，树脂质量明显下降；⑤ 油的不饱和度，不饱和度升高，醇解速度加快，醇解程度加大。几种油的醇解程度关系为，亚麻油>豆油>玉米油>棉籽油。

醇解时要注意甘油用量、催化剂种类和用量及反应温度，以提高反应速度和甘油一酸酯含量。此外，还要注意以下几点：

① 用油要经碱漂、土漂精制，至少要经碱漂。

② 通入惰性气体保护（CO_2或N_2），也可加入抗氧剂，防止油脂氧化。

③ 常用 LiOH 做催化剂，用量为油量的 0.02%左右。

④ 醇解反应是否进行到应有程度，要及时用醇溶解度法检验，以确定其终点。

用季戊四醇醇解时，由于其官能度大、熔点高，醇解温度比甘油高，一般在 230～250 ℃之间。

（2）酯化反应：醇解完毕，稍稍降温（180～200 ℃），即可分批加入苯二甲酸酐，加入回流溶剂二甲苯脱水，再升温到 200～250 ℃，酯化过程中要不断取样测定酸值和黏度，达到规定要求时，停止反应，将树脂溶解成溶液。其反应时的具体工艺随合成配方的不同而异，如图 3.3。

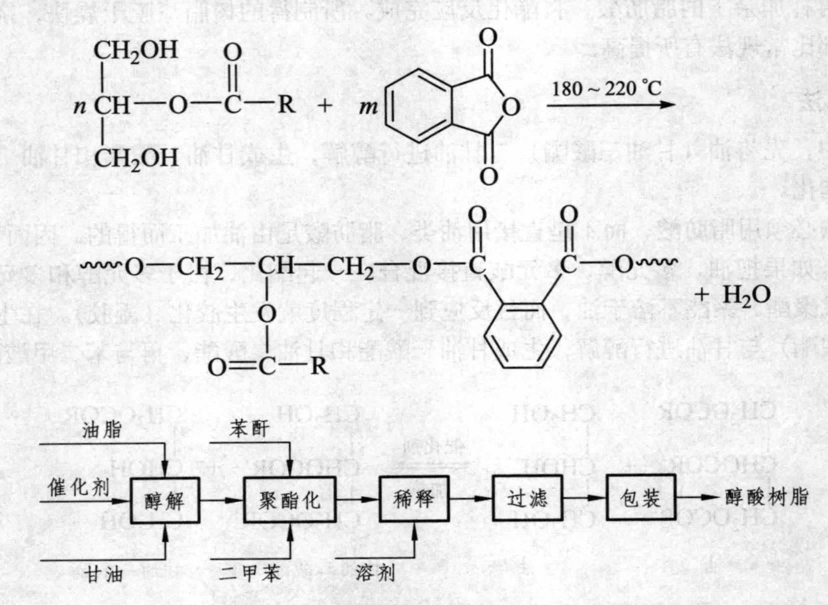

图 3.3　醇解溶剂法生产醇酸树脂的工艺流程简图

3.4.5　醇酸树脂的结构与性质

在前面介绍醇酸树脂合成的酯化反应时，已得出了醇酸树脂的结构表示式。实际上这是在合成时，按苯酐、甘油、脂肪酸的物质的量之比为 1：1：1 的比例得到的理想结构（结构如下）。

$$HO\!+\!CH_2-\underset{\underset{O-\overset{\overset{}{}}{\underset{\underset{O}{\|}}{C}}-R}{|}}{CH}-CH_2-O-\overset{\overset{O}{\|}}{C}-C_6H_4-\overset{\overset{O}{\|}}{C}-O\!+_n$$

它是以芳香族聚酯为主链，以脂肪酸酯为侧链。芳香族聚酯为主链可提供树脂的钢性，以增加树脂最后所得涂膜产品的坚硬度，苯环结构还可以提高聚合物的玻璃化温度。因此树脂中邻苯二甲酸含量增加，对树脂及其制得的涂膜的表干（触干）有利。以脂肪族二元酸如已二酸部分取代芳香酸，可以增加树脂的柔韧性。综合各方面性能，芳香酸是合成醇酸树脂的主要原料。

醇酸树脂的含油量对醇酸树脂的性能影响比较大，如上述理想醇酸树脂的油度为 61%，油度如果再增加，则树脂的干燥将变慢，但韧性更好，在脂肪族溶剂中的溶解度增加，涂刷性变好，而耐候性又变差。如果油度降低，就要减少脂肪酸的用量，增加苯酐的量，在合成时要用更多的多元醇（过量），得到的树脂中将含有自由的羟基或羧基。在短油度树脂的链上有较多的羟基，可以用来和氨基树脂一起交联成膜，用于制备氨基烤漆。中油度醇酸树脂是比较常见的，它既可常温自干，又可烘干。

在室温干燥的醇酸树脂中，要尽量多含有活泼亚甲基，这时选择脂肪酸或油脂要含有一定的不饱和双键，碘值不能太低，一般用干性油。干性油是通过脂肪酸中不饱和双键的自动氧化诱导聚合而达到干燥。不饱和程度越高，干燥越快，但树脂的颜色可能越深。烤漆选用的是短油度的树脂，合成时用半干性油或不干性油。

醇酸树脂侧链上常常在成膜后还有未反应的羟基和羧基，所以耐水性差。另外，羟基和羧基还能同时结合钙催干剂，形成共价化合物，促进涂膜的初干和实干。与氧化干燥的涂膜比，烤漆制得的涂膜有较好的附着力和耐候性、保光性。

3.4.6 醇酸树脂在涂料中的应用

醇酸树脂的用量占整个合成树脂总量一半以上，可制成清漆、色漆，工业专用漆和一般通用漆。主要用在以下三个方面：

（1）独立作为涂料成膜树脂，利用自动氧化干燥交联成膜。干性油的短、中、长油度醇酸树脂具有自干性，其中中、长油度的最常用。醇酸树脂具有自干性，可以配制清漆和色漆。

（2）醇酸树脂作为一个组分（羟基组分）同其他组分（也称为固化剂）涂布后交联反应成膜。该类醇酸树脂主要为短、中油度不干性油醇酸树脂，可用椰子油、蓖麻油、月硅酸等原料合成。其涂料体系主要为与氨基树脂配制的醇酸-氨基烘漆、同多异氰酸酯配制的双组分聚氨酯漆等。

（3）改性树脂。主要作为改性剂（或增塑剂），以提高硝酸纤维素、氯化橡胶、过氯乙烯树脂的韧性，制造溶剂挥发性涂料。此类树脂通常用短油度不干性油醇酸树脂。

各种醇酸树脂的特点及应用范围如下：

（1）干性短油度醇酸树脂

油度为 30%～40%，苯二甲酸酐含量＞35 %，由亚麻油、豆油、脱水蓖麻油、红花油、梓油等制成，漆膜凝聚快，有良好的附着力、耐候性、光泽和保光性，烘干干燥迅速，烘干之后比长油度醇酸树脂的硬度、光泽、保色、耐摩性等方面要好。可以用于汽车、玩具、机器部件的面漆和底漆。与脲醛树脂合用，以酸催化干燥，可做家具漆。

（2）干性中油度醇酸树脂

油度在 45%～60 %之间，苯二甲酸酐含量为 30 %～35 %，是醇酸树脂中最主要的品种，也是用途最多的一种。具有漆膜干燥极快，很好的光泽、耐候性及柔韧性等特点。与短油度醇酸树脂相比，其保色、保光性差一些，加入氨基树脂后的烘干时间要长些。可制自干或烘干磁漆、清漆、底漆腻子等；或用做金属制品装饰漆、机械用漆、建筑用漆、家具漆、船舶漆、卡车用漆、汽车修补漆、金属底漆等。由季戊四醇代替部分或全部甘油制得的醇酸树脂漆膜干燥更快，耐候性更好，但韧性略差。

(3) 干性长油度醇酸树脂

油度为60 %～70 %，苯二甲酸酐含量20 %～30 %，漆膜有较好的干燥性能和弹性，以及良好的光泽、保光性、耐候性，但在硬度、韧性、耐摩擦方面比中油度醇酸树脂差。可用于制造钢铁结构涂料、室内外建筑用漆等。

(4) 不干性醇酸树脂

由椰子油、蓖麻油、叔碳酸、月桂酸、壬酸以及其他饱和脂肪酸和中、低碳合成树脂酸等制成。

中、短油度醇酸树脂与硝基纤维漆共溶（约1∶1），可以改善硝基纤维素的以下性能：增加附着力，增加光泽，增加丰满度，提高固体含量，增加漆膜厚度，防止漆膜收缩，提高耐候性。用于制造汽车和高档家具用硝基纤维素漆。

醇酸树脂分子上的游离羟基和羧基与氨基树脂分子上的羟甲基、环氧基起缩合反应。短油度醇酸氨基树脂漆漆膜坚硬，有良好的保光性、保色性，并有一定的抗潮性、耐溶剂性和抗中等强度酸、碱性以及耐油、耐污染和耐洗涤剂等性能。这类醇酸树脂制得的涂料主要用于电冰箱、自行车、汽车、机械、电器设备等。

3.4.7 醇酸树脂的改性

醇酸树脂原料易得，制造工艺简单，综合性能较好，具有很好的涂刷性和润湿性，但由于含有大量的酯基，其耐水、耐碱和耐化学药品性逊色于其他一些合成树脂。但树脂分子中含有羟基、羧基、苯环、酯基以及双键等活动基团，因而提供了很多改性方式。

1. 硝基纤维素改性

硝基纤维素单独使用基本不能成膜，因所得的膜既脆、附着力又很不好，基本无使用价值。用醇酸树脂与其配合使用，可以在很多方面改善硝基纤维素的性能，又可使不干性醇酸树脂变为干性树脂。改性后的树脂涂料广泛用做高档家具漆；而短油度醇酸树脂改性的硝基纤维素漆则广泛用做清漆、公路画线漆、外用修补汽车漆、室内玩具漆等。

2. 氨基树脂改性

短油度或短-中油度的醇酸树脂与脲醛树脂和三聚氰胺甲醛树脂有很好的相容性，其中的羟基可与氨基树脂交联成三维网状结构，得到耐候性、耐久性、耐溶剂性以及综合机械性能更好的涂料。用做家电、铁板、金属柜、玩具的烘干涂料。不干性短油度醇酸树脂用三聚氰胺甲醛树脂改性后具有极好的户外耐老化性，用做汽车面漆。

3. 丙烯酸单体或树脂改性

丙烯酸树脂或单体可以与醇酸树脂通过树脂的活泼官能团之间发生缩聚反应达到改性目的。用于改性的丙烯酸单体有：甲基丙烯酸甲酯、甲基丙烯酸丁酯、丙烯酸乙酯、丙烯腈。用甲基丙烯酸甲酯改性后的醇酸树脂干燥迅速，保色性、耐候性也大有提高。

4. 苯乙烯单体改性

在醇酸树脂中引入苯乙烯，可增加树脂的耐水性，由于苯环的引入，干燥速度加快。缺点是实干速度下降，交联度降低，抗水性变差。一般方法为将预制的醇酸树脂和苯乙烯单体、过氧化物催化剂（叔丁基过氧化氢、偶氮二异丁氰）一起进行回流反应，达到要求的黏度为止。也可以与颜料配合，制作快干、耐潮、光亮、美观的室内用防护与装饰漆、农机用漆及伪装漆。

5. 环氧树脂改性

环氧树脂本身具有很好的附着力、优良的耐化学品性能及热稳定性、电绝缘性等。用环氧树脂改性醇酸树脂可改善漆膜对金属的附着力、保光保色性，获得优良的耐水、耐碱、耐化学品性和一定的耐热性。

6. 多异氰酸酯改性

由于醇酸树脂都含有一定量的羟基，因此可以用异氰酸酯改性。如中油度醇酸树脂与异佛尔酮二异氰酸酯（IPDI）的三聚体共混可制得常温自干性改性醇酸树脂漆，提高了干率、机械强度、耐溶剂性、耐候性、光泽、亮丽，既有保护性又有装饰性。

7. 酚醛树脂改性

酚醛树脂与干性醇酸树脂反应，生成苯并二氢吡喃型结构。可以大大改进漆膜的保光泽性、耐久性、耐水性、耐酸碱性和耐烃类溶剂性。

8. 有机硅改性

将少量的有机硅树脂与醇酸树脂共缩聚，制得的改性树脂具有优良的耐久性、耐候性、保光保色性、耐热性和抗粉化性。用做船舶漆，户外钢结构、器具的耐久性漆。

9. 氯化橡胶改性

中、长油度醇酸树脂与氯化橡胶+200#溶剂油具有很好的相容性，在醇酸树脂中引入氯化橡胶，可提高韧性、黏结性、耐溶剂性、耐酸碱性、耐磨性并提高漆膜的干率，减少尘土的附着力。主要用做混凝土地面漆、游泳池漆和高速公路画线漆。

10. 聚酰胺改性

聚酰胺树脂是二聚酸与多胺的缩合物，二聚酸是由不饱和脂肪酸在高温下二聚获得的，通常为混合物。使聚酰胺树脂分子的酰胺基与醇酸树脂发生交换反应，将聚酰胺分子分解为链段后再连接到醇酸树脂上。由于酰胺分子上含有氮原子，羟基与酰胺基（—CONH—）之间容易形成分子间氢键，使黏度上升。当有外力作用时，氢键被破坏，引起黏度降低；而在外力消失后，氢键逐渐恢复，树脂或制得的涂料又重新获得较高的黏度，这就是触变性形成的原因。

3.4.8 水性醇酸树脂

随着国民经济的发展，环境污染越来越严重。传统的涂料生产和施工，都要向大气中排放挥发性有机溶剂气体。发展环保涂料是大趋势。解决涂料对环境的污染问题，其根本途径是发展无溶剂涂料、水性涂料、粉末涂料和高固体分涂料。各种环保型涂料在国外早已得到很大发展。美国在 1995 年，其溶剂型涂料占整个涂料产量的 33.4%，而水性涂料占 50.5%，粉末型、高固体分及辐射固化涂料占 16.1%；而到 2005 年，溶剂型涂料只占整个涂料产量的 15%，水性涂料已占到65%。

到目前为止，我国还是以溶剂型涂料产品为主。大力发展中、高档涂料，发展环保型涂料，是我们必须面对的大趋势和挑战。

水溶性涂料是20世纪60年代发展起来的一类新型的低污染、省能源、省资源涂料。水溶性涂料由于全部或大部分用水取代了有机溶剂，因而减轻了对环境的污染。

醇酸树脂是一种重要的涂料用树脂，其单体来源丰富、价格低、品种多、配方变化大、方便化学改性且性能好；醇酸树脂既可配制单组分自干漆，也可以配制双组分自干（如聚氨酯漆）或烘干漆（如氨基烘漆）。因此自醇酸树脂开发以来，在涂料工业一直占有重要的地位。但是，同其他溶剂型涂料一样，溶剂型醇酸涂料含有大量的溶剂（>40%），在生产、施工过程中严重危害大气环境和操作人员健康。水性醇酸树脂以水和少量助溶剂为溶剂，有机溶剂用量大大减少。水性醇酸树脂的开发经历了两个阶段：外乳化和内乳化阶段。外乳化法即利用外加表面活性剂的方法对常规醇酸树脂进行乳化，得到醇酸树脂乳液，该法所得体系储存稳定性差、粒径大、漆膜光泽差。目前主要使用内乳化法合成水性醇酸树脂分散体。

1. 水性醇酸树脂合成的主要原料

（1）多元酸

水性醇酸树脂的合成主要采用脂肪酸法，该法所得树脂结构、组成均一，相对分子质量分布也比较均匀。其多元酸单体同溶剂型基本相同，应尽量选用抗水解型单体。所用二元酸主要有苯酐（PA）、间苯二甲酸（IPA）、对苯二甲酸（PTA）、己二酸（AD）、壬二酸（AZA），比较新的抗水解型单体有四氢苯酐、六氢苯酐、1, 4-环己烷二甲酸（1, 4-CHDA）；单元酸有月桂酸（LA）、苯甲酸、油酸、亚油酸、亚麻酸、豆油酸、脱水蓖麻油酸、桐油酸等，其中月桂酸（LA）、苯甲酸、油酸用于水系短油度醇酸树脂的合成，亚油酸、亚麻酸、豆油酸、脱水蓖麻油酸、桐油酸用于可自干水系中、长油度醇酸树脂的合成。醇酸树脂中引入IPA有利于增加相对分子质量，对提高涂膜干燥速率、硬度、耐水性也有好处；但其熔点高（330 ℃），与体系混溶性差，活性较低，用量不能太高，一般为二元酸的30%（质量分数）。AD、马来酸酐的引入可调整涂膜的柔韧性。

（2）多元醇

水性醇酸树脂用多元醇可选用丙三醇、季戊四醇、三羟甲基丙烷（TMP）等，有时为平衡官能度可以引入一些二官能度单体，如乙二醇、1, 6-己二醇（1, 6-HDO）、1, 4-环己烷二甲醇（1, 4-CHDM）、1, 2-丙二醇、新戊二醇（NPG）、2, 2, 4-三甲基-1, 3-戊二醇（TMPD）等。其中，TMP带3个伯羟基，其上乙基的空间位阻效应可屏蔽酯基，提高耐水解性，与其类似的二官能度单体新戊二醇也常被选用。另外，据报道CHDM、TMPD也具有较好的耐水解性，但价格较高。

（3）水性单体

水性醇酸树脂的合成，水性单体是必不可少的，由其引入的水性基团，经中和转变成盐基，提供水溶性。因此，它直接影响树脂的性能。目前比较常用的有：偏苯三酸酐（TMA），聚乙二醇二醚（PEG）或单醚、间苯二甲酸-5-磺酸钠、二羟甲基丙酸（DMPA）、马来酸酐、丙烯酸等。

（4）助溶剂

水性醇酸树脂的合成及使用过程中，为降低体系黏度，增加储存稳定性，常加入一些助溶剂。主要有乙二醇单丁醚、丙二醇单丁醚、丙二醇甲醚醋酸酯、异丙醇、异丁醇、仲丁醇等。其中乙二醇单丁醚具有很好的助溶性，但近年来发现其存在一定的毒性，可选用丙二醇单丁醚替代。

(5) 中和剂

常用的中和剂有三乙胺、二甲基乙醇胺，前者用于自干漆，后者用于烘漆较好。

(6) 催干剂

典型的醇酸树脂催干剂为油性，可溶于芳烃或脂肪烃，在水中很难分散，因此要提前加入助溶剂中，然后再分散到水中。即使如此也有可能难以得到快干、高光泽的良好涂膜。目前市场上已出现具有自乳化性的催干剂，此类催干剂作为氧化催干剂可用于水性乳液或水溶性醇酸树脂，并与水溶性涂料有良好的混溶性，用该类干料所得涂料的干燥性能已达到或接近溶剂型的水平。

2. 合成原理

以 TMA 合成自乳化水性醇酸树脂为例：合成分为两步，缩聚及水性化。

(1) 缩聚：先将 PA、IPA、脂肪酸、TMP 进行共缩聚，生成常规的一定油度、预定相对分子质量的醇酸树脂。

(2) 水性化：TMA 上的酐基活性大，可与上述树脂结构上的羟基进一步反应引入羧基，控制好反应程度，1 个 TMA 分子可以引入 2 个羧基，此羧基经中和以实现水性化。其合成反应可表示如下：

$$n\,(\text{邻苯二甲酸酐}) + m\,HOH_2C-C(C_2H_5)(CH_2OH)-CH_2OH + p\,C_{17}H_{35-n}COOH$$

$$\downarrow$$

$$\sim O-\overset{O}{\overset{\|}{C}}-C_6H_4-\overset{O}{\overset{\|}{C}}-O-CH_2-C(C_2H_5)(CH_2-O-\overset{O}{\overset{\|}{C}}-C_{17}H_{35-n})-CH_2-O\sim O-\overset{O}{\overset{\|}{C}}-C_6H_4-\overset{O}{\overset{\|}{C}}-O-CH_2-C(C_2H_5)(CH_2OH)-CH_2-O\sim$$

$$\downarrow \text{TMA}$$

$$\sim O-\overset{O}{\overset{\|}{C}}-C_6H_4-\overset{O}{\overset{\|}{C}}-O-CH_2-C(C_2H_5)(CH_2-O-\overset{O}{\overset{\|}{C}}-C_{17}H_{35-n})-CH_2-O\sim O-\overset{O}{\overset{\|}{C}}-C_6H_4-\overset{O}{\overset{\|}{C}}-O-CH_2-C(C_2H_5)(CH_2-O-\overset{O}{\overset{\|}{C}}-C_6H_3(COOH)_2)-CH_2-O\sim$$

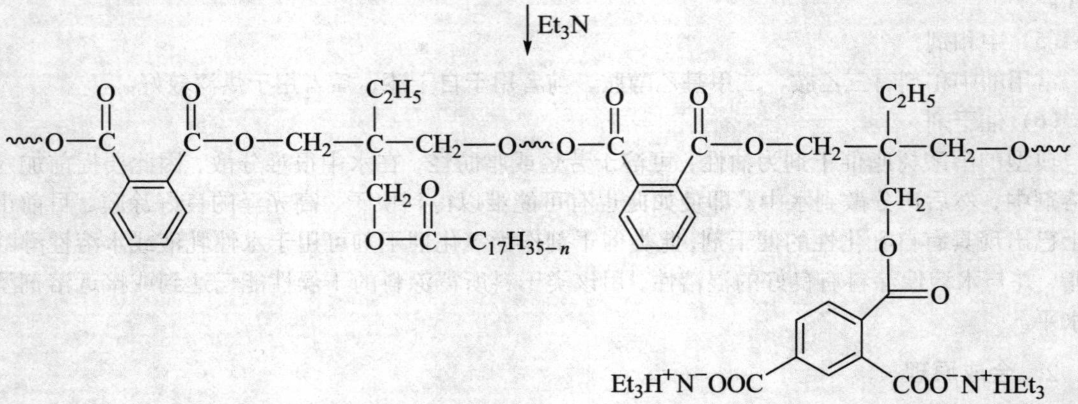

式中：n、m、p 为正整数。

该法的特点是TMA水性化效率高，油度调整范围大，可以从短油度到长油度随意设计。

此外，也可以将PEG引入醇酸树脂主链或侧链实现水溶性。但连接聚乙二醇的酯键易水解，漆液稳定性差，而且该种树脂干性慢，漆膜软而发黏，耐水性较差，目前应用较少。其结构式可表示如下：

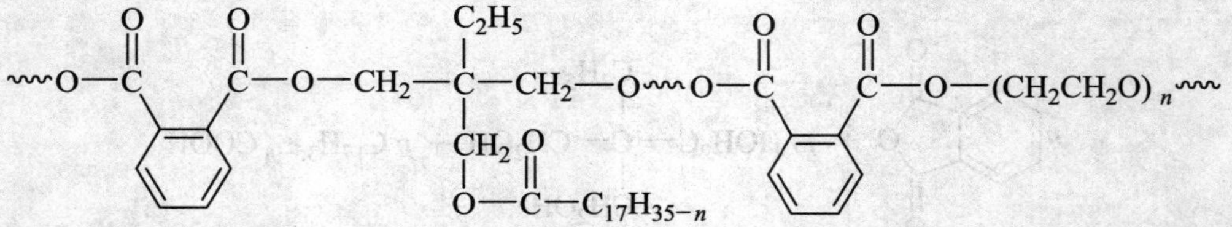

DMPA也是一种很好的水性单体，其羧基处于其他基团的保护之中，一般条件下不参与缩聚反应，该单体已经国产化，可广泛用于水性聚氨酯、水性聚酯、水性醇酸树脂的合成。该法的缺点是DMPA由于做二醇使用，树脂的油度不易提高，一般用于合成短油度或中油度树脂。其水性醇酸树脂的结构式为

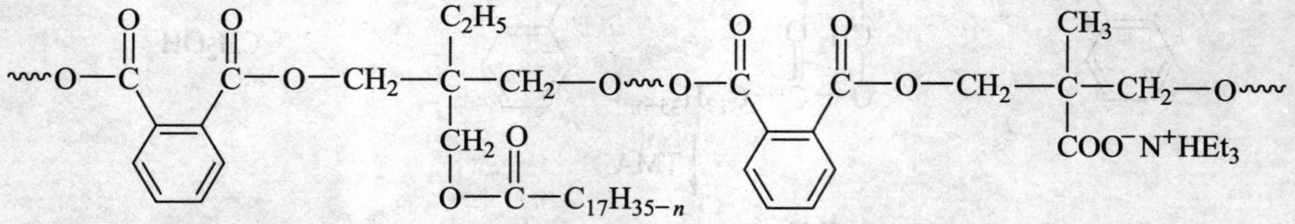

利用马来酸酐与醇酸树脂的不饱和脂肪酸发生狄尔斯-阿德耳（Diels-Alder）反应，即马来酸酐与不饱和脂肪酸的共轭双键发生1, 4加成反应，也可以引入水性化的羧基。

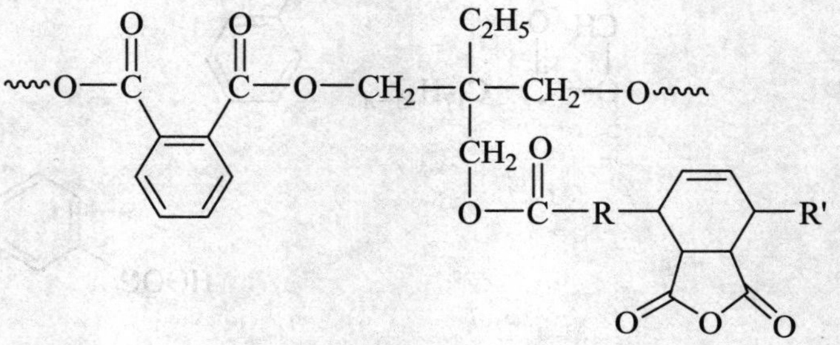

对非共轭型不饱和脂肪酸，加成反应主要发生在不饱和脂肪酸双键的 α 位。

丙烯酸改性醇酸树脂具有优良的保色性、保光性、耐候性、耐久性、耐腐蚀性及快干、高硬度，而且兼具醇酸树脂本身的优点，拓宽了醇酸树脂的应用领域，因而具有较好的发展前景。将丙烯酸改性醇酸树脂水性化，一方面可采用乳液聚合法合成醇酸乳液，这种乳液具有比丙烯酸乳液更低的最低成膜温度，而且不需要助溶剂就能形成美观的涂膜，其涂膜性能优于丙烯酸乳液。

3.4.9 聚酯树脂简介

聚酯树脂是单纯由多元酸和多元醇缩合而成的。而醇酸树脂则是由多元酸、多元醇和油类（脂肪酸）酯化生成的。实际上，醇酸树脂是改性了的聚酯。

1. 合成聚酯树脂的反应

生产上一般由二元酸和二元醇进行酯化反应：

$$
\begin{gathered}
\mathrm{HOOC-CH_2-CH_2-COOH+HO-CH_2-CH_2OH} \longrightarrow \\
\mathrm{HOOC-CH_2-CH_2-COO-CH_2-CH_2-OH+H_2O}
\end{gathered}
$$

反应产物有 1 个羧基、1 个羟基，官能度为 2，还能继续反应，反应后的生成物仍有两个活泼基，还能继续反应……

$$
\begin{gathered}
\mathrm{HOOC-CH_2-CH_2-COO-CH_2-CH_2-OH+} \\
\mathrm{HOOC-CH_2-CH_2-COO-CH_2-CH_2-OH} \longrightarrow \\
\mathrm{HOOC-CH_2-CH_2-COO-CH_2-CH_2-OCO-CH_2-CH_2-COO-CH_2-CH_2-OH+} \\
\mathrm{H_2O}
\end{gathered}
$$

从理论上讲生成物（树脂）的相对分子质量可以无穷大，但实际上是不可能的，因为随相对分子质量的增大，官能团的活性越来越低，最后形成 HO〰OH 这样的结构。

2. 聚酯树脂的成膜固化

工业上合成的聚酯树脂根据原料的不同，种类相当多，但它们几乎都是黏稠、透明的液体，需要用交联剂或固化剂与之发生交联反应才能形成有用的涂膜。

常用的交联/固化剂有：

（1）氨基树脂—脲醛树脂、三聚氰胺甲醛树脂。固化温度 120～130 ℃，用量为聚酯树脂的 25%～30 %。用脲醛固化的树脂，固化速度快，涂膜的机械性能好；用三聚氰胺固化的树脂，涂膜的耐候性好，适合于做面漆。

（2）异氰酸酯。由于异氰酸酯基（—N═C═O）在室温下就可以与—OH发生交联反应，所以它是一种常温下的固化剂。常用的有甲苯二异氰酸酯（TDI）、六亚甲基二异氰酸酯（HDI）、异佛尔酮二异氰酸酯（IPDI）。用量一般为聚酯/异氰酸酯在（1.05　1）～（1.3　1）。涂膜硬而有柔韧性、耐化学品、耐磨。

（3）环氧树脂。环氧树脂中的环氧基与聚酯中的羟基发生交联反应形成附着力强、耐蚀性好的涂膜。多用于制作粉末涂料。

3. 不饱和聚酯树脂

不饱和聚酯树脂是在树脂的主链中含有不饱和的双键。与醇酸树脂不同的是，醇酸树脂中的不饱和双键在侧链上，成膜是通过空气中氧气的氧化作用而完成的；不饱和聚酯的固化是依靠作为溶剂的烯类单体（一般是苯乙烯）与之进行自由基氧化共聚完成，空气中的氧气对这一反应反而有阻聚作用。

不饱和聚酯有较好的耐溶剂性、耐水性和耐化学品性能，成膜后有较好的光泽、硬度和耐磨性。因此广泛地被用于涂料、黏合剂和制造玻璃钢。但它也有缺点，主要是成膜时收缩率大、形成的膜脆，表面需要打磨和抛光。

不饱和聚酯树脂中的不饱和双键常用马来酸酐引入。但全部用马来酸酐和二元醇合成的不饱和聚酯树脂不饱和双键密度大，成膜后机械性能差，通常要用其他二元酸酐取代部分马来酸酐，如苯酐或间苯二甲酸酐，已二酸等长链脂肪二元酸常用于改善树脂的柔顺性。

合成不饱和聚酯树脂的主要原料二元醇有：乙二醇、一缩二乙二醇、丙二醇、一缩二丙二醇、甘油、季戊四醇、双酚A等；不饱和二元酸有：顺丁烯二酸酐（马来酸酐）、富马酸、反丁烯二酸酐、氯化马来酸、衣康酸、拧康酸等；饱和二元酸有：　邻苯酐、间苯二甲酸、对苯二甲酸、已二酸、癸二酸、四氯苯酐、氢化苯酐等。每一种单体都有自己的特点，对最终得到的树脂的性能也有不同的影响。

不饱和聚酯树脂的交联剂：和其他树脂的交联剂不同，不饱和聚酯树脂的交联剂除了在固化时能与树脂分子交联形成体型结构大分子外，还兼有稀释剂的作用。主要的交联剂是：苯乙烯——苯乙烯具有黏度低、与树脂和各种辅助组分有很好的相容性、能形成均匀的共聚物、成本低等特点；甲基丙烯酸甲酯——用于制作透明玻璃钢制品；邻苯二甲酸二烯丙酯——具有耐热性、电绝缘性好、尺寸稳定的特点。

不饱和聚酯树脂的固化：不饱和聚酯树脂的固化可通过光敏化引发，也可通过热引发。它们都是通过自由基引发聚合反应的。

引发剂——引发树脂中自由基的交联。常用热引发剂有过氧化环已酮、过氧化甲乙酮、过氧化苯甲酰；光敏引发剂有安息香类和二苯酮类。

在室温固化成膜时，除要加入引发剂外，还要加入催化剂（促进剂）或还原剂，有环烷酸钴和叔胺。叔胺中常用的是*N*,*N*-二甲基对甲苯胺、二甲基苯胺、二乙基苯胺等。

不饱和聚酯树脂固化时，空气中的氧可对苯乙烯的聚合发生阻聚作用，使涂膜表面发软和有黏性。要使涂膜完全固化，则要隔绝空气，如用氮气保护或在成膜时表面用石蜡封闭。也可对不饱和聚酯树脂的结构进行修正，即在树脂中引入可以吸收氧气的基团，如烯丙基醚基和不饱和脂肪酸基；还可添加一些吸氧的稀释单体，如苯二甲酸二烯丙基酯。桐油可以吸氧，因此在不饱和聚酯树脂中引入类似桐油酸的结构，也可以消耗氧。

不饱和聚酯树脂的阻聚剂：不饱和聚酯树脂中的双键在室温下，由于光和氧化物的作用，可与溶剂单体发生反应而使混合物的黏度升高，最后胶化。为防止这一现象产生，是在不饱和聚酯树脂或最后制得的涂料产品中加入阻聚剂。阻聚剂的作用是吸收和消耗系统中的自由基，避免树脂与苯乙烯混合时产生凝胶，同时延长产品的储存期。不饱和聚酯树脂的阻聚剂有对苯二酚、对叔丁基邻苯二酚、三羟基苯、对甲氧基苯酚、芳香族的胺类、单宁、苯甲醛等。最常用的是对苯二酚，用量一般为树脂用量的 0.5/1 000～5/1 000。

3.5 氨基树脂

氨基树脂是指含有氨基的化合物（胺或酰胺类）与醛类（主要是甲醛）经缩聚反应制得的热固性树脂。在涂料工业中，氨基树脂又以三聚氰胺甲醛树脂（MF）使用得最多。

在涂料中，由于氨基树脂单独加热固化所得的涂膜硬而脆，且附着力差，几乎没有用氨基树脂直接作为成膜物质的，而是常与其他树脂如醇酸树脂、聚酯树脂、环氧树脂、丙烯酸树脂等配合，组成氨基树脂漆。因此氨基树脂通常是作为交联剂使用。氨基树脂作为交联剂，能提高基体树脂的硬度、光泽、耐化学性以及烘干速度，而基体树脂则克服了氨基树脂的脆性，提高附着力。与醇酸树脂一起制得的涂膜，清漆具有色泽浅、光泽高、硬度大、电绝缘性良好的优点；色漆的涂膜外观丰满、色彩鲜艳，附着力优良，耐老化性好；涂覆后干燥时间短，施工方便，有利于涂覆的连续化操作。经常使用的三聚氰胺甲醛树脂，与不干性醇酸树脂、热固性丙烯酸树脂、聚酯树脂配制得到的涂料，可获得保光保色性极佳的高级白色或浅色涂膜。上述各类氨基烤漆在车辆、家用电器、轻工产品、机床等方面得到了广泛的应用。

氨基树脂的性能既与母体化合物的性能有关，又与醚化剂及醚化程度有关。所谓醚化，就是使树脂中具有一定数量的烷氧基。因为多羟甲基三聚氰胺中含有大量的—CH_2OH，极性大，在有机溶剂中不溶解。醚化的作用主要是使非极性基团数目增加，增加羟甲基化合物的稳定性，防止自聚以及改善氨基树脂在有机溶剂中的溶解性。用于醚化的物料是醇类。不同醇类醚化的作用不同。

水性涂料一般要求用甲醇醚化，因为丁醇以上的醇在水中溶解度差，不能用直接与羟甲基化合物进行醚化的方法制备。丁醇是使用得较多的物料，因为它能使产物稳定性增加，并且不易挥发，但固化速率下降。若要保持固化速率，须提高温度。如甲醇醚化的三聚氰胺甲醛树脂固化温度为 125～130 ℃/30 min，而丁醇醚化的三聚氰胺甲醛树脂固化温度为 150 ℃/30 min。此外，丁醇醚化后的氨基树脂在有机溶剂中的溶解性增加，与醇酸树脂的混溶性提高。醚化反应时，一般是醇类占较大比例，如三聚氰胺甲醛树脂（MF）：丁醇=1：（5～8），多余未反应的丁醇可提高产品储存稳定性。

树脂的醚化程度一般通过测定树脂对 200 号油漆溶剂的容忍度来控制。测定容忍度应在规定的不挥发分含量及规定的溶剂中进行，测定方法是称 3 g 试样于 100 mL 烧杯中，在 25 ℃时于搅拌下以 200 号涂料溶剂进行滴定，至试样溶液显示乳浊并在 15 s 内不消失为终点。1 g 试样可容忍 200 号涂料溶剂的质量（单位：g）即为树脂的容忍度。容忍度也可用 100 g 试样能容忍的溶剂质量（单位：g）来表示。

用于涂料的氨基树脂必须经醇改性后，才能溶于有机溶剂，并与主要成膜树脂有良好的混容性和反应性。氨基树脂除了在涂料工业方面的应用外，在模塑料、黏结材料、层压材料以及纸张处理剂等方面也有广泛的应用。氨基树脂主要有脲醛树脂（UF）、三聚氰胺-甲醛树脂（MF）、苯代三聚氰胺树脂等。

3.5.1 脲醛树脂

脲醛树脂是由尿素和甲醛缩聚反应得到的产物。反应可在碱性或酸性条件下在水中进行，也可在醇溶液中进行。尿素和甲醛的用量比、反应介质的 pH、反应时间、反应温度等对产物的性能有较大影响。反应包括弱碱性或微酸性条件下的加成反应、酸性条件下的缩聚反应以及用醇进行的醚化反应，它们分为下面几个步骤:

1. 加成反应（羟甲基化反应）

尿素和甲醛的加成反应可在碱性或酸性条件下进行，在此阶段主要产物是羟甲基脲，并根据甲醛和尿素用量比的不同，可生成一羟甲基脲、二羟甲基脲或三羟甲基脲。

$$H_2N-\overset{\overset{\displaystyle O}{\|}}{C}-NH_2 + HCHO \xrightleftharpoons{OH^- \text{或} H^+} H_2N-\overset{\overset{\displaystyle O}{\|}}{C}-NH-CH_2OH$$

$$H_2N-\overset{\overset{\displaystyle O}{\|}}{C}-NH_2 + 2HCHO \xrightleftharpoons{OH^- \text{或} H^+} HOH_2C-NH-\overset{\overset{\displaystyle O}{\|}}{C}-NH-CH_2OH$$

$$H_2N-\overset{\overset{\displaystyle O}{\|}}{C}-NH_2 + 3HCHO \xrightleftharpoons{OH^- \text{或} H^+} HOCH_2-\underset{\underset{\displaystyle CH_2OH}{|}}{N}-\overset{\overset{\displaystyle O}{\|}}{C}-NH-CH_2OH$$

2. 缩聚反应

在酸性条件下，羟甲基脲与尿素、羟甲基脲与羟甲基脲之间发生羟基与羟基、羟基与酰胺基间的缩合反应，生成亚甲基键。

$$HOH_2C-NH-\overset{\overset{\displaystyle O}{\|}}{C}-NH_2 + HOH_2C-NH-\overset{\overset{\displaystyle O}{\|}}{C}-NH-CH_2OH \xrightleftharpoons{H^+,\,-H_2O}$$

$$HOH_2C-NH-\overset{\overset{\displaystyle O}{\|}}{C}-NH-CH_2-NH-\overset{\overset{\displaystyle O}{\|}}{C}-NH-CH_2OH$$

$$HOH_2C-NH-\overset{\overset{\displaystyle O}{\|}}{C}-NH-CH_2OH + HOH_2C-NH-\overset{\overset{\displaystyle O}{\|}}{C}-NH_2 \xrightleftharpoons{H^+,\,-H_2O}$$

$$HOH_2C-NH-\overset{\overset{\displaystyle O}{\|}}{C}-NH-CH_2O-CH_2-NH-\overset{\overset{\displaystyle O}{\|}}{C}-NH_2$$

通过控制反应介质的酸度、反应时间可以制得相对分子质量不同的羟甲基脲低聚物，低聚物间若继续缩聚就可制得体型结构聚合物。反应表示如下:

$$3\ \mathrm{OC(NHCH_2OH)_2} \xrightleftharpoons{H^+,\ -3H_2O} \text{(三个 }\mathrm{-C(=O)-N(H)-CH_2OH}\text{ 基取代的六元环三嗪结构)}$$

3. **醚化反应**

上面形成的羟甲基脲低聚物具有亲水性，不溶于有机溶剂，因此不能用做溶剂型涂料的交联剂。用于涂料的脲醛树脂必须用醇类进行醚化改性。醚化是使树脂中具有一定数量的烷氧基，并使树脂的极性降低，从而使其能在有机溶剂中溶解，可用做溶剂型涂料的交联剂。

用于醚化反应的醇类，其分子链越长，醚化产物在有机溶剂中的溶解性越好，但固化反应速度越慢，成膜后硬度越低。用甲醇醚化的树脂仍具有水溶性，具有固化速度快，并可用于水性涂料做交联剂，成膜后硬度高；用乙醇醚化的树脂有醇溶性，固化速度低于甲醚化产物；而用丁醇醚化的树脂在有机溶剂中则有较好的溶解性。醚化反应是在弱酸性条件下进行的，发生醚化反应的同时，也发生缩聚反应。反应可表示如下：

$$\mathrm{HOH_2C{-}NH{-}\overset{\overset{\displaystyle O}{\|}}{C}{-}NH{-}CH_2OH} + \mathrm{C_4H_9OH} \xrightleftharpoons{H^+,\ -H_2O} \mathrm{C_4H_9OH_2C{-}NH{-}\overset{\overset{\displaystyle O}{\|}}{C}{-}\underset{\wr}{N}{-}\overset{\wr}{C}H_2}$$

树脂在进行丁醚化时一般要使用过量的丁醇，这有利于醚化反应的进行。

脲醛树脂具有如下特性：价格低廉，来源充足；分子结构上含有极性氧原子，与基材的附着力好，可用于底漆，也可用于中间层涂料；用酸催化时可在室温固化，故可用于双组分木器涂料；以脲醛树脂固化的涂膜改善了保色性，硬度较高，柔韧性较好，但对保光性有一定的影响；用于锤纹漆时有较清晰的花纹。但因脲醛树脂溶液的黏度较大，酸值高，故储存稳定性较差。

由于丁醚化脲醛树脂在溶解性、混容性、固化性、涂膜性能和成本等方面都较理想，且原料易得，生产工艺简单，所以与溶剂型涂料相配合的交联剂常采用丁醚化氨基树脂。

丁醚化脲醛树脂是水白色黏稠液体，主要用于和不干性醇酸树脂配制氨基醇酸烘漆，以提高醇酸树脂的硬度、干性等。但总的来说，脲醛树脂的耐候性和耐水性稍差，因此大多用于内用漆和底漆。

3.5.2 三聚氰胺甲醛树脂

三聚氰胺甲醛树脂，简称三聚氰胺树脂，常和醇酸树脂、热固性丙烯酸树脂等配合，制成氨基烘漆。三聚氰胺树脂也有不同醚化的品种，如甲醚化或丁醚化的树脂，以及异丁醇醚化的树脂等。

与甲醚化脲醛树脂相比，丁醚化三聚氰胺树脂的交联度较大，其热固化速度、硬度、光泽、抗水性、耐化学性、耐热性和电绝缘性都比脲醛树脂优良。且过度烘烤时能保持较好的保光保色性，用它制漆不会影响基体树脂的耐候性。丁醚化三聚氰胺树脂可溶于各种有机溶剂，不溶于水，可用于各种溶剂型烘烤涂料，固化速度快。

三聚氰胺又称三聚氰酰胺、蜜胺、2, 4, 6-三氨基-1, 3, 5-三嗪。其结构式如下：

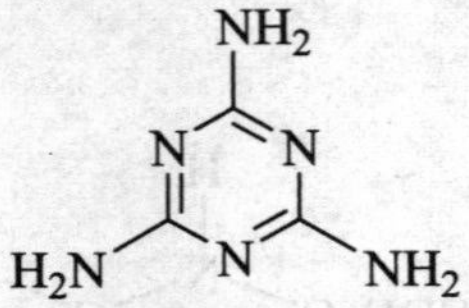

NH_2

N N

H_2N N NH_2

合成原理：三聚氰胺和甲醛反应生成一系列的树脂状产物，这是三聚氰胺在工业中最重要的应用。三聚氰胺甲醛树脂的合成也分为三个阶段，即羟甲基化反应、缩聚反应和醚化反应。

1. 羟甲基化反应

三聚氰胺分子中 3 个氨基上的 6 个氢原子可分别逐个被羟甲基所取代，反应可在酸性或碱性介质中进行，生成不同程度的羟甲基三聚氰胺相互聚合物，最后生成三维状聚合物——三聚氰胺-甲醛树脂。

据文献报道，1 mol 三聚氰胺和 3.1 mol 甲醛反应，以碳酸钠溶液调节 pH = 7.2，在 50～60 ℃反应 20 min 左右，反应体系成为无色透明液体，迅速冷却后可得三羟甲基三聚氰胺的白色细微结晶。此反应速度很快，且不可逆。反应可表示如下：

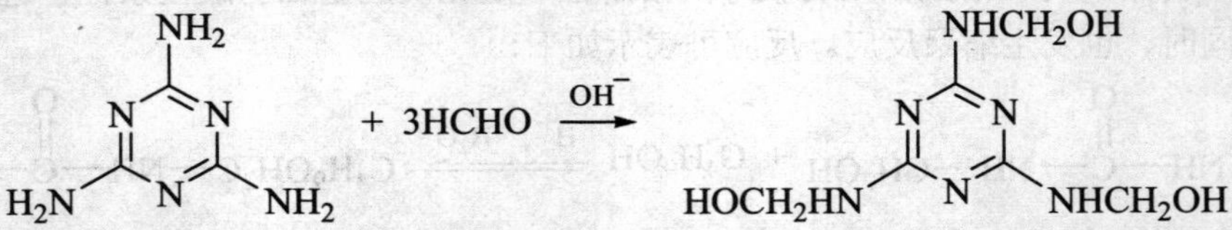

NH_2 … $NHCH_2OH$

N N + 3HCHO $\xrightarrow{OH^-}$ N N

H_2N N NH_2 … $HOCH_2HN$ N $NHCH_2OH$

如在过量甲醛存在下反应，可生成多于三个羟甲基的羟甲基三聚氰胺，此时反应是可逆的。甲醛过量越多，三聚氰胺结合的甲醛就越多。一般 1 mol 三聚氰胺和 3～4 mol 甲醛结合，得到处理纸张和织物的三聚氰胺树脂；和 4～5 mol 甲醛结合，经醚化后得到用于涂料的三聚氰胺树脂。

2. 缩聚反应

与脲醛氨基树脂一样，多羟甲基三聚氰胺树脂也可以进一步缩聚成为大分子。缩聚反应在弱酸性条件下进行，多羟甲基三聚氰胺分子间的羟甲基与未反应的活泼氢原子之间、羟甲基与羟甲基之间可缩合成亚甲基。反应分为 2 种方式完成：

（1）一个三嗪环上的羟甲基与另一个三嗪环上未反应的活泼氢缩合为亚甲基键。反应可表示如下：

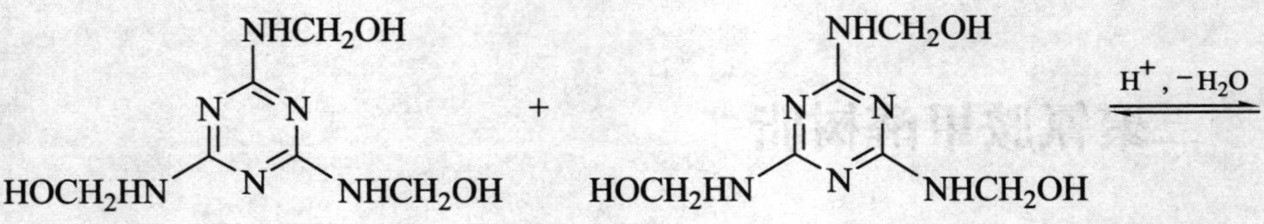

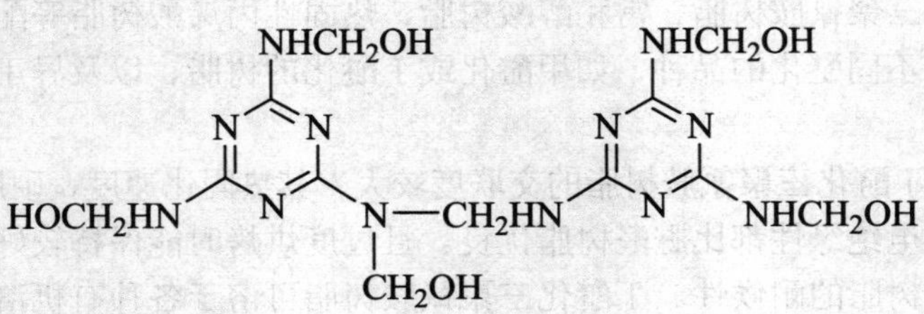

$NHCH_2OH$ … $NHCH_2OH$

N N + N N $\xrightarrow{H^+,\ -H_2O}$

$HOCH_2HN$ N $NHCH_2OH$ … $HOCH_2HN$ N $NHCH_2OH$

$NHCH_2OH$ … $NHCH_2OH$

N N … N N

$HOCH_2HN$ N N—CH_2HN N $NHCH_2OH$

CH_2OH

（2）一个三嗪环上的羟甲基与另一个三嗪环上的羟甲基缩合反应形成醚键，再脱去一分子甲醛成为亚甲基键。反应可表示如下：

$$\text{(HOCH}_2\text{HN)}_2\text{C}_3\text{N}_3\text{NHCH}_2\text{OH} + \text{(HOCH}_2\text{HN)}_2\text{C}_3\text{N}_3\text{NHCH}_2\text{OH} \xrightleftharpoons{H^+,\ -H_2O}$$

$$\text{(HOCH}_2\text{HN)}_2\text{C}_3\text{N}_3\text{NHCH}_2\text{O—CH}_2\text{HNC}_3\text{N}_3\text{(NHCH}_2\text{OH)}_2 \xrightarrow{-HCHO}$$

$$\text{(HOCH}_2\text{HN)}_2\text{C}_3\text{N}_3\text{NH—CH}_2\text{HNC}_3\text{N}_3\text{(NHCH}_2\text{OH)}_2$$

多羟甲基三聚氰胺低聚物具有亲水性，应用于塑料、胶黏剂、织物处理剂和纸张增强剂等方面，经进一步缩聚，成为体型结构产物。

3．醚化反应

多羟甲基三聚氰胺不溶于有机溶剂，必须用醇类进行醚化改性，才能用做溶剂型涂料交联剂。醚化反应是在微酸性条件下，在过量醇中进行的，同时也进行缩聚反应，形成多分散性的聚合物。醚化反应表示如下：

$$\text{(HOCH}_2\text{HN)}_2\text{C}_3\text{N}_3\text{NHCH}_2\text{OH} + \text{ROH} \xrightleftharpoons{H^+,\ -H_2O} \text{ROH}_2\text{CN(}\sim\text{)C}_3\text{N}_3\text{(}\sim\text{NCH}_2\text{OR)N(}\sim\text{)CH}_2\text{OR}$$

醚化和缩聚是两个竞争反应，若缩聚快于醚化，则树脂黏度高，不挥发分低，与中长油度醇酸树脂的混容性差，树脂稳定性也差；若醚化快于缩聚，则树脂黏度低，与短油度醇酸树脂的混容性差，制成的涂膜干性慢，硬度低。所以必须控制条件，使这两个反应均衡进行，并使醚化略快于缩聚，达到既有一定的缩聚度，使树脂具有优良的抗性，又有一定的烷氧基含量，使其与基体树脂有良好的混容性。

多羟甲基三聚氰胺的醚化，也有丁醇醚化、甲醇醚化和异丁醇醚化等。最多的是丁醇醚化。前面已经介绍过丁醇醚化和甲醇醚化的对比，这里不再赘述。在容忍度相同时，异丁醇醚化的三聚氰胺氨基树脂黏度比丁醇醚化的高，丁氧基含量低，醚化反应时间长一些；在低温固化时，异丁醇树脂的反应活性要高一些，但在高温时区别不大。

3.5.3　苯代三聚氰胺甲醛树脂

苯代三聚氰胺甲醛树脂是苯基取代三聚氰胺一个氨基后形成的树脂，俗称苯鸟粪胺，按有机化合物命名方式又称 2, 4-二氨基-6-苯基-1, 3, 5-三嗪。其结构表示如下：

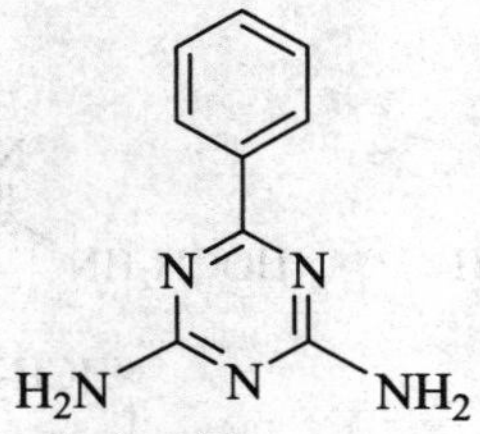

苯代三聚氰胺甲醛树脂是一种弱碱，其离解常数很小，有文献报道为 1.4×10^{-10}。

苯代三聚氰胺与甲醛在碱性条件下先进行羟甲基化反应，然后在弱酸性条件下，羟甲基化产物与醇类进行醚化反应的同时也进行缩聚反应。由于苯环的引入，整个分子的极性降低，从而增加了树脂在有机溶剂中的溶解性，与其他成膜树脂的混容性也得到改善。用这种树脂制成的油漆，不仅漆膜光泽好、不起白雾，而且还具有较高的抗水性和耐碱性；只不过苯环的引入降低了官能度，分子中氨基的反应活性也有所降低。苯代三聚氰胺的反应性介于尿素与三聚氰胺之间。用苯代三聚氰胺树脂制得的涂料，在硬度、耐候性等方面不及三聚氰胺树脂，一般只用于室内涂料。

除了上面介绍的三种常见氨基树脂外，还有一类氨基共缩聚树脂。三聚氰胺树脂综合性能最好，是使用最广泛的交联剂，但也有附着力较差固化速度较慢的缺点。

为了改善三聚氰胺树脂的综合性能，又开发了共缩聚树脂，如丁醚化三聚氰胺尿醛共缩聚树脂。它是以尿素取代部分三聚氰胺合成得到的丁醚化三聚氰胺尿醛共缩聚树脂。尿素取代后，既可提高涂膜的附着力和干性，又可降低成本。但这类树脂在合成时如果尿素取代量过大，可能影响涂膜的耐水性和耐候性。

还有就是丁醚化三聚氰胺苯代三聚氰胺共缩聚树脂。以苯代三聚氰胺取代部分三聚氰胺，丁醚化后得三聚氰胺苯代三聚氰胺共缩聚树脂，可改进三聚氰胺树脂和醇酸树脂的混容性，提高涂膜的初期光泽、抗水性和耐碱性，但对树脂的耐候性有不利影响。

3.5.4 氨基树脂的应用

氨基树脂与基体树脂可进行共缩聚反应，其本身也可进行自缩聚反应，使涂料交联固化。

因氨基树脂中含有各种官能团，它们有自己不同的特性。如烷氧基甲基 ——是交联反应的主要基团；羟甲基 ——既是交联反应的基团，也是自缩聚的基团，其反应能力比烷氧基甲基大；亚胺基 ——主要是自缩聚的基团，易与羟甲基进行自缩聚反应。

醇酸树脂、热固性丙烯酸树脂、聚酯树脂和环氧树脂中含有羟基、羧基、酰胺基。这些树脂作为基体树脂与氨基树脂配合，在涂膜中发挥增塑作用。

3.5.4.1 氨基树脂的成膜反应

固化时的主要反应：基体树脂的羟基、羧基、酰胺基与氨基树脂的烷氧基甲基、羟甲基和亚胺基等基团进行共缩聚反应。羧基主要起催化作用，它催化交联反应，同时也催化氨基树脂

的自缩聚反应。氨基树脂的成膜反应讨论如下:

氨基树脂是用来将主要成膜材料分子交联成一个网状结构，氨基树脂与漆料树脂发生的是共缩聚反应，典型例子是漆料树脂上的羟基和氨基树脂上烷氧基甲基的醚（交换）化反应，如下所示。

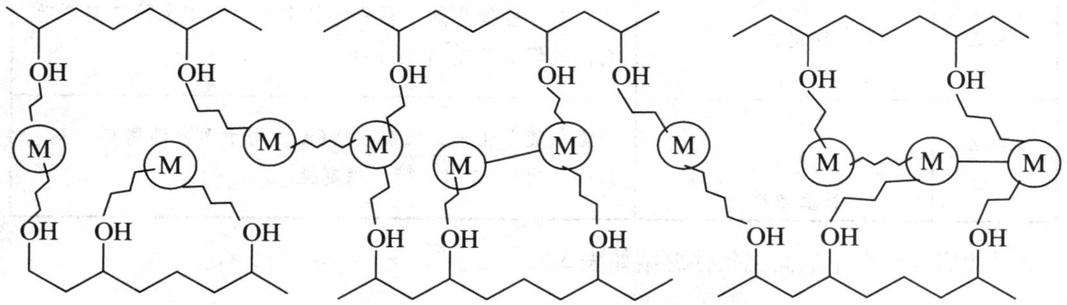

在成膜后时，三聚氰胺分子（用 M 标记）与来自不同成膜高分子上的羟基连接，从而联成一个三维立体网状结构，这个网状结构决定了漆膜的性能。

在热和酸催化剂（通常固化条件）存在的条件下，交联反应很快发生，连接了漆料上所有可用的羟基。实际上当聚合物网状结构形成时，反应物的流动性下降，有些羟基剩下未反应掉。一般在涂料中存在比理想配比过量的氨基树脂时，剩下的烷氧基可以参加其他反应或留在涂膜中不反应。氨基树脂很容易自交联相互反应，结果是在反应中相对分子质量增加了。这些反应在涂膜固化时也发生。因此说氨基树脂一定程度的自交联是一个消极因素，但反过来也是获得良好耐久性、紧密聚合物母体所必不可少的因素。氨基树脂所有的 3 种官能团都参与自交联反应，在以强酸催化、充分烷基化的三聚氰胺树脂涂料中，有证据显示这些反应发生于与涂料树脂醚交换之后。在没有外加催化剂或弱酸催化剂时，采用高亚胺基或羟甲基官能度的三聚氰胺树脂体系中，这些自交联反应发生到更高的程度。这两种情况下，稍微的自聚反应对形成良好的网状结构是关键。

在氨基树脂交联的涂膜固化时，发生的其他反应是脱甲醛反应和水解反应。脱甲醛反应在通常固化温度下就很容易发生，这几乎是造成氨基树脂固化时释放出甲醛的唯一原因，另外的甲醛是游离的甲醛。

氨基树脂交联成膜固化时都会发生一些水解反应，其中有些烷氧基甲基转化为羟甲基，高亚胺基或羟甲基含量的三聚氰胺树脂的水解反应能被碱所催化，甚至在室温下也能缓慢发生水解，氨基树脂更容易自交联，这可能是涂料在储存时黏度上升的原因。为了避免这个现象的发生，可以在水性涂料中采用耐碱水解反应、充分甲醚化的三聚氰胺树脂或助溶剂。充分烷基化的三聚氰胺树脂在水性系统中耐碱催化的水解反应，充分烷基化和部分烷基化的三聚氰胺树脂在水性系统中不耐酸催化的水解反应，因此在水性系统中必须使用封闭性的酸催化剂。

氨基树脂中的主要官能团活性顺序（反应性）如下: $>NH$（亚胺基）$>$ $>N-CH_2OH$（羟甲基）$>$ $>NCH_2OCH_3$（甲氧基）$>$ $>NCH_2OC_4H_9$（烷氧基）。

氨基树脂主要官能团对涂膜性能的影响如表 3.6 所示:

表 3.6　氨基树脂主要官能团对涂膜性能的影响

	参与的反应	一般的涂膜特性
亚胺基	通过亚甲基桥的自缩聚反应	低/无催化剂下快速固化，高硬度涂膜，较差的稳定性，较高的黏度，水可混性
羟甲基	自缩聚反应 醚化反应 脱甲醛反应	需要一些催化剂，较好的稳定性，用于水性漆需要助剂，较好的硬度/柔韧平衡
烷氧基甲基	醚化反应 水解反应 自缩聚反应	需强酸催化剂，低黏度/VOC，用于水性漆需要助剂，最好的硬度/柔韧平衡、稳定性

氨基树脂在涂料中的固化条件总结如表 3.7。

表 3.7　氨基树脂在涂料中的固化条件

涂料最终用途	氨基交联树脂	成膜树脂	成膜条件：温度/时间（℃ / min）
汽车底漆	丁醚化脲醛树脂	醇酸树脂	120～150/20～30
汽车底漆	丁醚化三聚氰胺树脂	醇酸树脂	120～150/20～30
汽车底漆	苯代三聚氰胺丁醚树脂	醇酸树脂	120～150/20～30
汽车面漆	三聚氰胺丁醚化树脂	醇酸树脂	120～150/20～30
	三聚氰胺甲醚化树脂	丙烯酸树脂	120～150/20～30
自行车面漆	三聚氰胺丁醚化树脂	醇酸树脂	110～140/20～30
木器漆	酸催化脲醛丁醚化树脂	醇酸树脂	室温固化
一般金属涂装	脲醛丁醚化树脂	醇酸树脂	120～160/20～30
一般金属涂装	三聚氰胺丁醚化树脂	醇酸树脂	120～160/20～30
冰箱、洗衣机	苯代三聚氰胺丁醚树脂	醇酸树脂	140～160/20～30
冰箱、洗衣机	三聚氰胺甲醚化树脂	丙烯酸树脂	140～16/20～30
卷材涂料	三聚氰胺甲醚化树脂	聚酯树脂	220～320/30～60
高固体涂料	三聚氰胺甲醚化树脂	丙烯酸树脂	150/30～50
电泳涂料	苯代三聚氰胺甲醚树脂	水性醇酸树脂	180/20～30
电泳涂料	三聚氰胺甲醚化树脂	水性丙烯酸树脂	180/20～30
水性涂料	三聚氰胺甲醚化树脂	水性醇酸树脂	180/20～30
水性涂料	三聚氰胺甲醚化树脂	水性丙烯酸树脂	180/20～30
粉末涂料	三聚氰胺甲醚化树脂	聚酯树脂	180/30～40
粉末涂料	三聚氰胺甲醚化树脂	丙烯酸树脂	180/30～40

3.5.4.2 氨基树脂的选择

为满足涂料的性能要求，常将几种树脂混合，通过改变混合比调节性能，达到优势互补的作用。涂膜性能较大程度上取决于基体树脂和氨基树脂交联剂间的混容性。在交联反应体系，混容性不仅与基体树脂和交联剂的种类、性能有关，还与它们之间的混合分散状态、相互反应程度、分子立体构型、相对分子质量及其分布等有很大关系。

两种树脂混合时，一般会有下列现象：如果树脂混容性好，烘干后涂膜透明，附着力好，光泽高；树脂能混容，但溶液透明稍差，涂膜烘干后透明（这种情况，是两种树脂本质上能混容，只是溶剂不理想）；树脂能混容，但涂膜烘干后表面有一层白雾（这是两者混容性不佳的最轻程度）；树脂能混容，但涂膜烘干后发灰无光（出现这种情况是两者本质上不能混容，只是因为能溶于同一种溶剂）；树脂不能混容，放在一起体系混浊，严重时分层析出。

对制得的涂膜，必须是既要透明又要附着力好。因此，在搭配树脂或拼用时，出现后面三种情况不能使用。

通用的丁醚化三聚氰胺树脂为聚合型结构，相对分子质量一般不超过 2 000，分子结构中主要有羟甲基和丁氧基，前者极性高于后者。不干性油醇酸树脂油度短，羟基过量较多，极性较大，它易与低丁醚化三聚氰胺树脂相混容；半干性油（或干性油）醇酸树脂油度较长，羟基过量较少，极性较小，易与高丁醚化三聚氰胺树脂混容。高醚化氨基树脂可得到较高的应用固体分，但固化速度慢，涂膜硬度低，所以选择氨基树脂时，在达到一定混容性的前提下，醚化度不要太高。

聚酯树脂极性高于醇酸树脂。热固性丙烯酸树脂主要是（甲基）丙烯酸（酯）单体和多种乙烯基单体的共聚物，相对分子质量一般为 10 000～20 000，分子链上带有羟基、羧基、酰胺基等，极性也高于醇酸树脂。这两类树脂易与自缩聚倾向小、共缩聚倾向大的低丁醚化三聚氰胺树脂、甲醚化三聚氰胺树脂混容。热固性丙烯酸树脂用醇酸改性后，可提高与低丁醚化三聚氰胺树脂的混容性。

异丁醇醚化氨基树脂比容忍度相同的丁醇醚化氨基树脂的极性大，相对分子质量分布宽，与极性较大的醇酸树脂有更好的混容性。

丁醚化苯代三聚氰胺树脂比丁醇醚化三聚氰胺树脂极性低，与多种醇酸树脂有优良的混容性。丁醚化脲醛树脂易与短、中油度醇酸树脂相容。丁醚化氨基树脂的烃容忍度是涉及混容性的一个重要技术指标，但不是决定混容性的唯一指标。容忍度是选择混容性的一个最方便的工具。

甲醚化氨基树脂，不论单体型还是聚合型，相对分子质量一般都比丁醚化氨基树脂低，极性比丁醚化氨基树脂高。它们共缩聚倾向大于自缩聚，与醇酸树脂、聚酯树脂、热固性丙烯酸树脂、环氧树脂都有良好的相容性，可产生固化快、耐溶剂、硬度高的涂膜，但它们更倾向于与低相对分子质量的基体树脂相容。

3.5.4.3 丁醚化氨基树脂在涂料中的应中

丁醚化氨基树脂是涂料工业使用最多的氨基树脂，国内商品牌号以 582-2 最为常见。这类树脂在涂料中的主要应用有以下方面：

1. 氨基醇酸磁漆

氨基醇酸磁漆中大都选用油度在 40%左右的醇酸树脂。醇酸基体树脂中保留的羟基有利于与氨基树脂的交联，但羟基过多会影响涂膜的抗水性。油度短的醇酸树脂涂膜硬度较大，因此氨基树脂用量可适当减少。若氨基树脂的用量增加，则可降低烘烤温度或缩短烘烤时间。

2. 清　漆

氨基树脂比醇酸树脂色泽浅、硬度大、不易泛黄，可以与醇酸树脂一起配制透明的清烘漆。在罩光用的清烘漆中，氨基树脂用量可适当增加。清烘漆中常用的是豆油醇酸树脂、蓖麻油醇酸树脂、十一烯酸改性醇酸树脂。

3. 半光漆和无光漆

在一般醇酸磁漆配方中，除颜料外再加些滑石粉、碳酸钙等体质颜料，就得到半光或无光氨基醇酸树脂漆，半光漆少加些、无光漆多加些。滑石粉是一种价廉、消光作用较显著的体质颜料，但用量多则影响涂膜的流平性，成膜后耐候性也受到影响，一般不要应用到室外尤其是高装饰性的涂料，如汽车涂料等。氨基树脂的用量在半光漆中可和磁漆相仿，但在无光漆中由于颜料含量高，涂膜的弹性和耐冲击强度较差，所以氨基树脂的比例应适当减少。气相二氧化硅是一种综合性能较好的消光剂，消光后得到的涂膜光滑、饱满，外观良好，但价格是滑石粉的几倍甚至十几倍。

4. 快干氨基醇酸磁漆

在醇酸树脂中引入部分苯甲酸进行改性，可缩短树脂的油度，提高涂膜的干性和硬度，且不会影响耐泛黄性。如37%油度苯甲酸改性脱水蓖麻油醇酸可在110 ℃烘烤1h固化。如果用三羟甲基丙烷代替甘油，缩短油度，适当增加氨基树脂的用量，干燥时间则为130 ℃烘20～30min。若改用高活性的异丁醇醚化氨基树脂，烘烤温度还可进一步降低，干燥时间可进一步缩短。

5. 酸固化氨基清漆

酸性物质可以加速氨基树脂漆的固化。配方中加入相当数量的酸性物质做催化剂，涂膜不经烘烤也能够固化成膜。所用的氨基树脂以脲醛树脂较多，基体树脂都用半干性油、不干性油改性中油度或短油度醇酸树脂。酸性物质可以是磷酸、磷酸正丁酯、硫酸、盐酸、对甲苯磺酸等。酸性物质一般是溶解在丁醇中单独包装，在使用时按规定的比例在搅拌下加入清漆中，再按涂装要求用稀释剂将清漆稀释到施工黏度。这种涂料干性好，所得涂膜硬度高、光泽好、坚韧耐磨。要注意酸性催化剂的量不能过多，否则干燥虽快，但漆膜易变脆，甚至日久产生裂纹。加入催化剂后涂料必须在24h以内使用，否则会发生凝胶化而不能使用。这种涂料可做木器清漆使用。

其他醇酸氨基涂料，为了加快干燥速度或降低烘烤温度，也可以考虑加入酸性催化剂，但必须经试验得出最佳用量及使用条件。

6. 氨基聚酯烘漆

选择合适的聚酯和氨基树脂配合，加入专用溶剂（丙二醇丁醚、二丙酮醇等），可得到光泽、硬度、保色性极好，能耐高温（180～200 ℃）短时间烘烤的涂膜。这类涂料装饰性很好，常常用于高档汽车的车身涂覆。但由于烘烤温度较高，能耗也高。

7. 氨基环氧醇酸烘漆

在氨基醇酸烘漆中加入环氧树脂，能提高烘漆的耐湿性、耐化学品性、耐盐雾性和附着力，但增加了涂膜的黄变性。环氧树脂一般不超过20%。氨基环氧醇酸烘漆主要用做清漆，在金属表面起保护和装饰作用。这种清漆可在150 ℃烘45～60 min，得到硬度高、光泽高、附着力强及耐磨性、耐水性优良的涂层，常用于钟表外壳、铜管乐器及各种金属零件的罩光。

8. 氨基环氧酯烘漆

环氧酯由环氧树脂和脂肪酸酯化而成。环氧酯可以单独用做涂料，也可以和氨基树脂配合使用，其耐潮、耐盐雾和防霉性能比氨基醇酸烘漆好，适用于在湿热带使用的电器、电机、仪表等外壳的涂装。环氧酯的耐化学性虽不如未酯化环氧树脂涂料，但装饰性要好于环氧树脂涂料，而略逊于氨基醇酸烘漆。

9. 氨基环氧漆

环氧树脂和氨基树脂配合可制成色漆、底漆和清漆。氨基环氧漆有较好的耐湿性和耐盐雾性，其底漆性能比醇酸底漆、氨基醇酸底漆和氨基环氧酯底漆都好。由于环氧树脂中与氨基树脂反应的主要基团是仲羟基，因此固化温度较高。常用的固化催化剂为对甲苯磺酸。为提高涂料的储存稳定性，可用封闭型催化剂，如对甲苯磺酸吗啉盐。

10. 醇酸底漆和硝基漆

在铁红醇酸底漆和硝基漆中，常加入极少量的丁醚化三聚氰胺树脂，以增加涂膜硬度和打磨性。

丙烯酸-氨基烘漆主要用于汽车原厂漆、摩托车、金属卷材、家电、轻工产品及其他金属制品的涂饰，属重要的工业涂料（在丙烯酸一节已有介绍，不再赘述）。

3.5.4.4 甲醚化氨基树脂的应用

工业级六甲氧基甲基三聚氰胺具有黏度低、交联度高，能与各种油度醇酸树脂、聚酯树脂、热固性丙烯酸树脂、环氧树脂混容，可用于制备溶剂型装饰涂料、卷材涂料、罐头涂料、高固体涂料、粉末涂料、水性涂料；也可用于油墨、纸张的制造等。六甲氧基甲基三聚氰胺固化时温度较高，但所得涂膜的机械强度比较好。

有文献报道，在氨基树脂配方中，若以六甲氧基甲基三聚氰胺代替丁醇醚化三聚氰胺树脂与醇酸树脂配合，六甲氧基甲基三聚氰胺的用量约为丁醚化三聚氰胺树脂用量的一半，即可达到相同的涂膜性能。

这类树脂主要运用制备以下几种涂料。

1. 卷材涂料

有些金属板材在加工前就先涂有涂料，称为卷材涂料。由于涂装的金属板材还要经过一系列的加工过程，所以要求涂膜除了具有通常的涂膜性能外，还应具有良好的物理机械性能。制备卷材涂料，主要使用聚酯树脂、塑溶胶、有机硅改性聚酯、热固性丙烯酸树脂和氟树脂等。其中聚酯树脂由于硬度、附着力和保光保色性突出，在家用电器等装饰性要求高的场合使用较多。聚酯树脂常用甲醚化三聚氰胺树脂做交联剂。

2. 高固体涂料

为了减少溶剂型涂料在施工时向大气排放有机气体，高固体分涂料越来越受到重视。一般高固体涂料的固体分为60%～80%，施工时固体分较通用型涂料高15%～25%。高固体涂料中基体树脂是相对分子质量比通用型树脂低的齐聚物。目前高固体涂料较常用的品种有氨基醇酸漆、氨基丙烯酸漆和氨基聚酯漆。

由于高固体涂料中基体树脂相对分子质量小，固化时要求有较高的交联密度，为此交联剂应选择自缩聚倾向较小的氨基树脂。六甲氧基甲基三聚氰胺黏度低，自缩聚倾向小，是高固体涂料中较理想的交联剂。在制备高固体涂料时，常需加入强酸性催化剂以降低烘烤时的温度，使涂料容易成膜。常用的催化剂有：甲基磺酸、对甲苯磺酸、十二烷基苯磺酸、二壬基萘磺酸、二壬基萘二磺酸等。

六甲氧基甲基三聚氰胺的极性比丁醚化三聚氰胺树脂大，在湿膜中有较高的表面张力。涂料的固含量越高，湿膜的表面张力越大，因此在制订高固体涂料的配方时，常考虑加入适量的甲基硅油等表面活性剂，以提高涂料湿膜的流动性，克服最终涂膜的表面缺陷。

3. 粉末涂料

粉末涂料就是固体涂料，不含有机溶剂。它们一般是细微粉末。由于不使用溶剂，施工中飞散的粉末还可回收利用，因此是一类无公害、高效率、省资源的涂料。粉末涂料有热固性和热塑性两大类。可以用热固性聚酯树脂、热固性丙烯酸树脂与改性的甲醚化三聚氰胺树脂做交联剂。改性的目的是提高氨基交联剂的玻璃化温度，克服涂料易结块的缺点。这类涂料耐候性、装饰性、耐污染性都很好，目前多用在如冰箱等家用电器方面。

4. 水性涂料

甲醚化的六甲氧基甲基三聚氰胺树脂由于极性较大，根据醚化程度，在水中可以部分或全部溶解。因此，在开发水性氨基烘烤涂料时，选做交联剂。

3.5.4.5 甲醚化苯代三聚氰胺甲醛树脂的应用

这类树脂可用于高固体涂料，也可用于电泳漆中。以它为交联剂的电泳涂料，经长期电泳涂装后，电泳槽中它和基体树脂的比例可保持基本恒定，使涂膜质量稳定。

3.5.4.6 甲醚化脲醛树脂的应用

这类树脂既可溶于有机溶剂又可溶于水。用来制备色漆和清漆时，其固化速度比六甲氧基甲基三聚氰胺树脂和丁醚化脲醛树脂快。在溶剂型磁漆中用丁醚化脲醛树脂一半的量，就能达到与丁醚化树脂同样的硬度，并有较高的光泽和耐冲击性的涂膜。此外，它也可制备高固体涂料及快干的水性涂料。

3.6 环氧树脂

环氧树脂是泛指分子中含有两个或两个以上环氧基团的有机高分子聚合物。除个别外，它们的相对分子质量都不高。环氧树脂的分子结构以分子链中含有活泼的环氧基团为其特征，环氧基团可以位于分子链的末端、中间或成环状结构。可以用下面的结构表示环氧树脂。

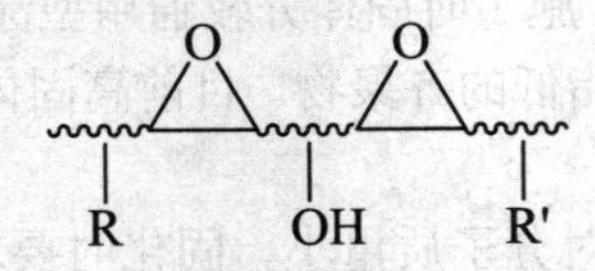

由于分子结构中含有活泼的环氧基团，它们可与多种类型的固化剂发生交联反应而形成不溶、不熔的具有三维网状结构的高聚物。

3.6.1 环氧树脂在固化成膜后的性能特点

1. 优 点

(1) 力学性能高。环氧树脂具有很强的内聚力，分子结构致密，所以它的力学性能高于酚醛树脂和不饱和聚酯等通用型热固性树脂。

(2) 附着力强。环氧树脂固化体系中含有活性极大的环氧基、羟基以及醚键、胺键、酯键等极性基团，使环氧固化物对金属、陶瓷、玻璃、混凝土、木材等极性基材有优良的附着力。

(3) 固化收缩率小。一般为1%～2%，是热固性树脂中固化收缩率最小的品种之一（酚醛树脂为8%～10%，不饱和聚酯树脂为4%～6%，有机硅树脂为4%～8%）。膨胀系数也很小，一般为6×10^{-5}/℃。所以固化后体积变化不大。

(4) 工艺性好。环氧树脂固化时基本上不产生低分子挥发物，所以可低压成型或接触压成型。能与各种固化剂配合制造无溶剂、高固体、粉末涂料及水性涂料等环保型涂料。

(5) 电绝缘性优良。环氧树脂是热固性树脂中介电性能最好的品种之一。

(6) 稳定性好，抗化学药品性优良。不含碱、盐等杂质的环氧树脂不易变质。只要储存得当（密封、不受潮、不遇高温），其储存期为1年，超期后若检验合格仍可使用。环氧固化物具有优良的化学稳定性，其耐碱、酸、盐等多种介质腐蚀的性能优于不饱和聚酯树脂、酚醛树脂等热固性树脂，因此环氧树脂大量用做防腐蚀底漆。又因环氧树脂固化物呈三维网状结构，又能耐油类等的浸渍，大量应用于油槽、油轮、飞机的整体油箱内壁衬里等。

(7) 环氧固化物的耐热性一般为80～100 ℃。也有环氧树脂的耐热温度可达200 ℃或更高。

(8) 耐霉菌。固化的环氧树脂体系耐大多数霉菌，可以在苛刻的热带条件下使用。

2. 缺 点

(1) 耐候性差，环氧树脂中一般含有芳香醚键，固化物经日光照射后易降解断链，所以通常的双酚A型环氧树脂固化物在户外日晒，易失去光泽，逐渐粉化，因此不宜用做户外的面漆。

(2) 环氧树脂低温固化性能差，一般需在 10 ℃以上固化，在 10 ℃以下则固化缓慢，对于大型物体如船舶、桥梁、港湾、油槽等寒季施工十分不便。

3.6.2 环氧树脂的分类

环氧树脂经历50多年的研制与发展，已经开发出上百种规格的品种。由于环氧树脂种类较多，新品种不断推出，因此到目前为止还没有一种较明确的分类方法。有按分子结构分类的，有按官能团数量分类的，还有按状态分类的。

1. 按分子结构分类

根据分子结构，环氧树脂大体上可分为两大类5小类。

两大类：缩水甘油类和非缩水甘油类环氧树脂。

缩水甘油类有 3 小类：缩水甘油醚类环氧树脂、缩水甘油酯类环氧树脂、缩水甘油胺类环氧树脂。非缩水甘油类环氧树脂有 2 小类：脂肪族类（线型环氧树脂和脂环族类环氧树脂、环氧烯烃类）和一些新型环氧树脂。它们是用过醋酸等氧化剂与碳碳双键反应而得。

缩水甘油类环氧树脂可看成缩水甘油的衍生化合物，其结构表示如下：

$$\overset{O}{CH_2\text{—}CH}\text{—}CH_2\text{—}OH$$

（1）缩水甘油醚类环氧树脂。工业上使用量最大的环氧树脂品种是一类缩水甘油醚类环氧树脂，其中又以二酚基丙烷型环氧树脂（简称双酚 A 型环氧树脂）为主，是目前应用最广的环氧树脂，约占实际使用的环氧树脂量的 85%以上。结构表示如下：

$$\overset{O}{CH_2\text{—}CH}\text{—}CH_2\text{—}[O\text{—}C_6H_4\text{—}C(CH_3)_2\text{—}C_6H_4\text{—}O\text{—}CH_2\text{—}CH(OH)\text{—}CH_2]_n\text{—}O\text{—}C_6H_4\text{—}C(CH_3)_2\text{—}C_6H_4\text{—}O\text{—}CH_2\text{—}\overset{O}{CH\text{—}CH_2}$$

其他还有双酚 F 型环氧树脂，结构表示如下：

$$\overset{O}{CH_2\text{—}CH}\text{—}CH_2\text{—}[O\text{—}C_6H_4\text{—}CH_2\text{—}C_6H_4\text{—}O\text{—}CH_2\text{—}CH(OH)\text{—}CH_2]_n\text{—}O\text{—}C_6H_4\text{—}CH_2\text{—}C_6H_4\text{—}O\text{—}CH_2\text{—}\overset{O}{CH\text{—}CH_2}$$

双酚 S 型环氧树脂，结构表示如下：

$$\overset{O}{CH_2\text{—}CH}\text{—}CH_2\text{—}[O\text{—}C_6H_4\text{—}SO_2\text{—}C_6H_4\text{—}O\text{—}CH_2\text{—}CH(OH)\text{—}CH_2]_n\text{—}O\text{—}C_6H_4\text{—}SO_2\text{—}C_6H_4\text{—}O\text{—}CH_2\text{—}\overset{O}{CH\text{—}CH_2}$$

氢化双酚 A 型环氧树脂，结构表示如下：

$$\overset{O}{CH_2\text{—}CH}\text{—}CH_2\text{—}[O\text{—}C_6H_{10}\text{—}C(CH_3)_2\text{—}C_6H_{10}\text{—}O\text{—}CH_2\text{—}CH(OH)\text{—}CH_2]_n\text{—}O\text{—}C_6H_{10}\text{—}C(CH_3)_2\text{—}C_6H_{10}\text{—}O\text{—}CH_2\text{—}\overset{O}{CH\text{—}CH_2}$$

线性酚醛型环氧树脂，结构表示如下：

$$\overset{O}{CH_2\text{—}CH}\text{—}CH_2\text{—}O\text{—}C_6H_4\text{—}CH_2\text{—}[C_6H_3(O\text{—}CH_2\text{—}\overset{O}{CH\text{—}CH_2})\text{—}CH_2]_n\text{—}C_6H_4\text{—}O\text{—}CH_2\text{—}\overset{O}{CH\text{—}CH_2}$$

结构式中，*n* 表示聚合度，*n* 值越大，分子链越长，相对分子质量越大，羟基越多，*n* 一般在 0～14 之间，相对分子质量为 350～30 000。

羟基和环氧基是环氧树脂的活性官能团，可以和许多其他合成树脂或化合物发生反应，这是环氧树脂具有特殊性能的本质原因，也是它在工业上得到广泛应用的原因。

双酚 A 型环氧树脂是使用最广的环氧树脂，将其大分子结构特征总结如下：大分子的两端是反应能力很强的环氧基；分子主链上有许多醚键，是一种线型聚醚结构；*n* 值较大的树脂分子链上有规律地、相距较远地出现许多仲羟基，可以看成是一种长链多元醇；主链上还有大量苯环、次甲基和异丙基。

双酚 A 型环氧树脂的各结构单元赋予树脂以下功能：环氧基和羟基赋予树脂反应性，使树脂固化物具有很强的内聚力和黏接力；醚键和羟基是极性基团，有助于提高浸润性和黏附力；醚键和 C—C 键使大分子具有柔顺性；苯环赋予聚合物以耐热性和刚性；异丙基也赋予大分子一定的刚性。—C—O— 键的键能高，从而提高了耐碱性。

所以，双酚 A 型环氧树脂的分子结构决定了它的性能具有以下特点：是热塑性树脂，但具有热固性，能与多种固化剂、催化剂及添加剂形成多种性能优异的固化物，几乎能满足各种使用要求；树脂的工艺性好，固化时基本上不产生小分子挥发物，可低压成型；能溶于多种溶剂；固化物有很高的强度和黏接强度、较高的耐腐蚀性和电性能，有一定的韧性和耐热性。主要缺点是：耐热性和韧性不高，耐湿热性和耐候性差。不同牌号的双酚 A 型环氧树脂的具体性质见表 3.8。

表 3.8 氧树脂的牌号与性质

新牌号	原牌号	外观	黏度（Pa·s）	软化点（℃）	环氧值
E-55	616#	浅黄黏稠液体	6～8	—	0.55～0.56
E-51	618#	浅黄黏稠液体	10～16	—	0.48～0.54
E-44	610#	黄色高黏度液体	20～40	—	0.41～0.47
E-42	634#	同上	—	21～27	0.38～0.45
E-35	637#	同上	—	20～35	0.30～0.40
E-31	638#	浅黄黏稠液体	—	40～55	0.23～0.38
E-20	601#	黄色透明固体	—	64～76	0.18～0.22
E-14	603#	同上	—	78～85	0.10～0.18
E-12	604#	同上	—	85～95	0.10～0.18
E-06	607#	同上	—	110～135	0.04～0.07
E-03	609#	同上	—	135～155	0.02～0.04
E-01	665#	液体	30～40	—	0.01～0.03

脂肪族缩水甘油醚树脂，其结构如下：

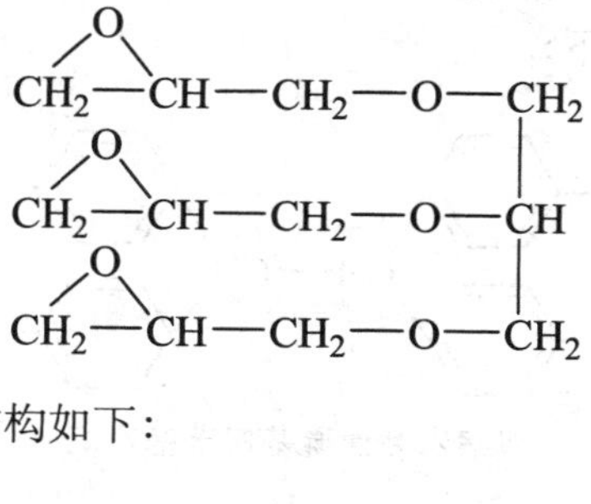

$$\begin{array}{l}
\overbrace{CH_2-CH}^{O}-CH_2-O-CH_2 \\
\qquad\qquad\qquad\qquad\qquad\quad | \\
\overbrace{CH_2-CH}^{O}-CH_2-O-CH \\
\qquad\qquad\qquad\qquad\qquad\quad | \\
\overbrace{CH_2-CH}^{O}-CH_2-O-CH_2
\end{array}$$

四溴双酚 A 环氧树脂，其结构如下：

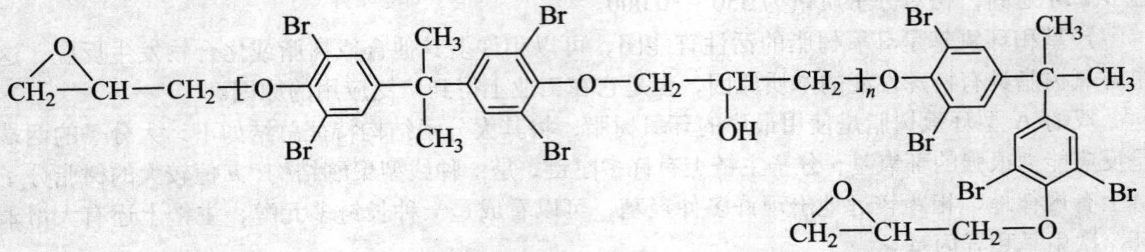

Br　CH₃　Br　Br　CH₃

CH_2—CH—CH_2⁅O—(C₆H₂Br₂)—C(CH_3)₂—(C₆H₂Br₂)—O—CH_2—CH(OH)—CH_2⁆$_n$O—(C₆H₂Br₂)—C(CH_3)₂—(C₆H₂Br₂)—O—CH_2—CH—CH_2

(2) 缩水甘油酯类。如邻苯二甲酸二缩水甘油酯，其化学结构式为

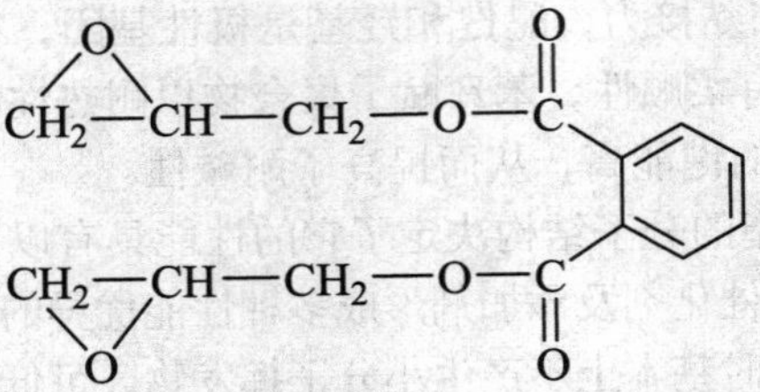

CH_2—CH—CH_2—O—C(=O)—C₆H₄—C(=O)—O—CH_2—CH—CH_2

(3) 缩水甘油胺类。由多元胺与环氧氯丙烷反应而得，其化学结构式为

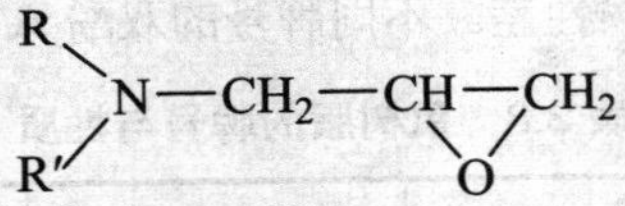

R(R')N—CH_2—CH—CH_2

(4) 脂环族环氧树脂，其结构如下：

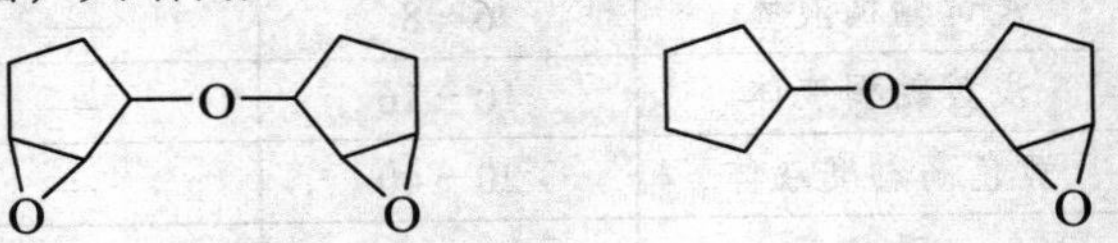

双（2, 3-环氧基环戊基）醚　　2, 3-环氧基环戊基环戊基醚

(5) 脂肪族环氧树脂，其化学结构为

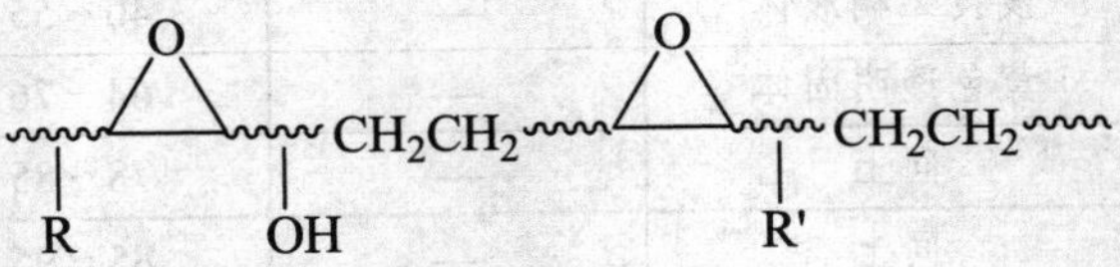

~CH(R)—CH(O)—CH~CH(OH)~CH_2CH_2~CH—(O)—CH~CH(R')~CH_2CH_2~

后面两类环氧树脂又统称为非缩水甘油类环氧树脂。

2. 按官能团的数量分类

按分子中官能团的数量，环氧树脂可分为双官能团环氧树脂和多官能团环氧树脂。对反应性树脂而言，官能团数量的影响是非常重要的。典型的双酚 A 型环氧树脂、酚醛环氧树脂属于双官能团环氧树脂。多官能团环氧树脂是指分子中含有 2 个以上环氧基的环氧树脂。几种有代表性的多官能团环氧树脂结构如下：

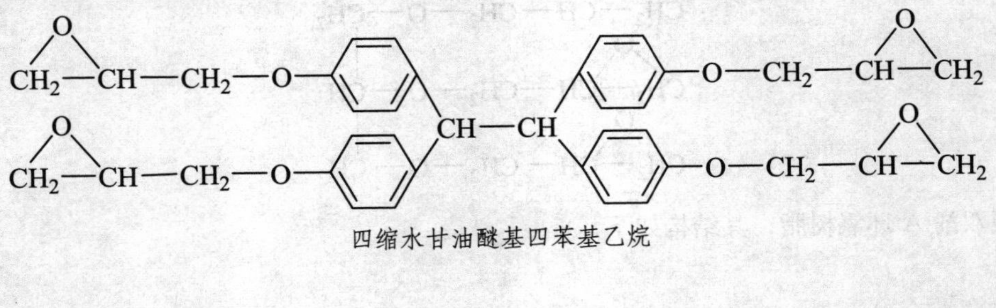

CH_2—CH—CH_2—O—C₆H₄　　C₆H₄—O—CH_2—CH—CH_2

CH—CH

CH_2—CH—CH_2—O—C₆H₄　　C₆H₄—O—CH_2—CH—CH_2

四缩水甘油醚基四苯基乙烷

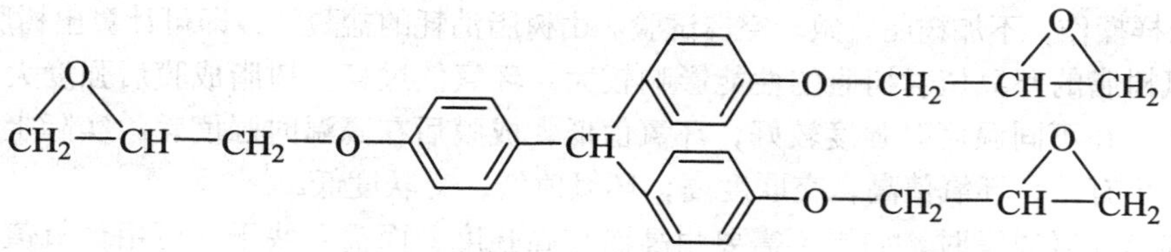

三苯基缩水甘油醚基甲烷

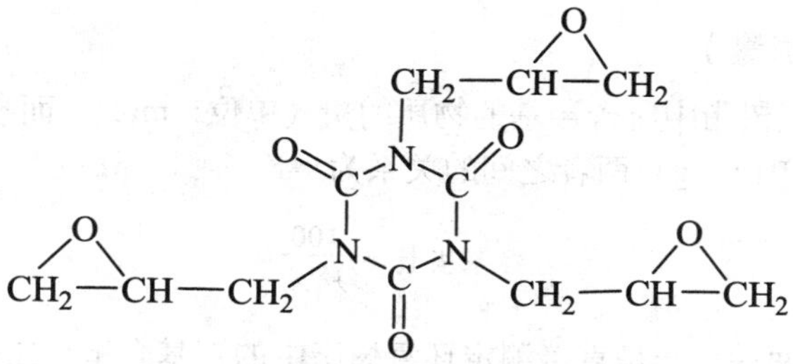

三缩水甘油基三聚异氰酸酯

3. 按状态分类

按室温下的状态，环氧树脂可分为液态环氧树脂和固态环氧树脂。液态树脂指相对分子质量较小的树脂，可用做浇注料、无溶剂胶黏剂和涂料等。固态树脂是相对分子质量较大的环氧树脂，是一种热塑性的固态低聚物，可用于粉末涂料和固态成型材料等。

3.6.3 环氧树脂的性能参数

环氧树脂有多种型号，具有不同的性能，其性能可由一些参数确定。

1. 环氧当量（或环氧值）

是环氧树脂最重要的特性指标，表征树脂分子中环氧基的含量。环氧当量是指含有 1 mol 环氧基（43 g）的环氧树脂的质量（单位：g），以 EEW 表示。而环氧值是指 100 g 环氧树脂中环氧基的物质的量（单位：mol）。两者之间的换算关系为

$$\text{环氧当量}=\frac{100}{\text{环氧值}}$$

环氧当量的测定方法有化学分析法和光谱分析法。国际上通用的化学分析法是高氯酸法，其他的还有盐酸丙酮法、盐酸吡啶法和盐酸二氧六环法。

例如，相对分子质量为 340 的环氧树脂，其两端均为环氧基，环氧值 A 为

$$A=\frac{2}{340}\times 100=0.58\ \text{mol/100 g}$$

盐酸丙酮法方法简单，试剂易得，使用方便。其具体操作是：准确称量 0.5～1.5 g 树脂置于具塞的三角烧瓶中，用移液管加入 20 mL 盐酸丙酮溶液（1 mL 相对密度 1.19 的盐酸溶于 40 mL 丙酮中），加塞摇荡，使树脂完全溶解，在阴凉处放置 1 h，盐酸与环氧基作用生成了氯醇，之后加入甲基红指示剂 3 滴，用 0.1 mol /L 的 NaOH 溶液滴定过量的盐酸至红色褪去变成黄色时为

终点。同样操作，不加树脂，做一空白试验。由树脂消耗的盐酸的量即可计算出树脂的环氧当量。

环氧树脂的环氧值对树脂的性能影响较大。环氧值过高，树脂成膜后强度大，但较脆；环氧值适中，在不同温度时强度较好；环氧值低，成膜后在高温时强度差。实际上，涂膜强度和交联度大小有关，环氧值高，交联度高；环氧值低，交联度低。

在选择环氧树脂时，如果不需要耐高温和高强度，而需要快干，可用环氧值较低的树脂；如希望浸润性及黏合性较好，选用环氧值较高的树脂。

2. 羟值（或羟基当量）

羟值是指 100 g 环氧树脂中所含羟基的物质的量（单位：mol）。而羟基当量是指含 1 mol 羟基的环氧树脂的质量（单位：g）两者之间的关系为

$$\text{羟基当量}=\frac{100}{\text{羟量}}$$

羟值的测定方法有两种：一是直接测定环氧树脂中的羟基含量；二是打开环氧基形成羟基，再进一步测定羟基含量的总和。前一种方法是根据氢化铝锂能和含有活泼氢的基团进行快速、定量反应的原理，用于直接测定环氧树脂中的羟基，是一种较可靠的方法。后一种方法是以乙酸酐、吡啶和浓硫酸混合后的乙酰化试剂与环氧树脂进行反应，形成羟基，然后测定总的羟基含量，再以二倍的环氧基减之，即可测定环氧树脂中的羟基含量即羟值。

3. 酯化当量

酯化当量是指酯化 1 mol 单羧酸（60 g 醋酸或 280 g C_{18} 脂肪酸）所需环氧树脂的质量（单位：g）。环氧树脂中的羟基和环氧基都能与羧酸进行酯化反应。酯化当量可表示树脂中羟基和环氧基的总含量。

$$\text{酯化当量}=\frac{100}{\text{环氧值}\times 2+\text{羟值}}$$

4. 软化点

环氧树脂的软化点可以表示树脂的相对分子质量大小，软化点高的相对分子质量大，软化点低的相对分子质量小。它们的关系如表 3.9 所示。

表 3.9　环氧树脂的软化点与相对分子质量的关系

相对分子质量	软化点（℃）	聚合度
低	<50	<2
中	50～95	2～5
高	>100	>5

5. 氯含量

氯含量是指环氧树脂中所含氯的物质的量（单位：mol），包括有机氯和无机氯。氯的存在会影响树脂成膜后的电性能，也不利于耐腐蚀性。无机氯主要是指树脂中的氯离子，主要来源于合成树脂时没有将反应产生的氯化钠洗干净。树脂中的有机氯含量标志着分子中未起闭环反应的那部分氯醇基团的含量，它的含量应尽可能地低，否则会影响树脂的固化及固化物的性能。如双酚 A 型环氧树脂是由双酚 A 和环氧氯丙烷在氢氧化钠催化下反应制得的，其反应表示如下：

$$\sim\!\sim OCH_2\underset{\displaystyle OH}{\underset{|}{C}H}CH_2\text{—}Cl \xrightarrow{NaOH} \sim\!\sim OCH_2CH\underset{O}{\text{—}}CH_2 + NaCl + H_2O$$

6. 黏　度

环氧树脂的黏度是环氧树脂实际使用中的重要指标之一。不同温度下，环氧树脂的黏度不同，其流动性能也就不同。黏度通常可用杯式黏度计、旋转黏度计、毛细管黏度计和落球式黏度计来测定。

3.6.4　几类环氧树脂的性能特点

1. 缩水甘油酯类环氧树脂

缩水甘油酯类环氧树脂和二酚基丙烷环氧树脂比较，它具有如下优点：黏度低，使用工艺性好；反应活性高；黏合力比通用环氧树脂高，固化物理力学性能好；电绝缘性好；耐气候性好；良好的耐超低温性，在超低温条件下，仍具有比其他类型环氧树脂高的黏结强度；有较好的表面光泽度、透光性。

2. 缩水甘油胺类环氧树脂

这类树脂的优点是多官能度、环氧当量高，交联密度大，耐热性显著提高。国内外已利用缩水甘油胺环氧树脂优越的黏接性和耐热性，来制造碳纤维增强的复合材料（CFRP），用于飞机二次结构材料。

3. 脂环族环氧树脂

这类环氧树脂是由脂环族烯烃的双键经环氧化而制得的，它们的分子结构和二酚基丙烷型环氧树脂及其他环氧树脂有很大差异。前者环氧基都直接连接在脂环上，而后者的环氧基都是以环氧丙基醚连接在苯环或脂肪烃上。

因为脂环族环氧树脂分子结构中的环氧基不是来自环氧丙烷，环氧基直接连接在脂环上，所以，脂环族环氧树脂与双酚 A 型环氧树脂相比较，具有以下特点：

（1）热稳定性良好：由于脂环族环氧树脂的环氧基直接连接在脂环上，能形成紧密的刚性分子结构，固化后交联密度增大，长期暴露在高温条件下仍能保持良好的力学性能。固化收缩率小，拉伸强度高。但是由于环氧当量小，交联密度高，固化物较脆，韧性差。

（2）耐候性好：脂环族环氧树脂的分子结构中不含苯环，具有良好的耐候性和抗紫外辐射性能。

（3）电绝缘性能优异：由于合成过程中不含氯、钠等离子，因此脂环族环氧树脂都具有良好的介电性能，无论是从比电阻还是介电损耗角正切值看，均较双酚 A 型环氧树脂为优。

（4）工艺性能好：脂环族环氧树脂的黏度都比较小，因此，在浇注和压制制件时作业较方便，这一点，尤其是对大部件的制件加工更显得重要。另外，由于脂环族环氧树脂具有黏度小的特点，还可以将它作为良好的环氧树脂活性稀释剂。

（5）安全性高：脂环族环氧树脂对有机酸和酸酐的反应活性比对胺类的反应活性大．因此，在酸性固化剂中便能充分固化。这样一来就避免了使用毒性大、挥发性大的胺类固化剂，对操作人员比较安全。

由脂环族环氧和含氨基的树脂混合交联得到性能优良的涂料，可用于罩面漆、汽车底漆以及需要相对高的成膜性能的工业涂装等。紫外光固化涂料以其固化快、无需高温、不产生气泡、膜面光泽好等优点日益受到广泛重视。以脂环族环氧为主要成分制得的这类涂料耐候性强、硬度高、耐磨、抗冲击、耐化学腐蚀、黏接性好，可用于印刷线路板阻焊油墨、光盘的外涂料及金属、塑料的罩面保护等。

4. 脂肪族环氧树脂

这类环氧树脂分子结构里不仅无苯环，也无脂环结构，仅有脂肪链，环氧基与脂肪链相连。环氧化聚丁二烯树脂固化后的强度、韧性、黏接性、耐正负温度性能良好。

如前所述，含有芳香醚键的环氧树脂，就是通常所说的双酚 A 型环氧树脂固化物经日光照射后易降解断链，固化物在户外日晒，易失去光泽，逐渐粉化，因此不宜用做户外的面漆。研究表明，环氧树脂的光氧化降解主要是与醚键 α 位碳原子相连的仲碳原子上的去氢反应，其主要降解产物是甲酸苯酯（参见粉末环氧涂料一节）。

环氧树脂的品质很多，每一种都有不同的环氧值或环氧当量、羟基值。依据环氧树脂的性能参数，专门进行了编号。

3.6.5 环氧树脂的反应

环氧树脂本身很稳定，如双酚 A 型环氧树脂即使加热到 200℃也不发生变化。但环氧树脂分子中含有活泼的环氧基，因而反应性很强，能与固化剂发生固化反应生成网状大分子。环氧树脂的固化反应主要与分子中的环氧基和羟基有关。

1. 环氧基与含活泼氢的化合物反应

（1）与伯胺反应：

$$\sim\!\!\sim CH\underset{O}{\diagdown\!\diagup}CH_2 + H_2N-R \longrightarrow \sim\!\!\sim \underset{OH}{\underset{|}{CH}}-CH_2-NH-R$$

（2）与仲胺反应：

$$\sim\!\!\sim CH\underset{O}{\diagdown\!\diagup}CH_2 + HN\begin{matrix}R\\ R'\end{matrix} \longrightarrow \sim\!\!\sim \underset{OH}{\underset{|}{CH}}-CH_2-N\begin{matrix}R\\ R'\end{matrix}$$

（3）叔胺不与环氧基反应，但可催化环氧基开环，使环氧树脂自身聚合。故叔胺类化合物可以作为环氧树脂的固化剂。

$$n\ \sim\!\!\sim CH\underset{O}{\diagdown\!\diagup}CH_2 \xrightarrow{R_3N} \left[\underset{\underset{|}{O}}{\underset{|}{CH}}-CH_2 \right]_n$$

(4) 与酚类反应:

$$\sim\!\!\underset{\diagdown O \diagup}{CH-CH_2} + HO-C_6H_5 \longrightarrow \sim CH(OH)-CH_2-O-C_6H_5$$

(5) 与羧酸反应:

$$\sim\!\!\underset{\diagdown O \diagup}{CH-CH_2} + RCOOH \longrightarrow \sim CH(OH)-CH_2-O-\overset{O}{\overset{\|}{C}}-R$$

(6) 与无机酸反应:

$$\sim\!\!\underset{\diagdown O \diagup}{CH-CH_2} + H_3PO_4 \longrightarrow O{=}P(-O-CH_2-CH(OH)\sim)_3$$

(7) 与巯基反应:

$$\sim\!\!\underset{\diagdown O \diagup}{CH-CH_2} + HS-R \longrightarrow \sim CH(OH)-CH_2-S-R$$

(8) 与醇羟基反应。常温下，环氧基与醇羟基反应极微弱，因此，该反应需要在催化和高温下发生。

$$\sim\!\!\underset{\diagdown O \diagup}{CH-CH_2} + HO-R \xrightarrow{\text{催化}} \sim CH(OH)-CH_2-O-R$$

2. 环氧树脂中羟基的反应

(1) 与酸酐反应:

$$-\underset{OH}{\underset{|}{CH}}- + \text{邻苯二甲酸酐} \longrightarrow C_6H_4(COOH)-\overset{O}{\overset{\|}{C}}-O-\underset{|}{\overset{|}{CH}}$$

(2) 与羧酸反应，生成环氧酯。

$$-\underset{OH}{\underset{|}{CH}}- + RCOOH \longrightarrow -\underset{O-\overset{}{C}(=O)-R}{\underset{|}{CH}}- + H_2O$$

（3）与羟甲基或烷氧基反应：

$$-\underset{\underset{OH}{|}}{CH}- + HO-CH_2-C_6H_4(OH) \longrightarrow -\underset{\underset{O-CH_2-C_6H_4(OH)}{|}}{CH}-$$

$$-\underset{\underset{OH}{|}}{CH}- + RO-CH_2-NH-\overset{\overset{O}{\|}}{C}-NH\sim\sim \longrightarrow -\underset{\underset{O-CH_2-NH-\overset{\overset{O}{\|}}{C}-NH\sim\sim}{|}}{CH}- + ROH$$

（4）与异氰酸酯反应：

$$-\underset{\underset{OH}{|}}{CH}- + OCN-R \longrightarrow -\underset{\underset{O-\underset{\underset{O}{\|}}{C}-NH-R}{|}}{CH}-$$

（5）与硅醇或其烷氧基缩合：

$$-\underset{\underset{OH}{|}}{CH}- + RO-\underset{\underset{CH_3}{|}}{\overset{\overset{CH_3}{|}}{Si}}-O- \longrightarrow HC-O-\underset{\underset{CH_3}{|}}{\overset{\overset{CH_3}{|}}{Si}}-O- + ROH$$

$$-\underset{\underset{OH}{|}}{CH}- + HO-\underset{\underset{CH_3}{|}}{\overset{\overset{CH_3}{|}}{Si}}-O- \longrightarrow HC-O-\underset{\underset{CH_3}{|}}{\overset{\overset{CH_3}{|}}{Si}}-O- + H_2O$$

3.6.6 环氧树脂的固化剂

环氧树脂的固化反应是通过加入固化剂，利用固化剂中的某些基团与环氧树脂中的环氧基或羟基发生反应来实现的。固化剂种类繁多，按化学组成和结构不同，常用的固化剂可分为碱性和酸性两类，按固化机理分为加成型和催化型、合成树脂固化剂。

（1）碱性固化剂：脂肪胺、脂肪二胺、多胺、芳香族多胺、双氰双胺、咪唑类、改性胺类。

（2）酸性固化剂：有机酸酐、三氟化硼及络合物。

（3）加成型固化剂：脂肪胺类、芳香族、脂肪环类、改性胺类、酸酐类、低分子聚酰胺和潜伏性胺。

（4）催化型固化剂：三级胺类和咪唑类。

（5）合成树脂固化剂：许多涂料用合成树脂分子中含有酚羟基或醇羟基或其他活性氢，在高温（150～200 ℃）下可使环氧树脂固化，从而交联成性能优良的漆膜。这些合成树脂类固化剂主要有酚醛树脂固化剂、聚酯树脂固化剂、氨基树脂固化剂和液体聚氨酯固化剂等。改变树脂的品种和配比，可得到具有不同性能的涂料。

3.6.6.1 胺类固化剂与固化机理

（1）固化机理：胺类若按氮原子上取代基（R）数目可分为一级胺、二级胺和三级胺；若按N原子数目可分为单胺、双胺和多胺；按结构可分为脂肪胺、脂环胺和芳香胺。

一级胺对环氧树脂固化作用按亲核加成机理进行，每一个活泼氢可以打开一个环氧基团，使之交联固化。芳香胺与脂环胺的固化机理与一级胺相似（伯胺、仲胺和叔胺）。① 与环氧基反应生成二级胺；② 与另一环氧基反应生成三级胺；③ 生成的羟基与环氧树脂反应。反应可表示如下：

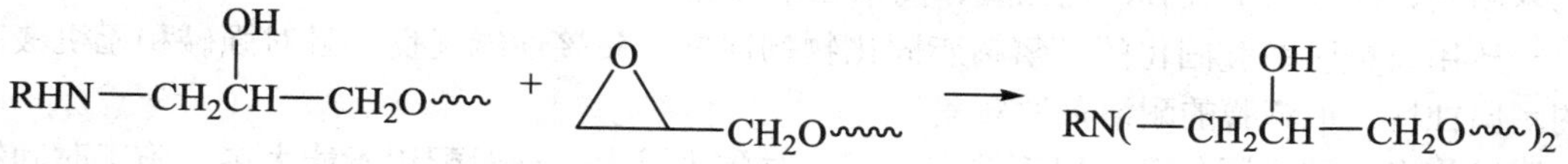

$$RHN-CH_2CH(OH)-CH_2O\sim\sim + \text{(环氧基)}-CH_2O\sim\sim \longrightarrow RN(-CH_2CH(OH)-CH_2O\sim\sim)_2$$

胺的活泼性为伯胺高于仲胺，脂肪胺高于芳香胺。伯胺上有 2 个活泼氢，官能度为 2；如果是二亚乙基三胺（结构如下）为固化剂，则其官能度为 5。

$$H_2NCH_2CH_2NHCH_2CH_2NH_2$$

（2）固化促进机理

在固化体系中加入含给质子基团的化合物如苯酚，就会促进胺类固化，这可能是一个双分子反应机理，即给质子体羟基上的氢首先与环氧基上的氧形成氢键，使环氧基进一步极化，有利于胺类的 N 对环氧基 $C^{\delta+}$的亲核进攻，同时完成氢原子的加成。促进剂：质子给予体。促进顺序：酸≥酚≥水＞醇（催化效应近似正比于酸度）。

促进剂对环氧树脂和二乙烯二胺固化体系的凝胶化有影响，例如，乙二醇、甘油和苯酚使凝胶化时间缩短 7 min，12 min 和 13 min。

1．脂肪胺（脂环胺）固化剂

在室温下能很快固化环氧树脂，固化反应为放热反应。热量能进一步促使环氧树脂与固化剂反应，其使用期较短。胺类固化剂与空气中的 CO_2 反应生成不能与环氧基起反应的碳酸铵盐而引起气泡。脂肪胺对皮肤有一定刺激作用，其蒸气毒性很强。

常见的脂肪胺有：乙二胺（EDA），$H_2NCH_2CH_2NH_2$；二乙烯三胺（DETA），$H_2NC_2H_4NHC_2H_4NH_2$；三乙烯四胺（TETA），$H_2NC_2H_4NHC_2H_4NHC_2H_4NH_2$；四乙烯五胺（TEPA），$H_2NC_2H_4(NHC_2H_4)_3NH_2$ 等。

胺类固化剂的用量与固化剂的相对分子质量、分子中活泼氢原子数以及环氧树脂的环氧值有关。以每 100 份树脂所需固化剂的质量份数（phr）的计算公式为

$$\text{胺类固化剂的用量\%} = \frac{\text{胺的相对分子质量}}{\text{胺分子中活泼氢原子数}} \times \text{环氧值} \times 100$$

$$= \text{胺当量} \times \text{环氧值} \times 100$$

例如，分别用二乙烯三胺和四乙烯五胺固化 E-44 环氧树脂（环氧值 0.44），试计算固化剂的用量（每 100 份树脂所需固化剂的质量份数 phr）。若 E-44 用 10%的丙酮或者 669 环氧树脂（环氧值为 0.75）稀释后（质量比为 100∶10），结果又如何?

解答：二乙烯三胺的胺当量 = 103/5 = 20.6，四乙烯五胺的胺当量 = 189/7 = 27。

（1）未稀释前，E-44 环氧值 = 0.44

二乙烯三胺用量 = 0.44×20.6 = 9.1　　　　四乙烯五胺用量 = 0.44×27 = 11.9

（2）用 10%的丙酮稀释后，环氧值 = 0.44×100/110 = 0.4

二乙烯三胺用量 = 0.4×20.6 = 8.2　　　　四乙烯五胺用量 = 0.4×27 = 10.8

（3）用 669 环氧树脂稀释，环氧值 = 0.44×100/110+0.75×10/110 = 0.468

二乙烯三胺用量 = 0.468×20.6 = 9.6　　　　四乙烯五胺用量 = 0.468×27 = 12.6

脂肪族多元胺类固化剂能在常温下使环氧树脂固化，固化速度快，黏度低，可用来配制常温下固化的无溶剂或高固体涂料，常用的脂肪族多元胺类固化剂有乙二胺、二亚乙基三胺、三亚乙基四胺、四亚乙基五胺、己二胺、间苯二甲胺等。

一般用直链脂肪胺固化的环氧树脂固化物韧性好，黏接性能优良，且对强碱和无机酸有优良的耐腐蚀性，但漆膜的耐溶剂性较差。

脂肪族多元胺类固化剂有以下缺点：固化时放热量大，一般配漆不能太多，施工时间短；活泼氢当量很低，配漆称量必须准确，过量或不足会影响性能；有一定蒸气压，有刺激性，影响工人健康；有吸潮性，不利于在低温高温下施工，且易吸收空气中的 CO_2 变成碳酰胺；高度极性，与环氧树脂的混容性欠佳，易引起漆膜缩孔、橘皮、泛白等。

2. 聚酰胺多元胺固化剂

这是一种改性的多元胺，是用植物油脂肪酸与多元胺缩合而成的，含有酰胺基和氨基，反应可表示如下：

$$RCOOH + H_2N-(CH_2)_2-NH-(CH_2)_2-NH_2 \longrightarrow R\overset{O}{\overset{\|}{C}}-HN-(CH_2)_2-NH-(CH_2)_2-NH_2$$

产物中有 4 个活泼氢原子，可与环氧基反应。对环境湿度不敏感，对基材有良好的润湿性。典型的聚酰胺为 9, 11-亚油酸与 9, 12-亚油酸二聚反应，然后与 2 分子二乙烯三胺进行酰胺化反应得到的产物，结构如下：

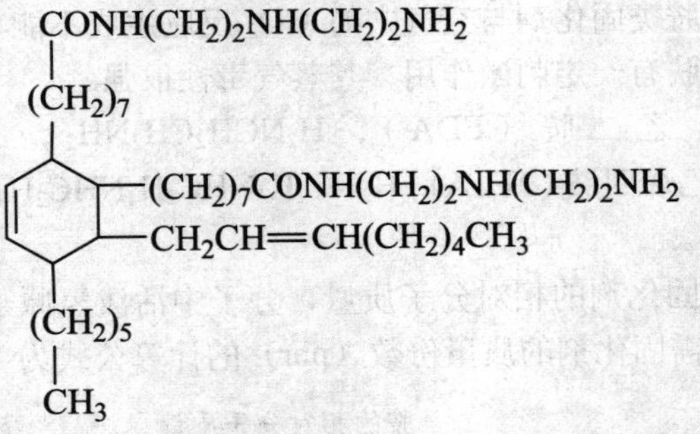

CONH(CH₂)₂NH(CH₂)₂NH₂ — (CH₂)₇ — [环己烯环] — (CH₂)₇CONH(CH₂)₂NH(CH₂)₂NH₂；— CH₂CH═CH(CH₂)₄CH₃；— (CH₂)₅ — CH₃

聚酰胺固化剂的特点：挥发性和毒性很小；与环氧树脂相容性良好；化学计量要求不严，每 100 份树脂所需固化剂的质量份数可在 40～100 间变化；对固化物有很好的增韧效果；放热效应低，适用期较长。

缺点：成膜物的耐热性较低，HDT 为 60 ℃左右。

3. 脂环族多元胺类固化剂

这类固化剂一般所得固化物色泽浅、保色性好，黏度低，但反应迟缓，往往需与其他固化剂配合使用，或加促进剂，或制成加成物，或需加热固化。常见的脂环族多元胺类固化剂如以下两种：

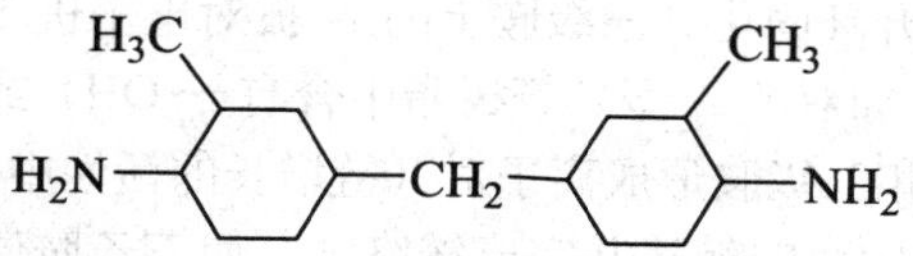

双（4-氨基-3-甲基环己基）甲烷

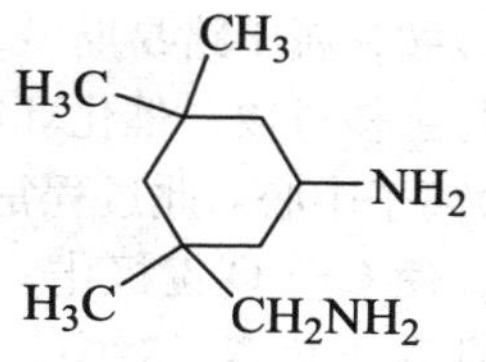

异佛尔酮二胺

4. 芳香族多元胺类固化剂

芳香族多元胺中氨基与芳环直接相连，与脂肪族多元胺相比，碱性弱，反应受芳环空间位阻影响，固化速度大幅度下降，往往需要加热才能进一步固化。但固化物比脂肪胺体系的固化物在耐热性、耐化学药品性方面更优良。芳香族多元胺必须经过改性，制成加成物等，或加入催化剂，如苯酚、水杨酸、苯甲醇等，才能配成良好的固化剂。能在低温下固化，漆混合后的发热量不高，耐腐蚀性优良，耐酸及耐热水，广泛应用工厂的地坪涂料，耐溅滴、耐磨。常见的芳香胺如下：

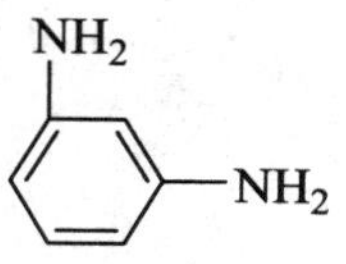

间苯二胺

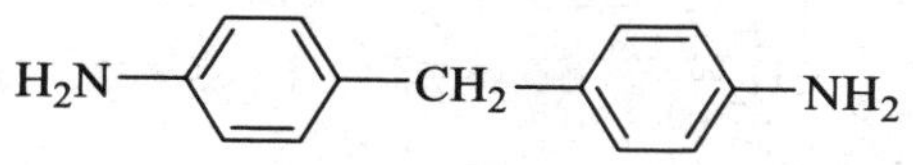

4, 4′-二胺基二苯基甲烷

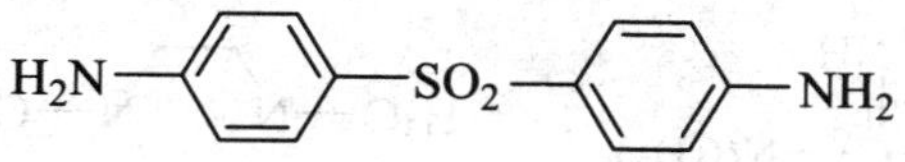

4, 4′-二胺基二苯砜

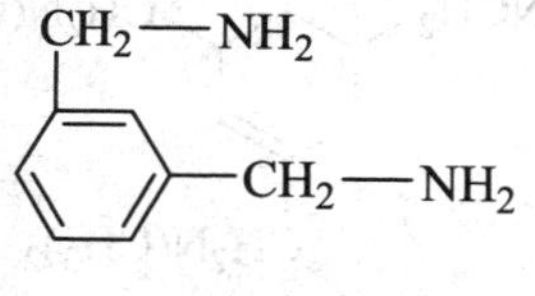

间苯二甲胺

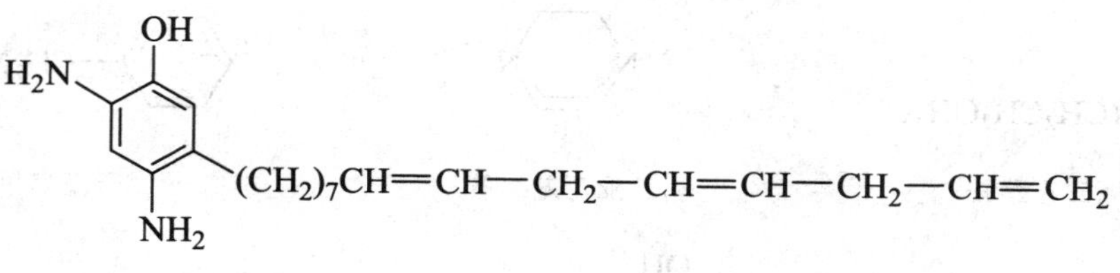

NX-2045

NX-2045 带有憎水性优异且常温反应活性高（带双键）的柔性长脂肪链，还带有抗化学腐蚀的苯环结构，使其既有一般酚醛胺的低温、潮湿快速固化特性，又有一般低分子聚酰胺固化剂的长使用期。

芳香族多元胺固化剂的优点：因分子中含一个或多个苯环，成膜后耐热性、耐化学性、机械强度均比脂肪族多元胺好。缺点：①与脂肪族多元胺相比，氮原子上电子云密度降低，使得碱性减弱，同时还有苯环的位阻效应，因此，活性低，大多需加热后固化。②大多为固体，其熔点较高，工艺性较差。

5. 叔胺类固化剂

叔胺是三级胺，属于路易斯碱，其分子中没有活泼氢原子，但氮原子上仍有一对孤对电子，可对环氧基进行亲核进攻，催化环氧树脂自身开环固化。三级胺上的 N 孤对电子进攻环氧基上的 $C^{\delta+}$，形成负离子中心。此过程常是在羟基（如双酚 A 型环氧树脂中含有—OH）或其他给质子体的催化下，使 C—O 键极化，有利于 $C^{\delta+}$ 和三级胺形成离子对（链增长的活性中心）。第二个环氧基团可插入正负离子对中，形成负离子中心的转移并完成链终结，如三乙胺催化苯基缩水甘油醚固化。

决定三级胺活性的主要因素是 N 取代基的空间位阻效应和 N 上的电子云密度，其中取代基的位阻效应对三级胺的活性影响更大。因此，脂肪一级胺在固化环氧树脂中，消耗活泼氢而转化为三级胺后，由于空间位阻增大，不再以三级胺形式催化环氧基开环，反应终止。

固化反应机理如下：

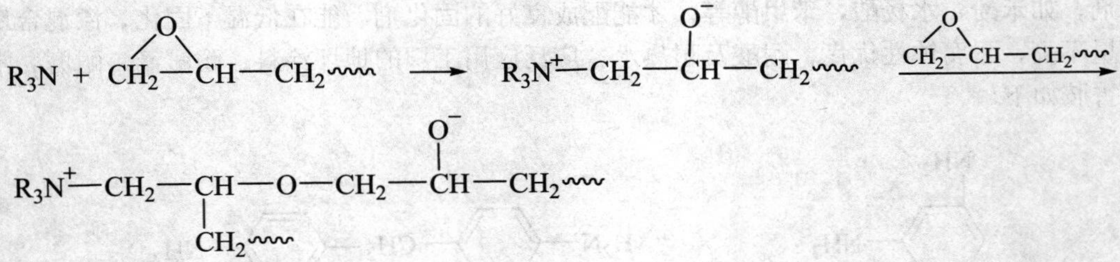

$$R_3N + \overset{O}{CH_2—CH}—CH_2\sim\sim \longrightarrow R_3\overset{+}{N}—CH_2—\overset{O^-}{\overset{|}{CH}}—CH_2\sim\sim \xrightarrow{\overset{O}{CH_2—CH}—CH_2\sim\sim}$$

$$R_3\overset{+}{N}—CH_2—\underset{\underset{CH_2\sim\sim}{|}}{CH}—O—CH_2—\overset{O^-}{\overset{|}{CH}}—CH_2\sim\sim$$

典型的叔胺固化剂有：

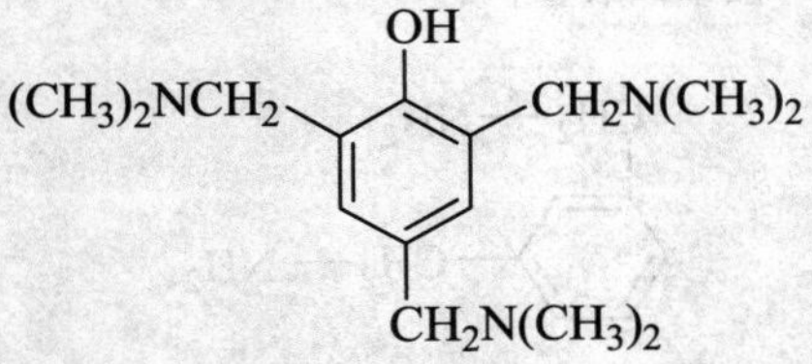

$(CH_3)_2NCH_2$—[2,4,6-取代苯酚，OH]—$CH_2N(CH_3)_2$，$CH_2N(CH_3)_2$

DMP-30（或K-54）

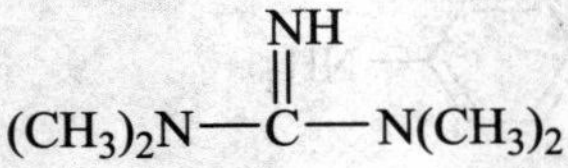

$(CH_3)_2N—\overset{NH}{\overset{||}{C}}—N(CH_3)_2$

四甲基胍

$H_3C—N$（哌嗪环）$N—CH_3$

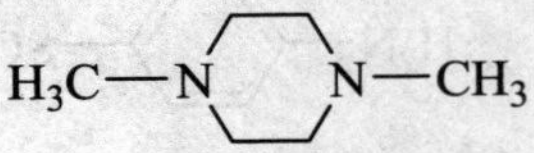

N, N' -二甲基哌嗪

$N(CH_2CH_2OH)_3$

三乙醇胺

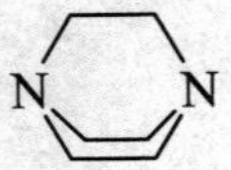

三亚乙基二胺

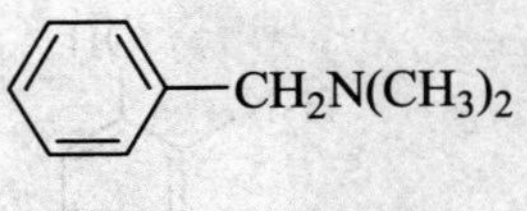

（苯环）—$CH_2N(CH_3)_2$

苄基二甲胺

（苯酚，OH）—$CH_2N(CH_3)_2$

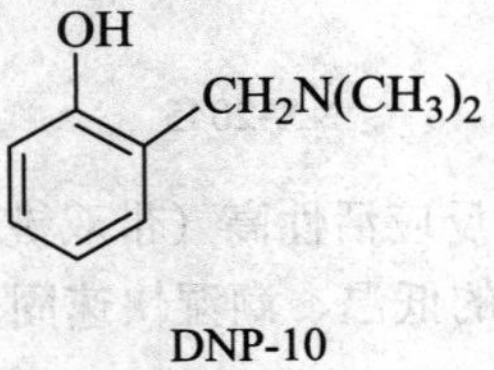

DNP-10

叔胺类固化剂具有固化剂用量、固化速度、固化产物性能变化较大，固化时放热较多的缺点，因此不适应于大型浇铸。

6. 其他胺类固化剂

(1) 双氰胺。结构式为

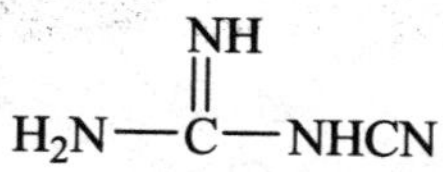

$$H_2N-\underset{}{C}(=NH)-NHCN$$

能在 145～165 ℃使环氧树脂在 30 min 内固化，但在常温下是相对稳定的，将固态的双氰胺充分粉碎分散在液体树脂内，其储存稳定性可达 6 个月。与固体树脂共同粉碎，制成粉末涂料，储存稳定性良好。

（2）乙二酸二酰肼。结构式为

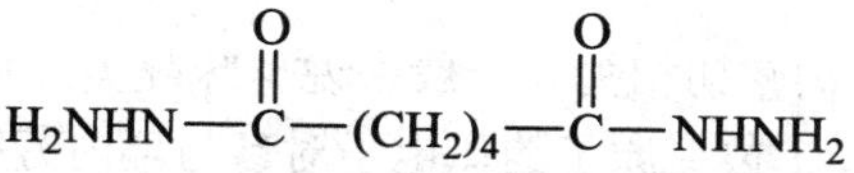

$$H_2NHN-C(=O)-(CH_2)_4-C(=O)-NHNH_2$$

在常温下与环氧树脂的配合物储存稳定，在加热后才缓慢溶解发生固化反应，也可加入叔胺、咪唑等促进剂加快其固化反应。

（3）曼尼斯加成多元胺。由酚、甲醛及多元胺三者的缩合反应得到。

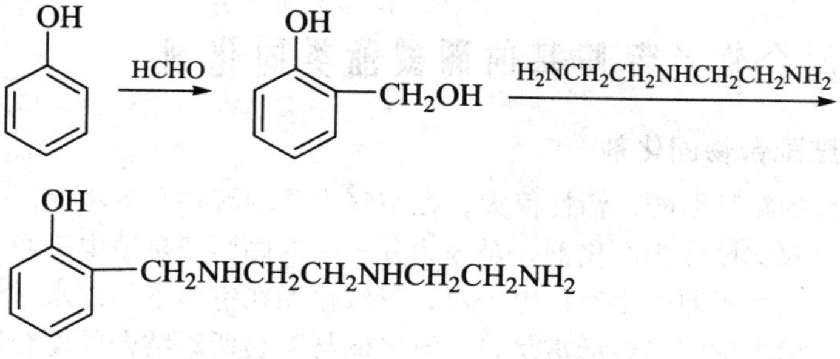

$$C_6H_5OH \xrightarrow{HCHO} o\text{-}HOC_6H_4CH_2OH \xrightarrow{H_2NCH_2CH_2NHCH_2CH_2NH_2} o\text{-}HOC_6H_4CH_2NHCH_2CH_2NHCH_2CH_2NH_2$$

固化特点是即使在低温、潮湿的环境下也能固化。常用于寒冷季节时需快速固化的环氧树脂漆。

3.6.6.2 咪唑类固化剂

这是一种新型固化剂，可在较低的温度下使环氧树脂固化，并得到耐热性优良、力学性能优异的固化产物。咪唑是具有两个氮原子的五元杂环化合物，其中一个原子是仲胺（1 位），另一个是叔胺（3 位）。结构如下：

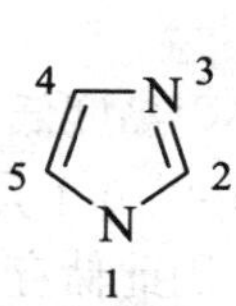

（咪唑环结构式，环上位置编号：1 N，2，3 N，4，5）

咪唑类固化剂主要是一些 1 位、2 位或 4 位取代的咪唑衍生物，种类较多，下面列举了一些典型的咪唑类固化剂：

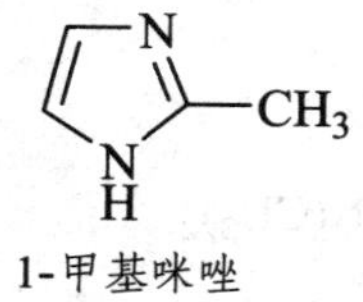

（结构式：取代基 CH_3；H_3C、C_2H_5；CH_3、CH_2CH_2CN；CH_3、CH_2-Ph）

1-甲基咪唑 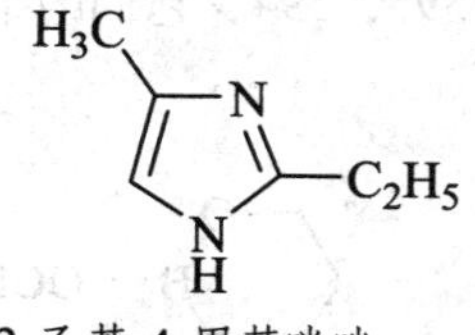　　2-乙基-4-甲基咪唑 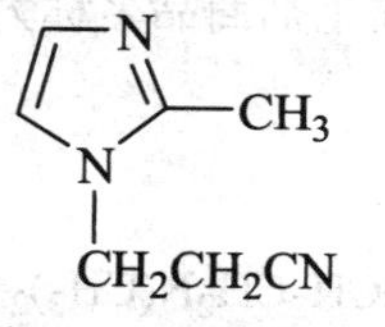　　1-氰乙基-2-甲基咪唑 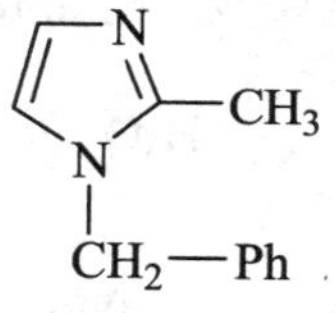　　1-苄基-2-甲基咪唑

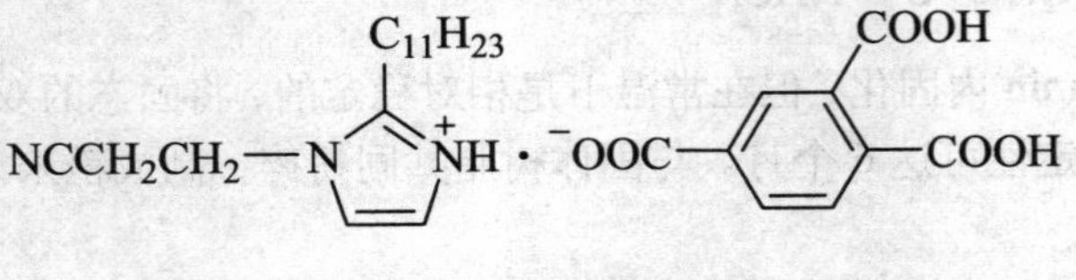

偏苯三酸1-氰乙基-2-十一烷基咪唑盐

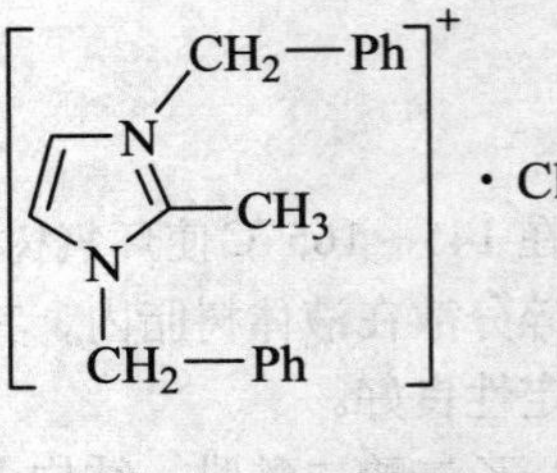

1, 3-二苄基-2-甲基咪唑盐酸盐

咪唑类固化剂的性质与结构密切相关。一般来说，咪唑类固化剂的碱性越强，固化温度就越低。咪唑环内有两个氮原子，1 位氮原子的孤电子对参与环内芳香大 π 键的形成，而 3 位氮原子的孤电子对则没有，因此 3 位氮原子的碱性比 1 位氮原子的强，起催化作用的主要是 3 位氮原子。1 位氮上的取代基对咪唑类固化剂的反应活性影响较大，当取代基较大时，1 位氮上的孤电子对不能参与环内芳香大 π 键的形成，此时 1 位氮的作用相当于叔胺。

3.6.6.3 硼胺配合物及带胺基的硼酸酯类固化剂

1. 三氟化硼-胺配合物固化剂

三氟化硼是典型的路易斯酸，活性很大，在空气中易潮解并有刺激性，一般不单独用做环氧树脂的固化剂。三氟化硼作为固化剂，是因为分子中的硼原子是缺电子原子，容易与孤电子对结合。环氧树脂中的环氧原子上有孤电子对，三氟化硼在室温下与缩水甘油酯型环氧树脂混合后很快固化，并放出大量的热。通常是将三氟化硼与路易斯碱结合成配合物，以降低其反应活性。所用的路易斯碱主要是单乙胺，此外还有正丁胺、苄胺、二甲基苯胺等。三氟化硼-胺配合物与环氧树脂混合后在室温下是稳定的，但在高温下配合物分解产生三氟化硼和胺，很快与环氧树脂进行固化反应

三氟化硼-胺配合物的反应活性主要取决于胺的碱性强弱。对于碱性弱的苯胺、单乙胺，其配合物的反应起始温度低；而对于碱性强的哌啶、三乙胺，其配合物的反应起始温度高。

典型三氟化硼-胺配合物固化剂是三氟化硼单乙胺配合物。该化合物在常温下与环氧树脂混合后稳定，但加热至 100 ℃以上时，该配合物分解成三氟化硼和乙胺，进而引发环氧树脂固化。

2. 带胺基的硼酸酯类固化剂

这类固化剂的优点是沸点高、挥发性小、黏度低、对皮肤刺激性小，与环氧树脂相容性好，操作方便，与环氧树脂的混合物常温下保持 4～6 个月后黏度变化不大，储存期长，成膜后涂膜性能好。缺点是易吸水，在空气中易潮解，因此储存时要注意密封保存，防止吸潮。如 901 固化剂与环氧树脂在 150 ℃烘 5 h 固化，常温下使用期限为两星期。如用于聚酰胺-环氧体系，在常温下储存 14 个月不胶凝，但在 190～260 ℃烘烤时，30～60 s 即可固化，成膜机械性能优良。常见的带胺基的硼酸酯类固化剂商品名称为 901，595，594，它们的结构依次为

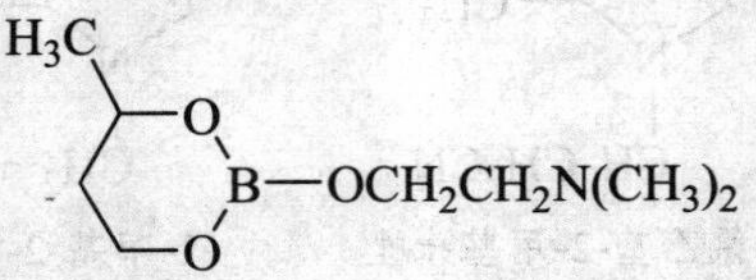

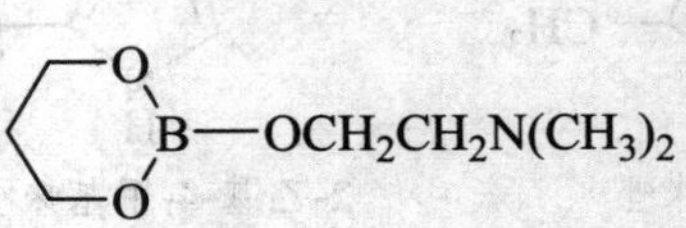

$$\text{(H}_3\text{C-substituted 1,3,2-dioxaborinane)}\ \text{B—OCH}_2\text{CH}_2\text{N(CH}_3)_2$$

$$\text{(1,3,2-dioxaborinane)}\ \text{B—OCH}_2\text{CH}_2\text{N(CH}_3)_2$$

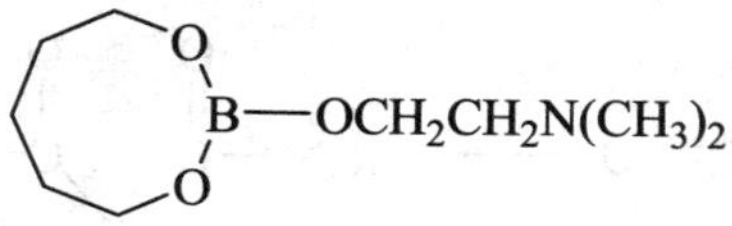

$B—OCH_2CH_2N(CH_3)_2$

3.6.6.4 酸酐类固化剂

实际上，多元酸也可固化环氧树脂，但反应速度很慢，由于不能生成高交联度产物，因此不能作为固化剂之用。

多元羧酸酐特点：低挥发性、毒性小，对皮肤基本没有刺激性；固化反应缓慢，放热量小，适用期长；固化产物收缩率低、耐热性高；固化产物的机械强度高、电性能优良。缺点：需加热固化，并且温度较高，固化周期较长。

酸酐类固化剂作为环氧树脂的常用固化剂，其重要性仅次于多元胺类固化剂。

这类固化剂，可被路易斯碱（如叔胺）促进，也可被路易斯酸（如三氟化硼）促进。催化剂直接影响两个竞争反应，即酯化反应与醚化反应。故有无催化剂，酸酐固化环氧树脂的性能有差异，添加催化剂的性能更好。

常见种类有

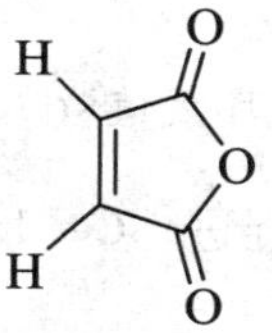

顺酐 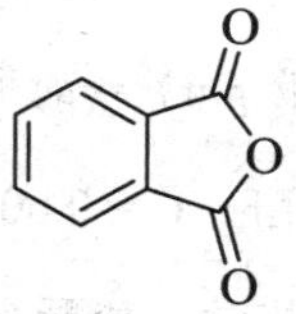　　苯酐 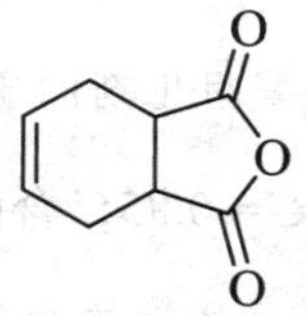　　四氢苯酐 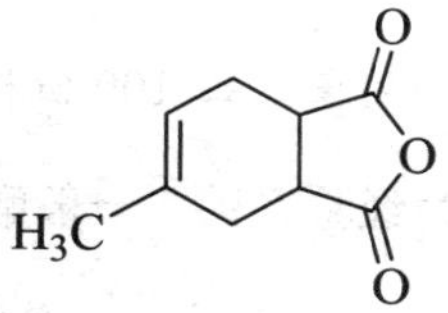　　甲基四氢苯酐

活性顺序：顺酐>苯酐>四氢苯酐>甲基四氢苯酐。酸酐分子结构中若有负电性取代基，则反应活性增强，例如，六氢苯酐与甲基六氢苯酐（结构如下），后者的活性高于前者；甲基纳迪克酸酐与六氯内次甲基邻苯二甲酸酐（结构如下），后者的活性前者都有。

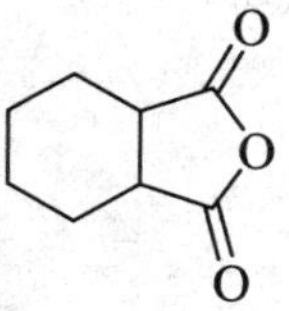

六氢苯酐 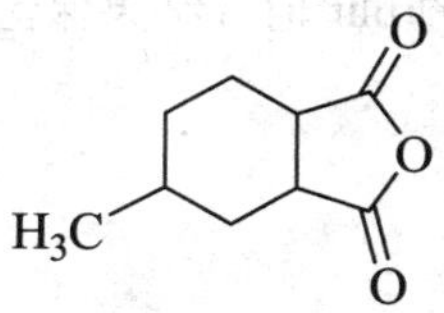　　甲基六氢苯酐 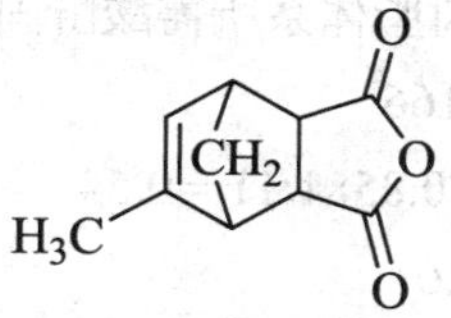　　甲基纳迪克酸酐 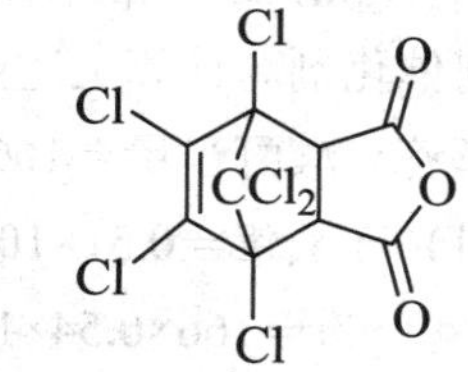　　六氯内次甲基邻苯二甲酸酐（氯桥酸酐）

固化反应速度与环氧树脂中的羟基有关。在无促进剂存在下，酸酐类固化剂与环氧树脂中的羟基作用，产生含有一个羧基的单酯，后者再引发环氧树脂固化。羟基浓度很低的环氧树脂固化反应速度很慢，羟基浓度高的则固化反应速度快。酸酐类固化剂用量一般为环氧基的物质的量的 0.85 倍。

叔胺是酸酐固化环氧树脂最常用的促进剂。由于活性较强，叔胺通常是羧酸复盐的形式使用的。常用的叔胺促进剂有三乙胺、三乙醇胺、苄基二甲胺、二甲胺基甲基苯酚、三（二甲胺基甲基）苯酚、2-乙基-4-甲基咪唑等。除叔胺外，季铵盐、金属有机化合物如环烷酸锌、硫酸锌也可做酸酐/环氧树脂固化反应的促进剂。促进反应机理如下：

$$R_3N + \text{O=C}\overset{\text{O}}{\frown}\text{C=O}\,(\text{R}) \longrightarrow R_3\overset{+}{N}-\overset{\text{O}}{\overset{\|}{C}}-R-\overset{\text{O}}{\overset{\|}{C}}-O^- \xrightarrow{\text{环氧基}}$$

$$R_3\overset{+}{N}-\overset{\text{O}}{\overset{\|}{C}}-R-\overset{\text{O}}{\overset{\|}{C}}-O-CH_2-CH-O^- \xrightarrow{\text{酸酐}}$$

$$R_3\overset{+}{N}-\overset{\text{O}}{\overset{\|}{C}}-R-\overset{\text{O}}{\overset{\|}{C}}-O-CH_2-CH-O-\overset{\text{O}}{\overset{\|}{C}}-R-\overset{\text{O}}{\overset{\|}{C}}-O^- \xrightarrow{\text{环氧基}}$$

$$R_3\overset{+}{N}-\overset{\text{O}}{\overset{\|}{C}}-R-\overset{\text{O}}{\overset{\|}{C}}-O-CH_2-CH-O-\overset{\text{O}}{\overset{\|}{C}}-R-\overset{\text{O}}{\overset{\|}{C}}-O-CH_2-CH-O^-$$

酸酐的用量（每 100 份树脂所需固化剂的质量份数 phr）＝酸酐当量×环氧值×C

式中：C 为经验系数，一般酸酐：$C=0.85$；含卤素酸酐：$C=0.60$；叔胺促进：$C=1.0$。

酸酐当量＝酸酐的相对分子质量÷酸酐个数

例如，用甲基四氢邻苯二甲酸酐（相对分子质量为 166）作为固化剂固化环氧树脂：① E-51 环氧中添加 10%的 TDE-85 环氧树脂（化学名称：1, 2-环氧环己烷-4, 5-二甲酸二缩水甘油酯，环氧值为 0.85，E-51 与 TDE-85 的质量比为 10∶1），用叔胺 DMP-30（参见前述叔胺催化剂）做催化剂。② E-51 环氧中添加 20%的 TDE-85 环氧树脂（E-51 与 TDE-85 的质量比为 5∶1），不加任何催化剂。计算上述两种树脂体系所需酸酐固化剂的 phr 值（结果保留一位小数）。

解答：酸酐当量＝166/1＝166

（1）环氧值＝0.51×10/11＋0.85×1/11＝0.54

phr＝166×0.54×1＝89.6

（2）环氧值＝0.51×5/6＋0.85×1/6＝0.57

phr＝166×0.57×0.85＝80.4

3.6.6.5 合成树脂类固化剂

许多涂料用合成树脂分子中含有亚胺基（—NH—）、醇羟基（—CH_2OH）、酚羟基（Ph—OH）、巯基（—SH）、羧基（—COOH）或其他活性氢，在高温（150～200 ℃）下可使环氧树脂固化，从而交联成性能优良的漆膜。这类合成树脂类固化剂主要有酚醛树脂、聚酯树脂、氨基树脂、醇酸树脂、丙烯酸树脂和聚氨酯树脂等。改变树脂的品种和配比，可得到具有不同性能的涂料。实际上，这些树脂与环氧树脂都是通过交联成膜固化，在介绍各种成膜树脂时已有介绍，这里不再重复。

3.6.7 环氧树脂在涂料中的应用

环氧树脂广泛应用于水利、交通、机械、电子、家电、汽车及航空航天等领域。作为涂料用的环氧树脂约占环氧树脂总量的 35%。按环氧树脂固化方式的不同，环氧树脂涂料可分为常温固化型、自然干燥型、烘干型以及阳离子电泳环氧涂料，它们各有自己的优缺点。

环氧树脂涂料在防腐蚀、电气绝缘、交通运输、木土建筑及食品容器等领域有着广泛的应用。本小节主要介绍防腐蚀环氧树脂涂料，电气绝缘环氧树脂涂料，汽车、船舶等交通工具用环氧树脂涂料以及食品容器用环氧树脂涂料。

环氧树脂涂料最具代表性、用量最大的是用于制造高性能防腐涂料。主要有以下几种：

1. 纯环氧树脂涂料

纯环氧树脂涂料是以低相对分子质量的环氧树脂为基础，树脂和固化剂分开包装的双组分涂料，可以制成无溶剂或高固体分涂料。环氧树脂主要以 E-44、E-42、E-20 为主。这类涂料室温下干燥，养护期在 1 周以上。这类涂料主要包括改性脂肪胺固化环氧树脂防腐蚀涂料、己二胺固化环氧树脂防腐蚀涂料、聚酰胺固化环氧树脂防腐蚀涂料。

2. 环氧煤焦沥青防腐蚀涂料

煤焦油沥青有很好的耐水性，价格低廉，与环氧树脂混容性良好。将环氧树脂和沥青配制成涂料可获得耐酸碱、耐水、耐溶剂、附着力强、机械强度大的防腐涂层，且价格比环氧漆低。因此该类涂料已广泛应用于化工设备、水利工程构筑物、地下管道内外壁的涂层。其特殊的优点是具有突出的耐水性，良好的耐酸、耐碱和耐油性，优良的附着力和韧性，以及可配成厚浆和高固体分涂料。但这类涂料不耐高浓度的酸和苯类溶剂，不能做成浅色漆，不耐日光长期照射，也不能用于饮用水设备上。

3. 无溶剂环氧树脂防腐蚀涂料

无溶剂环氧树脂防腐蚀涂料是一种不含挥发性有机溶剂、固化时不产生有机挥发分的环氧树脂涂料。这种涂料本身是液态的，施工时可采用喷涂、刷涂或浸涂。其主要组成有环氧树脂、固化剂、活性稀释剂、颜料和辅助材料。相对于溶剂型环氧树脂涂料，具有较为明显的优点，如在空间狭窄、封闭的场所进行涂料涂装时，若使用溶剂型涂料，就有可能发生施工人员中毒、溶剂滞留和涂层固化不充分的问题，而使用无溶剂型涂料可以避免上述问题。另外无溶剂涂料可以厚涂、快干，能起到堵漏、防渗、防腐蚀的作用。

4. 环氧酚醛防腐蚀涂料

环氧酚醛防腐蚀涂料是以酚醛树脂为固化剂的一种环氧树脂涂料。酚醛树脂中含有酚羟基和羟甲基，在高温下可引起环氧树脂固化，而在常温下两者的混合物很稳定，因此可制成稳定的单组分涂料。这种涂料既具有环氧树脂良好的附着力，又具有酚醛树脂良好的耐酸性、耐热性，因此是一种较好的防腐蚀涂料。

5. 环氧树脂电气绝缘涂料

电气绝缘涂料是绝缘材料中的重要组成部分，主要包括漆包线绝缘漆、浸渍绝缘漆、覆盖绝缘漆、硅钢片绝缘漆、黏合绝缘漆等。电气绝缘涂料必须具有较好的综合性能，如一般涂料的机械性能、防腐蚀性能，以及优异的绝缘性能。环氧树脂或改性后的环氧树脂具有这些综合性能，因此可作为电气绝缘涂料使用。

环氧漆包线绝缘漆主要是利用环氧树脂优良的耐化学品性、耐湿热性、耐冷冻性，但缠绕性、耐热冲击性有限，因此其应用领域受到限制。环氧漆包线绝缘漆一般是采用相对分子质量较大的环氧树脂 E-05、E-06，固化剂为醇溶性酚醛树脂来制备，主要用于潜水电机、化工厂用电机、冷冻机电机、油浸式变压器的绕组和线圈。

环氧浸渍绝缘漆是浸渍漆中的一大品种。主要包括环氧酯烘干绝缘漆、无溶剂环氧树脂绝缘漆、沉浸型无溶剂漆、滴浸型无溶剂漆等。

6. 环氧树脂涂料在汽车、船舶等交通工具方面的应用

(1) 汽车车身用环氧树脂涂料主要是阴（或阳）离子电泳涂料，它一般是以水为分散剂的水性环氧树脂涂料，多采用电沉积法进行涂装，其抗腐蚀性能非常优越，专门用于汽车车身等钢铁制品大型工件的底漆连续涂料。

(2) 船舶用涂料主要是指用于船只、舰艇，以及海上石油钻采平台、码头的钢柱及钢铁结构件，使其免受海水腐蚀的专用涂料，主要有车间底漆、船底防锈漆、船壳漆、甲板漆以及压载水舱漆、饮水舱漆、油舱漆等。

(3) 车间底漆主要用于车间内成批钢铁材料的预处理，是造船预涂保养钢板的主要底漆。一般为环氧树脂富锌底漆，通常为 3 罐装，甲组分为超细锌粉，其用量以干膜中锌粉含量 82%～85%为宜，乙组分为 E-20 环氧树脂液中加入氧化铁及膨润土、气相二氧化硅，丙组分为聚酰胺固化剂液，其胺值为 200。

(4) 船底防锈漆是指涂刷在船舰水线以下，长期浸在水中的船用防锈涂料，也可用于深水码头钢柱，海上钻采石油、天然气平台等的钢柱及钢铁结构。环氧树脂沥青防锈涂料及纯环氧树脂防锈涂料能经受长期海水浸泡、干湿交替、阴暗潮湿的环境，是船底防锈漆中的佼佼者。

(5) 船壳漆是指涂刷在水线之上的船用防锈涂料，要求附着力强、耐水性好、耐磨、耐候性好。室温固化环氧-聚酰胺涂料固化后能得到坚韧、附着力强、耐水、耐磨的涂层，所以能作为长效的船壳漆。为提高漆膜的耐候性，配方中要加入耐候性好的颜料。

(6) 甲板漆除要求有耐水、耐晒、耐磨、耐洗刷外，还要求耐石油、机油及具有防滑作用。环氧树脂类甲板漆由底漆、中间漆和面漆三组涂料组成，底漆为环氧树脂富锌底漆，中间漆为环氧树脂云母氧化铁底漆，面漆为环氧树脂甲板漆。

7. 食品容器用环氧树脂漆

为了防止食品在储存期内与储存金属容器发生化学腐蚀，办法之一是在金属容器内壁涂上涂料。储存食品的金属容器所用的材料主要有白铁、马口铁、铝箔等金属品种。由于食品是一种特殊商品，必然要求涂料固化后对金属的附着力强，涂膜保色性好，耐焊药性强，耐腐蚀性好（尤其是针对罐装液体食品），且必须符合食品卫生标准。环氧树脂通常是和其他树脂拼用，才能作为食品罐头内壁涂料。主要品种有环氧树脂-酚醛树脂涂料、环氧树脂-苯酚甲醛树脂涂料、环氧树脂-氨基树脂涂料、环氧树脂-聚酰胺树脂涂料等。

3.6.8 环氧树脂的选择

无论是做黏结剂、涂料、浇注料都需添加固化剂，否则环氧树脂不能固化。由于用途、性能要求各不相同，对环氧树脂及固化剂、改性剂、填料、稀释剂等添加物也有不同的要求。现将它们的选择方法简介如下。

1. 从用途上选择

做黏结剂时最好选用中等环氧值（0.25～0.45）的树脂，如 6101、634；做浇注料时最好选用高环氧值（>0.40）的树脂，如 618、6101；作涂料用的一般选用低环氧值（<0.25）的树脂，如 601、604、607、609 等。

2. 从机械强度上选择

环氧值高的树脂强度较大，但较脆；环氧值中等的树脂，在高低温度时强度均好；环氧值低的则高温时强度差些。因为强度和交联度的大小有关，环氧值高固化后交联度也高，环氧值低固化后交联度也低，故引起强度上的差异。

3. 从操作要求上选择

如果固化后不需耐高温，对强度要求不大，希望能快干，不易流失，可选择环氧值较低的树脂；如希望渗透性好，强度也较好，可选用环氧值较高的树脂。

3.6.9 环氧树脂的改性

环氧树脂因含有大量的环氧基团，固化后交联密度大，内应力高，质脆，耐冲击性、耐开裂性、耐候性和耐湿热性较差，有时难以满足涂覆要求，使其应用受到一定的限制。近年来要求环氧树脂材料具有更好的韧性，较低的内部应力，较高的耐热性、耐水性，优良的耐候性等综合性能。为此，对环氧树脂的改性已成为各企业、研究院所的研究热点。环氧树脂的改性主要围绕以下几个方面进行。

3.6.9.1 增韧改性

为了增加环氧树脂的韧性，最初人们采用的方法是加入一些增塑剂、增柔剂，但这些低分子物质会大大降低材料的耐热性、硬度、模量及电性能。从 20 世纪 60 年代开始，国内外普遍开展了环氧树脂增韧改性的研究工作，以期在热性能、模量及电性能下降不太大的情况下提高环氧树脂的韧性。主要采取的方法有：

1. 橡胶弹性体增韧改性

用于环氧树脂增韧用的橡胶弹性体，相对分子质量为 1 000～10 000，一般都是反应性液态聚合物，在分子的端基或侧基上带有可与环氧基反应的官能团。这类弹性体主要有：端羧基丁腈橡胶、端羟基丁腈橡胶、聚硫橡胶、液体无规羧基丁腈橡胶、丁腈基-异氰酸酯预聚体、端羟基聚丁二烯、聚醚弹性体、聚氨酯弹性体等。近年来，用同步法合成的聚丙烯酸丁酯-环氧树脂互穿网络聚合物，在提高环氧树脂韧性方面取得了令人满意的效果。

2. 热塑性树脂增韧改性

用于环氧树脂增韧改性的热塑性聚合物一般是耐热性及力学性能都比较好的工程塑料，它们通常以热熔化的方式，或者以溶液的方式掺混入环氧树脂中。这类热塑性树脂主要有聚砜、聚醚砜、聚醚酮、聚醚酰亚胺、聚苯醚、聚碳酸酯等。

3. 超支化聚合物增韧改性

超支化聚合物具有独特的结构和良好的相容性、低黏度等特性。超支化聚合物是最近才出现的一种以低分子为生长点，通过逐步控制重复反应而得到的一系列分子质量不断增长结构类似的化合物，也是一种新型高分子材料。超支化聚合物应用于增韧改性环氧树脂具有下列优点：

（1）超支化聚合物的球状三维结构能降低环氧固化物的收缩率。

（2）超支化聚合物的活性端基能直接参与固化反应形成立体网状结构，众多的末端官能团能加快固化速度。

（3）超支化聚合物的尺寸和球状结构杜绝了在其他传统的增韧体系中所观察到的有害粒子过滤效应，起到内增韧的作用。

4. 核壳结构聚合物增韧改性

核壳结构聚合物是指由 2 种或 2 种以上单体通过乳液聚合而获得的一类聚合物复合粒子。粒子的内部和外部分别富集不同成分，显示出特殊的双层或者多层结构，核与壳分别具有不同功能，通过控制粒子尺寸及改变聚合物组成来改性环氧树脂，可减少内应力，提高黏结强度和冲击性，从而获得显著增韧效果。

3.6.9.2 其他改性

1. 耐湿热改性

要提高环氧树脂的耐湿热性能，就要减少树脂基体分子结构中的极性基团，使树脂基体与水的相互作用降低，从而降低树脂基体的吸水率；同时优化复合材料的成型工艺，减少复合材料在成型过程中产生的微孔、微裂纹、自由体积等，也能提高其耐湿热性能。增大交联度，引入耐热基团如亚胺基、异氰酸酯基、噁唑烷酮等，以及形成互穿聚合物网络是提高耐热性的最重要手段。用含有端胺基的苯胺二苯醚树脂做固化剂改性环氧树脂，得到的复合材料在空气中的初始分解温度高，耐湿热性能好。

2. 阻燃改性

通常在树脂中引入卤素、氮、磷、硼和硅等元素，可以增加树脂的阻燃性。环氧树脂的阻燃性较差，为改善其阻燃性，引入的方法可以是使用阻燃型固化剂，如含卤、磷、硼以及硅的固化剂来固化环氧树脂。环氧树脂的阻燃性固化剂主要有：二氯代顺酐、六氯内次甲基四氢苯酐、四溴苯酐、四氯苯酐、80 酸酐、含有胺基的磷酸及磷酸的酰胺等。

也可以对环氧树脂进行结构改性，在环氧树脂分子中引入阻燃元素。用于直接制备阻燃环氧树脂的单体通常都是含卤元素的单体，如在环氧树脂缩聚反应中加入含卤的双酚 A，然后与环氧氯丙烷进行反应，生成卤代环氧树脂。溴化的酚醛型环氧树脂可作为封装材料用环氧树脂的反应性阻燃剂。

为了环保，近年来又开发出了无卤阻燃新型环氧涂料。

3. 化学改性

在环氧树脂分子中引入一些其他化学基团，改变环氧树脂的结构，可以获得一些新性能，同时拓宽了环氧树脂应用的范围。如用丙烯酸或甲基丙烯酸与环氧树脂中的部分环氧基反应，在分子中保留了部分环氧基的同时又引入了不饱和碳碳双键，使改性后的环氧树脂既具有光敏特性，又保留环氧树脂的一些优良特性。或在分子中引入一些亲水性基团，将环氧树脂改性为水性环氧树脂，使改性后的环氧树脂具有水分散性。

3.6.10 水性环氧树脂

为适应环保法规对 VOC 的限制，国外从 20 世纪 70 年代起，就开始研究具有环境友好特性的水性环氧树脂体系。我国从 20 世纪 90 年代初开始水性环氧体系和水性环氧涂料的研究开发。水性环氧树脂第一代产品是直接用乳化剂进行乳化；第二代水性环氧体系是采用水溶性固化剂乳化油溶性环氧树脂；第三代水性环氧体系是在环氧树脂和其固化剂都接上非离子型表面活性剂，由美国壳牌公司研究开发，这一体系的乳液稳定，由其配制的涂料漆膜可达到或超过溶剂型涂料的漆膜性能指标。

1. 水性环氧树脂的制备方法简介

水性环氧树脂的制备方法主要有机械法、相反转法、固化剂乳化法和化学改性法。

（1）机械法也称直接乳化法，通常是将环氧树脂用球磨机、胶体磨、均质器等磨碎，然后加入乳化剂水溶液，再通过超声振荡、高速搅拌将粒子分散于水中，或将环氧树脂与乳化剂混合，加热到一定温度，在激烈搅拌下逐渐加入水而形成环氧树脂乳液。机械法制备水性环氧树脂乳液的优点是工艺简单、成本低廉、所需乳化剂的用量较少。但是，此方法制备的乳液中环氧树脂分散相微粒的尺寸较大，约 10 μm，粒子形状不规则，粒度分布较宽，所配得的乳液稳定性一般较差，并且乳液的成膜性能也不太好，而且由于非离子表面活性剂的存在，会影响涂膜的外观和一些性能。

（2）相反转法即通过改变水相的体积，将聚合物从油包水（W/O）状态转变成水包油（O/W）状态，是一种制备高分子树脂乳液较为有效的方法，几乎可将所有的高分子树脂借助于外加乳化剂的作用通过物理乳化的方法制得相应的乳液。相反转原指多组分体系中的连续相在一定条件下相互转化的过程，如在油/水/乳化剂体系中，当连续相从油相向水相（或从水相向油相）转变时，在连续相转变区，体系的界面张力最小，因而此时分散相的尺寸最小。通过相反转法将高分子树脂乳化为乳液，制得的乳液粒径比机械法小，稳定性也比机械法好，其分散相的平均粒径一般为1～2 μm。

（3）固化剂乳化法不外加乳化剂，而是利用具有乳化效果的固化剂来乳化环氧树脂。这种具有乳化性质的固化剂一般是改性的环氧树脂固化剂，它既具有固化，又具有乳化低相对分子质量液体环氧树脂的功能。乳化型固化剂一般是环氧树脂-多元胺加成物。在普通多元胺固化剂中引入环氧树脂分子链段，并采用成盐的方法来改善其亲水亲油平衡值，使其成为具有与低相对分子质量液体环氧树脂相似链段的水可分散性固化剂。由于固化剂乳化法中使用的乳化剂同时又是环氧树脂的固化剂，因此固化所得漆膜的性能比需外加乳化剂的机械法和相反转化法要好。

这类体系的环氧树脂一般预先不乳化，而由水性环氧固化剂在使用前混合乳化。这类固化剂必须既是交联剂又是乳化剂。水性环氧固化剂是以多胺为基础，对多胺固化剂进行加成、接枝、扩链和封端，在其分子中引入具有表面活性作用的非离子型表面活性链段，对相对分子质量小的液体环氧树脂具有良好的乳化作用。用固化剂乳化法制备水性环氧树脂体系的优势是在使用前由固化剂直接乳化环氧树脂，不需考虑环氧树脂乳液的储存稳定性和冻融稳定性；缺点是配得的乳液适用期短。

（4）化学改性法。化学改性法又称自乳化法，即将一些亲水性的基团引入环氧树脂分子链上，或嵌段或接枝，使环氧树脂获得自乳化的性质。当这种改性聚合物加水进行乳化时，疏水性高聚物分子链就会聚集成微粒，离子基团或极性基团分布在这些微粒的表面，由于带有同种电荷而相互排斥，只要满足一定的动力学条件，就可形成稳定的水性环氧树脂乳液，这是化学改性法制备水性环氧树脂的基本原理。根据引入的具有表面活性作用的亲水基团性质的不同，化学改性法制备的水性环氧树脂乳液可分为阴离子型、阳离子型和非离子型三种。

① 阴离子型

通过适当的方法在环氧树脂分子链中引入羧酸、磺酸等功能性基团，中和成盐后的环氧树脂就具备了水可分散的性质。常用的改性方法有功能性单体扩链法和自由基接枝改性法。功能性单体扩链法是利用环氧基与一些低分子扩链剂如氨基酸、氨基苯甲酸、氨基苯磺酸等化合物上的胺基反应，在环氧树脂分子链中引入羧酸、磺酸基团，中和成盐后就可分散在水相中。自由基接枝改性法是利用双酚 A 环氧树脂分子链中的亚甲基活性较大，在过氧化物作用下易于形成自由基，能与乙烯基单体共聚，可将丙烯酸、马来酸酐等单体接枝到环氧树脂分子链中，再中和成盐后就可制得能自乳化的环氧树脂。

② 阳离子型

含胺基的化合物与环氧树脂反应生成含叔胺或季胺碱的环氧树脂，再加入挥发性有机一元弱酸如醋酸中和，得到阳离子型的水性环氧树脂。这类改性后的环氧树脂在实际中应用较少，因为水性环氧固化剂通常是含有胺基的碱性化合物，两个组分混合后，体系容易出现破乳和分层现象而影响该体系的使用性能。

③ 非离子型

一般多在环氧树脂链上引入亲水性聚氧乙烯基团，同时保证每个改性环氧树脂分子中有 2 个或 2 个以上环氧基，所得的改性环氧树脂不用外加乳化剂即能自分散于水中形成乳液。如用相对分子质量为 4 000～20 000 的双环氧端基乳化剂与环氧当量为 190 的双酚 A 环氧树脂和双酚 A 混合，以三苯基膦化氢为催化剂进行反应，可制得含亲水性聚氧乙烯、聚氧丙烯链端的环氧树脂，该树脂不用外加乳化剂便可溶于水，且耐水性较强。另外，这种方法制得的粒子较细，通常为纳米级，前面两种方法制得的粒子较大，通常为微米级。从此意义上讲，化学法虽然制备步骤多，成本高，但在某些方面具有实际意义。

引入聚氧化乙烯、氧化丙烯链段后，交联固化的网链相对分子质量有所提高，交联密度下降，形成的涂膜有一定的增韧作用。

3.6.11 环氧树脂涂料用溶剂

胺固化的环氧树脂涂料，可用醇和芳烃的混合溶剂，或酮、醇和芳烃的混合溶剂。固化剂用醇和芳烃是很好的溶剂。因为酯类溶剂与胺固化剂发生反应，会破坏固化剂，降低固化效果，因此不能使用酯类溶剂。高沸点的醚醇类溶剂，常常用于涂刷施工。

3.6.12 环氧酯涂料

环氧酯是由环氧树脂与植物油脂肪酸反应制得的树脂。该酯一般为淡色黏稠液体或低熔点固体，在许多物理和操作性能方面与醇酸树脂相似。但它在黏接性、抗弯曲、耐水、耐化学药品等许多操作性能方面显著优于醇酸树脂。但也由于环氧酯中含有大量醚键，耐晒性不如醇酸树脂；另外，因含有酯基，耐碱性不好，但比醇酸树脂的耐碱性强。环氧酯底漆对铁、铝等金属的附着力很好，涂膜坚固，耐腐蚀性强，这种涂料能够使用正常的工艺涂覆在许多基体以及用于制备阳极电泳涂料。此外，环氧酯漆是单组分，储存性好，价格低廉。

环氧酯涂料也有烘干型、自干型、溶剂型、无溶剂型、水溶剂型等品种。

由适当的环氧树脂和脂肪酸，能制得各种性能的环氧酯。该酯能单独或与其能共同固化的树脂如三聚氰胺甲醛树脂一起，用气干或烘干的方法使涂料进行交联。在合成环氧酯时，脂肪酸与环氧树脂主要有下面几种作用：脂肪酸中的羧基与环氧树脂的环氧基起加成酯化；脂肪酸中的羧基与环氧树脂的羟基起缩合酯化；环氧基与羟基醚化；脂肪酸导致双键反应成聚合物。这几类反应有其各自的特征：前面两种反应使树脂产品的黏度有较小的增加，但是树脂-脂肪酸混合物的酸度降低；在第三种反应中，酸值不降低，而黏度增加很大；最后一个反应，极大地增加了产物的黏度。

1. 合成环氧酯的原料选择

理论上所有牌号的环氧树脂都可以起酯化作用，实际上优先使用的是固体牌号树脂。因为它们提供的酯具有最好的综合性能；对于给定的脂肪酸，随着环氧树脂黏度的增加，酯化产品的黏度也增加。可以用高、低黏度不同的酯化物进行黏度调节，以达到适宜的操作性能。在醇酸树脂制备中使用的所有脂肪酸（FA）和其他的酸都可用于环氧酯的制备。

2. 环氧酯术语

(1) 油长度（酯化度）

每当量环氧树脂酯化作用消耗的脂肪酸的当量数称为酯化度。实际上酯化度一般处于理论值的 30～90%之间。超过这个范围的酯不容易制得，也很少使用。“油长度”指标是为了叙述具有不同酯化度的酯而使用的，如表 3.10 所示。

表 3.10 油长度指标

当量树脂	脂肪酸的当量	油长度
1.0	0.3～0.5	短
1.0	0.5～0.7	中
1.0	0.7～0.9	长

油长度由涂料的操作、固化方法和用途等因素确定。亚麻油或大豆长油脂一般作为气干漆（即木漆），能够应用于刷涂。中、短油度油脂适合应用于工业涂料工艺和烘干。环氧酯油度增加对涂料性能的影响如下：

在脂肪烃中的溶解性　增加　　在一定固体含量的黏度　减小
涂刷性　增加　　硬度　减小
流动性　增加　　光泽　减小
凹点趋势　增加　　干燥速度　变慢
颜料分散性　增加　　耐化学性　减小
耐环境性　增加

常用国产环氧树脂牌号与性能对照表如表 3.12 所示。

表 3.11　国产环氧树脂牌号与主要性能参数

国家统一型号		旧牌号	树脂主要参数				
			软化点（℃）[或黏度（Pa·s）]	环氧值（eq/100 g）	有机氯（mol/100 g）	无机氯（mol/100 g）	挥发分（%）
双酚A型	E-54	616	（6～8）	0.55～0.56	≤0.02	≤0.001	≤2
	E-51	618	（<2.5）	0.48～0.54	≤0.02	≤0.001	≤2
		619	液体	0.48	≤0.02	≤0.005	≤2.5
	E-44	6101	12～20	0.41～0.47	≤0.02	≤0.001	≤1
	E-42	634	21～27	0.38～0.45	≤0.02	≤0.001	≤1
	E-39-D		24～28	0.38～0.41	≤0.01	≤0.001	≤0.5
	E-35	637	20～35	0.30～0.40	≤0.02	≤0.005	≤1
	E-31	638	40～55	0.23～0.38	≤0.02	≤0.005	≤1
	E-20	601	64～76	0.18～0.22	≤0.02	≤0.001	≤1
	E-14	603	78～85	0.10～0.18	≤0.02	≤0.005	≤1
	E-12	604	85～95	0.09～0.14	≤0.02	≤0.001	≤1
	E-10	605	95～105	0.08～0.12	≤0.02	≤0.001	≤1
	E-06	607	110～135	0.04～0.07			≤1
	E-03	609	135～155	0.02～0.045			≤1
酚醛型	F-51		28（≤2.5）	0.48～0.54	≤0.02	≤0.001	≤2
	F-48	648	70	0.44～0.48	≤0.08	≤0.005	≤2
	F-44	644	10	≈0.44	≤0.1	≤0.005	≤2
	FJ-47		35	0.45～0.5	≤0.02	≤0.005	≤2
	FJ-43		65～75	0.40～0.45	≤0.02	≤0.005	≤2

3.7　有机硅树脂简介

有机硅化合物，是指含有 Si—O 键，且至少有一个有机基团是直接与硅原子相连的化合物。

习惯上常把那些通过氧、硫、氮等使有机基团与硅原子相连接的化合物也当做有机硅化合物。其中，以硅氧键（—Si—O—Si—）为骨架组成的聚硅氧烷，是有机硅化合物中数量最多、研究最深、应用最广的一类，占总用量的90%以上。

有机硅树脂是具有高度交联的网状结构的聚合有机硅氧烷，兼具有机树脂与无机材料的双重特性，属于一种热固性的树脂，具有独特的物理、化学性能。最突出的性能之一是优异的热氧化稳定性，250 ℃加热 24 h 后，硅树脂失重仅为 2%～8%；硅树脂另一突出的性能是优异的电绝缘性能，它在宽的温度和频率范围内均能保持其良好的绝缘性能；其它还有表面张力低、黏度系数小、压缩性高、气体渗透性高等基本性质，并具有耐高低温、耐氧化稳定性、优异的耐候性、不易燃烧、憎水、耐腐蚀、无毒无味以及生理惰性等优异特性。广泛应用于航空航天尖端技术、军事技术部门的特种材料、电子电气、建筑、运输、化工、纺织、食品、轻工、医疗等行业，其中有机硅主要应用于密封、黏合、润滑、涂料、表面活性、脱模、消泡、抑泡、防水、防潮、惰性填充等。

有机硅树脂在涂料方面的应用，主要作为绝缘漆（包括清漆、磁漆、色漆、浸渍漆等）浸渍 H 级电机及变压器线圈，以及用来浸渍玻璃布、玻布丝及石棉布后制成电机套管、电器绝缘绕组等。用有机硅绝缘漆黏结云母可制得大面积云母片绝缘材料，用做高压电机的主绝缘。此外，硅树脂还可用做耐热、耐候的防腐涂料，金属保护涂料，建筑工程防水防潮涂料，脱模剂，黏合剂以及二次加工成有机硅塑料，用于电子、电气和国防工业上。

3.7.1 聚硅氧烷的结构和性质

3.7.1.1 结　构

$$\left[\begin{array}{c} \mathrm{R} \\ | \\ \mathrm{Si}-\mathrm{O} \\ | \\ \mathrm{R} \end{array} \right]_n$$

$$R = CH_3,\ C_6H_5,\ C_2H_5,\ \cdots$$

3.7.1.2 性　质

1. 优　点

聚硅氧烷 Si—O—Si—因其结构不同于普通的 C—C 键而具有自己的特点：

(1) 主链为无机 O—Si 键，与 C—C 键相比，O—Si 键的性能要高很多（见表 3.12）。因此有机硅产品具有高的热稳定性，并且在高温下（或辐射照射）分子的化学键不断裂、不分解。硅上取代基不同将影响有机硅树脂的耐热性，如果用较长的烷基取代甲基，耐热性下降，并随烷基增大及支化度提高而下降。当苯基取代烷基后，可提高其耐热性。部分取代基取代的硅树脂的耐热性有下面的顺序如下。

$$C_6H_5— > ClC_6H_4— > Cl_3C_6H_2— > Cl_2C_6H_3— > CH_2{=}CH— > CH_3— > C_2H_5—$$

表 3.12 —Si—O—Si—键、C—O—C 键和 C—C—C 键的一些参数

化学键	键角（°）（M—O—M）	键能（kJ / mol）	键长（pm）
—O—Si—	130～160	452	164
—O—C—	110	358	143
—C—C—	109	347	154

一般有机树脂改性的硅树脂耐热性与有机树脂和硅树脂本身的耐热性能密切相关。而对于同种有机树脂改性的硅树脂，改性硅树脂的耐热性与硅树脂的含量成正比，硅树脂含量越高其耐热性越好。

（2）—Si—O—Si—键的键角大于—C—O—C—键、—C—C—C 键，因此，主链能自由旋转，并且柔顺；原本具有极性的 O—Si 键，由于分子的对称性，分子的极性被抵消，而且侧链也是非极性的，导致整个分子也是非极性的。由于分子呈非极性，分子间作用力小，玻璃化温度低，在低温条件下也有非常好的柔韧性。

（3）—Si—O—Si—键形成的主链呈螺旋状，由于化学键容易旋转，链上非极性的烷基或芳基可以很快定向，朝向界面，结合分子的非极性，使得硅氧烷形成的有机硅材料只有很低的表面张力，成膜能力强。这种低表面张力和低表面能是它获得多方面应用的主要原因：疏水、消泡、泡沫稳定、防黏、润滑、上光等各项优异性能。

（4）由于分子中取代基的排列使其具有憎水性，因此其涂膜的吸水性小，具有良好的耐水性。另外，即使吸收了水分也会迅速放出而恢复到原来的状态，这是电气设备在潮湿条件下使用具有高可靠性的保障。

（5）有机硅产品的主链为—Si—O—，无双键存在，因此不易被紫外光和臭氧所分解。有机硅具有比其他高分子材料更好的热稳定性以及耐辐照和耐候能力。有机硅在自然环境下的使用寿命可达几十年。

（6）具有良好的电绝缘性能，其介电损耗、耐电压、耐电弧、耐电晕、体积电阻系数和表面电阻系数等均在绝缘材料中名列前茅，而且它们的电气性能受温度和频率的影响很小。

（7）生理惰性。聚硅氧烷类化合物是已知的最无活性的化合物之一。它们十分耐生物老化，与动物体无排异反应，并具有较好的抗凝血性能。

2. 缺 点

但也是因为硅氧烷形成的有机硅分子间作用力小，分子间引力小，有效交联密度低，因此一般的机械强度（弯曲、抗张、冲击、耐擦伤性等）较弱。作为涂料使用时，机械性能的要求主要着重于硬度、柔韧性、抗冲击性能等；此外，耐油性也不好；对金属和塑料等基材的黏接性差；不改性，同其他有机树脂的相容性有限。

3.7.1.3 影响硅树脂性能的因素

1. 硅树脂中的 R/Si 比例对硅树脂性能的影响

硅树脂最终加工制品的性能取决于所含有机基团的数量（即 R 与 Si 的比值）。一般有实用价值的硅树脂，其分子组成中 R 与 Si 的比值在 1.2～1.6 之间。一般规律是，R/Si 值小，所得到的硅树脂就能在较低温度下固化；R/Si 值大，所得到的硅树脂固化就需要在 200～250 ℃的高温

下长时间烘烤，所得的漆膜硬度差，但热弹性要比前者好得多。

2. R基团种类对硅树脂性能的影响。

（1）苯基：高的氧化稳定性，在一定的温度范围内可破坏高聚物的结晶性。

（2）2-苯乙基：改善硅树脂与有机物的共混性。

（3）四氯苯：改善树脂的润滑性。

（4）甲基：高的热稳定性，好的脱模性、憎水性、耐电弧性。

（5）乙烯基：改善树脂的固化特性，并赋予偶联性。

（6）戊基：改善硅树脂的憎水性。

（7）氨丙基：改善硅树脂的水溶性，并赋予偶联性。

3. 甲基与苯基比例对性能影响

甲基与苯基基团的比例对硅树脂性能有很大的影响。有机基团中苯基含量越低，生成的漆膜越软，缩合越快；苯基含量越高，生成的漆膜越硬，越具有热塑性。苯基含量在20%～60%之间，漆膜的抗弯曲性和耐热性最好。此外，引入苯基可以改进硅树脂与颜料的配伍性，也可改进硅树脂与其他有机硅树脂的配伍性以及硅树脂对各种基材的黏附力。

3.7.2 硅树脂的分类

硅树脂主要包括甲基苯基硅树脂、甲基硅树脂、低苯基甲基硅树脂、有机硅树脂乳液、自干型有机硅树脂、高温型有机硅树脂、环氧改性有机硅树脂、有机硅改性聚酯（醇酸）树脂、丙烯酸改性有机硅树脂、异氰酸酯改性有机硅树脂、不粘有机硅树脂、高光有机硅树脂、云母黏接硅树脂、氨基硅树脂等。

3.7.3 硅树脂的溶剂

甲苯、二甲苯、石脑油、环已烷、乙酸乙酯、乙酸丁酯、甲基异丁基酮、丙酮醇、氯代脂烃、溶纤剂等是有机硅树脂的常用溶剂。其中一元醇类、乙二醇及其脂肪族烃等为不良溶剂，多与其他溶剂配合用，但一元醇具有稳定硅树脂预聚物和避免浑浊的作用。

用做电绝缘漆的缩合型硅树脂，通常溶解在芳烃溶剂中以溶液形式出售。对于交联度更大的硅树脂，为得到透明的低稠度溶液，还可使用溶解性能更佳的环已酮做溶剂。由于溶剂对硅树脂（绝缘漆、涂料）的成膜性、干燥性及储存稳定性有很大影响，选用溶剂时需多加注意。

3.7.4 有机硅树脂的固化成膜

有机硅树脂的固化成膜有多种。

（1）有机硅树脂固化所采取的主要交联方式，是利用硅原子上的羟基或其他硅官能团进行缩聚合交联而成网状结构。这种交联被称为缩聚合交联。

(2) 利用硅原子上连接的乙烯基，采用有机过氧化物为触媒，与高温硫化硅橡胶硫化的方式相似。这种固化成膜称为乙烯基的过氧化物交联。

(3) 利用硅原子上连接的乙烯基和硅氢键进行加成反应，称为硅氢加成交联。例如，无溶剂硅树脂与发泡剂混合可以制得泡沫硅树脂。

(4) 利用紫外光引发链结构使活性基团反应交联固化。

3.8 有机氟树脂简介

自 1963 年聚偏氟乙烯（PVDF）涂料成功地应用在建筑业，涂覆于装饰板材上以来，氟树脂涂料已经走过了近 50 年的发展历程，氟树脂涂料以其独特的性能经受住了历史的考验。目前，国际上形成了三种不同用途的氟树脂与氟涂料行业，第一种是以美国阿托-菲纳公司生产的 PVDF 树脂为主要成分的外墙高耐候性氟树脂涂料，具有超强耐候性；第二种是以美国杜邦公司为代表的特氟龙不粘涂料，主要用于不粘锅、不粘餐具及不粘模具等方面；第三种是以日本旭硝子为代表的室外常温固化氟树脂涂料，主要应用于桥梁、电视塔等难以经常施工的塔架防腐等。

3.8.1 有机氟树脂的结构

3.8.1.1 氟的基本化学特性

氟原子是除氢原子外最小的原子。氟原子半径与 C—H 键和 C—F 键的键长类似，也具有类似的生物活性。因此氟原子和含氟基团使含氟有机化合物在细胞膜上的脂溶性增加，从而提高了它们的吸附和传递。氟原子具有最强的电负性，极易获得一个电子形成稳定的结构，因此氟在化合物中显-1 价。氟分子的分解热较小，C—F 键键能特别高（485.6 kJ/mol），增加了有机氟化物的热稳定性。在氟化合物中，氟原子常具有屏蔽作用，含氟化物极易形成氢键和键桥是氟化合物的重要结构特征。氟原子只有一个同位素，而且没有放射性同位素。氟元素是元素周期表中最活泼的非金属元素，具有最强的氧化性。因氟原子具有的特殊性质，产生了一门分支学科——氟化学。氟化学可以为尖端科学技术提供无与伦比的众多的无机和有机材料。

氟原子被引入分子后，分子的化学性能会产生明显的量变，甚至是质的变化。由于自然界几乎不存在有机氟化物，因此有机氟化学是一门真正的人工合成化学，这是氟化学及氟树脂理论研究和应用迅速发展的根本原因。表 3.13 列出的是氟元素及其相关的其他化学键的基本性质参数。

表 3.13 氟及相关化学键的性质参数

化学键	键能（kJ/mol）		电负性	范德华半径（pm）		亲油性（疏水参数）
C—H	414	H	2.1	120	$HOCF_3$	1.07
C—C	347	Cl	3.0	180	CF_3O	1.21
C—F	485	F	4.0	135		
Si—O	452					
C—Si	318					

表中数据表明，C—F 键的高键能是氟树脂用做高耐候性涂料的基础。C—F 键键能（485 kJ/mol）> Si—O 键键能（452 kJ/mol）> C—Si 键键能（318 kJ/mol）。阳光中的紫外光波长为 220～400 nm，220 nm（远紫外）波长的光子的能量为 544 kJ/mol。只有小于 220 nm 的光子才能使氟聚合物的 C—F 键被破坏。在阳光中，小于 220 nm 的光子比例很小，阳光几乎对氟聚合物没有影响——显示了氟聚合物的高耐候性，因此发展了许多高耐候性能的氟聚合物涂料。

氟原子具有最高的电负性和较小的原子半径，C—F 键能大，碳链上氟原子排斥力大，碳链成螺旋状结构且被氟原子包围产生的屏蔽效应，从而决定氟聚合物具有极高的化学稳定性。

3.8.1.2 常用氟化物单体

（1）四氟乙烯。四氟乙烯（TFE）单体可以通过氟氯甲烷脱卤化氢（工业生产）、四氟二氯乙烷脱氯、三氟醋酸钠脱二氧化碳，各种元素的氟化物与碳反应和聚四氟乙烯的热分解（实验室）5 种方法合成。20 世纪 60 年代，日本研究了二氟一氯甲烷和水蒸气共存下进行热分解，此法制备四氟乙烯转化率高，副产物少，易于提纯。

（2）六氟丙烯。六氟丙烯（HFP）单体通过二氟一氯甲烷裂解、三氟甲烷裂解、四氟乙烯裂解、六氟一氯丙烷热分解和聚四氟乙烯热分解合成，实验室采取聚四氟乙烯热分解的方法制备六氟丙烯单体，而工业上采取六氟一氯丙烷热分解来制取。

（3）三氟氯乙烯。三氟氯乙烯（CTFE）单体通过三氟三氯乙烷脱氯、氟氯代羧酸的碱金属盐脱二氧化碳、二氟一氯甲烷与一氟二氯甲烷的共热分解和聚三氟乙烯的热分解 5 种方法合成。工业上基本采用三氟三氯乙烷脱氯反应来制备。三氟三氯乙烷脱氯反应可在气相中进行，也可在液相中进行。三氟氯乙烯具有醚类的气味，是无色气体。

（4）氟乙烯。氟乙烯（VF）单体可以通过乙炔与氟化氢加成、氟（氯）乙烷脱卤化氢、氯乙烯或氯乙烷与氟化氢反应和乙炔与氟乙烷共热分解合成。工业上制备氟乙烯单体最常用的方法是乙炔的气相氢氟化。

有机氟树脂一般以加聚方式制备，由上述几种单体（包括与烯烃和其他烯类单体）自聚或共聚，得到一系列含氟聚合物和共聚物，如聚四氟乙烯（PTFE）、聚三氟氯乙烯（PCTFE）、四氟乙烯-六氟丙烯共聚物（FEP）、聚偏氟乙烯（PVDF）、四氟乙烯-乙烯共聚物等。

3.8.1.3 有机氟树脂的结构特点

除了上面介绍的氟化学键特点外，有机氟树脂还有自己的结构特点。一般聚烯烃分子的碳链呈锯齿形，若氟原子替换氢原子，由于氟原子上负电荷比较集中，电负性大，电子云密布，相邻氟原子的相互排斥，使氟原子不在同一平面内，主链中 C— C—C 键角由 112°变为 107°，沿碳链做螺旋分布，故碳链四周被一系列性质稳定的氟原子所包围。由于 C—F 键的键能比 C—H 键的大，氟原子的电子云对 C—C 键的屏蔽作用比 H 原子强，因此，C—F 键很难被热、光以及化学物质等破坏。而氟原子的共价半径非常小，2 个氟原子的范德华半径之和正好比 2 个碳原子之间的空隙稍小（相当），2 个氟原子刚好将 2 个碳原子之间的空隙填满，使任何反应试剂都难以插入，保护了碳碳主链；又因氟原子核对其核外电子及成键电子云的束缚作用较强，氟原子极化率低，在分子中对称分布，整个分子是非极性的，碳氟化合物的介电常数和损耗因子均很小，所以其聚合物是高度绝缘的，化学上突出的表现是高温稳定性和化学惰性。氟化合物的分子间凝聚力低，空气和聚合物界面间的分子作用力小，表面自由能低，因此难以被液体或固体浸润或黏着，表面摩擦系数小，所以氟树脂具有优异的性能。

3.8.2 有机氟树脂的性能

由于氟原子结构上的特点，将氟原子引入树脂中，使得含氟树脂具有不同于其他树脂的特殊性能，如低表面自由能，良好的耐候、耐污等许多性能。

1. 低表面自由能

自由能常用来表示聚合物表面和其他物质发生相互作用能力的大小。一般有机物的表面自由能为 11～80 mJ/ m^2,而含有氟烷基侧链的聚合物具有较低的表面自由能，一般在 11～30 mJ/ m^2 之间。含氟树脂的低表面自由能使得其表面难以润湿，具有憎水憎油的特性，因此用这种含氟树脂制得的涂料，其黏附性差，防污染能力强。

2. 超常的耐候性

含氟树脂结构上的特点，使得以其制得的涂料具有优良的耐久性和耐候性。其中，物理性能优良、熔点低、加工性能好、涂层质量好的聚二偏氟乙烯（PVDF）树脂在涂料中应用最为广泛，如美国 Atofina 公司的 Kynar500 和意大利 Ausimont 公司的 Hylar5000，它们均是以 PVDF 生产的产品。含氟树脂涂料与丙烯酸树脂、聚酯、有机硅及其改性的产物相比，有机氟树脂涂料为基材提供更长久的保护和装饰。以 PVDF 树脂涂层的耐候性为例，与丙烯酸树脂、聚酯、有机硅树脂进行比较，研究表明，用 PVDF 为基础制得的涂料无论是加速老化实验，还是天然曝晒 10 年或更长时间，其涂膜均未发生显著的化学变化。

3. 优异的耐污性

一般而言，有机涂层的耐沾污性主要与涂层的表面形态、表面自由能等有关。所以，减小污染源与涂层的接触面积，对涂层的抗黏附作用和自清洗有利；而通过增大污染源与涂层的接触角（也就是减小其表面自由能），提高表面的平整性就能起到良好的防黏附作用，进而影响涂层表面对污染源的黏附性。在含氟树脂涂料中，由于电负性最强的氟原子取代了氢原子的位置，大大降低了表面自由能，电子被紧紧地吸附于氟原子核周围，不易极化，屏蔽了原子核；而氟原子的半径小、C—F 键的极化率小，二者联合作用，使其分子内部结构致密，显示出非凡的耐沾污性、斥水、斥油等特殊的表面性能，可以起到很好的防污作用。

研究表明，以 PVDF 树脂的耐沾污性为例，与含硅树脂、聚酯、水性丙烯酸树脂、溶剂型丙烯酸树脂比较，氟树脂的耐沾污性是最好的。

4. 突出的耐盐雾性

对于涂料特别是含氟聚氨酯涂料的耐盐雾性能，国外文献已有报道，如日本旭硝子公司生产的室温干燥型含氟面漆耐盐雾试验可达 3 000 h 不起泡、不脱落。而国内报道的含氟涂料可以做到 500 h 漆膜无变化；飞机蒙皮含氟涂料经 2 500 h 基本无变化。

3.8.3 氟树脂涂料的分类

氟树脂涂料主要按照成膜物质、成膜机理、涂料形态和用途等方法进行分类。

（1）按照成膜物质结构分类。按照成膜物质性质的不同，氟树脂涂料分为纯氟树脂涂料和结合型含氟树脂涂料。

（2）按照成膜机理分类。按照机理不同，氟树脂涂料分为高温热溶交联型和常温交联固化型氟树脂涂料。

（3）按照涂料形态分类。按照涂料形态的不同，氟树脂涂料分为粉末涂料和液体涂料两大类。

（4）按照用途分类。按照用途的不同，氟树脂涂料可分为防腐涂料、防粘涂料和装饰涂料。也可分为建筑行业涂料、轻工业涂料和化工行业用涂料。

3.8.4 几种典型的有机氟树脂与涂料

3.8.4.1 聚四氟乙烯

1938 年，美国杜邦研究室 R.J.Plunkett 博士发明了聚四氟乙烯以来，氟树脂以其优异的耐候性、耐化学品性、不粘性、低摩擦系数获得了长足的发展，对现代工业的发展起到了非常重要的作用。1946 年杜邦公司将聚四氟乙烯（Teflon，中文名称“特氟龙”、“铁氟龙”、“特氟隆”、“特富隆”、“泰氟龙”等）商业化。聚四氟乙烯由于耐腐蚀性最为突出，很快获得了“塑料王”的美称，对现代工业的发展起了重要作用。

1. 单　体

四氟乙烯（TFE）是一种无色无臭的气体，沸点-76.3 ℃，熔点-142.5 ℃，临界温度 33.3 ℃，临界压力 4.02 MPa，临界密度 0.58 g/cm^3，在空气中 0.1 MPa 下的燃烧极限为 14%～43%（体积分数）。纯四氟乙烯极易自动聚合，即使在黑暗的金属容器中也是如此，而且这种聚合是剧烈的放热反应，这种现象称为爆聚。在室温下处理四氟乙烯很不安全，运输时更是如此。为安全起见，防止四氟乙烯储存时发生自聚现象，通常在四氟乙烯单体中加入一定量的三乙胺之类的自由基清除剂。

2. 制备方法

四氟乙烯的主要生产方法是以氟石（萤石）为原料，使之与硫酸作用生成氟化氢，氟化氢与三氯甲烷作用生成二氟一氯甲烷，高温下二氟一氯甲烷裂解生成四氟乙烯，再经脱酸、干燥、提纯即得四氟乙烯。反应如下：

$$CaF_2 + H_2SO_4 \longrightarrow 2HF + CaSO_4$$

$$CHCl_3 + 2HF \longrightarrow CHClF_2 + 2HCl$$

$$2CHClF_2 \xrightarrow{\text{裂解}} CF_2{=}CF_2 + 2HCl$$

聚四氟乙烯（PTFE）由四氟乙烯单体（TFE）聚合而成，聚合机理属自由基聚合。

$$n\mathrm{CF_2{=}CF_2} \xrightarrow{\text{引发剂}} \mathrm{\text{+}CF_2{-}CF_2\text{+}_n}$$

聚合过程一般在水介质中进行，既可在 30 ℃以下的低温下用氧化还原体系引发，也可在较高温度下用过硫酸盐来引发。以过硫酸钾（$K_2S_2O_8$）做引发剂时，聚合机理如下：

（1）过硫酸钾加热分解成自由基：

$$^{-}\mathrm{O{-}\overset{\overset{O}{\uparrow}}{\underset{\underset{O}{\downarrow}}{S}}{-}O{-}O{-}\overset{\overset{O}{\uparrow}}{\underset{\underset{O}{\downarrow}}{S}}{-}O^{-}} \xrightarrow{\text{加热}} 2\,^{-}\mathrm{O{-}\overset{\overset{O}{\uparrow}}{\underset{\underset{O}{\downarrow}}{S}}{-}O\cdot}$$

（2）四氟乙烯溶解在水相中，$SO_4^{-}\cdot$ 与四氟乙烯反应生成新的自由基：

$$^{-}\mathrm{O{-}\overset{\overset{O}{\uparrow}}{\underset{\underset{O}{\downarrow}}{S}}{-}O\cdot} + \mathrm{CF_2{=}CF_2} \longrightarrow {}^{-}\mathrm{O_3SO{-}CF_2{-}\dot{C}F_2}$$

（3）链增长：

$$^{-}\mathrm{O_3SO{-}CF_2{-}\dot{C}F_2} + n\mathrm{CF_2{=}CF_2} \longrightarrow {}^{-}\mathrm{O_3SO\text{+}CF_2{-}CF_2\text{+}_n CF_2{-}\dot{C}F_2}$$

（4）自由基水解成端羟基和端羧基自由基：

$$^{-}\mathrm{O_3SO\text{+}CF_2{-}CF_2\text{+}_n CF_2{-}\dot{C}F_2} + \mathrm{H_2O} \longrightarrow \mathrm{HO\text{+}CF_2{-}CF_2\text{+}_n CF_2{-}\dot{C}F_2} + \mathrm{HSO_4^-}$$

$$\mathrm{HO\text{+}CF_2{-}CF_2\text{+}_n CF_2{-}\dot{C}F_2} + \mathrm{H_2O} \longrightarrow \mathrm{HOOC\text{+}CF_2{-}CF_2\text{+}_n \dot{C}F_2} + \mathrm{HF}$$

（5） 增长链终止，最终生成端羧基聚合物：

$$\mathrm{HOOC\text{+}CF_2{-}CF_2\text{+}_n \dot{C}F_2} + \mathrm{\dot{C}F_2\text{+}CF_2{-}CF_2\text{+}_m COOH} \longrightarrow \mathrm{HOOC\text{+}CF_2{-}CF_2\text{+}_{n+m+1} COOH}$$

可见，用过硫酸盐做引发剂，生成端羧基聚四氟乙烯。聚四氟乙烯的相对分子质量可通过控制引发剂的用量，或加入调聚物及链转移剂等加以控制。工业上，一般采用悬浮聚合和乳液聚合来制备聚四氟乙烯。

3. 性 能

聚四氟乙烯的优异性能体现在，具有优良的化学稳定性、耐腐蚀性，是当今世界上耐腐蚀性能最佳的材料之一，除熔融金属钠和液氟外，能耐其他一切化学药品，在王水中煮沸也不起变化，广泛应用于各种需要抗酸碱和有机溶剂的场合。它还具有密封性、高润滑不粘性，表面张力是固体材料中最小的，不粘附任何物质。电绝缘性和良好的抗老化耐力、耐温优异，能在 −180～+250 ℃的温度下长期工作。聚四氟乙烯本身对人没有毒性，因而具有生理惰性，作为人工血管和脏器长期植入体内无不良反应。但是在生产过程中使用的原料之一全氟辛酸铵（PFOA）被认为可能具有致癌作用。但在更高温度时，裂解产生剧毒的副产物氟光气和全氟异丁烯等，所以要特别注意安全防护并防止聚四氟乙烯接触明火。聚四氟乙烯由于结晶度高，不溶于水和有机溶剂，需要在高温下烘烤成膜。

3.8.4.2 聚三氟氯乙烯

三氟氯乙烯（CTFE）可通过悬浮和分散聚合法在水相或非水液体中进行均聚，也可与其他单体（如乙烯和偏氟乙烯等）共聚。聚合方法可以是本体聚合、悬浮聚合、溶液聚合和乳液聚合。聚三氟氯乙烯（PCTFE）是三氟氯乙烯的均聚物，聚合机理与聚四氟乙烯相似。

$$n\mathrm{CFCl{=}CF_2} \xrightarrow{\text{引发剂}} \mathrm{\left[CFCl{-}CF_2 \right]_n}$$

聚三氟氯乙烯（PCTFE）具有在主碳链周围含有氟原子与氯原子的结构，分子结构中的 F 原子使聚合物具有化学惰性，Cl 原子则使聚合物具有透明性、热塑性与硬度，因此 PCTFE 是具有高度稳定性、耐热性、不燃性、不吸湿性、不透气性以及惰性的优质热塑性树脂。由于 PCTFE 分子结构中 C—Cl 键的存在，除耐热性及化学惰性比聚四氟乙烯（PTFE）、四氟乙烯-六氟丙烯共聚物（FEP）稍差外，其硬度、刚性、耐蠕变性均较好，渗透性、熔点及熔融黏度都较低。

PCTFE 的耐低温性特别突出，在液氮、液氧和液化天然气中不发生脆裂、不蠕变，在一定条件下能在接近绝对零度（−273 ℃）下使用。高氟含量使 PCTFE 能耐几乎所有的化学物质和氧化剂。可在酸、碱或者氧化剂中长时间浸渍而不发生任何变化，仅在高温下能被熔融碱金属、氟元素及三氟化氯所腐蚀，在高温条件下与苯及苯的同系物、多卤化物接触时产生溶胀。

聚三氟氯乙烯涂料：PCTFE 涂层具有优异的化工防腐性能，可以涂覆在金属及其他塑化、淬火骤冷时涂层不破裂的材料表面。

3.8.4.3 聚氟乙烯

聚氟乙烯（PVF）是氟乙烯的均聚产物：

$$n\mathrm{CHF{=}CH_2} \xrightarrow{\text{引发剂}} \mathrm{\left[CHF{-}CH_2 \right]_n}$$

聚合机理属自由基引发的加成聚合，能生成头-头、尾-尾和头-尾结合的 3 种构型。氟乙烯的聚合活性不如氯乙烯。与其他含氟乙烯相比，氟乙烯是一种不易聚合的单体，一般在高温高压下，并且有聚合引发剂和催化剂的共同作用或在 γ 射线的作用下进行悬浮聚合。这是因为氟的电负性高，氟乙烯的沸点低而临界温度高，使它的聚合需在高压下才行，就像乙烯的聚合那样。对于氟乙烯的聚合过程来说，引发剂的选择至关重要，它不仅影响聚氟乙烯的热稳定性、润湿性和加工性能，而且也对聚合温度、压力、时间、转化率和产物的相对分子质量有直接影响。常用引发剂有过氧化苯甲酰、α, α'-偶氮二异丁腈、α, α'-偶氮-α, γ-二甲基戊腈、α, α'-偶氮-α, γ-二异丁基联甲苯酰盐酸盐、α, α'-偶氮-α, γ, γ-三甲基戊腈、甲基戊腈、乙酐、β-丁酐、过硫酸铵等。氟乙烯的聚合与反应温度、压力和杂质含量密切相关。以 α, α'-偶氮-α, γ-二异丁基联甲苯酰盐酸盐为引发剂，在 70～80 ℃聚合时转化率最高，随着压力增加，引发剂的效率和聚氟乙烯的相对分子质量随之增大。

聚氟乙烯为白色粉末状部分结晶性聚合物，相对分子质量 6 万～18 万，熔点 190～200 ℃，分解温度 210 ℃以上，但在 200 ℃下，15～20 min 就开始热分解，若在 235 ℃经 5 min 则激烈分解而最后碳化。聚氟乙烯长期使用温度为−70～110 ℃。由于分解温度接近加工温度，不宜用热塑性成型方法加工，大多加工成薄膜和涂料。PVF 具有一般含氟树脂的特性，并以独特的耐候性著称，正常室外气候条件下使用期可达 25 年以上。聚氟乙烯薄膜可不受油脂、有机溶剂、碱类、酸类和盐雾的侵蚀，电绝缘性能良好，还具有良好的低温性能、耐磨件和气体阻透性。聚氟乙烯涂料对化学药品也有良好的抗腐蚀性，但不耐浓盐酸、浓硫酸、硝酸和氨水。

3.8.4.4 聚偏氟乙烯

聚偏氟乙烯（PVDF）又称聚偏二氟乙烯，是由偏氟乙烯聚合而成的。

$$n\mathrm{CF_2{=\!=}CH_2} \xrightarrow{\text{引发剂}} \mathrm{-\!\!\!\![\,CF_2-CH_2\,]\!\!\!\!-_n}$$

与聚氟乙烯相似，也能生成头-头、尾-尾和头-尾结合的 3 种构型。偏氟乙烯可按乳液、悬浮、溶液及本体聚合法制得聚合物。本体聚合主要用于偏氟乙烯与乙烯及卤代乙烯单体的共聚反应。引发剂主要为过硫酸盐和有机过氧化物。用有机过氧化物做引发剂得到的聚偏氟乙烯的热稳定性较高。温度升高或压力降低都能使聚合物的相对分子质量降低，但是对聚合物的链结构影响不明显。

聚偏氟乙烯有耐高温性、耐候性、耐化学腐蚀性、耐辐射性和耐沾污性，还具有压电性、介电性和热电性等特殊性能。PVDF 涂料需在 230～240 ℃烘烤熔融成膜。

3.8.4.5 聚全氟乙丙烯

聚全氟乙丙烯，也称氟塑料 46（F46、FEP），是四氟乙烯和六氟丙烯的共聚物。

$$nx\,\mathrm{CF_2{=\!=}CF_2} + ny\,\mathrm{CF_2{=\!=}\underset{\underset{\textstyle CF_3}{|}}{CF}} \xrightarrow{\text{引发剂}} \mathrm{-\!\!\!\![\,(CF_2-CF_2)_x(CF_2-\underset{\underset{\textstyle CF_3}{|}}{CF})_y\,]\!\!\!\!-_n}$$

聚全氟乙丙烯最早由美国杜邦公司于 1956 年开始推销，商品名为 Teflon FEP 树脂 （FEP 为氟化乙烯-丙烯）。随后，出现了另外一些商品，如日本大金工业公司的 Neoflon、苏联的 Texflon 等。

聚全氟乙丙烯可以采用本体聚合、溶液聚合和 γ 射线引发下的高压共聚合法，但工业上多用悬浮聚合和乳液聚合法。

聚全氟乙丙烯可熔融全氟热塑性树脂，具有优良的化学稳定性、电绝缘性、耐热性、不粘性、耐候性、润滑性和柔韧性，因此被广泛应用于航空、航天、石油、化工、电子、电器、机械、建筑等领域。

3.8.4.6 乙烯-四氟乙烯共聚物

乙烯与四氟乙烯共聚物（ETFE）是继聚四氟乙烯和聚全氟乙丙烯之后开发的第三大氟树脂品种，也是第二种含四氟乙烯的可熔融加工聚合物，是乙烯（E）和四氟乙烯（TFE）的共聚产物。

ETFE 是最强韧的氟塑料，它保持了 PTFE 良好的耐热、耐化学性能和电绝缘性能，其电绝缘性不受温度影响；同时，耐辐射和机械性能有很大程度的改善，拉伸强度可达到 50 MPa，接近聚四氟乙烯的 2 倍；成型温度：300～330 ℃，长期使用温度−80～220 ℃；有卓越的耐化学腐蚀性，对所有化学品都耐腐蚀；摩擦系数在塑料中最低，有“塑料王”之称。主要用于工业用电线电缆、原子反应堆电缆和车辆用电线及制件、工业用涂料等。ETFE 膜材的厚度通常小于 0.20 mm，是一种透明膜材。2008 年北京奥运会国家体育馆及国家游泳中心等场馆中都采用这种膜材料。

3.9 其他涂料用树脂

3.9.1 天然树脂涂料

天然树脂涂料是指用天然树脂及其衍生物为主要成膜物质制成的涂料。在合成树脂出现以前，天然树脂是制备涂料主要成膜物质的原料，或者单独使用，或者与油合用。天然树脂涂料的涂膜比油脂涂料的干得快，且坚硬光亮，是涂料工业初期的主要产品。至今仍在生产和使用的天然树脂涂料有松香酯涂料、沥青漆、改性大漆和虫胶清漆、其他干性油涂料。

3.9.1.1 松香酯涂料

从松树的树根或树干上取得，主要成分 90%以上为松香酸及其异构体 $C_{19}H_{29}COOH$，结构如下。

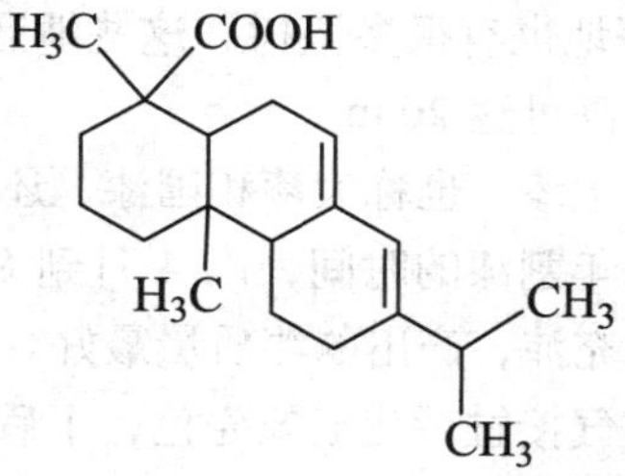

松香软化点较低，制成漆膜易发黏，脆性大且酸值高，含有两个共轭双键，膜只在初期较光亮。

因此，松香不能直接用做涂料，一般是经过加工制成其衍生物。通用的松香衍生物有两类：一类是松香与多元醇如甘油、季戊四醇等反应制得的松香多元醇酯；另一类是用顺丁烯二酸酐与松香加成，再与多元醇反应得到的顺酐松香酯。这两类松香衍生物皆可以不同比例与各种干性油热炼后，加溶剂制得不同性能的漆料（即液态的基料）。漆料加入催干剂后可制成清漆，漆料加颜料则配制成各种色漆。松香酯涂料比油脂涂料干燥快，漆膜坚硬光亮，但柔韧性较差。在油性涂料中加入松香可提高漆膜的光泽和硬度，但耐候和耐水性差。通过加氢反应得到氢化松香等，性能得到改善。

由于松香产量大于其他化石树脂，价格较低，所以成为天然树脂涂料的主要类型。这类涂料主要用做性能要求不高或没有特定要求的木材、钢铁表面，如门窗、家具等的涂料。

松香除了作为油基涂料的树脂外，还可做黏合剂的增黏剂。

3.9.1.2 沥青漆

沥青有天然的和从石油或煤加工而得的两类。最早用于涂料的沥青是从自然界开采出来的黑色固体状或黏稠的半固体状天然沥青。它受热熔化，遇冷硬结，可溶于溶剂，只能制成黑色涂料。虽然质脆不耐光，但干燥成膜快，耐水性和耐化学稳定性显著地优于松香酯涂料。因此，是早期防水、防腐蚀的主要涂料品种，也是绝缘漆的一类品种。现在应用天然沥青生产的主要品种有两类：一类是直接溶解于溶剂中制得，用于木材和金属的防腐；一类与聚合油或松香酯或酚醛树脂等混合热炼，加颜料制成黑色的自干型或烘干型涂料，用于有防腐蚀要求的工业制品和黑色自行车及缝纫机头等。由于天然沥青产量有限，品质差别很大，它们在现代涂料中已不占主要地位。在燃料化学工业发展以后，生产了石油沥青和煤焦油沥青，价格较廉。它们均可与其他合成树脂混合，制成防腐蚀用的涂料。

3.9.1.3　大漆与改性大漆

1. 大　漆

在中国传统家具中，大漆的使用源远流长。在我国出土的文物漆器，距今已有 2 000 多年的历史，色泽艳丽如新，远非现代合成漆所能媲美，故有“涂料之王”之称。

漆树主要分布在亚洲的东中部地区，越南、朝鲜、日本、缅甸等国均有漆树，但产量、质量都不如我国。中国的漆树数量占世界漆树的 80%左右，生长于甘肃南部至山东一线的南方地区，在贵州、云南、湖北、陕西等地也有很多漆树。这些地区空气湿润、温度和环境非常适于漆树的成长。漆树是落叶乔木，树高可达 20 m。

从漆树上割取的天然漆液，叫生漆，也称大漆和国漆，还称为金漆。而熟漆是指经过日照、搅拌，掺入桐油氧化后的生漆。每年割漆的时间，以 4 月到 8 月为宜，三伏天所割的漆质量最佳，因为盛夏时水分挥发快，阳光充沛，产出的漆质量最好。每天日出之前是割漆的最好时机。刚割制得到的漆液呈灰乳色，与空气接触后变成栗壳色，干后呈褐色。

天然漆从液体状态到氧化干固后，色泽由浅到深，最后形成坚固的漆膜。大漆的颜色，在古代有这样的说法：“凡漆不言色者皆黑”。今天人们形容暗夜能见度差，也常用漆黑一片来形容夜色黑到了极致。大漆的原色为栗壳色，为什么此时又说漆是黑色的呢？这是因为漆树上割出的漆液由漆酚、树胶质、含氮物、水分及微量的挥发酸等组成，其中 50%～80%的成分是漆酚。漆酚为具有不同饱和度脂肪烃取代基的邻苯二酚混合物，最常见的为 3 位取代，结构如下。

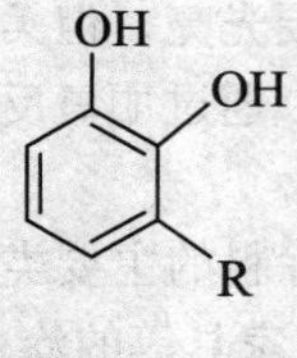

(Structure: benzene ring with OH, OH, R — 3-substituted catechol)

$R = C_{15} \sim C_{17}$

$R_1 = -(CH_2)_{14}CH_3$

$R_2 = -(CH_2)_7CH{=}CH(CH_2)_5CH_3$

$R_3 = -(CH_2)_7CH{=}CHCH_2CH{=}CH(CH_2)_2CH_3$

$R_4 = -(CH_2)_7CH{=}CHCH_2CH{=}CHCH_2CH{=}CHCH_3$

$R_5 = -(CH_2)_{16}CH_3$

漆酚的含量越多，大漆的质量就越好。此外，大漆还含有 10%左右的漆酶，这是一类含铜的糖蛋白氧化酶，可催化氧化多元酚，是生漆常温下干燥成膜的天然有机催干剂。大漆含氮物质中的酵素，能促进漆酚的氧化，大漆略带酸味的独特味道就是这样发出来的。

大漆的成膜有以下两类：（1）常温气干成膜。重要条件：漆酶有足够活性，t = 20～35℃，相对湿度 80%～90%反应最快。反应可表示如下：

$$\text{漆酚(R取代邻苯二酚)} \xrightarrow[\text{漆酶}]{O_2} \text{邻醌(红棕色)} \xrightarrow{\text{相互氧化聚合}} \text{联醌二聚体(黑色，交联结构)}$$

红棕色　　　　黑色（交联结构）

（2）烘烤缩合聚合成膜：$t > 70$ ℃，漆酶失去活性。成膜机理：与干性油一样，高温下，通过侧基的氧化聚合成膜，另外，酚基间也可缩合相连。特点：因醌式结构出现机会较少，所得漆膜颜色较浅。

大漆的特性主要有以下几点：

（1）漆膜具有优异的物理机械性能，漆膜坚硬，其硬度达 0.65～0.89（漆膜值/玻璃值）。漆膜耐磨强度大，光泽明亮，亮度典雅，附着力强。

（2）漆膜耐热性高，耐久性好，可耐 150～200 ℃高温。

（3）漆膜具有良好的电绝缘性能、一定的防辐射性能。

（4）漆膜具有防腐蚀、耐强酸、耐强碱、耐溶剂、防潮、防霉杀菌、耐土抗性佳等特点。

（5）缺点：干燥条件苛刻，黏度高，不易施工；漆酶使人体皮肤过敏，毒性大；漆膜颜色深，脆；在金属表面附着力差，不耐碱；漆膜耐紫外线不佳。

2. 改性大漆

改性方法：二甲苯萃取出漆酚与合成树脂及植物油反应、提纯，去除其他成分。

酚羟基：可生成盐、酯、醚等，如漆酚＋甲醛（糠醛漆酚缩醛树脂，可作为清漆或与马来酸酐季戊四醇树脂配合做清漆，也可与环氧树脂反应制成漆酚缩醛环氧树脂。

侧链R基上的双键和活泼亚甲基可进行加成、聚合、氧化等反应。如漆酚与乙烯类单体加热共聚，生成漆酚苯乙烯、漆酚氯乙烯树脂等。

常用品种有酚缩甲醛、漆酚环氧防腐蚀涂料等，具有防腐蚀、施工性能好等优点。主要用于化工设备、实验室台面等的防腐蚀涂装。

3.9.1.4 虫胶清漆

它是将加工精制后的虫胶（紫胶）溶于乙醇中制得的一种醇溶性涂料。干燥快，易于施工，是过去常用的一种快干型涂料。除用于木器外，也作为早期电工器材的绝缘漆使用，现在则主要用做手工制造家用木器的底漆。

3.9.1.5 干性油涂料

干性油如桐油、亚麻油，是历史上最早作为涂料使用的天然产物。未经改性的干性油加入催化剂也可以成膜，但因相对分子质量较小，成膜较慢。干性油一般要经过炼制才能使用。炼制的目的是使干性油先发生氧化聚合，得到厚油，有空气聚合和热聚合两种方式。将厚油再与其他树脂（松香及其衍生物、酚醛树脂、石油树脂等）、颜料一起配制得最终涂料。

3.9.2 氯化橡胶

氯化橡胶是由天然或合成橡胶经氯化改性后得到的白色或微黄色粉末，无味、无毒，对人体皮肤无刺激性，具有良好的黏附性、耐化学腐蚀性、快干性、防透水性和难燃性。氯化橡胶防腐涂料广泛用做建筑涂料、化工防腐涂料、阻燃涂料、船舶及海洋钢结构防腐涂料，与常温固化环氧树脂涂料并列为当今世界防腐涂料的两大体系。

产品特点：耐日光老化，保护中层和底层涂层。使用方便，单组分，开桶后搅匀即可使用。可采用高压无气喷涂、刷涂、辊涂等多种方法施工。干燥快，施工不受季节限制。从-20～40 ℃均可正常施工，间隔 4～6 h 即可重涂。对钢铁、混凝土、木材均有良好的黏结力。防腐蚀性能好，氯化橡胶属惰性树脂，水蒸气和氧气对漆膜的渗透率极低，具有优异的耐水性，耐盐、耐碱、耐各种腐蚀气体，并具有防霉、阻燃性能，耐候性和耐久性良好，维修方便。新旧漆膜层间附着力好，复涂时不必除掉牢固的旧漆膜。

3.9.3 乙烯类树脂

乙烯类树脂都是由单体 $CH_2{=}CRX$（R 是氢或烷基，X 是其他基团）经过聚合得到的树脂，主要品种有氯醋共聚树脂、聚乙烯醇缩醛、偏氯乙烯共聚树脂、聚二乙烯乙炔等，其中主要是由氯乙烯单体聚合的树脂。该类树脂制得的涂料具有耐候性、耐化学腐蚀、耐水、电绝缘性能、防霉、阻燃性、柔韧性优良等性能，是一类用途较广的涂料。

4 溶 剂

4.1 概 述

溶剂是涂料配方中的一个重要组成部分，虽然不直接参与固化成膜，但它对涂膜的形成和最终性能起到非常关键的作用，它主要具有以下功能：

(1) 溶解聚合物树脂；

(2) 调节涂料体系的流变性能，改善加工性能，使涂料便于涂装；

(3) 改进涂料的成膜性能，进而影响涂料的附着力和外观；

(4) 静电喷涂时调整涂料的电阻，便于施工；

(5) 防止涂料和涂膜产生病态和缺陷，如橘皮、发花、浮色、起雾、缩孔等。

实际上，除了粉末涂料外，人们接触的涂料都是可流动的液体，但涂料液体并不是真正的溶液。因为涂料液体中的颜料部分往往并没有溶解成真溶液（这一点与染料正好相反），颜料依然保持原来的固体形态。在涂料形成的液体中，成膜物质树脂是会溶解的。能够溶解树脂的液体有5种：真溶剂、助溶剂、稀释剂、分散剂、活性稀释剂。

涂料工业中，常用的溶剂有两种：水和有机溶剂。

水溶剂主要用于水溶型涂料、水分散型涂料、水乳化型涂料。在涂料的制造和施工中，用得最普遍的是有机溶剂。在涂料制造、使用过程中，还有“助溶剂”的概念。所谓“助溶剂”，又称“潜溶剂”，是指某一溶剂A不能溶解树脂R，另一溶剂B可以溶解R，但不理想，但当在B中适当加入一些溶剂A后，B溶解R效果要好得多。实际上，A起了帮助B溶解R的作用。因此，A就叫助溶剂或潜溶剂，而B就是树脂R的溶剂或真溶剂。例如，醇类对硝化纤维素不能单独溶解，只有与酯、酮类等真溶剂以一定比例混合时，才能溶解，甚至显示出更大的溶解作用，因此就是助溶剂。

溶剂的选择一般需要考虑溶剂的溶解能力、挥发速度、黏度、表面张力、安全性、毒性及成本。

溶剂选择不好，可引起各种弊病。如挥发太快，流平性不好，还易使漆膜发白与起气泡等。发白的原因是溶剂挥发太快，涂装时涂料表面迅速冷却，使周围达到水的露点温度以下，水气凝结成小滴渗入漆膜中，表面形成半透明的白色，待最后水分挥发后，留下了很小的空隙，由于散射，漆膜没有光泽。气泡是因为挥发速度太快，表面很快固化，底层溶剂不能逸出，在进入烘箱时，残留的溶剂从底层挤出表面，于是形成气泡。另外，良溶液与不良溶液对漆膜结构和颜料分散稳定性都有非常重要的影响，需要妥善选择。从挥发快慢考虑，涂料溶剂的选择要平衡下列各种要求：

① 快干：挥发要快；

② 无流挂：挥发要快；

③ 无缩孔：挥发要快；

④ 流动性好、流平性好：挥发要慢；

⑤ 无边缘变厚现象：挥发要快；

⑥ 无气泡：挥发要慢；

⑦ 不发白：挥发要慢。

在涂料的实际使用过程中，往往使用的是稀释剂。

稀释剂：稀释剂也叫“稀料”，它是用来溶解、稀释涂料，使其达到涂装黏度的溶剂。稀释剂可以是一种单一的溶剂，也可以是该种涂料的溶剂、助溶剂的混合物，即用混合溶剂做稀释剂。因为涂料成膜树脂的真溶剂往往价格较贵，另外，使用一种真溶剂，常常达不到涂料施工时对涂膜形成的工艺要求，如挥发速率、流平性、涂膜外观等。从各方面综合考虑，稀释剂更适合涂料的使用、储存。

稀释剂直接关系到涂料的施工性能和漆膜的质量。错用稀释剂会造成涂料沉淀、析出或漆膜失光、不干等质量事故。涂料的稀释剂是有选择性的。施工中一定要按涂料的要求来选用合适的稀释剂。一般是每个厂家的涂料，固定该厂家的稀释剂，并且即使是同一厂家的稀释剂，也不能将不同品种涂料的稀释剂混用。所谓通用稀释剂很少。

分散剂：能分散成膜树脂但不考虑溶解作用。

活性稀释剂：是一种可能在成膜过程中与成膜物质发生化学反应而形成不挥发组分留在涂膜中的溶剂，称为反应性溶剂或称活性稀释剂。

4.2 溶剂的分类

4.2.1 有机溶剂

有机溶剂大多来源于石油化工产品。有机溶剂可按化学结构分类为：烃类溶剂（烷烃、烯烃、环烷烃、芳香烃）；醇、酮、酯、醚类溶剂；卤代烃溶剂；含氮化合物溶剂以及缩醛类、呋喃类、酸类、含硫化合物等溶剂。常用的有机溶剂有下面几类：

1. 石油溶剂

（1）石油醚，指低沸点的石油馏分，只含 1%～5%的芳烃，沸点范围 40～100 ℃。这类溶剂溶解力较弱，挥发速率较快，在涂料中很少使用。

（2）松香水，或称溶剂汽油或白油，一般含 15%～18%芳烃，沸点范围 150～190 ℃。这类溶剂挥发较慢，可溶解大部分天然树脂及含油量高的醇酸树脂，但对合成树脂溶解性差。

（3）高芳烃含量的石油溶剂，芳烃含量可高达 80%～93%，主要是三甲苯的混合物，沸点 100～210 ℃，具有很强的溶解能力。

2. 芳烃溶剂

（1）甲苯，常用于混合溶剂中，用于气干乙烯基涂料、氯化橡胶涂料及硝基漆的稀释剂。

（2）二甲苯，涂料中最重要的溶剂之一。实际是邻二甲苯、对二甲苯、间二甲苯的混合物，主要成分是间二甲苯，占45%～70%，对二甲苯占15%～25%，邻二甲苯占10%～15%。除非特殊要求，没有用单一一种二甲苯做溶剂的。二甲苯溶解力强，挥发速度适中，若添加10%～20%的丁醇其溶解能力还可增加，广泛用于醇酸树脂、氯化橡胶、聚氨酯及乙烯基树脂的溶剂，用在烘漆及快干的气干漆中具有很好的抗流挂性能。

苯类溶剂有毒，其使用受到限制。苯环上的取代基越多，毒性越小。苯的毒性最大，因此，基本不能在涂料中作为溶剂使用。

3. 萜烯类溶剂

主要有松节油、二戊烯和松油，其中松节油更常见。松节油是从松树等分泌物中提取的清亮无色、有刺激性气味的液体，主要成分为萜烯类（结构见下），沸程 153～175 ℃。不同植物的松节油溶解能力不同。松节油中含有不饱和化合物，它们可以被氧化或聚合而生成能成为漆膜组分的物质，广泛用于油基漆中做活性溶剂，它的挥发速度适中，溶解力强，用于烘漆中可改进流平性，增加光泽度。松油具有更高的沸程，195～225 ℃。

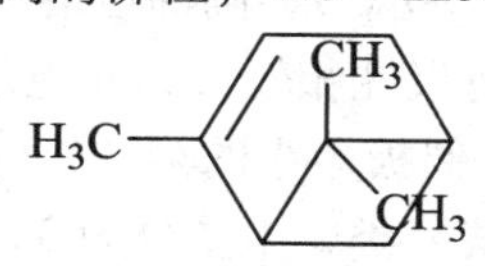

松节油中萜烯结构

4. 醇类（主要是乙醇和丁醇）

（1）乙醇，常加入少量甲醇使其成为变性乙醇，它挥发快，常用做聚乙酸乙烯酯、虫胶、聚乙烯醇缩丁醛等的溶剂，也可用于硝基纤维素的混合溶剂。

（2）正丁醇，挥发速度较慢，可以和烃类溶剂及亚麻油等混溶使用，作为油基漆、氨基漆和丙烯酸树脂、聚乙酸乙烯酯的溶剂，也用于硝基漆的混合溶剂中。

（3）二丙酮醇，是一种无味的高沸点（167 ℃）溶剂，是硝基漆的良溶剂，溶解性很好，受热时可分解出丙酮。

大多数乳胶漆中含有挥发性慢的水溶性醇类溶剂，如乙二醇、丙二醇等，作用之一是降低凝固点。

5. 醚　类

一般在涂料中较少使用，但乙二醇的单醚和醚酯，如乙二醇单乙醚、乙二醇单乙醚醋酸酯（CAC）等过去常用做涂料溶剂。因为它们的毒性太大，现在常用丙二醇的单醚或醚酯代替。

6. 酮　类

（1）丙酮，其挥发速度很快，溶解能力很强，可用做烯类聚合物和硝基纤维素的溶剂，常与其他溶剂合用。

（2）丁酮，或称甲乙酮，挥发快，溶解能力强，用于烯类共聚物、环氧树脂、聚氨酯涂料，它也常与溶解力差的溶剂混用，以改进涂料的成膜性和施工性。

（3）甲基异丁基酮，其用途与丁酮相似，但挥发速度较慢。

（4）环已酮，是一种优良溶剂，挥发速度较慢，对改进涂料成膜时的流平性有很好的作用。

酮类溶剂都有难闻的气味，不能加入太多，通常都是与其他溶剂混用，以改进稀释剂的综合性能。

7. 酯 类

使用最多的是乙酸乙酯和乙酸丁酯，有水果香味，具有较强的溶解能力，但低于酮类溶剂。可用于多种合成树脂，也是纤维素树脂的优良溶剂。乙酸丁酯的挥发速率适中，在设计稀释剂配方时，常常用得更多。俗称“香蕉水”的稀释剂，含有一定量的乙酸乙酯和乙酸正丁酯。

8. 氯代烃和硝基烃

如二氯乙烷、三氯甲烷、三氯乙烯、四氯乙烷，硝基甲烷等，它们的溶解能力强，但毒性太大，不宜在涂料中使用。又因它们具有高的极性，故可用于调节静电喷涂涂料的电阻。

4.2.2 其他分类法

溶剂还可按以下一些方法分类：按溶剂的沸点分类，有低沸点溶剂（常压下沸点在 100 ℃以下）、中沸点溶剂（沸点在 100～150 ℃）、高沸点溶剂（沸点在 150 ℃以上）；按溶剂的极性分类，如极性溶剂（指酮、酯等具有极性和较大的介电常数以及偶极矩大的溶剂）、非极性溶剂（指烃类等无极性基团，介电常数、偶极矩小的溶剂）；按溶剂的溶解能力分类，前述溶剂、助溶剂、稀释剂等；按氢键强弱和形式分类，主要分为 3 种类型：弱氢键溶剂、氢键接受型溶剂、氢键授受型溶剂。弱氢键溶剂主要包括烃类和氯代烃类溶剂。烃类溶剂又分为脂肪烃和芳香烃。商业上脂肪烃溶剂是直链脂肪烃、异构脂肪烃、环烷烃以及少量芳烃的混合物。优点是价格低廉，芳烃较脂肪烃贵，但能溶解许多树脂。氢键接受型溶剂主要指酮和酯类；氢键授受型溶剂主要为醇类溶剂。

4.3 溶剂的性质

4.3.1 溶剂的溶解能力与溶度参数 δ

4.3.1.1 溶解能力及其判断依据

溶剂的溶解能力是指溶剂溶解成膜物质、形成均匀的高分子聚合物溶液的能力。在溶解过程中，溶剂将高聚物分散成小颗粒，形成均匀的溶液。在涂料的制备过程中，一定浓度的树脂溶液形成的速度和一定浓度溶液的黏度以及溶剂之间的互溶性是我们设计色漆配方和选择溶剂时首先要考虑的问题。

涂料中的成膜物质都是聚合物，它们在溶解时，首先是聚集分子的互相分离，分子之间的间隙被溶剂分子所占据，如果溶剂分子与聚合物分子间作用力大于聚合物分子间的作用力，溶解就会发生，同时伴随着体系内能的降低，为放热过程。从热力学角度来讲，只有混合过程的自由能 ΔG_M 减少，溶解才能自发进行。

$$\Delta G_M = \Delta H_M - T\Delta S_M < 0$$

式中：ΔS_M为混合熵变，在溶解过程中，$\Delta S_M > 0$；ΔH_M为混合焓，由于$T\Delta S_M$总是正值，因此，ΔH_M越小越利于溶解。

极性聚合物溶解在极性溶剂中，由于溶剂和溶质的强相互作用，$\Delta H_M < 0$，溶解可以自发进行。非极性聚合物与溶剂互相混合时，如果混合过程中没有体积变化，则

$$\Delta H_M = V\Phi_1\Phi_2(\delta_1-\delta_2)^2$$

式中：V为溶液总体积；Φ为体积分数；δ为溶度参数；下标1和2分别表示溶剂和溶质。

这就是经典的Hildebrand（赫尔德布兰德）溶度公式。从式中可知，ΔH_M始终是正值，溶质与溶剂的溶度参数越接近，则ΔH_M越小，越能满足$\Delta G_M < 0$的条件，溶解越容易进行。

当$\delta_1 = \delta_2$时，$\Delta H = 0$，表明相容性极好；当（$\delta_1-\delta_2$）很大时，只有T很大，才有可能相容；一般（$\delta_1-\delta_2$）<2时才相容，实际选择时，只要$|\delta_1 - \delta_2| < 1.8$就可以。总之溶解遵循“相似相溶”原则。

4.3.1.2 溶度参数 δ

1. δ的定义及物理意义

δ定义为内聚能密度的平方根。小分子液体的δ可以从某些物理常数求得，聚合物的δ可通过特性黏数和溶胀度进行实验测定，或者由重复单元中各基团的摩尔引力常数直接计算。常见溶剂、树脂的溶度参数列于表4.1中。

表4.1 部分溶剂、树脂的溶度参数（25 ℃）

溶剂	溶度参数	树脂	溶度参数
甲苯	8.9	聚酯	7.0～12.0
二甲苯	8.8	聚氨酯	10.0
醋酸	8.5	环氧	9.6～10.9
200#	7.9	聚酰胺	12.7～13.6
丙酮	10.0	PVC	9.6
丁酮	9.3	醇酸树脂	7.4～11.0
丁醇	13.6	丙烯酸酯	9～13
环己酮	10.4	氨基树脂	7.4～11.0
异丁醇	11.0	丁苯橡胶	8.1
四氯化碳	8.7	聚乙烯	8.1
醋酸乙酯	18.2	聚氯乙烯	8.9
醋酸丁酯	17.4	天然橡胶	8.2
二氧六烷	10	聚醋酸乙烯酯	9.4
三氯甲烷	9.21	聚苯乙烯	8.5～9.3
水	23.5		

当然，有人提出，内聚能密度是色散力、极性力、氢键的共同贡献，提出了三维溶度参数，即色散力溶度参数δ_d、极性溶度参数δ_p、氢键溶度参数δ_h组成，总的溶度参数δ_t为

$$\delta_t = (\delta_d^2 + \delta_p^2 + \delta_h^2)^{1/2}$$

混合溶剂的溶度参数：

$$\delta_{混合}=\phi_1\delta_1+\phi_2\delta_2+\phi_3\delta_3+\cdots\sum_1^n\phi_i\delta_i$$

式中：Φ 为混合体系中各组分的体积分数；δ_i 为混合体系中各组分的溶度参数。

溶度参数 δ 的物理意义：从上面的讨论可以看出，溶度参数表示的是单位体积内全部分子的吸引力。因此当溶剂和溶质的溶度参数相同时，就表示其单位体积内全部分子的作用力相同，这时溶质在溶剂中便可以自由溶解。

例 1　已知二甲苯的溶度参数 $\delta=8.8$，γ-丁内酯的溶度参数 $\delta=12.6$，按体积分数将这两种溶剂配制成 33%二甲苯和 67% γ-丁内酯的混合溶剂，该混合溶剂的溶度参数 δ 是多少?

解：$\delta_{混合}=0.33\times8.8+0.67\times12.6=11.3$

需要说明的是，溶剂的溶度参数具有特定的数值。而高聚物的溶度参数是一个范围，对不同的树脂，这一范围的宽度往往有很大的差异，而它们在不同氢键值的溶剂中值也不同，因为氢键的存在使其不准确。故 δ 有 3 个值，一般使用时取平均值。

2. 溶度参数的应用

（1）依据溶度参数相同或相近互溶的原则，可以判断树脂在溶剂中是否可以溶解。

例 2　已知聚苯乙烯树脂的溶度参数 $\delta=8.5\sim9.3$，聚醋酸乙烯酯树脂的溶度参数 δ 的平均值为 9.4，试问前者在丁酮中，后者在甲苯及氯仿中可否溶解?

解：查表 4.1 可知，丁酮的 $\delta_1=9.3$，聚苯乙烯树脂的 $\delta_2=8.5\sim9.3$，溶度参数差$|\delta_1-\delta_2|=0\sim0.8$，差值范围小于 1.3～1.8，所以聚苯乙烯树脂在丁酮中可以溶解（一般还规定，某种溶剂 10 mL 如能溶解 1 g 聚合物，就视为可溶）。

甲苯及氯仿的溶度参数 δ 分别取 8.9 和 9.7，和聚醋酸乙烯酯树脂的溶度参数 δ_2 的差值的绝对值分别为 0.5 和 0.3，差值范围小于 1.3～1.8，所以聚醋酸乙烯酯树脂可以溶解在这两种溶剂中。

例 3　已知天然橡胶的溶度参数平均值为 8.2，正己烷的溶度参数为 7.3。正己烷可以很好地溶解天然橡胶，但若加入适量的甲醇可以使其溶解增强，试求甲醇的最佳加入量是多少？已知甲醇的溶度参数为 14.6。

解：设加入甲醇后，在甲醇-正丁烷混合溶剂中，甲醇的体积分数为 x，正丁烷的体积分数为 $1-x$，混合溶剂的溶度参数为

$$\delta_{混合}=14.6x+7.3(1-x)$$

要使混合溶剂对天然橡胶有最大的溶解能力，则只有 $\delta_{混合}=8.2$，即混合溶剂和天然橡胶的溶度参数相等。

解得 $x=0.125$，即在正己烷中加入 12.5%的甲醇可以得到最好的溶解性能。

（2）依据溶度参数相同或相近互溶的原则，可以预测两种溶剂的互溶性。

（3）依据溶度参数可以估计两种或以上树脂的相容性，将对预测混合树脂的储存稳定性及固体涂膜的物化性能（如透明度、光泽等）具有理论及实用价值。

（4）利用涂料用树脂在一系列已知溶度参数的溶剂中的溶解情况，可以通过实验确定该树脂的溶度参数范围。

（5）利用溶度参数判断涂膜的耐溶剂性。

（6）利用溶度参数可以在研究涂料过程中选用适当的树脂和溶剂。

4.3.2 溶剂的极性与溶解能力——“相似相溶”原则

非极性溶质能溶于非极性或弱极性溶剂中，极性溶质能溶于极性溶剂中，也就是“同类溶解同类”——相似相溶原则。根据此原则：极性的乙醇能够完全混溶于极性的水中，而非极性的苯不能溶于水。极性高聚物溶解于极性溶剂之中，非极性高聚物溶解于非极性溶剂之中；极性大的高聚物溶解于极性大的溶剂之中，极性小的高聚物溶解于极性小的溶剂之中。例如，天然橡胶、丁苯橡胶是非极性的无定型高聚物，能溶于碳氢化合物等非极性溶剂（如苯、石油醚、甲苯、已烷等）及卤素衍生物溶剂中；聚苯乙烯可溶于非极性的苯或乙苯中，也可以溶于极性不太大的丁酮中。高分子链含有极性基团，则该高聚物只能溶于与它极性相似的溶剂中，如聚乙烯醇是极性的，可溶于水和乙醇中；聚丙烯腈能溶于极性的二甲基甲酰胺中；聚甲基丙烯酸甲酯不易溶于苯而能很好地溶于氯仿和丙酮中。

尽管“相似相溶原则”有一定的普遍性，但实践证明，它仅仅是一种定性的原则，较为笼统，有时甚至是错误的，特别是对于混合溶剂更不能用此原则。

例如，苯与氯苯，其偶极矩分别为 0 和 1.7，按照“相似相溶”原则，即苯是非极性的，而氯苯是极性物质，它们的互溶性应该很差，但实际上其互溶性很好。又例如，硝基甲烷是极性溶剂，但它不能溶解硝化纤维素。

混合溶剂与高聚物之间的溶解性问题更为复杂。有些聚合物可以在两种混合溶剂中溶解，但不能在任一单独溶剂中溶解。如硝化纤维素可以溶解在乙醇和甲苯的混合溶剂中，但这两种溶剂的任一种都不能单独溶解硝化纤维素。还有一些高聚物也有这种情况，如氯化聚丙烯与环己醇/丙酮、聚酰胺与乙醇（99%）/二氯乙烷、聚甲基丙烯酸与乙二醇单乙醚/苯胺、环氧树脂与丁醇/2-硝基丙烷等。

4.3.3 溶剂与高聚物的溶剂化对溶解的影响

所谓溶剂化作用是指溶质与溶剂接触时，溶剂分子与溶质分子相互产生作用，此作用大于溶质之间的分子内聚力，使溶质分子彼此分离而溶解于溶剂中。极性溶剂分子和高聚物的极性基团相互吸引能产生溶剂化作用，使高聚物溶解。

溶剂化作用可以用广义的酸碱理论进行解释：高聚物分子上的酸性基团与溶剂中的碱性基团相互作用，就发生溶剂化作用。相反的情况也是一样的结果。根据酸碱的电子理论，酸性物质是电子接受体，碱是电子给予体。如高聚物含有大量亲电子基团，则可以溶解在给电子基团的溶剂中。如硝基纤维素含有亲电子基团（$—NO_2$），可溶于给电子基团的溶剂如丙酮、丁酮、醋酸乙酯或醋酸丁酯以及醇醚混合溶剂中。同样，三醋酸纤维素含有给电子基团（$—OCOCH_3$），可以溶解在含有亲电子基团的二氯甲烷及三氯甲烷中。

对于溶剂溶解能力，常常要将上述三个因素综合考虑，才能得到准确的结果。

4.3.4 溶剂的挥发速率

任何溶剂都有挥发性，挥发性是溶剂的重要性质之一。在涂料的施工和成膜过程中，溶剂必须从涂料中挥发，溶剂的挥发速率不仅影响涂膜的干燥时间，而且还影响涂膜的表观和物理性质。挥发速率过快，可使干燥时间缩短，但不利于涂料的流平且会导致起泡和橘皮等漆病；挥发速率过慢，则使干燥时间延长且易发生流挂。

1. 影响挥发速度的因素

溶剂的挥发速率不仅和沸点或蒸气压有关，还受到氢键、蒸发焓、表面张力、空气流动等的影响。沸点不能够完全反映其蒸发速率，例如，正丁醇的沸点为 118 ℃，乙酸丁酯的沸点为 125 ℃，前者的沸点虽较低，但其蒸发速率要比后者慢得多，这是由于氢键的原因。

溶剂的挥发速度可按 ASTM D3539—76（81）方法测定：以一定质量的溶剂展布在一定尺寸的圆形滤纸上，从而形成了一定的挥发面积，并悬挂在一定流量的空气流中，在一定的温度下，测定挥发掉 90%时所需的时间（在挥发掉 90%之前挥发面积不变），并称为“90%”挥发时间（t_{90}）。溶剂的挥发速度与挥发时间成反比。

2. 相对挥发速率

因此，多用溶剂的相对挥发速率来表征溶剂的挥发性，即测定定量溶剂的挥发时间并与同样条件下定量醋酸正丁酯或者二乙基醚的挥发时间相比较，以下式表示纯溶剂的相对挥发速率：

$$E=\frac{t_{90}(\text{醋酸正丁酯})}{t_{90}(\text{测试溶剂})}$$

醋酸正丁酯的相对挥发速率就是 1。实际测定条件为温度 25 ℃，相对湿度小于 5%，空气流动速率为 25 L / min，将 0.70 mL 待测溶剂滴在滤纸上，滤纸平放在一封闭容器的平衡盘上。也有直接从平底铝盘直接测定挥发速率的。两种测定方法得到的挥发速率有差异。此外，在不同文献上引用的挥发速率数据也有差异。常用溶剂的相对挥发速率见表 4.2。

表 4.2 常用溶剂的相对挥发速率

溶 剂	滤 纸	铝 盘	溶 剂	滤 纸	铝 盘
丙酮	5.7	1 0	间二甲苯	0.71	0.71
乙酸正丁酯	1.0	1.0	水	0.31	0.56
乙酸异丁酯	1.5	1.5	正已烷	0.18	0.16
正丁醇	0.44	0.48	正戊烷	12	38
异丁醇	0.86	1.06	异佛尔酮	0.023	0.026
乙酸乙酯	4.0	6.0	庚烷	3.6	4.3
乙醇	1.7	2.6	2-丁氧基乙醇	0.077	0.073
2-乙氧基乙醇	0.37	0.38	4-甲基-2-戊酮	1.7	1.7
甲乙酮	3.9	5.3	2-庚酮	0.34	0.35
甲基异丁基酮	1.51	1.52	二甘醇单乙基醚	0.013	0.014
甲苯	2.0	2.1	醋酸-2-乙氧基乙酯	0.20	0.19

3. 混合溶剂的挥发速率

混合溶剂的挥发特性：在混合溶剂中，某一溶剂的相对挥发速率取决于其浓度、相对挥发速率及活度系数。混合溶剂的总相对挥发速率等于各组分相对挥发速率之和，随着挥发的进行，混合溶剂的组成发生变化，其总相对挥发速率也发生变化。它们之间的关系表示如下：

$$E=\sum E\gamma_i V_i$$

式中：E 表示混合溶剂的挥发速率；E_i 表示某组分 i 的挥发速率；γ_i 代表该组分的活性系数；V_i 为该组分的体积分数。

理想液体混合物在气/液平衡态下，它的蒸气压为各组分的分蒸气压 p_i 之和，即 $p=\sum p_i$，而 p_i 可用 Raoult 定律给出，即

$$p_i=p_{0i}\chi_i$$

式中：p_{0i} 为组分 i 在纯态时的蒸气压。

大多数液体包括大多数溶剂在内是非理想的，所以混合溶剂的蒸气压不能简单地用 Raoult 定律求得。为了矫正 Raoult 定律对非理想液体混合物的偏离，导入了“活性系数”（γ），即

$$p_i=\gamma_i p_{0i}\chi_i$$

活性系数与浓度和温度有关，还和组分间的相互作用有关。有关活性系数的计算方法可参阅有关文献（《上海涂料》1987.1“涂料的溶剂”）。

4. 涂料中溶剂的挥发

尤其要提出的是，聚合物溶液中溶剂的挥发还受到与聚合物相互作用的影响，与聚合物相互作用较弱的溶剂较容易挥发。

涂料配方中一般含有几种挥发速率不同的溶剂以保持合适的挥发速率，调节涂料的流平，防止挥发过快造成表面水蒸气凝结，防止涂膜出现沉淀和浑浊，影响附着力等。不同的气候条件，配方组成也不同。

涂料中溶剂的挥发情况对漆膜性能影响很大。溶剂从涂料中挥发分两个阶段。第一阶段是湿的阶段，溶剂的挥发主要决定于溶剂本身的挥发速率，随着溶剂的挥发，涂层的黏度越来越大。第二阶段是干的阶段，溶剂的挥发主要由溶剂在涂层中的扩散速度所决定，它和漆膜中聚合物的 T_g、溶剂分子的大小与形状有关，但不与溶剂的挥发性与溶解性相平行。例如，醋酸正丁酯和醋酸异丁酯的挥发性在两个阶段的顺序是相反的，第一阶段异丁酯挥发较快，而第二阶段是正丁酯较快。第二阶段溶剂挥发速度极慢，少量溶剂可能长期存在于漆膜之中。在干的阶段，用真空干燥无效，因为此时扩散与大气压、蒸气压等无关。在湿和干的阶段之间有一过渡阶段。溶剂选择不好，可引起各种弊病（参见前面的讨论）。

4.3.5 溶剂的黏度 η

黏度对涂料的性能有重要影响，主要表现在对涂料的储存和施工方面。溶剂又以三种方式影响涂料液体的黏度：① 它对成膜树脂的溶解力。② 形成氢键的能力。含有大量羟基和羧基的液体，由于相互之间的氢键作用，黏度可能很高，如果加入一些环己酮溶剂，则黏度就会很快下降。③ 自身黏度。人们通常忽略了溶剂自身的黏度，但事实上，溶剂相互的黏度即使相差不超过 1 mPa · s，也会使溶液的黏度相差成百上千倍。在配制涂料时，除了考虑溶度参数和形成氢键的可能性外，还要考虑溶剂自身的黏度，一般来说，酮类溶剂的溶解力强，自身黏度低，

是高固体分涂料较为理想的溶剂。在溶剂手册中，可以查到各种溶剂的自身黏度数值。混合溶剂的黏度 η 可用下式计算:

$$\lg\eta = \sum(V_i \lg\eta_i)$$

式中: V_i 为混合溶剂中 i 组分的体积分数; η_i 为组分的有效黏度。

有效黏度是指那些结构中含有氢键的溶剂，氢键打开后的黏度；其他类型溶剂的有效黏度就是它们的普通黏度。

4.3.6 溶剂的表面张力

涂料的表面张力对漆膜质量关系重大，所以降低涂料表面张力是提高涂料质量的关键之一。有机溶剂的表面张力远比成膜聚合物低。常规溶剂型涂料在施工黏度下的溶剂含量较高，所以表面张力一般小于底材的润湿张力。高固体分涂料在施工黏度下的溶剂含量较低，而一般成膜聚合物的表面张力又与一般底材的润湿张力差不多，所以表面张力差就显得偏小了，这样的情况下，选用低表面张力的溶剂就显得十分重要。

涂料的雾化性能也与表面张力密切相关。有报道指出，高固体分涂料及水性涂料的表面张力比黏度对其雾化性能的影响更大。表面张力小，雾化性能好。

降低表面张力的途径有:（1）成膜树脂的表面张力降低，可以通过降低树脂的极性来实现，如丁醚化三聚氰胺甲醛树脂的表面张力比甲醚化的三聚氰胺甲醛树脂的低。(2）使用表面活性剂，涂料中常用的是流平剂。但流平剂会对涂膜的性能带来一些影响，如耐候性、耐水性降低等。(3）选用表面张力低的溶剂。一般来说，有机溶剂的表面张力为 18～35 mN / m，成膜树脂的表面张力为 32～61 mN / m，在一般涂料中溶剂含量较高，因此选用低表面张力的溶剂可降低涂料在流动时的表面张力。涂料施工时常见的缩孔、厚边等弊病，都与其在成膜过程中的表面张力有关。

水的表面张力很大（约 72 mN/m），远大于底材的润湿张力（46 mN / m）。因此水性涂料的表面张力是个大问题。有的水性涂料出于对流平性和成膜的需要，用水与有机溶剂混合物，这种混合溶剂的表面张力可以降到一般有机溶剂的水平。这是因为混合液体的表面总是比单组分溶剂具有更低的表面张力。

溶剂的其他性质，还有闪点与易燃性、气味、毒性、导电性等。在设计涂料的稀释剂配方时，也是要考虑的因素。

5 涂料颜料

5.1 概 述

颜料是涂料中一个重要的组成部分，它通常是较小的颗粒（0.01～100 μm），被分散于成膜介质中。颜料和染料不同，染料是可溶的，以分子形式存在于溶液之中，而颜料是不溶的。颜料会直接影响涂料的质量，颜料的质量和数量在很大程度上决定了涂料的质量。

评价颜料的质量一般从以下几个方面进行：颜料的颜色、遮盖力、着色力、颗粒、表面电荷、表面吸附和吸油量、稳定性和分散性等。

颜料均匀分散在成膜物质或其分散体中之后即形成色漆，在成为涂膜之后颜料是均匀散布在涂膜中的。所以，色漆涂料成膜后，实质上是颜料和成膜物质的固-固分散体。

颜料的作用：颜料最重要的作用是遮盖被涂覆物的表面并能赋予涂层以色彩，同时也会影响涂料的流变性、抗水性、耐候性、耐化学品性，同时还关系到涂膜的机械性质。有些颜料还能为涂膜提供某一种特定功能，如防腐蚀、导电、防延燃、示温、隔热、吸波等。这些功能在设计涂料配方时，根据涂料的用途，要专门考虑。

5.2 颜料的分类

按颜料的化学成分，颜料可分为无机颜料和有机颜料。按其在涂料中所起的作用可分为着色颜料、体质颜料、防锈颜料和特种颜料。每一类都有很多品种。就其来源又可分为天然颜料和合成颜料。天然颜料以矿石、生物、植物等为来源，合成颜料通过人工合成制得。以颜料的功能来分类有防锈颜料、磁性颜料、发光颜料、珠光颜料、导电颜料。以颜色分类，颜料可分为白色、黄色、红色、蓝色、绿色、黑色等。

下面是一些主要、常见颜（填）料介绍。全面介绍可参阅有关颜料书籍。

5.2.1 无机颜料

无机颜料色彩大多偏暗，不够艳丽，品种较少，色谱不齐全，有些无机颜料有毒。但无机颜料生产比较简单，价格便宜，大部分无机颜料有比较好的机械强度和遮盖力，这些优点是有机颜料无法相比的，所以目前无机颜料的产量还是大大超过有机颜料。主要品种有氧化物、铬酸盐、群青、炭黑、磷酸盐、金属颜料等。

1. 钛白粉

化学名称二氧化钛，化学式 TiO_2，是多晶型化合物，不溶于水和弱酸，微溶于碱，耐热性好。钛白是最重要的白色颜料，主要用于涂料、塑料和纸张。在涂料中应用，可分为油性漆、水性漆、无溶剂的粉末涂料和光固化涂料。在涂料中起装饰和保护两种作用。

钛白含 80%以上的 TiO_2 以及少量其他无机组分，如氧化铝、水合氧化铝或二氧化硅等。主要有 3 种结晶体：锐钛型、板钛型和金红石型。板钛型属斜方晶型，无工业价值。

锐钛型和金红石型同属四方晶型，但晶体结构的紧密程度不同。金红石型晶体结构堆积紧密，晶体之间空隙小，是最稳定的结晶形态，其硬度、密度、折射率比锐钛型高，耐候性和抗粉化方面也比锐钛型好。金红石型在接近紫外光的地方，有一定的吸收，而反射降低，所以它的白度不如锐钛型，金红石型价格也贵，但因其遮盖力强，用量少，因此经济方面合算一些，故一般常用金红石型。金红石型钛白的遮盖力比锐钛型钛白高 30%。因此除非在要求白度极高的时候才用锐钛型。

锐钛型钛白具有很高的光活性，做户外涂料容易导致涂膜快速降解，所以锐钛型不适于户外涂料用，而主要用于纸张涂料。

2. 锌　白

锌白又称氧化锌，组成为 ZnO，其颗粒细微，纯净的单晶体是无色的。在涂料中氧化锌是一种重要的白色涂料。氧化锌的薄膜较硬，有光泽、能防止粉化，起到控制真菌的作用，能防霉；在金属防锈涂料中，可以起到防锈效果；它还具有良好的耐热、耐光及耐候性，不粉化，适用于外用涂料。基本参数有：密度为 5.6 g/cm^3，吸油量为 10～25 g/100 g，平均粒径为 0.2 μm，折射率小于 TiO_2，因此遮盖力小于 TiO_2，相当于金红石型 TiO_2 的 12%左右。ZnO 带有碱性，可与树脂中的羧基基团反应生成锌皂，改善了涂膜的柔韧性和硬度，且涂膜比以 TiO_2 为颜料的涂膜清洁度要高。

3. 立德粉

组成为 $ZnS·BaSO_4$，遮盖力较高，是钛白的 20%～25%（折光率为 1.9～2.3）。当其中 ZnS 含量增加时，遮盖力可提高，但其耐酸性会下降。它的化学稳定性及耐碱性强，适于建筑内用涂料。

4. 锑　白

又称三氧化二锑，组成为 Sb_2O_3，是一种优良的白色颜料，遮盖力与立德粉接近，耐光、耐热性良好，但易溶于酸碱，即不耐酸碱，同时也是一种重要的有效阻燃剂。可用于涂料、搪瓷、橡胶、塑料、织染等工业，也可做防火剂、遮覆剂、填充剂、触媒剂，特别可做阻燃剂，但用量较大。

5. 其他白颜料

如铅白 $2PbCO_3·Pb(OH)_2$，是最早使用的白颜料，它的耐候性、附着力均较好，并有杀菌作用，但有毒，国外已禁用。

锆白，ZrO_2，具有良好的遮盖力，在伪装涂料中能散射红外线，使红外探测器分辨率降低，适于雪地伪装。

6. 铁　黄

又称氧化铁黄，组成为 $Fe_2O_3·H_2O$，由亚铁盐经氧化而制得的黄色针状粉末，化学性质比较稳定。具有良好的颜料特性，如着色力、遮盖力均很高，具有良好的耐气候性，耐光性及耐碱性也好，但不耐酸，不耐高温，150 ℃脱水变成铁红 Fe_2O_3，在建筑涂料中使用最多。

7. 氧化铁红

纯的 Fe_2O_3，有人造及天然两种，制造方法分为干法与湿法，干法是以铁盐经过高温煅烧而得红色氧化物，湿法是以亚铁盐经氧化而制得的。湿法产品质地较软，分散性比干法好。建筑涂料中常用湿法产品。氧化铁红遮盖力及着色力均很强，有优良的耐光、耐热、耐大气、耐碱及耐稀酸等性能，对水作用稳定，防锈力强。它是中性颜料，吸水性很小，用于涂料中能增加涂膜的机械强度，降低透水性及延长寿命，主要用于防锈涂料中。

8. 氧化铁黑

组成为 Fe_3O_4 或 $Fe_2O_3 \cdot FeO$，其中 FeO 含量一般为 18%～26%，有饱和的蓝墨光黑色，遮盖力及着色力很高，在光、大气、碱性中均稳定，耐热及耐浓酸差，在浓酸中完全溶解。它与铁红混合可得氧化铁棕，常用于水泥、人造大理石等的着色。

9. 铬　黄

组成为 $PbCrO_4$，遮盖力、着色力及耐大气性较好，但耐光较差。按所含铬酸铅比例的不同，可制成颜色深浅不同的铅铬黄。但因含铅，在某些领域被禁用。

10. 铬　绿

组成为 Cr_2O_3，由重铬酸盐与硫黄粉或炭制成，无毒、耐光、耐酸、耐碱性好，也耐高温。缺点是色泽不够亮，着色力、遮盖力较差，质地硬，不易分散。由于色泽近似于植物的叶片，可以用于伪装漆，能使红外摄影时难以分辨。氧化铬绿为无毒和无致癌性，允许用于玩具漆、化妆品，制成的涂料或塑料允许接触食品。

还有一种氧化铬翠绿，化学组成为 $Cr_2O_3 \cdot 2H_2O$，比 Cr_2O_3 鲜艳，但耐热性不如 Cr_2O_3，在 200 ℃以上失水，同铝粉混合可用于金属汽车漆，也可用于油墨或美术用颜料。

11. 群　青

它是一种多成分的无机颜料，有多种组成，但具有实用性的是 $Na_6Al_4Si_6S_4O_{20}$。它是以硅酸盐为主要原料，以陶土、纯碱，S 密闭窑高温煅烧而成的多元素无毒的无机颜料。人工合成群青已有 100 多年的历史，为蓝色颜料，但因制备时的投料比例，煅烧条件不同而有差别。不溶于水，耐碱、耐候、耐光性均好，耐热达 200 ℃，长期不变色，有较好的亲水性，分散性也佳，但易被酸的水溶液所破坏而变色。着色力及遮盖力也很弱，可用于建筑涂料除去白涂料中的黄色，使白色更白。在灰、黑等色中掺入群青，可使颜色有柔和的光泽。

12. 炭　黑

它是最主要的黑色颜料。炭黑的主要成分是碳，为疏松、极细的黑色粉末。但不同牌号的炭黑“黑”的程度不同。根据炭黑生产时的原料及生产方式不同，又将炭黑分为炉黑、热裂黑、槽法炭黑、灯黑和乙炔黑几种。槽法炭黑最黑，粒子最细（5～15 nm），多用于涂料的黑色颜料。但炭黑本身的表面极性很大，加之槽法炭黑的表面积也很大，因此槽法炭黑极容易吸收体系中的极性添加剂而影响固化速度，使用时应考虑。炉黑产量最大，约占炭黑的 95%，多用于橡胶的补强和塑料的填充上。灯黑的粒子较粗，为 0.5 μm 左右，它的黑程度较低，一般用于灰色涂料。炭黑作为着色剂广泛用于涂料、油墨、塑料和造纸工业中。

13. 磷酸锌

组成为 $Zn_3(PO_4)_2 \cdot 2H_2O$，为无毒、无公害的防锈颜料，用于替代铬酸盐和红丹（四氧化三铅）颜料。

14. 金属颜料

常见的金属粉有铝粉、锌粉、铅粉、铜锌粉（俗称金粉）、锌铝粉等。

（1）锌粉可用于富锌防腐底漆。

（2）铝粉的表面张力较高，不能漂浮于表面，在漆膜下层可平行定向排列，遮盖力及稳定性高，主要用于金属闪光漆中；若将片状铝粉经表面处理后就具有了漂浮性，在成膜过程中可平行排列于表面而显示出金属光泽，且可产生屏蔽效应（反射光及热），故可在防腐涂料面漆中使用。因此，铝粉做颜料可以提高涂料耐热性、反射光和反射热的性能。缺点是不耐酸碱，遇酸产生 H_2，不安全；质轻易飞扬，遇火星易爆炸；储存、销售时常加 30% 200#的油漆溶剂调浆（银粉浆）。

（3）不锈钢片可给予涂料漆膜以极好的硬度和抗腐蚀性。

（4）黄铜粉：又称为金粉，是含有少量 Al 的 Cu-Zn 合金，有似黄金的光泽。一般含 Cu 量为 75%～80%的称为青光铜锌粉（绿金色）；含 Cu 为 84%～86%的称为青红光铜锌粉（浅金色，即纯金色）；而含 Cu 在 88%左右的为红光铜锌粉（赤金色），呈现红金色。它们有很好的延展性，涂膜后会与被涂物平行排列，它们的粉鳞片径向互相连接，形成连续的金属膜，可反光而呈现金色（也可表面处理后呈现一定漂浮性），但它比铝粉质地重，遮盖力较弱。反射光和热性比铝粉差。主要用于建筑室内装饰涂料。

15. 珠光颜料

目前，大量使用的珠光颜料为云母钛珠光颜料，俗称“云母钛珠光粉”。珠光颜料最主要的品种是在天然云母薄片上包覆了 TiO_2 及其他金属氧化物而成的，光线照射时，会发生干涉反射，一部分波长的光线可强烈地反射，一部分透过，而且在 TiO_2 的不同部位包覆的厚度是不同的，由此使反射光和透过光的波长不同，因而显示不同的色调，从而赋予涂料以美丽的珠光色彩。

5.2.2 有机颜料

有机颜料色谱比较宽广、齐全，有比较鲜艳明亮的色调，着色力比较强，化学稳定性较好，有一定透明度，适于织物印染、调制油墨和高档涂料。

1895 年出现第一个偶氮颜料（颜料红 1，对位红，结构如下），1935 年具有全面优良性能的颜料蓝 15（酞菁蓝 B）问世，1938 年绿色的酞菁颜料问世。把酞菁颜料出现以前的传统品种统称为经典颜料；此后相继出现的有机颜料具有全面的耐光、耐热、耐溶剂、耐迁移等优良性能，称为现代颜料或高级颜料。

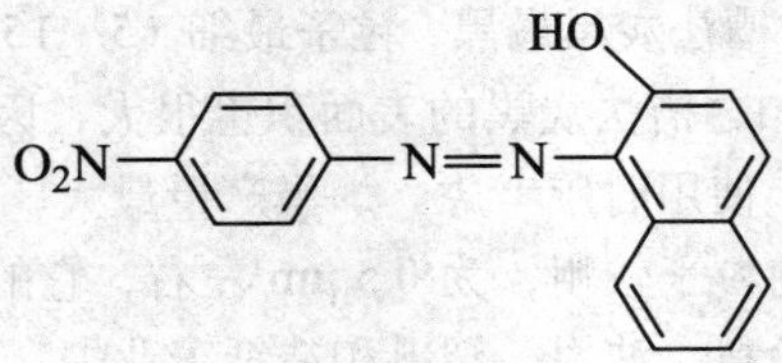

HO
O_2N—C₆H₄—N=N—(2-羟基萘-1-基)

1. 分类及各类的性能

有机颜料的分类有多种。如按颜色分类，按来源分类，按制备方法分类，按颜料的特性和用途分类，也可以沿用有机染料的分类法，即按发色团的不同进行分类，如偶氮颜料、酞菁颜料等。比如按发色团的化学结构和颜色分类，有乙酰乙酰芳基偶氮颜料（黄色）、吡唑酮偶氮颜料（红色）、β-萘酚偶氮颜料（红色）、2-羟基-3-萘甲酸偶氮颜料（红玉色和栗色）、2-羟基-3-萘芳酰胺偶氮颜料、萘酚磺酸偶氮颜料（红色）、三芳甲烷颜料（蓝或紫色）、酞菁颜料（高级蓝色和绿色）、喹丫啶酮颜料（高级红色与紫红色）、二噁嗪颜料（紫红）、氮杂甲川颜料。

从上面的介绍可以看出，有机着色颜料品种较无机颜料多，特点是颜色鲜艳，色谱齐全，缺点是对光、热不稳定、易渗色。常用的有下列产品：

（1）耐光黄：着色力高、鲜艳、耐光、耐热及抗酸。缺点：透明（遮盖差），渗色。

（2）镍偶氮黄：带绿光的黄色颜料，极为透明，具有极好的耐久性，着色力中等。常用于闪光漆。

（3）酞菁类颜料：酞菁本身是一个大环化合物，不含有金属元素（结构如下）。作为颜料使用的酞菁类化合物主要是铜酞菁（CuPc）及其卤代衍生物。此外，还有钴酞菁及铁酞菁，但它们的用量极小。酞菁颜料的色谱主要是蓝色和绿色，它们具有很高的各项应用牢度，适合在各种场合使用。

酞菁的环状结构

酞菁绿的环状结构

① 酞菁蓝：主要有 α 型和 β 型两种不同晶型。α 型是不稳型的晶型，带红光，在升温至 200 ℃左右可转变为 β 型。β 型是稳定的晶型，带绿光的蓝颜料。它们的各种性能较优良，色彩鲜艳，着色力高，耐光、耐热、化学惰性强。其他还有 γ-型酞菁蓝和 ε-型酞菁蓝等 9 种晶型。

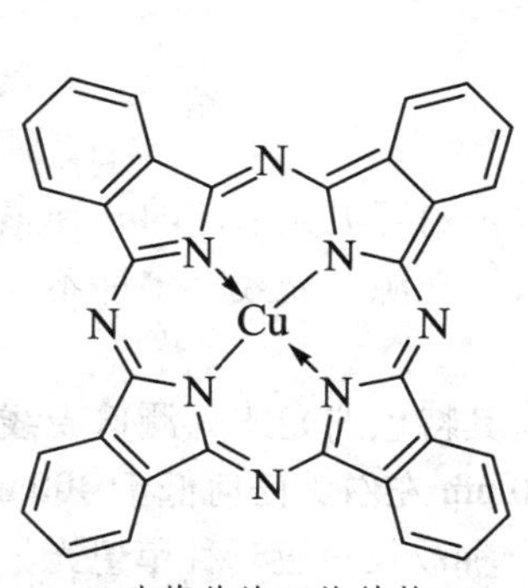

酞菁蓝的环状结构

黄光酞菁绿的结构

② 酞菁绿：性能同酞菁蓝。

(4) 大红粉（立索尔红，颜料红 49）：它是我国主要使用的红颜料。颜色鲜艳、耐光、耐酸碱、耐热都较好，遮盖力较好，有微小的渗色（结构如下）。

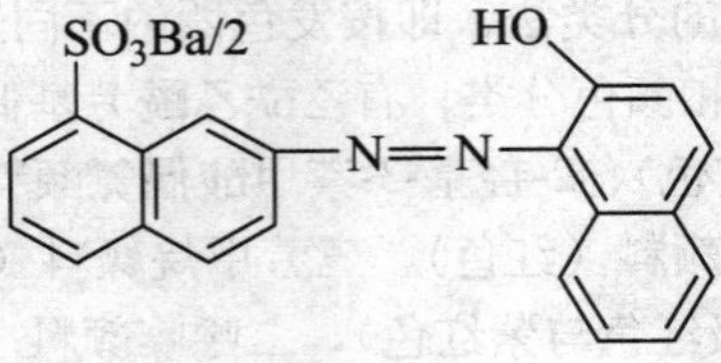

$SO_3Ba/2$　HO　N=N

2. **化学结构与性能之间的关系**

有机颜料的化学结构与应用性能之间，存在一定的关系。

(1) 与耐晒度和耐气候度的关系：在光照射下，同时又在水和氧的存在下，偶氮化合物会生成氧化偶氮苯的衍生物，它会进一步发生分子的重排和水解反应，从而使偶氮键断裂，生成邻苯二醌和苯肼的衍生物，使有色化合物褪色。对于蒽醌类，氨基的碱性越大，电子云密度越高，则它的光化学稳定性越差。

影响有机颜料的耐晒度和耐气候度的因素不仅仅是化学结构，分子内氢键的形成和分子间的氢键也对其有影响。此外，它们的晶体构型以及所处的环境都对其有重要的影响，有时甚至是决定性的影响。

(2) 有机颜料的化学结构对其耐溶剂性能和耐迁移性能也有影响。增加颜料的相对分子质量，降低有机颜料在应用介质中的溶解度，生成金属盐或络合物，可以改善它们的性能。

要详细了解有机颜料的结构、性能、用途等，可参阅有关介绍颜料的专门书籍。

5.2.3 体质颜料（又称填料）

这类颜料没有良好的遮盖力，使用它们是为了改善涂料的一些特殊性能，如打磨性，降低光泽。在中涂和底漆以及低档涂料中使用，更多的是为了降低成本。常见的体质颜料有滑石粉、重晶石粉、沉淀硫酸钡、轻钙、高岭土、气相二氧化硅（白炭黑）、石膏等

5.3 颜料的颜色

光线必须具有能量才可见。色彩是由物体产生不同波长的可见光引起的一种感观刺激，其光波长位于电磁波谱中。为更好地理解色彩，我们必须认识光源。光线有多种不同来源，由电磁波组成，是一种以波形式传播的能量。

所有可见光由颜色混合而成，不同色彩的比例形成有其特色的光线。测量光线采用的是光谱能量分布法。可见光谱从 400 nm 左右开始，结束于 700 nm 左右。任何低于 400 nm 的光称为紫外光（UV），高于 700 nm 的光称为红外光（IR）。每一种波长对应一种单色光。人类的肉眼是无法看见紫外光和红外光的。

物体呈现特殊颜色是因为其表面反射（或物体透过）光线的结果，反射（透过）光的波长使

观察者产生了相应的颜色视觉，而其余所有光线被物体吸收。例如，蓝色物体反射（透过）蓝色光，吸收红、橙、绿和紫等其余大多数光波。红色物体反射（透过）红色光，吸收橙、黄、绿、蓝和紫色光。当光线全部透过某一物体时，物体显示透明。白色与黑色对光线的反射和吸收作用不同于其他颜色。白色物体几乎反射所有颜色的光，而黑色物体吸收所有颜色的光（参见表 5.1）。

表达物体色彩的重要因素是颜色状态和表面效果，如物体可以呈球面或平面，阴暗或明亮，透明、不透明或半透明，还可具有金属光泽、珠光、荧光或磷光效果。观察角度变化时，色彩效果也不同。

表 5.1　物体吸收的可见光波长与物体显示颜色的关系

吸收波长 λ（nm）	波数 $\tilde{\nu}$（cm^{-1}）	被吸收光颜色	观察到物体的颜色
400～435	25 000～23 000	紫	绿黄
435～480	23 000～20 800	蓝	黄
480～490	20 800～20 400	绿蓝	橙
490～500	20 400～20 000	蓝绿	红
500～560	20 000～17 900	绿	红紫
560～580	17 900～17 200	黄绿	紫
580～595	17 200～16 800	黄	蓝
595～605	16 800～16 500	橙	绿蓝
605～750	16 500～13 333	红	蓝绿

5.3.1　颜色的 3 个参数

1. 色　调

也称色相，是区分两种颜色的特性。人们选择五种主色调：红、黄、绿、蓝、紫，以及五种中间色：红黄、黄绿、绿蓝、蓝紫、紫红为标准。定义 R 为红色，YR 为黄红，Y 为黄色等。色调体现的是颜色的“本质”。不同波长的可见光引起人眼不同的色觉，产生不同的色调。

2. 明　度

也称亮度，是人眼对颜色明亮度的感觉，就是区分亮色与暗色的特性。物体反射的光线越多，反射率越高，其明度就越高。白色物体的反射能力最强，明度最高；黑色物体的反射最弱，明度为 0。色彩的明度变化有许多种情况，一是不同色相之间的明度变化，即各种颜色有不同明度，如白比黄亮、黄比橙亮、橙比红亮、红比紫亮、紫比黑亮；二是在某种颜色中，加白色明度就会逐渐提高，加黑色明度就会变弱，但同时它们的纯度（颜色的饱和度）都会降低；三是相同的颜色，因光线照射的强弱不同，也会产生不同的明暗变化。

3. 色　度

也称纯度、彩度、饱和度。色彩的纯度是指色彩的纯净程度，它表示颜色中所含有色成分的比例。含有色彩成分的比例越大，则色彩的纯度越高；含有色成分的比例越小，则色彩的纯度也越低。可见光谱的各种单色光是最纯的颜色，为极限纯度。当一种颜色掺入黑、白或其他彩色时，纯度就产生变化。当掺入的色达到很大的比例时，在眼睛看来，原来的颜色将失去本来的光彩，而变成掺和的颜色。当然，这并不等于说在这种被掺和的颜色里已经不存在原来的色素，而是由于大量的掺入其他彩色而使原来的色素被同化，人的眼睛已经无法感觉出来了。

有色物体色彩的纯度与物体的表面结构有关。如果物体表面粗糙，其漫反射作用将使色彩的纯度降低；如果物体表面光滑，那么，全反射作用将使色彩比较鲜艳。

颜色的上述 3 个参数，可以用孟塞尔（Munsell）颜色系统来表示。孟塞尔（Munsell）颜色系统是一个立体模型，如图 5.1 所示。

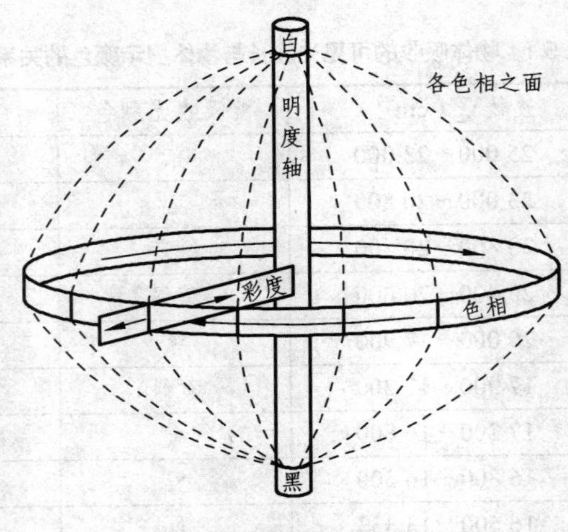

图 5.1　孟塞尔颜色系统

孟塞尔（Munsell）颜色系统由美国艺术家 A. Munsell 在 1898 年发明，是另一常用的颜色测量系统。孟塞尔系统模型为一球体，在赤道上是一条色带。经度表示色相。某一特定颜色与中央轴的水平距离代表饱和度。把一周均分成五种主色调和五种中间色：红（R）、红黄（YR）、黄（Y）、黄绿（GY）、绿（G）、绿蓝（BG）、蓝（B）、蓝紫（PB）、紫（P）、紫红（RP）。相邻的两个位置之间再均分 10 份，共 100 份。球体轴的明度为中性灰，北极为白色（10），南极为黑色（1）。从球体轴向水平方向延伸出来是不同级别明度的变化，从中性灰到完全饱和。用这三个因素来判定颜色，可以全方位定义千百种色彩。孟塞尔命名这三个因素（或称品质）为色调、明度和色度。

5.3.2　颜料的遮盖力

遮盖力是有色涂料掩饰物体表面的能力。它是以 1 L 涂料涂布后达到完全遮盖时所涂覆的面积（单位：m^2）（完全遮住标准黑白格）来表示的。而颜料的遮盖力则用将 1 L 该颜料分散于涂料基料中，在涂布的底材上达到完全遮盖时所涂覆的底材面积（完全遮住标准黑白格）来表示。

颜料的遮盖力与颜料所能吸收的光波波长、光波总量以及颜料的折射率、颜料颗粒形状和大小有关。颜料遮盖力的强弱主要决定于下列性能：

（1）折射率。颜料的遮盖力是其对光线的吸收和折射不同而形成的。当光线进入涂膜后，会在众多颜料颗粒上经过多次折射，光线出来以后就形成了高度的散射，从而赋予涂膜以遮盖力。颜料折射率越大，则散射程度越大，遮盖力就越强。

颜料和存在其周围介质（如树脂）折射率之差越大，遮盖力越大。当颜料与周围介质的折射率相等或接近时，遮盖力为0。例如，用湿的粉笔在黑板上写字就没有用干的粉笔写字看得清楚，原因是在湿的状态时，粉笔中存在水，水与空气的折射率比较接近，遮盖力较小；当水蒸发后，粉笔中的空隙被空气取代，空气与粉笔的折射率相差较大，遮盖力增大。体质颜料融化成块时也是透明的，在粉状时是白色的，但由于它们的折射率与基料差不多，因此配入涂料后就没有颜色。

涂料中的成膜物质（树脂）折射率一般在1.55，$CaCO_3$折射率为1.58，SiO_2折射率为1.55，立德粉的折射率为1.84，金红石型钛白粉的折射率为2.76。因此，如果用$CaCO_3$和SiO_2做颜料，就基本没有遮盖力；用立德粉就有一定的遮盖力，但不如钛白粉的遮盖力好。上述颜料的折射率与介质折射率和颜料遮盖力的关系可以用下式表达：

$$F = \frac{(n_1 - n_2)}{(n_1 + n_2)}$$

式中：F为颜料的遮盖力；n_1为颜料的折射率；n_2为颜料所处介质的折射率。

要增大遮盖力，就要增大两物质的折射率差，混合后其遮盖力就好。对颜料来说，无机颜料折射率高，有机颜料较低。多数无机颜料不透明，有机颜料透明。颜料粒径分布是不透明性另一重要因素。粒径增加，散射光线能力增强，直到最大值，然后开始下降。这种散射光线的能力增强了颜料的遮盖力，散射能力最强时达到最大，粒径继续增加遮盖力下降。

（2）吸收光线能力。吸收光线能力越大，遮盖力越强。

（3）结晶度。晶形的遮盖力较强，无定形的遮盖力较弱。

（4）分散度。分散度越大，遮盖力越强。

同样质量的涂料产品，在相同的施工条件下，遮盖力高的产品可比遮盖力低的产品涂装更多的面积。为了克服目测黑白格板遮盖力的不准确性，用反射率仪对遮盖力进行测定。把被测试样以不同厚度涂布于透明聚酯膜上，干燥后置于黑、白玻璃板上，分别测定其反射率，其比值为对比率，对比率等于0.98时，即为全部遮盖，根据漆膜厚度就可求得遮盖力。此法适用于白色及浅色漆。

除上述因素外，施工后形成的涂膜实际厚度和颜料浓度也起着相当重要的作用。

5.3.3 颜料的着色力

着色力可以理解为将一定量的标准白色颜料与某一种颜料混合后，混合颜料显示该种有色颜料自身颜色的能力。如果规定了色调，通常以所需要该种颜料的多少来表示。大多数色漆中都含有白色颜料，它和彩色颜料一起使用，将涂料的颜色调节到适当的浅色或中间色调。如果要用较多的着色颜料才能和一定量的白色颜料一起调配到规定的色调，我们就说这种颜料的着色力较差。着色力也可以理解为颜料作为着色剂使用时，以其本身颜色使被着色物具有颜色的能力。着色力只针对彩色颜料才有意义。着色力越大，颜料用量越少，成本越低。因此，颜料的着色力又被称为颜色强度。

颜料的着色力与它的遮盖力无关，因为测定颜料的着色力时，色调的比较是在涂膜有足够的厚度能完全遮盖底材时进行的。较透明（遮盖力低）的颜料能有很高的着色力。着色力有时也用在白色颜料上。用一种着色颜料和几种不同的白色颜料在给定的色调上进行比较，就能知道这几种白色颜料着色力的大小。

着色力不仅取决于颜料的化学结构，还与多种影响因素有关，如粒径较小（0.05～0.1 μm），分布均匀，即可显示高的着色力；但粒子过细，透明度增加，遮盖力降低。

5.3.4 颜料的吸油量

在 100 g 颜料中，把精制亚麻油一滴一滴地加入，并随着用调墨刀（刮铲）捏合，初加油时，颜料仍保持松散状态，随着加油量的增加，松散的粒状慢慢相互连接，到加入最后一滴亚麻油，全部颜料黏连成一团。试验所用亚麻油的量，就是颜料的吸油量。

当颜料达到吸油量时，说明颜料表面吸足了油，且颗粒之间的空隙也充满油而黏结在一起，若超过此量黏度会下降。吸油量反映了颜料吸附成膜物的能力。颜料的种类、比重，颜料颗粒内的空隙、粒子大小、形状都会影响吸油量。颜料的粒子越细，分布越窄，吸油量越高；一般圆珠型的粒子吸油量高，针状的吸油量低。但也有例外，如针状铁红吸油量就比较高。

颜料吸油量的大小和分散程度也有关。这有两种解释：一种看法认为吸油量与颜料颗粒间空隙有关。在提高分散度时，颗粒空隙减小，吸油量应当下降。另一种看法认为，颜料的吸油量与漆料界面处的表面现象有关。分散度提高，颜料颗粒比表面增大，所以吸油量也相应提高。

5.3.5 颜料的耐久性

颜料仅能给涂料以良好的原始色泽是不够的，涂膜的色泽必须耐久，最好能保持到涂膜本身被破坏时为止。许多颜料在光的作用下会褪色、发暗或者色相变坏。这是由于阳光中的紫外线有足够大的能量，使受到照射的颜料中的某些化学键断裂，因而改变了颜料的化学结构。化学结构的改变意味着吸收可见光光谱中不同波长光波能力改变，结果就造成颜色的消褪及色相的改变。另一方面，如果颜料能吸收紫外线而本身不发生化学键断裂等变化，它就会对基料起到保护作用。这时吸收的能量以热的形式无害地消散。

5.3.6 化学稳定性

颜料的化学反应性会限制某些颜料的应用。例如，氧化锌是两性的，因此不可用于高酸性的树脂中，否则将与树脂反应生成金属皂。由于锌是两价的，会使树脂发生交联，导致树脂在储藏过程中黏度大增，这叫做“肝化”现象。发生了肝化的涂料就不能再使用。含有铅盐颜料的涂料不能在大气中有较高浓度 H_2S 的工业区使用，因为可能产生以下反应：

$$PbX + H_2S \longrightarrow PbS + H_2X$$

式中：X 代表酸根。

生成的硫化铅是黑色的，因此涂膜就会发暗。这类铅盐颜料包括铅白、红丹、铬黄（铬酸铅）和钼橘红（由铬酸铅、硫酸铅和钼酸铅组成）。

涂料工程师要掌握某种颜料产品应避免在什么场合下使用，这对那些化学性质未详细披露的新型颜料（一般是新型的有机颜料）来说尤为重要。即使是那些常用的传统颜料，颜料厂也时常对它们进行改性而改变它们原有的化学性质，如加入某些组分而改变颜料的结晶形状，或者对颜料表面包层而使它们易被分散等。除非掌握了颜料的详细化学性质，否则就必须经常参阅颜料厂的应用技术资料。

颜料的分解温度或颜料的性质发生变化（如熔化）的温度，对颜料能否在高温烘干型涂料或耐热涂料中使用是十分重要的数据。

5.3.7 颜料的渗色性

并不是所有颜料在各种溶剂中都是完全不溶解的。色漆如使用得当（底材合适），其色泽是能令人十分满意的。不同色泽的涂膜之间会互相渗透，而在交界处产生第三色涂膜，这种现象称“渗色”。渗色的主要原因是颜料颗粒的渗透扩散作用。

如用白漆在红漆底层上写字，写出来的字却成了粉红色，这就发生“渗色”了。出现这种情况是由于白漆中的溶剂溶解了一部分红漆底层上的红颜料，并将它带到白漆层中来。虽然从理论上来说任何颜色的颜料都有可能发生这种问题，但是在实际中，红色有机颜料特别容易渗色。

5.3.8 颜料的形状

颜料颗粒的形状有球状、立方体状、粒状（圆角的不规则形状）、针状（杆状）或片状等。由于颜料颗粒的形状要影响颜料的排列堆积，因此也会影响颜料的遮盖力。

针状颜料能增强涂膜，就像混凝土中加有钢筋一样；但它们往往也会戳穿涂膜表面，因而要降低涂膜光泽，而这种粗糙的表面却有助于下一道涂料更容易黏结，因此针状颜料适宜用于底涂漆中。

片状颜料往往会相互交叠，就像屋顶上的瓦片一样，使水分难以透过涂层。金属颜料铝粉、锌粉和云母粉、玻璃颜料等就属于片状颜料。片状颜料具有强烈的取向作用，平行于涂膜表面，可阻挡水分的透过，因而降低了气体和水的渗透性，具有好的防腐性和特殊外观，用做防潮涂料效果很好。

5.3.9 颜料的粒径

上面在介绍遮盖力和着色力时，曾经讨论过颜料粒径对遮盖力的影响。

当颗粒的直径近似等于入射光在颗粒质点内部的波长时，能使入射光在界面上发生最大程度的散射。大致来说，颜料颗粒的最佳直径近似于光线在空气中波长的一半，即为 0.2～0.4 μm。如果颗粒直径小于此值，则颗粒质点就会失去散射光的能力；而大于此值则使一定质量的颜料总表面积减少，使颜料对光线的总的散射能力减弱。这样，透明性颜料的遮盖力就减弱了。颜料的颗粒直径一般为 0.01（如炭黑）～50 μm（如某些体质颜料）。所有质点直径都相同的颜料是没有的。颜料通常是具有一定平均粒径的混合物。

与颜料的颗粒大小有关的还有颜料的表面积和吸油量。如果将一个立方体的颜料块一切为二，颜料的总质量未变，颗粒数量增加了一倍，颗粒大小减少了一半，而沿着切口形成了两个新的表面，颜料总的表面积与原来的立方体相比是增加了。由此可见，对任何一定质量的颜料来说，其质点颗粒越小，颜料总的表面积就越大。在讨论吸油量时，我们就已知，粒径越小，吸油量越大，就是这样的原因。

人们可能想象不到 1 g 细颗粒的颜料会有多大的总表面积。有研究表明，1 g 金红石型钛白粉颜料(颗粒直径为 0.2～0.3 μm)的表面积为 12 m^2;而 1 g 细颗粒二氧化硅(颗粒直径为 0.016～0.2 μm）竟有 190 m^2 的表面积，相当于一个单打网球场的面积。

颜料质点的表面是它的重要部分。在颜料表面上的化学基团会与基料树脂中的化学基团相接触。表面上的化学基团将决定颜料对基料分子是否有吸附力（即颜料是否易被基料所润湿）以及颜料是否对涂料中的其他组分有特殊的吸附力。颜料对涂料中其他组分的吸附力是我们不希望有的。因为如果某种组分的分子被牢固地吸附在颜料表面之后，它就失去了在周围运动的自由，所以就起不到它在涂料中的应有作用了。如果这是涂料助剂，它们在涂料中的含量本来就很低，具有很大表面积的颜料会把它们统统吸附而使这种助剂的作用丧失殆尽。如果颜料表面的化学基团彼此间强烈吸附，颜料质点往往会发生集结，阻碍颜料的润湿和分散，并在涂料中形成一种疏松结合的质点“结构”，影响涂料的施工性能，这种现象称为“絮凝”。如果颜料表面的化学性质不太清楚，那么一般来说颜料的表面积越大，其表面的活性就越大。

5.3.10 颜料的相对密度

颜料的质量（单位：g）除以它的净体积（单位：mL)，其比值就是该颜料的相对密度（净体积不包括颜料质点之间的空气所占据的体积)。如金红石型钛白粉的相对密度为 4.1，铅白的相对密度为 6.6。在设计涂料配方时，如果颜料相对密度较小则比较合算，几公斤的颜料可以配制不少的漆。体质颜料不仅价格便宜而且相对密度小，这就是某些着色颜料在低浓度时就有足够高的遮盖力的情况下，还要加入体质颜料的一个原因，可以增加总的颜料体积，又不影响遮盖力，又能降低成本。

一般生产中购买颜料是以质量计，而颜料的使用性能是以体积计，因此选择相对密度小的颜料比较划算。

5.3.11 颜料的润湿性、分散性与表面处理

生产过程中得到的原始颜料称为湿滤饼，还需进一步处理，包括粉碎和干燥。在干燥过程中，较细的颜料颗粒产生凝聚，使其粒径比原始粒径大许多倍，因而不能直接使用，必须进行分散处理。

根据胶体化学稳定性的 DLVO 理论，胶体质点之间存在范德华力吸引作用，而质点在相互接近时又因双电层的重叠而产生排斥作用，胶体的稳定性取决于质点之间吸引与排斥作用的相对大小。引力为色散力、诱导力、取向力，也就是我们常说的范德华力。由于这些力的作用，相邻不同表面的分子相互靠近在一起，自发的缩小粒子间的表面积和表面能，于是颜料就从分

散体系变成絮凝体。

5.3.11.1 表面处理的作用

颜料的润湿及分散性对涂料质量有直接的影响，通常要对颜料表面进行处理。表面处理的微观作用有：

（1）降低微粒表面张力，提高与水的亲和性，改善了微粒表面的润湿性；

（2）降低颗粒之间的吸引能；

（3）在颗粒之间形成有效的空间电阻，使微粒之间的排斥力提高。

对有机颜料来说，表面处理的宏观作用有：

（1）调整颜料粒径大小与分布，改进着色强度、光泽度及透明性；

（2）改进颜料粒子的软质结构，提高易分散性能；

（3）调整颜料表面极性与分散介质的相容性或匹配性；

（4）改变产品的亲水或亲油性，制备专用剂型颜料（如水性涂料、溶剂型印墨及塑料着色用色母粒等）；

（5）增加颜料粒子空位效应或空间障碍，提高颜料分散体系储存稳定性；

（6）改进颜料耐热稳定性能。

对无机颜料而言，表面处理的作用有：

（1）提高颜料本身的特性，如着色力、遮盖力等；

（2）提高使用性能，增强颜料在溶剂和树脂中的分散性和分散稳定性，从而改善涂料的流变性；

（3）提高颜料制成品的耐久性、化学稳定性和加工性能；

（4）通过表面处理还可以改善其耐光、耐候、耐酸碱和耐溶剂性等。

5.3.11.2 颜料表面处理的方法

颜料的表面性质影响着颜料的分散性等。颜料经过表面处理后，表面性质能发生重大变化。颜料表面处理是在颜料粒子表面上沉积或包覆单分子或多分子的物质，包括表面活性剂、改性剂、颜料本身的衍生物等。

颜料的表面处理可以通过无机包膜和添加有机表面活性剂来实现。无机表面处理是在颜料表面形成一层均匀的无色或白色无机氧化物膜。无机表面处理剂中使用最多的是铝和硅的水合氧化物，其中 Al_2O_3/SiO_2 系列被认为是最基本的标准组成。TiO_2 也经常用于表面处理，它以具有一定键力的、以离子键为特征的静电吸引力结合在一起。另外，二氧化锆、氧化锰、氧化铬、氧化钼等也能用于表面包覆。颜料粒子表面用氧化物包核，形成紧密、疏松多层的结构。颜料表面采用表面活性剂处理可使表面亲油性化或亲水性化，降低凝聚度且提高机械分散性。表面活性剂的加入还能促使粒子细化，防止杂晶生成。

例如，铬黄在制造过程中容易发胀、变稠，在调色时容易出现“丝光”，通过添加锌皂、磷酸铝、氢氧化铝来减少其粗针状晶体，降低发胀现象；铅铬黄颜料可以用二氧化硅或锑化合物或稀土元素进行表面处理，以提高其耐光、耐热和化学稳定性；镉黄可以通过 SiO_2、Al_2O_3 表面处理来提高其表面积，增强耐候性，也可以通过添加硬脂酸钠、烷基磺酸盐等使其表面从亲水性变为亲油性而更容易在树脂中分散；镉红通过 Al_2O_3、SiO_2 包膜表面处理也可以提高其分散性和耐候性；氧化铁颜料可以用硬脂酸做表面处理剂，提高其在有机介质中的分散性，也可以通过 Al_2O_3 表面处理，增强其表面亲油性能；透明氧化铁黄，可以通过添加十二烷基萘磺酸钠表面处理来提高它的分散性和透明度；氧化铁蓝颜料耐碱性差，可以通过脂肪胺表面处理来增强其耐碱性能；群青的耐酸性差，可以通过 SiO_2 表面处理来提高它的耐酸性能；立德粉可以通过稀土元素表面处理来降低立德粉中硫化锌的光化学活性；碳酸钙可以通过硬脂酸、硬脂酸钙、聚丁二烯、松香酸或钛酸酯、磷酸酯、硅烷偶联剂表面处理，生产出各种不同牌号、不同用途的活性碳酸钙；高岭土可以通过某些季胺盐或甲基丙烯酸酯、硅烷、脂肪酸、钛酯酸进行表面处理，制成应用性能极佳的活性高岭土；钛白粉可以通过 Al_2O_3、SiO_2、ZrO_2 表面处理来提高其耐候性，以及用各种有机表面活性剂来提高它的湿润性和分散性。

5.3.11.3 颜料表面处理机理

1. 无机颜料表面处理机理

无机颜料的基本光学性能和颜料性能，主要由以下三方面来决定：① 颜料与分散介质之间的折光率之差；② 被固体吸收的光（包括固体中的杂质）；③ 粒径及粒径分布。其中粒径及粒径分布可以通过表面处理来改善。在颜料生产过程中，无论被研磨得多细的颜料粉末，总会含有一些聚集和絮凝粒子。颜料在运输、储存过程中，由于挤压、受潮会进一步絮凝成大颗粒，而且颜料越细，表面积越大，表面能越高，越容易絮凝在一起。如果通过适当的表面活性剂处理，这些絮凝的大颗粒在使用时就很容易被分散开来。颜料的分散和稳定主要通过润湿、电斥力（ξ 电位）、空间位阻效应（或熵效应）三个过程来实现，具体介绍如下。

（1）润湿机理

无机颜料粉末在液体中的分散主要经过以下三个阶段：① 粉末的湿润，液体不仅要湿润粉末的表面，还要把粉末粒子间的空气和水分置换出来；② 通过湿润的粉末并置换出粒子间的空气和水分后，颜料粉末中的絮凝体和聚集体被破坏；③ 被湿润和被破坏的絮凝体和聚集体粉末在液体中保持稳定的分散状态。也就是说分散是润湿—分散—保持分散体稳定的过程。一般情况下，无机颜料在使用前是很少进行烘干处理的，颜料的表面除了夹杂着空气，还吸附有一层水膜。颜料表面通常所吸附的水量，相当于固体表面形成单分子膜所需要的水量。例如，1 g TiO_2 表面积为 10 m^2，水分子吸附层厚度为 10×10^{-10} m，单分子膜所需要的水量约为颜料质量的 0.3 %。所以颜料中的水分含量也是影响其分散性能的主要因素之一。

固体被湿润的好坏，可根据其接触角（参见第 6 章）来判断，接触角为 0°表示完全湿润，液体完全展布在固体的表面；接触角为 180°表示完全不湿润，液体呈水珠状附着在固体的表面。颜料能否在液体中良好湿润，除了用接触角大小来判断外，还可测定其湿润热的大小来判断。一般亲水性粉末（如 TiO_2）在极性液体中湿润热大，在非极性液体中湿润热小，而疏水性粉末在极性和非极性液体中的湿润热大致上是一定的。颜料粉末在液体中的沉降速度和沉降容积的大小也可判断其湿润程度的好坏，像 TiO_2 这种极性大的固体在极性大的溶液中沉降容积小，在极性小的溶液中则大；而非极性固体粉末一般沉降容积都大。通过加入表面活性剂处理后，由于表面活性剂分子有力地定向吸附在固体的表面，有助于降低液体的表面张力，提高其湿润和分散性能。

（2）电斥力（ξ 电位）

无机颜料在水溶液中的分散和分散稳定性，主要依赖其在水中的电斥力即 ξ 电位的大小来决定。电斥力就是利用电荷的排斥来保持分散稳定性。

表面活性剂能在水溶液中电离出大量带负电（或正电）的离子，牢固地吸附在颜料粒子的表面，使这些粒子带有相同电荷，其他带相反电荷的离子则自由扩散到液体介质的周围，形成一个带电离子的扩散层（双电层）。自固体表面至扩散层最远处（即带相反电荷为 0 的地方）的两层离子间的电位差称为 ξ 电位。粒子间的静电斥力就是由此而来的，这些带相同电荷的粒子一经接触就相互排斥，从而保持分散体系的稳定，即著名的 D.L.V.O. 理论。

在静电斥力的情况下，表面活性剂必须具有高的电离性能，通常使用的是阴离子表面活性剂及一些无机电介质，如多磷酸三钾、焦磷酸钾、多磷酸钠、烷基芳基磺酸钠、次亚甲基萘磺酸钠、聚羧酸钠等。

（3）空间位阻效应（或熵效应）

当颜料分散在非水介质中时，便大大排除了上述离子反应的可能性，非离子表面活性剂在水中不电离，在这种情况下，表面活性剂的作用称之为空间位阻效应或熵效应。因为表面活性剂能够定向地吸附在颜料粒子的表面，形成一层单分子吸附层，这种定向缓冲层能防止粒子间的聚集，从而保持分散体系的稳定（又称保护胶体或胶束）。

颜料表面的表面活性剂分子群，随着表面活性剂浓度的提高，其熵会降低，运动将受到限制，颜料粒子越靠近、越压缩，其熵越会进一步降低，从而有利分散体系的稳定。

2. 表面活性剂的选择和处理方式

表面活性剂的许多作用机理是很复杂的，不同颜料究竟应选用哪种表面活性剂，主要靠试验来验证。通常无机电介质的吸附速度大，但吸附量小；高分子随 pH 的升高吸附量减小；表面活性剂的亲油、亲水性能主要根据其 HLB 值来判断。若要考虑化学稳定性，使用非离子表面活性剂和有机硅表面活性剂比较好。一般单用一种表面活性剂，效果不如无机和有机硅表面活性剂或阴离子表面活性剂与非离子表面活性剂拼用效果好。

颜料性质的具体数据，有些可在一般的颜料资料和涂料资料（其中有传统的常用颜料及按类划分的各种颜料）中查到，也可参阅颜料厂的商品资料，还可自己动手进行测定。

6 涂料助剂

在涂料生产和应用的各个阶段（树脂合成、颜填料分散研磨、涂料储存、施工）都需要使用助剂。涂料助剂可以改进生产工艺，提高生产效率，改善储存稳定性，改善施工条件，防止涂料病态，提高产品质量，赋予涂膜特殊功能。虽然用量很低（一般不超过总量的 1%），但它已成为涂料不可或缺的重要组成部分。涂料助剂种类繁多，这里选择具有代表性的助剂，将每种助剂的基本原理作一些介绍。想要详细认识涂料助剂，可参阅有关涂料助剂的专业书籍。

6.1 润湿分散剂

颜料是一种原始颗粒的聚集体，研磨分散的结果就是将这种聚集体解聚成原始颗粒状态分散到漆料之中，分散效果不佳将导致解聚不完全或者重新絮凝，造成浮色、发花、沉底、光泽下降等弊病。想要获得一个良好的涂料分散体系，单纯依靠树脂、颜料、溶剂的相互作用有时是难以办到的，必须借助于湿润分散剂的帮助。

干粉颜料呈现三种结构形态：① 原始粒子，由单个颜料晶体或一组晶体组成，粒径相当小；② 凝聚体，由以面相接的原始粒子团组成，其表面积比单个粒子表面积之和小，再分散困难；③ 附聚体，由以点、角相接的原始粒子团组成，其总表面积比凝聚体大，但小于单个粒子表面积之和，再分散比凝聚体容易。

6.1.1 润湿分散剂的作用

颜料在分散时必须经历润湿、粉碎、稳定三个步骤。润湿是固体和液体接触时，固-液界面取代固-气界面。通俗地说，就是将颜料表面的水分、空气等用基料或溶剂置换；粉碎是借助机械作用把颜料凝聚体和附聚体解聚成接近原始粒子的细小粒子，并均匀分散在连续相中，成为悬浮分散体；稳定是指制备的悬浮体在无外力作用下，仍能处于稳定的分散悬浮状态。

润湿助剂增进颜料附聚体的润湿性，分散助剂稳定颜料分散体，防止絮凝，一种产品常常兼具润湿和分散功能。润湿剂在颜料润湿过程中发挥作用，能够降低液、固之间的界面张力，可提高颜料的分散效率，缩短研磨时间。分散剂在颜料分散稳定过程中发挥作用，能够吸附在颜料离子的表面上构成电荷斥力、空间位阻效应，使分散体处于稳定状态。

润湿分散剂主要是在界面处发挥作用，以吸附层形式覆盖在固体粒子的表面上，以改变颜料的表面性质。在生产过程中可以节省时间及能源，提高生产效率。由于增加了颜料分散稳定性，也提高了涂料的储存稳定性；并且颜料的着色力和遮盖力也得以提高，还利于增加涂膜的光泽，降低色浆的黏度，从而又改善了涂料的流平性；还能防止浮色、流挂以及沉降效果，最终提高了涂膜的物化性能。

6.1.2 颜料分散和稳定机理

液体和固体接触时，会形成界面夹角，称为接触角，它是衡量液体对固体润湿程度的一个标志。

各种界面张力γ的作用关系可以用杨氏方程表示：

$$\gamma_{液-气}\cos\theta = \gamma_{固-气} - \gamma_{固-液}$$

式中：$\gamma_{液-气}$为液体、气体之间的界面张力；$\gamma_{固-气}$为固体、气体之间的界面张力；$\gamma_{固-液}$为固体、液体之间的界面张力；θ为固体、液体之间的接触角。

$\gamma_{液-气}\cos\theta$表示润湿效率，接触角越小，润湿效率越高，如图 6.1 所示。$\theta = 0°$，完全润湿；$90° > \theta > 0°$，部分润湿；$180° > \theta > 90°$，基本不润湿；$\theta > 180°$，完全不润湿。

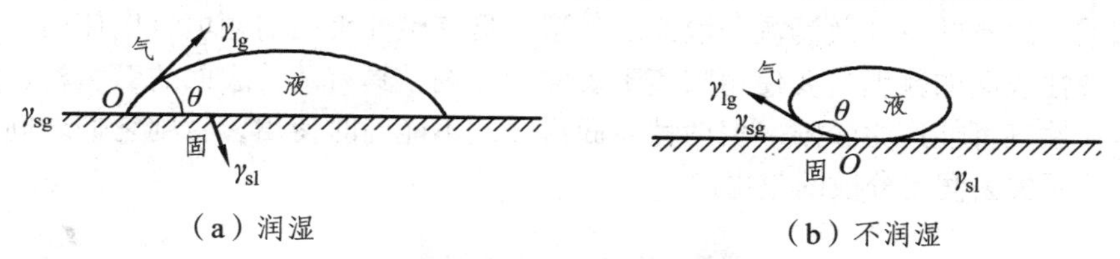

图 6.1 润湿效率与接触角的关系

另外，研究指出，基料（树脂）的黏度，也可以提高润湿效率。在涂料生产配方固定后，降低基料黏度和使用润湿剂来降低颜料和基料之间的界面张力以缩小接触角可以提高润湿效率，但基料黏度的降低有一定限度，所以使用润湿剂是常用的手段。

颜料充分分散后，由于受到重力和热力学因素的影响往往会发生沉降、团聚，需要使用分散剂稳定分散体系。关于颜料分散体系稳定机理基本上有 3 个，即扩散双电层机理、空间位阻稳定机理、静电空间稳定机理。

1. 扩散双电层机理

扩散双电层机理又称静电稳定机理。分散体系中颜料粒子表面带有电荷或者吸附离子，产生扩散双电层，颜料粒子接近时，双电层发生重叠产生静电斥力实现颗粒的稳定分散。调节 pH 或加入电解质可以使颗粒表面产生一定量的表面电荷，增大双电层厚度和颗粒表面的 Zeta 电位值，使颗粒间产生较大的排斥力。

2. 空间位阻稳定机理

空间位阻稳定机理是指不带电的高分子化合物吸附在颜料粒子表面，形成较厚的空间位阻层，使颗粒间产生空间排斥力，从而达到分散稳定的目的。

3. 静电空间稳定机理

静电空间稳定机制是指在颜料粒子的分散体系中加入一定的高分子聚电解质，使其吸附在粒子表面，聚电解质既可通过所带电荷排斥周围粒子，又可通过空间位阻效应阻止颜料粒子的团聚，从而使颜料粒子稳定分散。

6.1.3 润湿分散剂的选择

在选择和使用润湿分散剂时，还要考虑涂料是一个多相的分散体，在颜料表面上会发生竞争吸附。如何选择润湿分散剂及其使用方法是十分重要的。

润湿剂分散的稳定链只有溶在树脂溶液中才能自由伸展，并构成一定厚度的吸附层。如果润湿分散剂与树脂溶液不相容，在这种贫溶剂中，分散剂虽然能吸附在颜料的表面上，但其稳定链是蜷缩的，不能自由伸展，形成的吸附层会很薄，这样就不能充分发挥高分子分散剂的作用。试验证明，相容性不好，会影响颜料的分散效率及涂料性能。

每种颜料在一个特定的分散体系中都存在一个最佳的浓度值，这个最佳值跟颜料的比表面积、吸油量、最终要求的细度、研磨时间和色浆中所用树脂聚合物的特性有关。根据这些条件经过实验确定选用哪种润湿分散剂。另外，还需要考虑与其他助剂的配伍性、对体系稳定性的影响、反应活性等。

此外，润湿分散剂的吸附，还有酸碱理论。根据这一理论，在使用润湿分散剂时，要考虑颜料表面和酸、碱基的特性及润湿分散剂的类型。具有碱性表面的颜填料应使用阴离子表面活性剂；具有酸性表面的颜填料要使用阳离子表面活性剂；具有两性表面的颜填料，阴离子和阳离子型表面活性剂都能产生吸附。但两种表面活性剂不能同时使用，否则它们之间首先会相互发生作用，从而失去润湿分散的效果。

6.1.4 润湿分散剂的分类

润湿分散剂按相对分子质量划分，可分成低相对分子质量润湿分散剂和高相对分子质量润湿分散剂。

1. 低相对分子质量的润湿分散剂

低相对分子质量的润湿分散剂一般指相对分子质量在几百以下的低相对分子质量化合物。

相对分子质量低的湿润效率高。低相对分子质量的润湿分散剂通常为表面活性剂，可分为离子型的和非离子型的。离子型的又可分为阳离子型、阴离子型和两性的表面活性剂，另外还有一种电中性的表面活性剂。

六偏磷酸钠、油酸钠、烷基硫酸钠等是常见的阴离子表面活性剂颜料分散剂，可用于溶剂型涂料和水性涂料；十八碳烯胺乙酸盐、烷基季铵盐等是阳离子表面活性剂，主要用于非水分散的涂料体系；脂肪酸聚氧乙烯酯、烷基酚聚氧乙烯醚属于非离子型表面活性剂类的颜料分散剂，主要用于水性涂料。

2. 高相对分子质量的润湿分散剂

高相对分子质量的润湿分散剂是指相对分子质量在数千乃至几万的具有表面活性的高分子化合物。分子中必须含有在溶剂或树脂溶液中能够溶解伸展开的链段，发挥空间稳定化作用。分子中还必须含有能够牢固地吸附在颜料粒子表面上的吸附基团。

高分子的甲基纤维素、硅溶胶、聚丙烯酸、聚丙烯酸钠盐、长链聚酯的酸和盐、多价羧酸、磷酸三钠等都是常见的分散剂。来源于大豆油的卵磷脂经过两性表面改性，也常用于涂料中。

常用润湿分散剂及制造厂商见表 6.1。

表 6.1 常用润湿分散剂

商品名称	主要成分	制造商	主要用途
Tego Dispers 610	高相对分子质量聚羧酸胺溶液	德国 Degussa 公司	无机颜料分散
Tego Dispers 610S	含改性聚硅氧烷的高相对分子质量聚羧酸胺溶液		无机、有机颜料分散
Tego Dispers 630	高相对分子质量聚羧酸胺的衍生物溶液		无机颜料分散，解絮凝
Tego Dispers 700	碱性表面活性剂与脂肪酸的衍生物		有机膨润土浆分散
EFKA4010	新一代聚氨酯聚合物	荷兰 EFKA 公司	有机、无机颜料分散，防浮色发花
EFKA4050	改性聚丙烯酸酯		炭黑、有机、无机颜料分散，防浮色发花
EFKA4300	长链多元胺聚酰		有机、无机颜料和炭黑的分散
Disper BYK101	胺盐和极性带酸性基团的共聚物	德国 BYK 公司	润湿、分散、防浮色、防发花
Disper BYK130	不饱和多元酸的多元胺聚酰胺溶液		无机、有机颜料和炭黑的分散
Disper BYK160	含亲颜料基团的高分子		无机、有机、炭黑的分散
928	阴离子型高分子表面活性剂	中国台湾德谦公司	炭黑专用润湿分散剂
923、923S	聚羧酸铵盐		无机、有机颜料润湿分散剂
DP-981、982	高分子聚合物		无机、有机颜料润湿分散剂

6.2 流平剂

6.2.1 涂料的流平性及影响因素

6.2.1.1 涂料的流平性

涂料施工后，有一个流动及干燥成膜过程。在这个过程中，随着稀释剂的逐渐挥发，涂料湿膜也应逐步形成一个平整、光滑、均匀的涂膜。涂膜形成平整光滑的特性，称为流平性。涂膜形成后，能否达到平整光滑的目的，受到很多因素的影响。涂料施工时最先形成的湿膜，如果流平性不好，会产生涂膜弊病，常见的有出现刷痕、滚涂时产生滚痕、喷涂时出现橘皮，在干燥过程中出现缩孔、针孔、流挂等现象。这些现象的产生降低了涂料的装饰和保护功能。

6.2.1.2 影响涂料流平性的因素

影响涂料流平性的因素很多，溶剂的挥发梯度和溶解性能、涂料的表面张力、湿膜厚度和表面张力梯度、涂料的流变性、施工工艺和环境等，其中最重要的因素是涂料的表面张力、成膜过程中湿膜产生的表面张力梯度和湿膜表层的表面张力均匀化能力。通常改善涂料的流平性，可以通过调整配方和加入合适的助剂，使涂料具有合适的表面张力和降低表面张力梯度来实现。

下面简单分析一下涂料湿膜在流平过程中各种弊病形成的原因。

1. 缩　孔

缩孔是指涂膜上形成的不规则、有如碗状的小凹陷，使涂膜失去平整性，常以一滴或一小块杂质为中心，周围形成一个环形的棱。从流平性的角度而言，它是一种特殊的"点式"流不平，产生于涂膜表面，其形状从表现可分为平面式、火山口式、点式、露底式、气泡式等。具体原因可能有涂料组分中不溶性胶粒的产生，也有施工环境等外界因素，如施工过程中空气中的粉尘污染，底材被水、油等污染等。漆膜干燥过程中有时会产生一些不溶性的胶粒，不溶性胶粒的产生会导致形成表面张力梯度，在漆膜中经常导致缩孔的产生。例如，在交联固化型体系中，配方含有不止一种树脂，在漆膜的干燥过程中，随着溶剂的挥发，溶解性较差的树脂就可能形成不溶性胶粒。另外，在含有表面活性剂的配方中，如果表面活性剂与体系不相容，或在干燥过程中随着溶剂的挥发，其浓度发生变化导致溶解性发生变化，形成不相容的液滴，也会形成表面张力差，这些都可能导致缩孔的产生。

缩孔形成的关键是涂膜表面产生表面张力梯度，一方面由于涂料干燥过程中溶剂的蒸发产生表面张力梯度；另一方面是涂膜中颗粒、液滴等低表面张力物质的存在导致表面张力梯度。如果涂膜周围及内部有粒子或液滴等污染物存在，当它们流动到涂膜表层时，污染物的表面张力低，就会造成表面张力梯度，涂料中各组成物质分散不均匀也会造成表面张力梯度。由于表面张力梯度的形成，粒子或液滴的表面张力比湿涂膜低，所以涂料在表面径向地向外流动。由于湿涂膜黏度高，被污染物首先要克服黏度的阻滞作用，拖动表层以下的涂料。若湿膜较厚，里层的涂料会移动到表面补充而消除缩孔；若湿膜较薄，里层的涂料量不足以补充，就形成了缩孔。缩孔的形成还取决于涂料本身的流动性，当涂膜上形成表面张力梯度时，流体由一点到另一点流动，若流动量大，就会形成露底缩孔。要减少缩孔，就应使涂料的流动性减小，要求涂膜薄、黏度高以及适当的横截面的表面张力梯度，尽量使表面张力均匀。

2. 橘　皮

漆膜干燥过程中溶剂的挥发会导致在漆膜表面与内部之间产生温度、密度和表面张力差，这些差异进而导致漆膜内部产生湍流运动，形成所谓贝纳德（Benard）旋涡（图 6.2）。贝纳德旋涡会导致产生橘皮；在含不止一种颜料的体系中，如果颜料粒子的运动性存在一定差异，贝纳德旋涡还很可能导致浮色和发花；垂直面施工会导致丝纹。

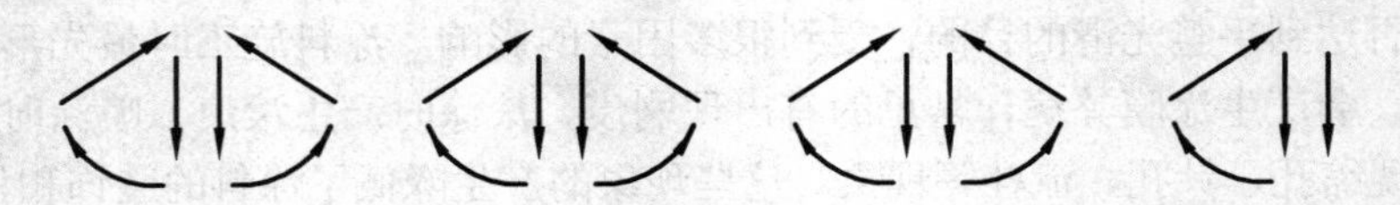

图 6.2　贝纳德（Benard）旋涡示意图

所谓贝纳德旋涡，是涂料在干燥过程中，随着溶剂的蒸发，在涂膜表面形成较高的表面张力，并且黏度增大，同时，溶剂的蒸发吸收热量导致温度下降，造成内外表面之间的温差及表面张力、黏度不同。当表面张力不同时，将产生一种推动力，使涂料从底层向上层运动。当上层溶剂含量降低时，较多溶剂的底层就往表面散开。随着溶剂蒸发，黏度增大，流动速度变慢，流动的涂料在重力作用下向下沉。同时，又由于里、表层之间表面张力的不同，再一次使流动的涂料向上。当表面再一次散开时，物质将再一次受到重力的影响并下沉。这种下沉、向上、散开的流动运动反复进行，直到其黏度增长到足以阻止其流动时为止，此时里、表层的表面张力差也趋于消失。这种流动运动的反复进行，造成局部涡流。按照流动分配理论，这种流动形成边与边相接触的不规则六角形网络，称为贝纳德旋涡，旋涡状小格中心稍稍隆起。如果涂料的流动性差，干燥后就留下不均匀的网纹或条纹，称为橘皮现象。

3. 刷痕与滚痕

涂膜流平过程中常出现的弊病还有刷痕与滚痕，这是由于施工过程中涂料的黏度发生了变化，表面涂料不能及时流平所致。

涂料施工后，不可避免地产生条痕，如果流平得很快，条痕就能够消失，如在涂膜干燥前不能充分流平，则条痕不能完全消失，就得不到光滑的表面。流平过程的推动力是涂料的表面张力，它使涂层表面有收缩成最低表面积的形状，从而使涂层从凹槽、刷痕或皱纹变成平滑表面。

4. 流　挂

涂料在垂直面上施工时，如果涂料黏度偏低，涂层太厚，流平性能好，又由于重力作用导致涂膜形成后，有从上往下的流痕，称为流挂。流挂的形态，有呈条纹状、水柱状波纹状的，还有呈帘幕状的。涂料的黏度低，流平性好，容易形成流挂，但如涂料黏度高或具有触变性，可以适当缓和二者的矛盾。在涂刷时受剪切力作用，涂料黏度降低，呈现较好的流动性及流平性，便于施工；涂刷停止后，剪切力逐渐降低，涂料黏度随之增高，可防止流挂及颜料沉降。因此，常在涂料中添加触变助剂，使涂料具有适当的触变性。

从上面的讨论知道，为改善涂料的流平性，应综合考虑几个方面的因素：降低涂料与基材之间的表面张力，使涂料与基材具有良好的润湿性，并且不至于引起缩孔的物质之间形成表面张力梯度；调整溶剂蒸发速度，降低黏度，改善涂料的流动性，延长流平时间；在涂膜表面形成极薄的单分子层，以提供均匀的表面张力，使表面张力趋于平衡，避免因表面张力梯度造成表面缺陷。

借助流平剂的加入，就能全部或部分满足以上 3 个条件，从而得到更佳的流平效果，使涂膜表面平整光滑。

6.2.2　流平剂的种类

上面讨论了涂料成膜后，因流平性不好带来的弊病及可以通过加入流平剂来改善涂膜的外观。从成膜过程理论，流平剂可以分为两大类。

6.2.2.1　通过调整漆膜黏度和流平时间起作用

一种是通过调整漆膜黏度和流平时间来起作用的，这类流平剂大多是一些高沸点的有机溶剂或其混合物，如异佛尔酮、二丙酮醇、Solvesso150、环己酮、丙二醇乙醚醋酸酯等。要注意的是，仅借助单一高沸点溶剂，用增加溶剂以降低黏度来改善流平性，将使涂料固体分下降并导致流挂等弊病；只加入高沸点溶剂以图调整挥发速度来改善流平，干燥时间也要相应延长。只有加入高沸点溶剂混合物，才可能获得较为理想的综合性能。常温固化涂料由于溶剂挥发太快，涂料黏度提高过快，妨碍流动而造成刷痕，溶剂挥发导致基料的溶解性变差而产生缩孔，或在烘烤型涂料中产生沸痕、起泡等弊病，采用这类助剂是很有效的。另外采用高沸点流平剂调整挥发速度，还可克服泛白弊病。

以商品形式出售的有德国 BYK 公司生产的 BYKETOL-OK 和 BYKETOL-SPEEIAL，前者推荐在烘烤型涂料及硝基漆中使用，具有防止气泡、针孔、缩孔的作用，用量为漆量的 2%～7%。后者推荐在聚氨酯和环氧树脂涂料中使用，也可在硝基漆中使用，主要是提高流平性、防止气泡孔和缩孔，用量为漆量的 2%～5%。

6.2.2.2 通过调整漆膜表面性质起作用

另一种是通过调整漆膜表面性质来起作用的，一般人们所说的流平剂大多是指这一类流平剂。这类流平剂通过有限的相容性迁移至漆膜表面，影响漆膜界面张力等表面性质，使漆膜获得良好的流平性。根据化学结构的不同，这类流平剂目前主要有以下几类：聚丙烯酸酯类、有机硅类和氟碳化合物类、醋丁纤维素类等。

1. 聚丙烯酸酯类

聚丙烯酸酯类属于与树脂相容性受限制的长链树脂。它们的表面张力较低，可以降低涂料与基材之间的表面张力，从而改善涂料对基材的润湿性，排除被涂固体表面所吸附的气体分子，防止被吸附的气体分子排除过迟而在固化涂膜表面形成凹穴、缩孔、橘皮等缺陷；此外它们与树脂不完全相混容，可以迅速迁移到表面形成单分子层，以保证在表面的表面张力均匀化，增加抗缩孔效应，从而改善涂膜表面的光滑平整性。

聚丙烯酸酯类流平剂又可分为纯聚丙烯酸酯、改性聚丙烯酸酯（或与硅酮拼合）、丙烯酸碱容树脂等。纯聚丙烯酸酯流平剂与普通环氧树脂、聚酯树脂或聚氨酯等涂料用树脂相容性很差，应用时会形成有雾状的涂膜。因此，在与这些树脂配伍时用量都不宜过大。在环氧树脂中为树脂质量的 0.5%～1.0%，聚酯树脂中为 1.0%左右，聚氨酯树脂中为 1.0%～1.5%。

为了提高其相容性，通常用有较好混容性的共聚物。这类共聚物的数均相对分子质量在 6 000～20 000 之间，相对分子质量分布比较窄，玻璃化温度（T_g）低于−20 ℃，表面张力在 $2.5 \sim 2.6 \times 10^{-5}$ N/m 范围。

丙烯酸酯类流平剂还有一个特点，如果相对分子质量足够高，这类流平剂还具有脱气和消泡的作用。如传统的非反应性丙烯酸酯流平剂的缺点就是高相对分子质量产品可能会在漆膜中产生雾影，低相对分子质量产品，又有可能降低漆膜表面硬度。而含反应性官能团的丙烯酸酯流平剂能很好地解决这一矛盾，提供良好流平性的同时，不会产生雾影也不降低表面硬度，有时还会提高表面硬度。

改性丙烯酸酯流平剂主要的品种为氟改性丙烯酸酯流平剂和磷酸酯改性丙烯酸酯流平剂。与纯丙烯酸酯流平剂不同，改性丙烯酸酯流平剂可以显著降低涂料的表面张力，这样就使涂料在具有流平性的同时具有良好的底材润湿性。

2. 有机硅类

这也是一类与成膜树脂相容性受限制的长链树脂。常用的有聚二甲基硅氧烷、聚甲基苯基硅氧烷、有机改性聚硅氧烷等。以有机改性聚硅氧烷最为重要，纯聚二甲基硅氧烷由于与涂料体系的相容性差，现已很少使用。这类物质可以提高对基材的润湿性而且控制表面流动，起到改善流平效果的作用。当溶剂挥发后，硅树脂在涂膜表面形成单分子层，改善涂膜的光泽。改性聚硅氧烷又可分为聚醚改性有机硅、聚酯改性有机硅、反应性有机硅，引入有机基团有助于改善聚硅氧烷和涂料树脂的相容性，即使浓度提高也不会产生不相容和副作用。改性聚硅氧烷能够降低涂料与基材的界面张力，提高对基材的润湿性，改善附着力，防止发花，橘皮，减少缩孔、针眼等涂膜表面病态。

有机硅流平剂有两个显著特性。一是可以做到显著降低涂料的表面张力，提高涂料的底材润湿能力和漆膜的流动性，消除Benard旋涡从而防止发花。降低表面张力的能力取决于其化学结构。另一个显著特性是能改善涂层的平滑性、抗挂伤性和抗粘连性。这类流平剂的缺点是存在稳定泡沫、影响层间附着力的倾向，有些还对施工环境如烘炉产生污染。

3. 氟碳化合物类

其主要成分为多氟化多烯烃，对很多树脂和溶剂有很好的相容性和表面活性，有助于改善润湿性、分散性和流平性，被用于水溶性氨基烤漆以及在溶剂型漆中调整溶剂挥发速度。氟碳化合物类流平剂的特点是高效，但价格昂贵，一般在丙烯酸酯流平剂和有机硅流平剂难以发挥作用的时候使用；然而也存在稳定泡沫、影响层间附着力的倾向。

4. 醋丁纤维素类

醋丁纤维素具有比醋酸纤维素更好的理化性能，能与多种合成树脂、高沸点增塑剂有良好的混容性，还能溶于大多数有机溶剂。根据纤维素丁酰基含量的不同，醋丁纤维素可以做聚氨酯、粉末涂料的流平剂。丁酰基含量最高可达到55%，其含量越高，流平效果越好。

6.2.3 流平剂的选用

对于一个确定的配方体系，应根据配方的性质和希望流平剂所达到的性能，来选择合适的流平剂品种。下面是某流平剂研发商提供的几条参考意见。

1. 溶剂性涂料体系

在底漆和中层漆配方中，通常采用丙烯酸酯流平剂。如果需要脱气性和底材润湿性，宜选择中等相对分子质量或高相对分子质量丙烯酸酯流平剂。在底漆中，如果需要更强的底材润湿性，可考虑选用能显著降低表面张力的有机硅流平剂和改性丙烯酸酯流平剂（如氟改性丙烯酸酯流平剂和磷酸酯改性丙烯酸酯流平剂）；如果有机硅流平剂和氟改性丙烯酸酯流平剂出现稳泡、影响层间附着力等副作用，应采用磷酸酯改性丙烯酸酯流平剂。

在面漆和透明漆配方中，对漆膜外观要求相对较高，一般可选用低相对分子质量丙烯酸酯流平剂，这样将获得良好的流平性，在漆膜中也不易产生雾影。在交联固化型体系，选用含反应性官能团的丙烯酸酯流平剂常常获得更好的流平性，同时提高漆膜的物理化学性能。如果需要漆膜具有更好的流动性或需要滑爽性和抗刮伤性，有机硅流平剂是必需的，这种情况下最好是有机硅流平剂和丙烯酸酯流平剂配伍使用。

应当指出的是，在垂直面施工时，有机硅流平剂提供流平性能的同时，可有效降低涂层的流挂倾向。另外，在金属闪光漆配方中，应慎用有机硅流平剂，因为可能导致片状铝颜料的不均匀排列而出现漆膜颜色不均。

2. 粉末涂料体系

粉末涂料的流平过程分为两个阶段。第一个阶段是粉末粒子的熔化，第二个阶段是粉末粒子熔化后流动成为平整的漆膜。粉末涂料不含溶剂，在成膜过程中不会产生表面张力梯度，流平更多的是与底材润湿有关。

粉末涂料常采用丙烯酸酯流平剂。如果流平剂呈液态，一般要预先制成母料才能使用。也有制成粉体的丙烯酸酯流平剂，专门用于粉末涂料，这类产品是将液态的丙烯酸酯流平剂吸附在二氧化硅粉体上，一些低档流平剂用碳酸钙吸附。

如果粉末涂料需要滑爽性和抗挂伤性，就要采用有机硅流平剂，已有制成粉体的专门用于粉末涂料的有机硅流平剂。使用有机硅流平剂要留意避免形成缩孔。

3. 水性涂料体系

水性涂料体系分为水溶性体系和乳胶体系。在水溶性体系中，需要强烈降低体系的表面张力，最常用的是有机硅流平剂和氟碳化合物类流平剂，所起作用与它们应用于溶剂型涂料体系相同。当然如果需要真正平整的表面，用于水性体系的丙烯酸酯流平剂是必需的。

而对于乳胶体系，成膜机理则完全不同，黏度也不随溶剂的挥发而改变。配方中采用流平剂可能会提高涂料的底材润湿性，丙烯酸酯流平剂可以提高漆膜平整度，但涂料的主要流动性能更多的是通过添加流变控制剂来进行控制和调整。

流平剂是改进涂装效果的一类重要助剂，品种较多、应用广泛，尤其用于高性能涂料。使用时需要注意其应用范围、用量以及和其他助剂的配伍性。使用前，应对不同的品种、用量进行筛选试验，以求得最佳品种及最宜用量。另外，对添加方式，也应该通过试验选择最佳工艺。流平剂加入后，对于涂料流平性能的提高一般采用目测判断，也可以采用间接法取得定量的数据，如测试涂膜光泽度。常见流平剂及研发公司见表 6.2

表 6.2 常见流平剂

商品名	主要成分	应用范围	研发公司
BYK-300	聚醚改性有机硅	中等程度降低表面张力，溶剂型涂料中防止缩孔，改善流平，增光，增滑，抗划伤，抗粘连	德国 BYK 公司
BYK-306	聚醚改性有机硅	强烈降低表面张力，溶剂型涂料中增进底材润湿，防止缩孔，改善流平，增光，增滑；增进消光粉定向效果，改善抗流挂	
BYK-330	聚醚改性有机硅	强烈降低表面张力，溶剂型涂料中防止缩孔、浮色、发花，改善流动和流平，增光，增滑，抗划伤；增进消光粉定向效果，改善抗流挂性	
BYK-310	聚醚改性有机硅	强烈降低表面张力，在溶剂型自干漆和烘烤漆中增进底材润湿，防止缩孔，改善流平，增光，增滑，耐热达 230 ℃，烘烤漆重涂时不影响层间附着力，不产生表面缺陷	

续表 6.2

商品名	主要成分	应用范围	研发公司
BYK-323	聚酯改性含羟基有机硅	在溶剂型及无溶剂型自干漆和烘烤漆中改善流动和流平，增进表面滑爽，淋涂时可稳定帘幕，具有消泡作用	德国BYK公司
BYK-352	聚丙烯酸酯	溶剂型自干漆及烘烤漆中防止缩孔，改善流平，提高光泽，不影响重涂性和层间附着力，耐热性好	
BYK-357	丙烯酸酯共聚物	溶剂型自干漆及烘烤漆中防止缩孔，改善流平和光泽，不影响重涂性和层间附着力；耐热性好，有消泡作用	
BYK-390	聚甲基丙烯酸酯	溶剂型自干漆及烘烤漆中防止缩孔，改善流平和光泽，不影响重涂性和层间附着力；耐热性好，烘烤漆中提供优良的防爆泡性及消泡作用	
Tego Glide406	聚醚改性有机硅	溶剂型涂料中防止缩孔，改善流动流平，增滑；重涂性好	德国 de-gussa 公司
Tego Glide410	聚醚改性有机硅	溶剂、无溶剂型和水性涂料中强烈增进表面滑爽，抗划伤，抗粘连，防缩孔，增进消光粉定向效果	
EFKA-303	聚醚改性有机硅	强烈降低表面张力，溶剂型涂料中增进底材润湿，防止缩孔、浮色，改善流平，增光，增滑，抗划伤，抗粘连	
DC-431	聚醚改性有机硅	溶剂型涂料中改善流平，增光，增滑，抗划伤，抗粘连，增进铝粉定向效果	德谦（上海）化学有限公司
DC-433	聚醚改性有机硅	强烈降低表面张力，溶剂型涂料中增进底材润湿，防止缩孔，减少发花，改善流动和流平，增光，增滑，抗划伤，抗粘连	
DC-836	聚醚改性有机硅	溶剂型涂料中改善流平，增光，增滑，抗划伤，抗粘连，改善涂膜光泽不均匀性，改善铝粉、消光粉的定向效果	
EFKA-323	聚醚改性有机硅	强烈降低表面张力，溶剂型和无溶剂型涂料中增进底材润湿，防止缩孔、浮色，改善流平，增光，增滑， 抗划伤，抗粘连	荷兰 EF-KA 公司
EFKA-86	异氰酸酯改性有机硅	与含羟基、羧基官能团的溶剂型涂料进行交联反应，提供持久的滑爽性和抗划伤性，改善流平，防止缩孔，浮色	
EFKA-LA8835	异氰酸酯改性有机硅	与含羟基、羧基官能团的溶剂涂料进行交联反应，改善流平，提供持久的滑爽性和抗粘连性	
EFKA-360	氟改性丙烯酸酯共聚物	显著地降低各类溶剂型和无溶剂型自干漆及烘烤漆的表面张力，增进底材润湿，有效地防止缩孔，改善流动和流平，不影响重涂性和层间附着力	

6.3 消泡剂

泡沫是一种普遍的自然现象，对于我们来说并不陌生。在日常生活中烧饭、下饺子、煮面条，稍不留神，就会因泡沫而溢锅；在儿时玩的吹泡泡，吹出五彩缤纷的泡沫，漫天飘浮；在急速倒入杯中的啤酒所溢出的泡沫；在海水拍岸时，击打在海岸边礁石所形成的壮观的泡沫；还有在人们洗涤衣物时，常见的肥皂、洗衣粉水液泡沫；沐浴露、洗发香波所产生的泡沫更是大家熟悉的。

泡沫，就是不溶性气体在外力作用下进入液体之中，并被液体相互隔离的非均相体系。在人们搅拌纯净的液体时，并没有看到泡沫产生。但在水中加入肥皂或洗衣粉（它们都是表面活性剂），就很容易产生泡沫。人们已经知道，表面活性剂是能够降低液体表面张力的一类物质。液体中不含表面活性剂时，气泡会迁移至液体表面，破裂消失，液体中含有表面活性剂时，气泡表面形成膜板，成为稳定的泡沫，膜板的厚度一般为几微米。

6.3.1 涂料泡沫的产生

1. 泡沫产生的原因

（1）在涂料生产时，通常也加入各种助剂，这些助剂品种大多属于表面活性剂，都能改变涂料的表面张力，致使涂料本身就存在易起泡或使泡沫稳定的因素。

（2）涂料制造过程中需要使用的各种高速混合分散机械以及涂料涂装时所用的各种施工方法，都会不同程度地增加涂料体系的自由能，帮助产生泡沫。

（3）涂料成膜过程中的化学作用，聚氨酯涂料中若混入了水，水与异氰酸酯反应产生二氧化碳气体，致使在漆膜中出现小气泡或针孔。

（4）如果在有空隙的底材上进行涂覆施工，空隙中的空气会自涂膜底部上溢，如果气泡冲破漆膜，就形成针眼或缩孔；如果气泡被封闭在漆膜底部，留在漆膜中，就形成鱼眼。

泡沫的产生，不仅降低生产效率，影响涂膜外观，而且降低涂膜的装饰和保护功能。

这里要讨论的泡沫，主要是上述第一、二种情况，又以第一种为主。后面两种情况，只要在生产和施工管理时加以注意，是可以克服的。热力学上对泡沫产生的原因分析如下：

$$\mathrm{d}G = -S\mathrm{d}T + V\mathrm{d}p + r\cdot\mathrm{d}A$$

式中：r 为体系的表面张力；$\mathrm{d}A$ 为体系表面积的改变。在等温等压条件下，p、T 一定，$\mathrm{d}G = r\cdot\mathrm{d}A$，$\Delta G = r\cdot\Delta A$，即体系自由能的改变等于体系表面张力与表面积改变值的乘积。

如果没有外部条件，纯液体，r 不变，体系要产生泡沫，则 ΔA 增加，ΔG 增加，是不能发生的；加入表面活性剂，r 降低，ΔG 减少，可以发生。加入表面活性剂有利于泡沫的生成，但产生的泡沫仍是热力学不稳定的，部分抵消由于 ΔA 造成的 ΔG 减少。因此，我们看到的泡沫，都不能保持太长时间。泡沫产生的难易程度与液体体系的表面张力直接有关，表面张力越小，体系形成泡沫所需的自由能越小，越容易生成泡沫。

2. 泡沫稳定存在的原因

泡沫的稳定存在，要有一定的外部条件，如 Marangoni 效应、Gibbs 弹性、静电斥力、表面黏度等有助于泡沫的稳定。

（1）表面活性物质要造成 Marangoni 效应。当泡沫刚形成时，泡沫膜的液体由于重力作用向下回流，从而带动表面活性剂分子也向下流动，造成底部表面张力低于上部表面张力。Marangoni 效应认为:“在底部低表面张力的液体流向上部高表面张力的液体时，在泡沫膜中通过与纯液体生成的泡沫不断逆向流动的表面活性剂液体，增加了泡沫膜的厚度，使气泡稳定。”

（2）表面活性剂分子中的亲水基和憎水基被气泡壁吸附，有规则地排列在气液界面上，形成了弹性膜，当弹性膜某一部位被拉抻时，在表面张力作用下泡沫膜开始回缩，达到平衡的稳定状态，同时带动液体移动，阻止了泡沫的破裂，这就是 Gibbs 弹性。

（3）离子型乳化剂的使用，能使气泡膜壁带有电荷，由于静电斥力，液膜的两个表面互相排斥，既能防止液膜聚集又利于泡沫的稳定。

（4）表面黏度是由液体表面相邻表面活性剂分子间相互作用引起的，一方面提高了液膜的强度，另一方面防止或减缓泡壁液膜的排水速率，使泡沫稳定。

6.3.2 消 泡

消泡机理：泡沫是热力学不稳定体系，有表面积自行缩小的趋势，气泡壁液膜由于表面张力差异和重力的原因会自行排水，液膜变薄，达到临界厚度时自行破裂。它的破除要经过 3 个过程，即气泡的再分布、膜厚的减薄和膜的破裂。对于稳定的泡沫体系，要经过这 3 个过程而达到自然消泡需要很长时间，常使用消泡剂实现快速消泡，满足工业生产需要。

6.3.2.1 消泡剂的作用原理

消泡包括抑泡和破泡两个方面，当体系加入消泡剂后，消泡剂在泡沫体系中造成表面张力不平衡，破坏泡沫体系表面黏度和表面弹性。其分子抑制形成弹性膜，阻止泡沫的产生，称为抑泡。对于已经存在的泡沫，消泡剂分子迅速散布于泡沫表面，快速铺展，进一步扩散、渗透，取代原泡膜薄壁。由于其表面张力低，便流向产生泡沫的高表面张力的液体，气泡膜壁迅速变薄，导致破泡。

也有理论认为，消泡剂常以微粒的形式渗入泡沫体系中，泡沫体系要产生泡沫时，存在于体系中的消泡剂立刻破坏气泡的弹性膜，抑制气泡的产生。若气泡已产生，添加的消泡剂接触泡沫后，进一步扩展，层状侵入，取代原泡沫的膜壁。因为低表面张力的液体总是要流向高表面张力的液体，消泡剂本身低表面张力使膜壁逐渐变薄，从而导致气泡的破裂。上述讨论，还可以用消泡剂的渗入能力来说明。

消泡剂要起作用，首先必须渗透到泡沫间的液膜上，渗入能力用 E 表示（$E>0$）。消泡剂渗入到液膜上，又要能很快地散布开，散布能力可用散布系数 S 表示。按照 Ross 公式：

$$E = r_F + r_{DF} - r_D > 0$$

式中：r_F 为泡沫介质的表面张力；r_{DF} 为泡沫介质与消泡剂之间的界面张力；r_D 为消泡剂的表面张力。

$$S = r_F - r_{DF} - r_D > 0$$

E、$S>0$，消泡剂才具有消泡能力。

为了产生渗入，E 必须大于 0，为了产生扩散，S 必须大于 0，只有 E 和 S 都为正值的物质才具有消泡作用。要使 E 足够大，消泡剂的表面张力要低；要使 S 足够大，不仅消泡剂的表面张力要低，而且泡沫介质与消泡剂之间的界面张力也要低，这就要求消泡剂本身应具有一定的亲水性，使其既不溶于发泡介质中，又具有很好的扩散能力。

有效的消泡剂应满足下述条件：① 表面张力低于泡沫介质的表面张力；② 不溶解于泡沫介质之中或溶解度极小，但又具有能与泡沫表面接触的亲和力；③ 易于在泡沫体系中扩散，并能够进入泡沫和取代泡沫膜壁；④ 具有一定的化学稳定性；⑤ 具有在泡沫介质中分散的适宜颗粒度作为消泡核心。消泡剂的作用机理如图 6.3 所示。

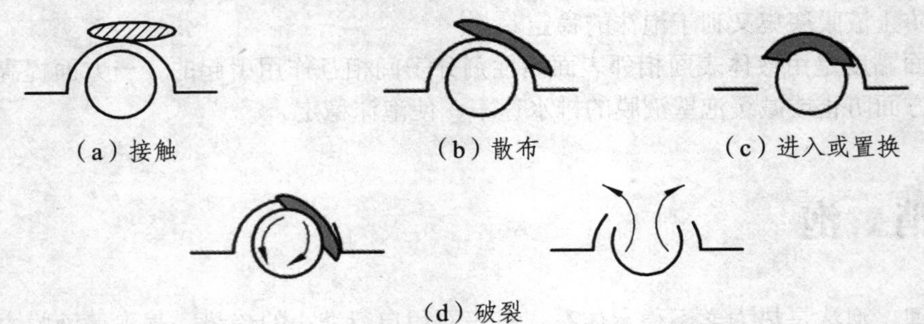

图 6.3 消泡剂的作用机理

6.3.2.2 常用的消泡剂及其选用

有机溶剂型的涂料一般用低级醇、烷基磷酸酯、脂肪酸金属皂、硅油、矿物油、氟改性消泡剂等。在使用有机硅消泡剂时用量应适当，若使用过量会产生缩裂、陷穴等缺陷。水基型涂料经常用的消泡剂有矿物油、脂肪酸及其金属皂和酯类、乙二醇或丙二醇与环氧乙烷、环氧丙烷的加聚物、有机硅乳液等。

应用消泡剂时须注意以下几点：

(1) 抑泡和消泡性能要保持平衡，以保持消泡能力的持久性，注意和其他助剂的配伍性。

(2) 一般用量为体系的 0.1%～0.5%，最终用量要通过实验确定，用量过多易引起缩孔、缩边、再涂性差等弊病；用量少，则无法消除泡沫。

(3) 使用前充分搅拌并在搅拌下加入到涂料中。

(4) 分批加入消泡剂，即颜料分散研磨工序和调漆工序分别加入部分消泡剂。在研磨分散工序需要抑泡效果强的消泡剂，在调漆工序需要破泡效果强的消泡剂。

1. 消泡剂的选择方法

选择消泡剂时，一般采用量筒法、高速搅拌法、鼓泡法、振动法、循环法对其进行性能测试。高速搅拌法应用面较广，结果比较准确。此外还需要进行涂装实验和储存稳定性实验，并对涂膜性能进行测试。消泡剂的用量不大，但它专用性强，选择消泡剂，一方面要达到消泡的目的并保持消泡能力的持久性，另一方面要注意避免颜料凝聚、缩孔、针孔、失光等副作用。

2. 消泡剂常用的产品

德国 Henkel 公司的 Perenol E1、E2、E3，可用于硝基漆、醇酸漆、丙烯酸漆、环氧树脂漆。

德谦公司的5500、6500在聚氨酯涂料中使用效果较好。

6.4　流变剂与防沉剂

6.4.1　流变剂与防沉剂的作用原理

涂层流挂和流平是两个相互矛盾的现象。涂料的黏度高、涂膜薄有助于防止流挂。良好的涂膜流平性要求在足够长的时间内将黏度保持在最低点，有充分的时间使涂膜充分流平，形成平整的涂膜，而这样往往会出现流挂问题；反之，要求完全不出现流挂，涂料黏度必须保持特别高，它将导致较少或完全没有流动性。

可见流平与流挂是矛盾的。而防流挂剂具有缓和这对矛盾的功能。防流挂剂能够通过次价键形成网状结构体，使涂料获得结构黏性，变成触变流体，从而使涂料达到既能流平而又不流挂的目的。防流挂和防沉剂基本上是通用的，都有增稠触变作用，在涂料中能形成网状结构，防止流挂和防止储存时颜料沉降或使沉降软化以提高再分散性。

为使涂料流挂和流平性能取得适当平衡，需要优良的流变助剂，即在施工条件下，涂料黏度暂时降低，并在黏度的滞后回复期间保持在低黏度下，显示了良好的涂膜流平性；一旦流平后，黏度又逐步回复，这样就能起到防止流挂的作用。

涂料在储存时，颜料沉降的原因有三个方面：首要因素是颜料粒径，应将颜料尽可能研磨分散；其次，选用低密度、非球状的填料，也可阻挡颜料沉降；第三，涂料黏度也是颜料沉淀的控制因素，黏度越高沉淀速度越慢。采用流变助剂，在涂料内部形成疏松的结构，提高低剪切条件下的黏度，能防止颜料沉降。

在高剪切速率区，涂料的流动行为主要受基料、溶剂和颜料的影响。在低剪切速率区，涂料的流动行为主要由流变剂、颜料的絮凝性质和基料的胶体性质所决定。

在低剪切速率区，改善流变性的方法有：① 颜料絮凝法；② 流变助剂法。在涂料配方中添加了表面活性剂，使颜料疏松地附着在一起形成絮凝物。由于这一脆弱的结构，形成了颜料颗粒链，总合起来为颜料网络，使絮凝了的涂料体系在低剪切速率下显示高黏度。但它削弱了颜料颗粒分散效果，容易影响遮盖力和展色性。使用流变助剂形成凝胶网络，赋予涂料在低剪切速率下的结构黏度是较好的方法，已被普遍采用，颜料絮凝法已被迅速取代。

6.4.2　常用的流变助剂

常用的几类流变助剂主要有膨润土、气相二氧化硅、氢化蓖麻油衍生物、聚乙烯蜡、触变性树脂。

1. 有机膨润土

它是以蒙脱石为主的含水黏土矿。蒙脱石的化学成分为$(Al_2, Mg_3)(Si_4O_{10})(OH)_2 \cdot nH_2O$，由于它具有特殊的性质，如膨润性、黏结性、吸附性、催化性、触变性、悬浮性以及阳离子交换性等，可做黏结剂、悬浮剂、触变剂、稳定剂、净化脱色剂、充填料、饲料、催化剂等，所以广泛应用于各个工业领域。

天然蒙脱石不够纯净而且亲水，因此不能直接作为流变助剂，需要经过纯化后，再与季铵盐（阳离子表面活性剂）进行离子交换反应，使其具有亲有机性，最后得到所谓的有机膨润土。

有机膨润土在各类有机溶剂、油类、液体树脂中能形成凝胶，具有良好的增稠性、触变性、悬浮稳定性、高温稳定性、润滑性、成膜性、耐水性及化学稳定性，在涂料工业中有重要的应用价值。

有机膨润土在我国已生产、应用 30 多年，广泛用于工业涂料和脱模剂的生产，有机膨润土是工业涂料的悬浮剂、增稠剂。文献推荐的具体使用方法是：先将有机膨润土做成有机膨润土膏（或称有机膨润土凝胶），也称活化，再用有机膨润土膏做涂料。有机膨润土膏制造工艺如表 6.3（采用高速分散机）。

表 6.3 有机膨润土的制造工艺

投料次序	操 作	投料量（质量分数）(%)
①溶剂（溶剂油）	混 合	87
②有机膨润土	混合 5 min	10
③极性活化剂	混合 5 min	3

先投入良溶剂（如二甲苯等）湿润膨润土，混合后，加入有机膨润土混合 4～5 min，再加入极性活化剂（极性添加剂）继续混合 4～5 min。有机膨润土用量可增减，为了操作方便，以 10%为最高量。

通过试验，最佳极性添加剂有 95%甲醇、95%乙醇、丙酮/水（95/5）和碳酸丙烯酯。其正确用量如下：甲醇/水（95/5），占有机膨润土量的 33%；乙醇/水（95/5），占有机膨润土量的 50%；碳酸丙烯酯，占有机膨润土量的 33%。为了获得最佳的活化效率，甲醇和乙醇都含有 5%的水，起氢键键合能力的主要是由水分子完成的，甲醇和乙醇主要是起一个引入作用，黏度很快上升，而使用无水甲醇或乙醇，没有凝胶效果。在不能含水的涂料中或需要高闪点的极性活化剂时，才使用碳酸丙烯酯，但成本较高。

说明：上述最佳极性活化剂所占膨润土量都是指加入该种活化剂时，所占膨润土的量。

例如，BP127 高极性溶剂预凝胶的制备工艺如表 6.4

表 6.4 BP127 高极性溶剂预凝胶的制备工艺

投料	投料量（%）	操 作
二甲苯	69.6	
BP185 有机土	10	搅拌下加入高速分散
95%乙醇	3	高速分散，$D>13$
丁醇	17.4	搅拌均匀

有机膨润土膏的使用量不超过涂料总量的 2%。

产品有：天津有机陶土厂生产的4604、4605和浙江临安助剂厂的S01；进口产品有NL公司的BENTONE 27、34、38等。

2. 气相二氧化硅

球形气相二氧化硅表面含有憎水性硅氧烷单元和亲水性硅醇集团，由于相邻颗粒的硅醇基团的氢键而形成三维结构。三维结构能为机械影响所破坏，黏度由此下降。静置条件下，三维结构自行恢复，黏度又上升，因此使体系具有触变性。在完全非极性液体中，黏度回复时间只需几分之一秒；在极性液体中，回复时间长达数月之久，取决于气相二氧化硅浓度和其分散程度。气相二氧化硅在非极性液体中有最大的增稠效应，因为二氧化硅颗粒和液体中分子间的相互作用在能量上大大弱于颗粒自己的相互作用。

常用商品如Dcgassa公司的Aerosil R972、Cok84、300、380等。

3. 氢化蓖麻油衍生物

因分子中含有极性基团，其脂肪酸结构容易溶剂化，在溶胀时生成溶胀粒子间氢键而键合，形成触变结构。

氢化蓖麻油衍生物主要应用于氯化橡胶涂料、高固体分涂料、环氧涂料，赋予触变结构，改善颜料悬浮性能，控制流变而不牺牲流平性。

4. 聚乙烯蜡

相对分子质量1 500～3 000的乙烯共聚物统称聚乙烯蜡，使之溶解和分散于非极性溶剂中，制成凝胶体，可用做涂料流变助剂。聚乙烯蜡改善颜料悬浮性能而不明显增稠，改善流变控制而流平性能好，在金属闪光漆中还可控制金属颜料定向。

主要商品如台湾德谦公司的201P 防沉剂，NL公司的M—P—A系列产品。

5. 其　他

还有一些触变剂和防沉剂，如醇酸树脂用聚酰胺树脂改性可得触变醇酸树脂；聚酰胺蜡溶胶颗粒在常温条件下不能溶解在溶剂中，除能提供触变增稠外，还具备一定的浮力，促进金属颜料平行取向；金属皂系列有辛酸铝，硬脂酸钙、锌、铝和稀土皂等；经处理的微细碳酸钙，粒径为25～60 μm，经脂肪酸或树脂处理，可用于长油度醇酸涂料、乙烯类涂料。

6.5 防浮色发花剂

浮色即颜料的漂浮，发花是指涂料涂装后，漆膜中存在多种颜料不均匀分布，通常呈条状和蜂窝状、丝纹状。产生浮色和发花的原因很复杂，主要影响因素有以下几方面。

（1）颜料的沉降和絮凝，造成颜料分散体系的分离。

（2）表面张力梯度差会形成一种称之为贝纳德旋涡的涡流而引起发花。

（3）溶剂未充分将树脂溶解或溶剂的挥发速度过快也会造成浮色发花现象的产生。

防浮色发花剂实际上是多种助剂的一个集合名称，很多流平剂、润湿分散剂、增稠剂、触变剂同时也有防止浮色和发花的作用。

6.6 消光剂和增光剂

高光泽度可以体现被涂物体的豪华和高贵气质，如轿车和飞机；柔和的光泽符合人体的生理需要，如家具和地板；电子厂房、医院多采用亚光涂料以提供安静、舒适和优雅的环境；军事装备和设施为隐蔽、保密和安全的目的，需要使用消光涂料；某些仪器部件对光学性能的特殊要求，其表面涂层是半光；建筑外墙涂料为了消除光污染和掩盖本身缺陷，需要低光泽。

6.6.1 涂料的光泽及主要影响因素

光泽实际就是涂膜把投射光线向同一方向反射的能力，反射的光量越多，光泽越高。光线投射到涂膜表面，一部分被涂膜反射和散射，表面越平整则反射部分越多，光泽值就越大；如果表面非常粗糙，则散射部分相应增加，光泽度就很低。因此，涂膜的光泽实际是其表面粗糙度的表现，主要影响因素有颜料的粒径大小及分布、颜料的分散、颜料体积浓度、成膜过程等。

实际表明，颜料的粒径大小和分布是影响涂膜光泽的重要因素。减小颜料的颗粒大小可以降低涂膜的粗糙程度，从而提高光泽度，例如，颜料粒均平均小于 0.3 μm 就能够获得高光泽表面，而当粒径大小在 3～5 μm 时，显示出的是消光效应。

调整颜料，特别是体质颜料的用量是控制色漆漆膜表面光泽常用的方法。在一般油基漆中，无光漆的 PVC 为 52.5%～71.5%，半光漆的 PVC 为 33%～52.5%，磁漆 PVC 为 20%～30%，这是由于树脂能够充分包覆颜料和填料，能够形成平整的涂膜。

6.6.2 涂料中应用的光泽助剂

6.6.2.1 增 光 剂

增光剂主要是能提高颜料在涂料中分散、改进漆膜流平和降低漆膜表面张力的表面活性剂，主要通过改善颜料的分散和涂膜外观增大光泽度。

1. 润湿型增光剂

对于那些特别容易絮凝的颜料，如炭黑以及其他有机颜料，良好的润湿分散是增加光泽的主要手段。炭黑在多羟基树脂中的润湿分散十分困难，但在添加了分散剂后有明显的改善。有厂商介绍，当添加了颜料量 0.9%的 BYK-101disper 后，光泽从 72 增加到 80（60°）；在有机颜料制备的聚氨酯双组分涂料中，添加润湿分散剂后，光泽也有大幅增加。有机胺类衍生物和非离子表面活性剂用来改善乳胶漆，效果也很明显。曾有用大洋公司 SN-Lustor416、417 增光剂来改善光泽，漆膜光泽从 45（60°）（空白）增加到了 60.5 和 62.5（60°）。

2. 流平型增光剂

一般是高沸点的混合真溶剂和各类流平助剂。这类溶剂或流平剂能使涂料在成膜前的挥发达到理想状态，涂料成膜后得到理想的流平状态。如 BYK-354 为聚丙烯酸酯的高沸点芳烃和二丙酮醇溶液，与烘干漆的混溶性良好，除了能帮助流平外，还有脱气功能。BY-301 适用于气干漆、水性漆和烘漆的流平和增光；BYK-344 适用于高固体分涂料、环氧树脂漆、聚氨酯涂料、烘烤涂料的流平和增光；醇酸氨基涂料和丙烯酸涂料适用于 BYK-303。这部分内容在介绍流平剂时已经介绍。

6.6.2.2 消光剂

能使漆膜表面产生粗糙度，明显地降低其表面光泽的物质称为消光剂。涂料施工后，随着溶剂蒸发，涂料湿膜厚度降低并收缩，悬浮颗粒重新排列在表面上，产生不同程度的凹凸面。不同的基料，因分子结构内自由体积不同，成膜后的收缩率也不同，光泽也有差异。对于溶剂型涂料，良溶剂能够保证树脂分子充分流平，由于溶剂各组分挥发速度不同，残留组分的溶解性能不佳时，树脂分子易于变成颗粒析出，导致涂膜平整性下降。涂料的成膜过程影响涂膜表面的粗糙程度。

涂料消光剂应能满足下列基本要求：① 消光剂的折光指数应尽量接近树脂的折光指数，不至于影响清漆透明度和色漆的颜色；② 化学稳定性好，不影响涂料储存和固化；③ 分散性好且储存稳定；④ 用量少，加入少量即能够产生强消光性能。

6.6.2.3 常用消光剂及其使用

涂料中大量使用的消光剂包括金属皂、高分子蜡、改性油消光剂和功能性填料等几类。

1. 金属皂

金属皂是研究和应用较早的消光剂，由于它与漆料组分不相容，以非常细微的悬浮物分散在涂料里，成膜时分布在漆膜表面，降低漆膜表面的光反射性而达到消光目的。

常用的金属皂消光剂有硬脂酸铝、锌、钙，铅和镁的皂用得较少。金属皂消光剂的用量一般为涂料基料的 5%～20%，使用时须避免过度加热和研磨影响消光效果。此外它还具有增稠、防沉、防流挂等作用。

2. 高分子蜡

高分子蜡作为涂料的消光剂使用简单，应用较早，涂料施工后，因溶剂挥发，蜡从漆中析出，形成微细结晶，浮在漆膜表面，形成一层散射光线的粗糙面而起到消光作用。天然蜡已很少用做消光剂，取而代之的是半合成蜡和合成蜡，半合成蜡由天然蜡改性而得，如微粉脂肪酸酰胺蜡、微粉聚乙烯棕榈蜡等，合成蜡多为低聚物，如低分子聚乙烯蜡、聚丙烯蜡、聚四氟乙烯以及它们的改性衍生物，它们不仅消光能力强，还能够提高涂膜的硬度、耐水性、耐擦伤性、耐湿热性等。但高分子消光效果相对较弱，只在特殊场合使用。

3. 改性油消光剂

有些干性油，如桐油能形成无光漆膜，这是由于桐油中共轭双键反应活性高，漆膜底面不同的氧化交联速度使漆膜表面产生凹凸不平而达到消光效果。为了克服生桐油的缺点，可使其进行部分聚合，在油料中加入天然橡胶稀溶液或其他消光剂。

4. 功能型填料

功能型填料包括微粉级合成二氧化硅、硅藻土、硅酸镁、硅酸铝等。

（1）微粉级合成二氧化硅主要有微粉级合成二氧化硅气凝胶、微粉级沉淀二氧化硅、气相二氧化硅。

微粉级合成二氧化硅气凝胶具有强度高、分散中耐研磨、孔容积大的特点，此外对涂膜的透明性和干燥性影响很小。目前此类产品多以国外公司为主。

（2）微粉级沉淀二氧化硅国内产量较大，但是质量档次低，多用于低端涂料。气相二氧化硅目前仅有德固赛公司生产，涂膜透明性好，多用于高档涂料。

消光剂使用时一方面注意颗粒大小和膜厚度的匹配，以平衡消光效果和涂膜外观，另一方面要注意避免过度研磨。

（3）硅酸盐类消光剂可提高体系的颜料体积浓度来降低光度。

有些廉价的填料如滑石粉，经常被用于降低成本的同时，也能大幅度降低光泽。但要注意，滑石粉作为消光剂不能用于室外面漆，曾有厂家将其用于面漆，导致涂膜出现大面积失光和粉化的后果。

6.7 紫外线吸收剂

这类助剂主要用于汽车涂料。实际为紫外线过滤剂，把大部分能量高、对高分子聚合物有害的辐射光吸收，再以热能的形式释放出来。使树脂聚合物降解速度大大减缓，达到延长其使用寿命的目的。实用表明，单独使用紫外线吸收剂效果并不理想，建议与光稳定剂配合使用。

Ciba-Geigy 公司推荐苯并三唑类紫外线吸收剂 Tinuvln 900 与光稳定剂 Tinuvln 292 并用，其用量分别为涂料树脂固体分的 1.0%～1.5%和 0.5%～1.0%。

SANDDZ 公司则是将两种物质按一定比例混合成紫外线吸收-光稳定剂 SANDUVOR 3212，以树脂固体含量的 2%～3.5%加入汽车涂料中。例如，用于面漆的是聚氨酯的铝粉闪光漆，罩光漆是双组分聚氨酯漆，在热带沙漠地区，曝晒三年，效果很好。

6.8 附着力促进剂

这类助剂用于改善漆膜对底材的附着。主要类型有：

（1）树脂类附着力促进剂。含有多种官能团的树脂，能与底材形成一定的化学结合，同时又能与基料互溶结合，提高附着力。PP、PE 等高结晶度塑料的表面处理剂也属于此类。此类产品不同程度的存在相容性问题。

（2）硅烷偶联剂。无机底材亲水的极性表面容易吸附上一层水膜，使涂料中的疏水基料难以润湿。硅烷偶联剂中的可水解基团遇到无机表面的水分后水解生成硅醇，而与无机物质结合，形成硅氧烷，另一部分反应基团与有机物质反应而结合，在无机物质与有机物质界面之间搭起“分子桥”，把两种性质悬殊的材料连接在一起。这类产品价格昂贵，但作用显著。

（3）钛酸酯偶联剂。与硅烷偶联剂类似，只是反应基团不同。

（4）有机高分子化合物。此类促进剂相容性好，对底材润湿性好。

涂料助剂还有很多，在选择时，一般根据面临的实际问题选用。但要强调的是，在选用涂料助剂时，商家提供的技术参数只能参考，要结合具体的涂料品种，在实验的基础上确定具体的使用方案。

7　涂料高分子化学

高分子化学是研究高分子化合物的合成、反应、物理化学性质、加工成型、应用等方面的一门新兴的综合性学科。

高分子化合物从相对分子质量到组成，从结构到性能，从合成到应用，都有其自身的规律。研究高分子化学，是为了更好地利用它们的各种特性来达到人类的各种目的，或合成出人类需要的高分子化合物。涂料从生产中用到的成膜物质（树脂）到施工时涂料湿膜的流平，再到涂料形成的涂膜，都是高分子化合物。了解高分子化合物的一些基本知识对了解涂料的生产、应用是有帮助的。

7.1　基本概念

所谓高分子化合物，是指那些由众多原子或原子团主要以共价键结合而形成的、相对分子质量在 10 000 以上的化合物。

高分子化合物又分为天然高分子化合物和合成高分子化合物。淀粉、纤维素、蛋白质、蚕丝、橡胶、天然树脂等属天然高分子化合物；各种塑料如聚乙烯、聚氯乙烯，合成橡胶，合成纤维，涂料用合成树脂及其形成的膜，合成黏接剂等属合成高分子化合物。

这类高分子化合物，它们的相对分子质量可以从几万直到几百万甚至更大，但它们的化学组成和结构比较简单，往往是由无数（n）结构小单元以重复的方式排列而成的。组成高分子链的重复结构单位称为链节，如聚氯乙烯分子中的重复单位是（如$-CH_2-CHCl-$）。链节数目 n 称为聚合度。高分子的相对分子质量 = 聚合度 × 链节量。同一种高分子化合物的分子链所含的链节数并不相同，所以高分子化合物实质上是由许多链节结构相同而聚合度不同的化合物所组成的混合物，其相对分子质量与聚合度都是平均值。

高分子通常由 10^3～10^5 个原子以共价键连接而成。由于高分子多是由小分子通过聚合反应而制得的，因此也常被称为聚合物或高聚物，用于聚合的小分子则被称为“单体”，如聚氯乙烯是由许多氯乙烯分子聚合而成的，聚乙烯是由许多乙烯分子聚合而成，脲醛树脂由尿素和甲醛聚合而得，酚醛树脂由苯酚和甲醛聚合形成。

7.1.1　合成高分子化合物的反应类型

1．加聚反应

由一种或多种单体相互加成，结合为高分子化合物的反应。在该反应过程中没有产生其他副产物，生成的聚合物的化学组成与单体的基本相同。仅由一种单体发生的加聚反应称为均聚反应，如乙烯合成聚乙烯。由两种以上单体共同聚合的反应称为共聚反应，如苯乙烯与甲基丙烯酸甲酯共聚。共聚产物称为共聚物，其性能往往优于均聚物。因此，通过共聚方法可以改善产品性能。

加聚反应具有如下两个特点：

（1）加聚反应所用的单体是带有双键或三键的不饱和化合物，如乙烯、丙烯、氯乙烯、苯乙烯、丙烯腈、甲基丙烯酸甲酯等，都是常用的重要单体。加聚反应发生在不饱和键上。

（2）加聚反应是通过一连串的单体分子间的互相加成反应来完成的。

2. 缩聚反应

是指由一种或多种单体互相缩合生成高聚物，同时析出其他低分子化合物（如水、氨、醇、卤化氢等）的反应。缩聚反应生成的高聚物的化学组成与单体的不同。

7.1.2 高分子化合物的相对分子质量

天然生物高分子如蛋白质具有严格、精确的顺序和空间结构，有一定的相对分子质量。上面也介绍，合成高分子的高分子链的聚合度总是不同的，也就是说，同一种合成的高分子化合物中各个分子的相对分子质量大小总是不同的。但合成的蛋白质如胰岛素例外。因此，合成高分子化合物实际上是相对分子质量大小不同的同系混合物。由此我们知道，高分子化合物的相对分子质量指的是平均相对分子质量。一般有两种表示方法：

1. 数均相对分子质量

聚合物是由化学组成相同而聚合度不等的同系混合物组成的，即由分子链长度不同的高聚物混合组成。按分子数目统计平均，称为数均相对分子质量，符号为$\overline{M_n}$。

$\overline{M_n}$ =（各组分相对分子质量×组分物质的量）的总和/总物质的量

$$\overline{M_n}=\frac{\sum_i M_i n_i}{\sum_i n_i}=\sum_i M_i x_i$$

常用聚合物稀溶液的冰点降低、沸点升高、渗透压法和端基滴定法来测定，其意义是某体系的总质量 m 被分子总数所平均。

2. 重均相对分子质量

用聚合物中不同相对分子质量的分子重量平均统计（按重量的统计平均）的相对分子质量，用$\overline{M_w}$表示。

$$\overline{M_w}=\frac{\sum_i M_i m_i}{\sum_i m_i}=\sum_i M_i w_i$$

$$\overline{M_w}=\frac{\sum_i M_i M_i n_i}{\sum_i M_i n_i}=\frac{\sum_i M_i^2 x_i}{\sum_i M_i x_i}$$

式中：w_i相对分子质量为M_i的聚合物的分子质量。

重均相对分子质量的测定方法有光散射法、超速离心沉降速度法以及凝胶色谱法。

此外，还有用 Z 均相对分子质量$\overline{M_Z}$、黏均相对分子质量（用溶液黏度法测得的平均相对分子质量为黏均相对分子质量）$\overline{M_\eta}$来表示高分子化合物品相对分子质量的。它们的表达式为

$$\overline{M_Z}=\frac{\sum_i Z_i M_i}{\sum_i Z_i}=\frac{\sum_i w_i M_i^2}{\sum_i w_i M_i}$$

式中：Z_i和M_i分别为第 i 种分子的分子数和相对分子质量。

$$\bar{M}_\eta=\left(\frac{\sum_i M_i^\alpha m_i}{\sum_i m_i}\right)^{1/\alpha}=\left(\sum_i M_i^\alpha w_i\right)^{1/\alpha}$$

式中：α 为高分子稀溶液的 η–M 关系指数，与高分子链在溶液中的形态有关，通常 α 的数值在 0.5～1 之间。

当 $\alpha=1$　　$\overline{M_\eta}=\sum w_i M_i=\overline{M_w}$

当 $\alpha=-1$　　$\overline{M_\eta}=\dfrac{1}{\sum \dfrac{w_i}{M_i}}=\overline{M_n}$

说明：$\alpha=-1$ 只是为了导出 $\overline{M_\eta}=\overline{M_n}$。

几种相对分子质量的关系为：

$$\overline{M_Z}\geqslant\overline{M_w}\geqslant\overline{M_\eta}\geqslant\overline{M_n}$$

通常讨论得较多的是前面两种相对分子质量，即数均相对分子质量和重均相对分子质量。几种相对分子质量的测定方法及适用范围如表 7.1 所示。

表 7.1　几种相对分子质量的测定方法及适用范围

平均相对分子质量类型	测定方法	适用相对分子质量范围
数均（当量法）	端基分析	$<3\times10^4$
数均（绝对法）	沸点升高，冰点降低	$<3\times10^4$
数均（绝对法）	气相渗透压 膜渗透压	$2\times10^4\sim5\times10^5$
重均、Z 均（绝对法）	超离心沉降	$1\times10^4\sim1\times10^6$
重均（绝对法）	光散射	$1\times10^4\sim1\times10^7$
黏均（相对法）	黏度	$1\times10^4\sim1\times10^7$
各种平均（相对法）	$1\times10^3\sim5\times10^6$	凝胶渗透色谱

高分子化合物中的相对分子质量大小不等的现象称为高分子的多分散性（即不均一性），也称相对分子质量分布。这种多分散性对高分子化合物的性能有很大的影响，一般来说，分散性

越大，性能越差。相对分子质量和分散性问题都是合成高分子化合物时必须注意控制的一个问题。这种现象在低分子化合物中不存在。

一般有机化合物的相对分子质量不超过 1 000。由于高分子化合物的相对分子质量很大，所以在物理、化学和力学性能上与低分子化合物有很大差异。

7.1.3 高分子化合物的结构与形态

高分子化合物几乎无挥发性，常温下常以固态或液态存在。固态高聚物按其结构形态可分为晶态和非晶态。前者分子排列规整有序，而后者分子排列无规则。同一种高分子化合物可以兼具晶态和非晶态两种结构。大多数的合成树脂都是非晶态结构。

高分子化合物的许多基本链节重复都是以化学键连接的，并形成线型结构的巨大分子，称为线型高分子。有时线型结构还可通过分枝、交联、镶嵌、环化，形成多种类型的高分子。其中，以若干线型高分子用若干链段连接在一起，成为巨大的交联分子的称为体型高分子。

7.2 聚合物的结构

聚合物是由许多单个的高分子链聚集而成的，因而其结构有两方面的含义：① 单个高分子链的结构；② 许多高分子链聚在一起表现出来的聚集态结构。可分为以下几个层次：

7.2.1 链结构 —— 单个分子的结构与形态

7.2.1.1 一级结构、近程结构

指的是结构单元的化学组成、连接顺序、立体构型，以及支化、交联等。

高分子的近程结构主要是指高分子链中原子的种类和排列、取代基和端基的种类、单体单元排列顺序、支链的类型和长度、取代基在空间的排列。它们都可能影响高分子的性质。

1. 碳链高分子

一般合成高分子是由单体通过聚合反应连接而成的链状分子，称为高分子链。分子主链全部由碳原子以共价键相连接的碳链高分子不易水解，易加工，易燃烧，易老化，耐热性较差，一般用做通用塑料。常见的有聚苯乙烯、聚氯乙烯、聚乙烯、聚丙烯、聚甲基丙烯酸甲酯等。它们的结构如下：

$$\text{PE:}\ \sim\!\sim CH_2-CH_2-CH_2-CH_2\sim\!\sim$$

$$\text{PP:}\ \sim\!\sim CH_2-\underset{\displaystyle CH_3}{\underset{|}{CH}}-CH_2-\underset{\displaystyle CH_3}{\underset{|}{CH}}\sim\!\sim$$

$$\text{PVC:}\quad \sim\!\sim CH_2-\underset{\underset{Cl}{|}}{CH}-CH_2-\underset{\underset{Cl}{|}}{CH}\sim\!\sim$$

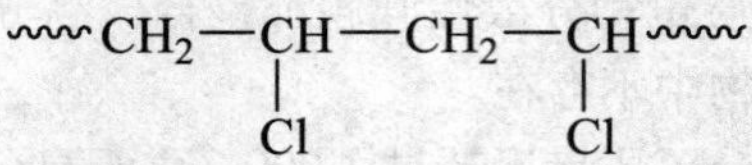

$$\text{PS:}\quad \sim\!\sim CH_2-\underset{\underset{C_6H_5}{|}}{CH}-CH_2-\underset{\underset{C_6H_5}{|}}{CH}\sim\!\sim$$

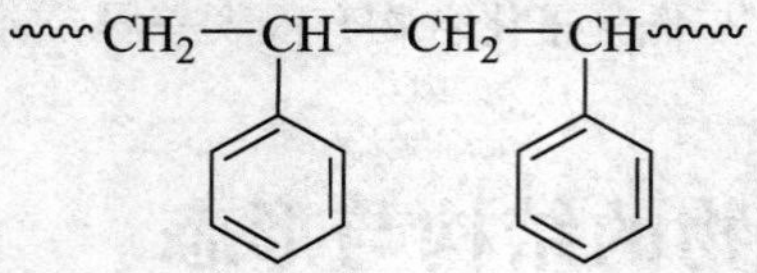

2. **杂链高分子**

分子主链由两种或两种以上的原子以共价键连接，除 C 以外，主链上还含有 O、N、S、Si 等原子，多由缩聚反应或开环聚合反应制得。分子带有极性，易水解、醇解或酸解；耐热性好，强度高。这类聚合物主要用做工程塑料。常见聚合物有聚酯、聚酰胺、酚醛树脂、聚甲醛、聚砜等。例如：

$$\text{PA:}\quad \sim\!\sim NH(CH_2)_5CO-NH(CH_2)_5CO\sim\!\sim \quad \text{尼龙 6}$$

3. **元素高分子**

主链中含有 Si、P、Ge、Al、Ti、As、Sb 等元素，或主链全由这些元素构成。具有无机物的热稳定性及有机物的弹性和塑性，但强度较低。

$$\sim\!\sim \overset{|}{\underset{|}{Si}}-\overset{|}{\underset{|}{Si}}-\overset{|}{\underset{|}{Si}}-\overset{|}{\underset{|}{Si}}\sim\!\sim \qquad \sim\!\sim \overset{|}{\underset{|}{Si}}-O-\overset{|}{\underset{|}{Si}}-O\sim\!\sim$$

这类高分子主链不是一条单链，而是像“梯子”和“双股螺线”那样的高分子链，例如，聚丙烯腈纤维加热时，升温过程中环化、芳构化形成梯形结构（进一步升温可得碳纤维），加入高聚物可作为耐高温复合材料。反应过程如下：

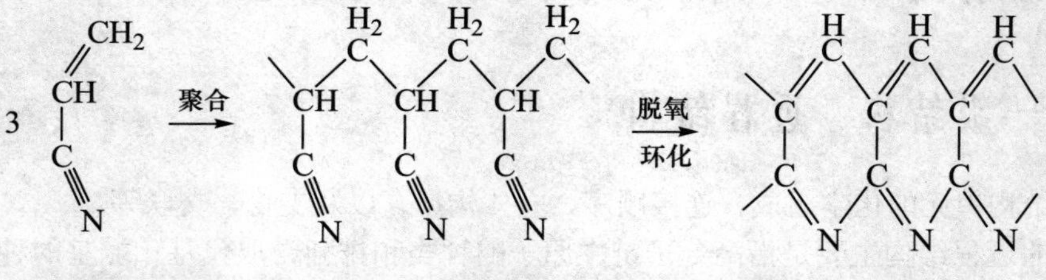

$$3\,CH_2{=}CH{-}C{\equiv}N \xrightarrow{\text{聚合}} \sim CH_2-\underset{\underset{C\equiv N}{|}}{CH}-CH_2-\underset{\underset{C\equiv N}{|}}{CH}-CH_2-\underset{\underset{C\equiv N}{|}}{CH}\sim \xrightarrow[\text{环化}]{\text{脱氧}} \text{梯形结构（C=C / C=N 稠环）}$$

为防止链断裂从端基开始，有些高分子需要封头，以提高耐热性。

4. **高分子的键接结构**

链接结构是指结构单元在高分子链中的连接方式，是影响性能的重要因素之一。结构单元在分子链中的连接方式，通过控制合成条件可改变。单烯类单体 $CH_2{=}CHX$ 聚合时，单体单元连接方式可有如下三种：

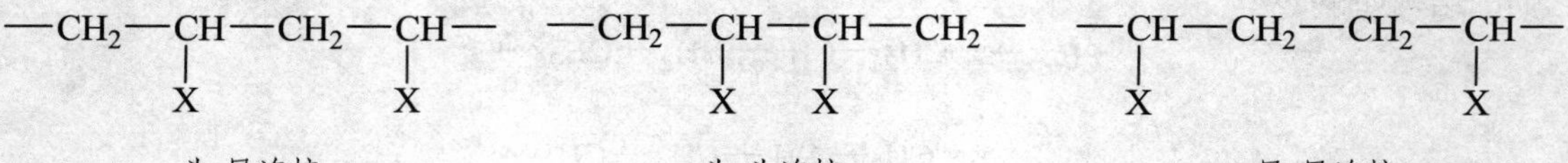

$$-CH_2-\underset{\underset{X}{|}}{CH}-CH_2-\underset{\underset{X}{|}}{CH}- \qquad -CH_2-\underset{\underset{X}{|}}{CH}-\underset{\underset{X}{|}}{CH}-CH_2- \qquad -\underset{\underset{X}{|}}{CH}-CH_2-CH_2-\underset{\underset{X}{|}}{CH}-$$

头-尾连接　　　　头-头连接　　　　尾-尾连接

这种由结构单元间的连接方式不同所产生的异构体称为顺序异构体。实验证明，在自由基或离子型聚合的产物中，大多数是头-尾连接的。

5. 高分子构型（立体异构）

分子中由化学键所固定的原子在空间的几何排列。要改变构型必须经过化学键的断裂和重组。

（1）几何异构：双键上的基团在双键两侧排列方式不同而引起的异构（因为在双键中键是不能旋转的）。

如顺式 1, 4-聚丁二烯室温下是弹性很好的橡胶，反式 1, 4-聚丁二烯，分子链结构规整（结构如下），容易结晶，室温下弹性差，作为塑料用。

$$\diagdown CH_2 - CH = CH - CH_2 - CH_2 - CH = CH - CH_2 \diagdown$$

天然橡胶 98%以上是顺式聚异戊二烯（结构如下），结晶性及结晶熔点较低，密度小，具有优良的橡胶弹性。而杜仲胶（古塔波胶）为反式聚异戊二烯，结晶性及熔点高，一般用做塑料。

$$\diagdown CH_2 - CH = CH - CH_2 - CH_2 - CH = CH - CH_2 \diagdown$$

（2）旋光异构：若正四面体的中心原子上 4 个取代基是不对称的（即 4 个基团不相同），此原子称为不对称 C 原子（C*），C*会引起异构现象，其异构体互为镜像对称，各自表现不同的旋光性。当 C*处于分子主链上，取代基排列不同将产生不同的立体构型。

例如，聚 α-取代烯烃 （—*CHR—CH_2—）每个链节上的 C*有两种互为镜像的旋光异构体。根据异构体的连接方式可分为全同立构（等规立构）、间同立构（间规立构）、无规立构（结构如下）。

① 全同立构高分子：全部由同一旋光异构体单元组成的高分子链。

② 间同立构高分子：由两种旋光异构体单元交替排列形成的高分子链。

③ 无规立构高分子：两种旋光异构体单元无规排列形成的高分子链。

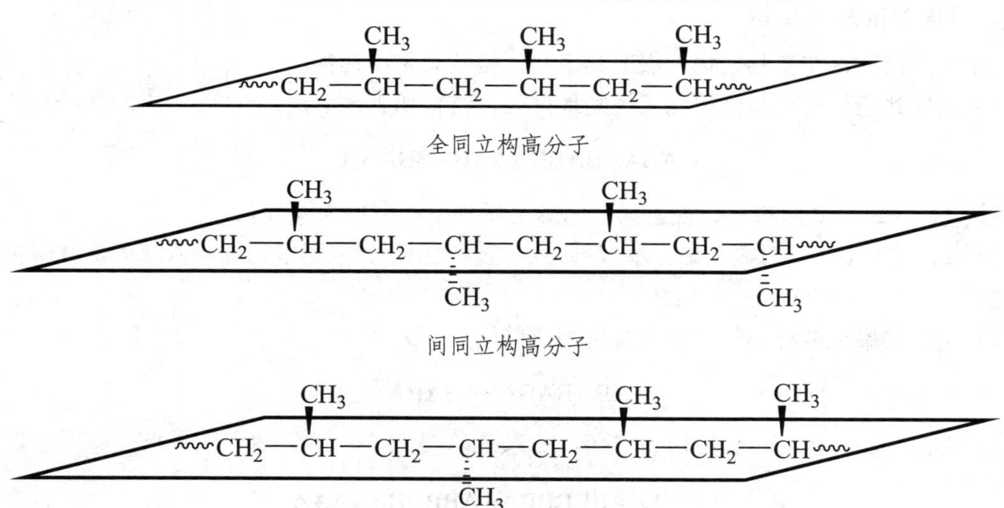

全同立构高分子

间同立构高分子

无规立构高分子

6. 高分子链的几何形状

线型高分子，分子链为线型；支链高分子，主链上带有侧链；交联高分子，交联网状大分子。它们的性质因结构不同而有差异。

(1) 线型高分子：可溶，可熔，易于加工，可重复应用，一些合成纤维、“热塑性”塑料（PVC，PS 等属此类）。

(2) 支链高分子：一般也可溶，但结晶度、密度、强度均比线型差。

网状高分子：不溶，不熔，耐热、耐溶剂等性能好，但加工只能在形成网状结构之前，一旦交联为网状，便无法再加工。“热固性”塑料（酚醛、脲醛树脂）属此类。

支化与交联对高分子化合物性质的影响：线型高聚物可以在适当溶剂中溶解，加热可以熔融，易于加工成型。支化对物理、机械性能的影响有时相当显著：支化程度越高，支链结构越复杂，影响高分子材料的使用性能越大。用支化点密度或两相临支化点之间链的平均相对分子质量表示支化的程度，称为支化度。高分子链之间通过支链连接成一个三维空间网状大分子时即成为交联结构。所谓交联度，通常用相邻两个交联点之间链的平均相对分子质量 $\overline{M}_c$ 来表示。交联度越大，$\overline{M}_c$ 越小。支化与交联示意如图 7.1：

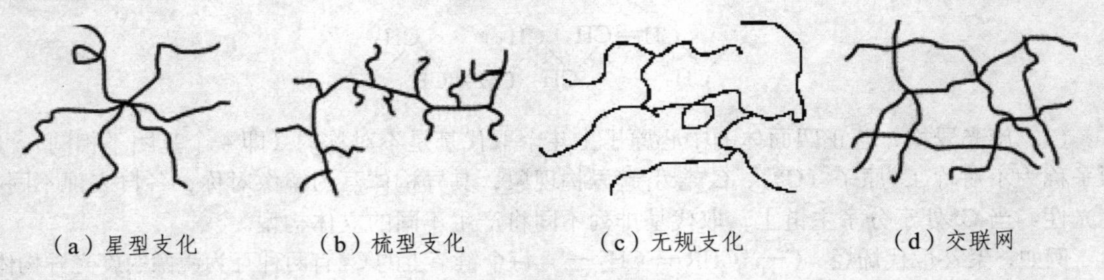

（a）星型支化　（b）梳型支化　（c）无规支化　（d）交联网

图 7.1　支化与交联

支化的高分子能够溶解，而交联的高分子是不溶不熔的，只有当交联度不是太大时才能在溶剂中溶胀。热固性塑料（酚醛、环氧、不饱和聚酯等）和硫化橡胶都是交联的高分子。

7. 共聚物的序列结构

有无规共聚物、交替共聚物、嵌段共聚物、接枝共聚物几种。

(1) 无规共聚：两种单体单元无规则地排列，结构如下：

ABAABABBAAABABBAAA

实例 1： PE，PP 是塑料，但乙烯与丙烯无规共聚的产物为橡胶。

实例 2： PTFE（聚四氟乙烯）是塑料，不能熔融加工，但四氟乙烯与六氟丙烯共聚物是热塑性的塑料。

(2) 交替共聚：两种单体单元交替排列，结构如下：

ABABABABABABA

(3) 嵌段共聚（Block），结构如下：

AAAAAABBBBBAAABBBBAAAAA

实例：SBS 树脂（牛筋底）是苯乙烯与丁二烯的嵌段共聚物为热塑性弹性体，分子链中段是 PB（顺式），两端是 PS（S 为物理交联点，PB 为连续相，PS 为分散相）。

(4) 接枝共聚（Graft），结构如下：

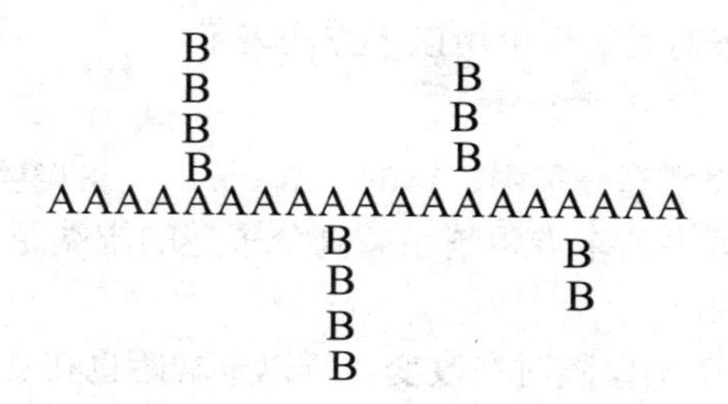

7.2.1.2 二级结构、远程结构

指的是高分子链的形态（构象）、高分子的大小（相对分子质量）、链的柔顺性以及分子链的质量等。远程是指沿分子链方向上，考察的距离较远。

1. 聚合度

聚合度是指高分子中所含的重复单元的数目，其值与相对分子质量成正比，可以作为衡量高分子大小的参数。聚合物的相对分子质量或聚合度达到某一数值后，才能显示出适用的机械强度，这一数值称为临界聚合度。对极性强的高聚物来说，其临界聚合度约为 40；非极性高聚物的临界聚合度约为 80；弱极性的介于二者之间。

2. 相对分子质量及相对分子质量分布

高聚物的相对分子质量越大，则机械强度越大。然而，高聚物相对分子质量增加后，分子间作用力也增强，使高聚物的高温流动黏度增加，给加工成型带来困难。高聚物的相对分子质量应兼顾使用和加工两方面的要求。

相对分子质量及相对分子质量分布对高聚物性能产生很大影响。一般来说，相对分子质量的增加使机械性能增加，流动性下降等，当相对分子质量超过 600～700 后，机械性能变化不大。相对分子质量分布，低相对分子质量部分使力学性能降低，相对分子质量过高部分又给流动成型带来困难。平均相对分子质量相同时，分布宽，流动性好，易加工，制品表面光滑；相对分子质量分布窄，力学强度高，耐应力开裂性好。

聚合物相对分子质量与相对分子质量分布对于漆膜性能的影响直接左右涂料配方的设计。希望在应用黏度下具有最高固体分，最好使用低相对分子质量的聚合物，使黏度降低；希望所得漆膜具有最好的保光性，要求聚合物的相对分子质量高，物理、力学性能好，相对分子质量在 90 000 左右为好。

在同一平均相对分子质量的情况下，相对分子质量分布太宽的高聚物不能用于涂料。当希望制备高固体分的涂料时，相对分子质量分布是一项关键指标，发展窄分布聚合物制备方法非常重要。

3. 构　象

是由于单键内旋转而产生的分子在空间的不同形态。但高分子链的内旋转不是完全自由的，某一单键的内旋转要受到相邻基团的阻碍，其程度可用旋转位垒数值来估计。

4. 高分子链的柔顺性

高分子链的柔顺性，是高分子链能够改变其构象的性质。高分子链越长，内旋转的单键数越多，产生的构象数越多，则柔顺性越好，或刚性越差。它是聚合物的许多性能不同于低分子物质的主要原因。高分子链的柔顺性可用以下方法表示：

（1）均方末端距$\overline{h^2}$或均方根末端距$\sqrt{\overline{h^2}}$

平均末端距$\overline{h}$——在线型高分子中，链的一端到另一端的直线平均距离。这是一个向量，高分子链越柔顺、卷曲越厉害，末端距越小。高分子链的末端距通常是统计平均值，常采用它的平方的平均值均方末端距。

均方末端距$\overline{h^2}$——由于构象随时在改变，所以末端距也在变化，只能求平均值；但由于末端距方向任意，所以平均值必为零，没有意义，所以先将末端距平方再平均才有意义。这是一个标量。为什么用均方末端距而不是平均末端距？因为高分子的构象是瞬息万变的，在规定端距的时候就规定了方向，也就是说，高分子的末端距是一个向量，这个方向是任意的，故这个向量趋近于零，而均方末端距是一个标量。

将均方末端距值开方后可得均方根末端距$\sqrt{\overline{h^2}}$。这个参数是表征聚合物分子尺寸大小的一种方法。当两种高分子的链长相同时，末端距越小者，其链越柔顺。例如，聚合度为1 000时，聚乙烯的均方根末端距为16.5 nm，聚苯乙烯为24 nm。另外，均方根末端距随聚合度增大而增大，并与数均相对分子质量的平方根成正比。

（2）链段长

链段是高分子链可以任意取向的最小单元或高分子链上能够独立运动的最小单元。而“链段”长度是指一个链段包含的链节数。

高分子链上单键数目越多，内旋转越自由，则链段长度越短，链段数越多，呈现的构象越多，链的柔顺性越好。例如，聚异丁烯链段含结构单元数20～25，PVC链段含结构单元数25～75。

影响高分子链柔顺性的因素有：

（1）主链结构

对高分子链的柔顺性起决定性的作用。

① 主链完全由—C—C—键组成的碳链高分子都具有较大的柔顺性，如PE，PP。

② 杂链高分子中—C—O—，—C—N—，—Si—O—等单键键长较长，键角较大，内旋转位垒都比C—C键的小，构象转化容易，构象多，所以柔顺性好。

各种杂链的柔顺性大小规律：

—Si—O— ＞ —C—N— ＞ —C—O— ＞ —C—C—

柔性高分子链如聚酯和聚氨酯、低温下仍能使用的特种橡胶、聚甲基硅氧烷。

③ 主链上带有孤立双键的高分子，尽管双键本身不能内旋转，但与之邻接的单键更容易内旋转。因为连在双键上的原子或基团数比单键数少，而非键合原子间的距离却比单键情况下要远，所以相互作用力减小，内旋转的阻力小。例如，聚丁二烯、聚异戊二烯（橡胶）等分子链都具有较好的柔顺性。

④ 主链上带有共轭双键的高分子或主链上带有苯环的高分子链，分子的刚性大大提高，柔性则大大下降。因为共轭双键的π电子云没有轴对称性，因此带共轭双键的高分子链不能内旋转，整个高分子链是一个大π共轭体系，高分子链成为刚性分子，如聚乙炔和聚对苯。

（2）取代基

① 取代基的极性决定分子内的吸引力，也影响分子间作用力的大小。取代基的极性增加，则柔性下降。

② 取代基在高分子链上分布的密度增加，则柔性下降。如氯化聚乙烯柔性（氯原子密度小）大于聚氯乙烯（PVC）（氯原子密度大）。

③ 取代基的体积增加，位阻大，键旋转困难，刚性增加。

④ 取代基的位置：取代基在主链上的分布如果有对称性，则比不对称性的柔性好。因为 2 个对称侧基使主链间距增大，作用力减小。

（3）氢键

如果高分子链的分子内或分子间可以形成氢键，氢键的影响比极性更显著，可大大增加分子链的刚性。

7.2.2 聚集态结构、三级结构——高聚物整体的内部结构

指高聚物的晶态、非晶态（玻璃态、高弹态、黏流态）、取向态、液晶态及织态（高次结构）等，也称为超分子结构。

聚集态指由大量原子或分子以某种方式（分子间作用力、氢键结合力）聚集在一起，能够在自然界相对稳定存在的物质形态。聚集态结构是决定高聚物本体性能的主要因素。高分子材料是由许许多多高分子链（相同或不同的）以不同方式排列或堆砌而成的聚集体。

高分子的聚集态只有固态（晶态和非晶态）和液态，没有气态，说明高分子的分子间作用力超过了组成它的化学键的键能。因此，分子间作用力对聚集态的影响更加重要。

通常采用内聚能或内聚能密度来表示高聚物分子间作用力的大小。内聚能定义为：克服分子间的作用力，把 1 mol 液体或固体分子移到其分子间的引力范围之外所需要的能量。公式如下：

$$\Delta E = \Delta H_v - RT$$

式中：ΔE 为内聚能；ΔH_v 是摩尔蒸发热；RT 是转化为气体时所做的膨胀功。

固态高分子材料按分子链排列的有序性，分为以下三种：非晶态（无定型态）结构，此时分子链取无规线团构象，是杂乱无序地交叠在一起形成的；结晶态结构，此时分子链是按照三维有序的方式聚集在一起形成的；取向态结构，在外场作用下，分子链沿一维或二维方向局部有序排列形成。

7.2.2.1 聚合物的非晶态结构

非晶态结构是一个比晶态更为普遍存在的聚集形态，不仅有大量完全非晶态的聚合物，而且即使在晶态聚合物中也存在非晶区。结晶高分子材料在高温下（超过熔点）也会熔融，变为无规线团的非晶态结构。过冷熔体中也存在非晶态结构。所谓过冷熔体，就是结晶高聚物熔体经骤冷冻结而形成的非晶态固体。高聚物的高弹态也是非晶态结构。非晶态结构的存在总结为，玻璃态、橡胶态、黏流态（或熔融态）及结晶聚合物中的非晶区。

由于对非晶态结构的研究比对晶态结构的研究要困难得多，因此我们对非晶态结构的认识还较粗浅，已有几种模型，分别是 1949 年由 Flory 提出的无规线团模型，1957 年由 Keller 提出的折叠链模型，1967 年由 Hoseman 提出的准晶模型，1972 年由 Yeh 提出的折叠链缨束模型（又称两相球粒模型）。有代表性的是两相球粒模型和无规线团模型，两者尚存争议，无定论。它们的示意图如图 7.2。

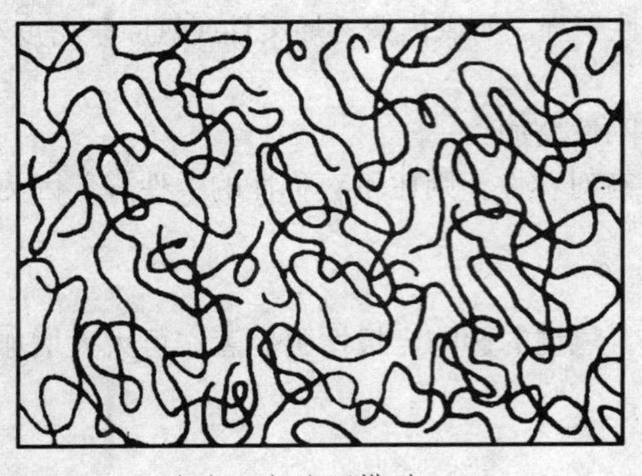

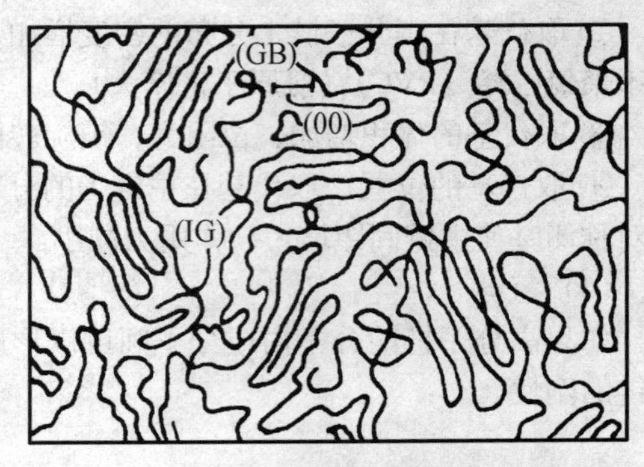

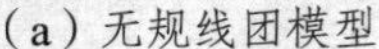

（a）无规线团模型　　（b）折叠链缨束模型

图 7.2　两种典型的聚合物非晶态结构模型示意图

1. 折叠链缨束模型

折叠链缨束模型（两相球粒模型）认为，非晶态高聚物存在着一定程度的局部有序或近程有序；同时，在聚合物中存在着几纳米到几十纳米的粒状物，其中包含粒子相和粒间相两个部分（所以称为球粒模型），而粒子又可分为有序区和粒界区两个部分。在有序区中，分子链是互相平行排列的，其有序程序与链结构、分子间作用力和热历史等因素有关。它的尺寸为 2～4 nm。有序区周围有 1～2 nm 大小的黏界区，由折叠链的弯曲部分、链端、缠结点和连接链组成。粒间相则由无规线团、低分子物、分子链末端和连接链组成，尺寸 1～5 nm。该模型认为一根分子链可以通过几个粒子和粒间相。

两相球粒模型可以对下面一些事实进行说明：

（1）橡胶具有弹性回缩力。这是因为橡胶中的粒间相无序结构为回缩提供了必要的构象熵，而粒子相则起到了交联点作用。

（2）非晶态聚合物的实测密度往往大于由无规线团模型计算出的密度。这是因为非晶态中包含有序的粒子相，其密度接近晶态密度，导致非晶态聚合物的密度增大。

（3）有很多高聚物在熔融态时结晶速度较快。这是因为在非晶态中存在一定程度的链段有序堆砌，已经为结晶创造了条件。

（4）非晶态的聚合物在经过加热退火后，密度增大，同时粒子的半径也变大。这是因为聚合物中分子链的有序堆砌也增加了。

实际上两相球粒模型是非晶体高聚物分子链堆砌的极端形式，因此用于描述它们在经过长时间退火或结晶高聚物升温熔化后得到的无定型聚合物堆砌方式时是比较准确适用的。

2. 无规线团模型

Flory 从高分子溶液理论出发提出了非晶态聚合物的无规线团模型。该模型认为：非晶态中的高分子链，无论是处于玻璃态、高弹态，还是熔融态，都像无扰状态下高分子溶液中的分子链一样呈无规线团的构象，高分子链之间可以相互贯穿，彼此缠结，而线团内的空间则被相邻的分子所占有，不存在局部有序的结构，整个非晶态固体呈均相结构。

上述两种模型是对立的，但它们都有自己的实验依据。因此，许多研究人员还在就该领域继续进行探索，以便在实验的基础上，完善非晶态的结构模型。

聚合物的非晶态结构特点：分子排列无长程有序，对 X 射线衍射无清晰点阵图案。

7.2.2.2 晶态结构

一般来讲，高聚物结晶困难，因为细长而蜷曲的高分子链如何作规整排列呢？高聚物晶态的有序程度要比小分子物质差得多。

小分子晶体的结晶度可为100%，它们是各向异性的，可用重结晶方法纯化。对高分子晶体来说，大多数结晶高聚物是半结晶的，一般条件下，最高结晶度为70%～80%，并且高聚物晶体是由许多向各个方向排列的较细小的晶体组成，结晶高聚物通常是各向同性的。

对于聚合物的晶态结构，人们已经提出了各种各样的模型，如折叠链模型、缨状胶束（微束）模型（两相结构模型）、Flory 插线板模型、松散折叠链模型、隧道折叠链模型。借此来解释所观察到的各种实验现象，并且探讨晶态结构与聚合物性能之间的关系。但主要是前面三种模型。

1. 折叠链模型

由 Keller 提出。其背景是，20 世纪 50 年代后，人们开始使用电子显微镜来研究聚集态结构，将观察范围扩大到几十微米，从而为更加完整地了解聚合物的晶体结构和形态创造了条件。

1957 年，Keller 等将浓度为 0.05%～0.06%的聚乙烯二甲苯溶液缓慢冷却结晶，得到了菱形片状的聚乙烯单晶。电镜观察发现，单晶厚度约为 10 nm，电子衍射证明了单晶片中分子链轴垂直于晶片平面。由于伸展的高分子链长度可达数百纳米，而单晶的厚度仅为 10 nm，显然，高分子链从晶片中伸展出来以后只能再折回晶片中去。

折叠链模型是从局部有序的非晶态结构模型衍生出来的，该模型认为晶体中伸直的分子链倾向于相互聚集在一起形成链束，在电镜下观察时发现这种链束比分子链长得多，并且细而长，具有较大的表面能，不稳定，会自发形成折叠带状结构，而带状结构的表面能较低，热力学稳定，即大分子链是以折叠的形式堆砌起来的。这种折叠带状链在晶核表面生长，最终形成单层片晶。该模型适合于结晶度较高的情况，但高结晶度存在以下缺陷：

① 点缺陷：如空出的晶格位置和在缝隙间的原子、链端、侧基等；② 位错：主要是螺型位错和刃型位错；③ 二维缺陷：如折叠链表面；④ 链无序缺陷：如折叠点、排列改变等；⑤ 非晶态缺陷：即无序范围较大的区域。

折叠链模型提出以后的 20 年中，对该模型的研究颇多，并进行了修改和补充。如单链折叠理论和链束折叠理论。再后来，为了进一步解释一些实验现象，又提出了松散折叠模型和隧道折叠模型。松散折叠模型认为高聚物分子链在折叠时，有可能形成近邻松散的环圈而不是近邻规整折叠；隧道折叠模型则是几种模型的折中模型。

2. 缨状胶束（微束）模型

缨状胶束（微束）模型又称两相结构模型，是在 20 世纪 40 年代提出的。其主要依据是 X 射线衍射方法对许多结晶聚合物研究的结果：在结晶聚合物的 X 射线衍射图上，同时出现了有序的晶体结构对应的衍射峰和与无序的非晶区对应的弥散环，而且晶区很小，其尺寸远小于分子链的长度。因此该模型认为，在结晶聚合物中同时存在着晶区和非晶区，晶区内部分子链段相互平行、规则排列，形成规整结构；在非晶区，分子链呈线团状无序排列，相互缠结；晶区的尺寸很小，以至于一根分子链可以同时穿越几个晶区和非晶区；晶区与非晶区相互无序堆砌形成了完整的聚集态结构。这一模型打破了以往高分子线团杂乱无章的聚集态概念，首次提出了结晶聚合物的两相概念，所以称为“两相”模型。

两相结构模型可以解释以下实验事实：

(1) 按晶胞参数计算出来的聚合物密度高于实测的聚合物密度。这是因为实测聚合物样品不是完全结晶的，而是晶区和非晶区共存。由于非晶区的密度要小于晶区，因此实测聚合物样品的密度小于按照晶胞参数所计算出的理想晶体的密度。

(2) 结晶聚合物熔融时存在一定的熔限。这是因为在结晶聚合物中包含尺寸大小不一的晶区，聚合物受热后，小尺寸晶区由于稳定性差，先发生熔融；而大尺寸晶区的热力学稳定性较好，后发生熔融，由此导致了结晶聚合物熔融时会出现一定的熔限。

(3) 结晶聚合物对化学和物理作用具有不均匀性。这是由于晶区和非晶区的渗透性不同所引起的，一般晶区的渗透性差，不易发生变化，而非晶区的渗透性好，容易发生变化，因而表现出对外界作用的不均匀性。

两相结构模型不能解释的实验事实：如高分子单晶的存在以及球晶的结构特征。另外，仔细对比非晶态结构的两相球粒模型和晶态结构的两相模型，它们有一些相似之处。

3. Flory 插线板模型

该模型认为高分子聚合物在结晶时，遵循就近结晶的原则，片晶中同时存在晶区和非晶区，在形成多层片晶时，晶区中相邻排列的两段分子链不是由同一分子链连续排列下来，而是一根分子链可以从一个晶片通过非晶区进入另一个晶片中，如果它再回到前面的晶片中来，也不是邻接的再进入。为此，仅就一层晶片而言，其中分子链的排列方式与电话交换台的插线板相似。

高聚物的晶态模型都有一定的实验根据，但相互又是矛盾的。这就说明了高聚物晶态结构的复杂性。在讨论它们的结构时要根据具体情况分析。

4. 聚合物的结晶形态

聚合物的结晶形态有多种形式，通常有单晶、球晶、串晶、树枝状晶、纤维状晶等。

(1) 单晶（折叠链晶片型单晶）（稀溶液）：具有各向异性，有一定外形，长程有序。

(2) 球晶（较浓的溶液）（树枝晶）：从熔体冷却或从浓溶液中结晶时，在不存在应力或流动的情况下形成。由无数径向发射的折叠链晶片按结晶规律长在一起的球形多晶聚集体。球晶生长的共同条件是含有杂质的黏稠体系。

球晶的大小为直径几十至几百微米。球晶对高分子材料的性能影响，主要表现在对力学性能有很大影响。

(3) 纤维状晶（伸直链晶体）和串晶：在搅拌下，在特定的环境，如高温高压条件下结晶，或在高速拉伸（10^5 m/min）和快速淬火下纺丝，可能得到纤维状的伸直链晶体。

串晶力学性能较高，如伸直链晶体含量为10%的聚乙烯纤维，抗拉强度达480 MPa。

5. 结晶对涂料的不利影响

涂料的作用在于能在物质的表面形成一层坚韧的固体薄膜。从涂料的角度看，具有明显结晶作用的聚合物作为成膜物是不合适的，原因如下：

(1) 涂膜会失去透明性，因为聚合物固体中同时存在结晶区和非结晶区，不同区域的折射率不同，因此透明性变差。

(2) 结晶度高的聚合物软化温度提高，软化范围变窄。只有软化范围宽才能使涂膜易流平而不会产生流挂。

（3）结晶度高的聚合物不溶于一般溶剂，只有极性强的溶剂才可能使结晶度高的聚合物溶解。

7.2.2.3 聚合物的取向态结构

取向，是指在外力作用下，分子链沿外力方向平行排列。聚合物的取向现象包括分子链、链段的取向以及结晶聚合物的晶片等沿外力方向的择优排列。未取向的聚合物材料是各向同性的，即各个方向上的性能相同；取向后的聚合物材料，在取向方向上的力学性能得到加强，而与取向垂直的方向上，力学性能可能被减弱。即取向聚合物材料是各向异性的，方向不同，性能不同。

聚合物的取向一般有两种方式：单轴取向（动画），在一个方向上施以外力，使分子链沿一个方向取向，如纤维纺丝、薄膜的单轴拉伸等；双轴取向，一般在两个垂直方向施加外力，如薄膜双轴拉伸，使分子链取向平行薄膜平面的任意方向，在薄膜平面的各方向上性能相近，但薄膜平面与平面之间易剥离。

非晶态聚合物的取向包括两个方面：① 大尺寸取向（分子链取向）：指大分子链作为整体是取向的，整个分子链沿外场方向平行排列，但链段未必都取向。大分子取向慢，解取向也慢。② 小尺寸取向（链段取向）：指链段沿外场方向平行排列，但整个大分子链并未取向，可能是杂乱的，其取向快，解取向也快。

取向过程是分子在外场作用下的有序化过程，外场除去后，分子热运动又会重新恢复无序化，即解取向。非晶态高分子材料的取向状态在热力学上是一种非平衡态。

结晶聚合物的取向，也包含两个方面的内容：① 结晶聚合物在外场作用下，除了发生非晶区的分子链或链段取向外，还有晶粒的变形、取向排列问题。② 取向结果：微丝结构、伸直链晶体。

取向态和结晶态的区别。高聚物的取向现象包括分子链、链段以及结晶高聚物的晶片、晶带沿特定方向的择优排列。取向态是一维或二维在一定程度上的有序，而结晶态则是三维有序的。取向高分子材料呈现各向异性。取向使材料的 T_g 升高，对结晶性高聚物，则密度和结晶度也会升高，因此提高了高分子材料的使用温度。

7.3 聚合物的共混

共混聚合物是通过简单的工艺过程把两种或两种以上的均聚物或共聚物或不同相对分子质量、不同相对分子质量分布的同种聚合物混合而成的聚合物材料，也称聚合物合金。

通过共混可以获得原单一组分没有的一些新的综合性能，并且可通过混合组分的调配（调节各组分的相对含量）来获得适应所需性能的材料。

共混与共聚的作用类似，共混是通过物理方法把不同性能的聚合物混合在一起；而共聚则是通过化学方法把不同性能的聚合物链段连在一起。共混可为高聚物带来多方面的好处：

（1）改善高分子材料的机械性能；

（2）提高耐老化性能；

（3）改善材料的加工性能；

（4）有利于废弃聚合物的再利用。

共混与共聚相比，工艺简单，但共混时存在相容性问题，若两种聚合物共混时相容性差，混合程度（相互的分散程度）很差，易出现宏观的相分离，达不到共混的目的，无实用价值。可通过加入相容剂（增容剂）来提高聚合物共混的相容性。实际应用例子有：

（1）最早利用共混改性的是聚苯乙烯，把天然橡胶混入聚苯乙烯，制成了改性聚苯乙烯，改变了聚苯乙烯的脆性，使它变得更为坚韧和耐冲击。这是因为当聚苯乙烯和天然橡胶的共混物受到外力冲击时，分散在聚苯乙烯中的天然橡胶颗粒能够吸收大量的冲击能量，使共混物耐冲击性和韧性有所提高。

（2）大量的聚氯乙烯中加入少量丁腈橡胶，即使不加增塑剂，也能得到像软聚氯乙烯一样的共混物，其中丁腈橡胶起了增塑剂的作用。丁腈橡胶在共混物中既不挥发，也不渗出，比通用的增塑剂要好。这种共混物具有耐油、耐磨、耐老化、低温下不发脆的优点。

（3）聚碳酸酯是一种性能优良的工程塑料，但它存在着内应力大、不耐有机溶剂、在水蒸气和热水中易水解等缺点。如果聚碳酸酯和聚乙烯共混，制得的改性聚碳酸酯就变成耐沸水、耐应力开裂性，而且冲击韧性也有所改善的塑料。

实际上高分子材料的性能，还包括以下几个方面的内容：力学性能、电学性能、光学性能、热学性能。在此不再一一讨论。

7.4 聚合物的溶胀和溶解

涂料的基料或成品，以及成膜后的涂膜，都是高分子聚合物。在涂料的使用施工中，经常会有涂料形成涂膜后的重涂或再涂或复涂。如果涂层之间匹配不好，就会出现溶解（咬底）或起泡（溶胀）现象。

所谓溶解，就是溶质分子通过分子扩散与溶剂分子均匀混合成为分子分散的均相体系。由于高聚物结构的复杂性，高分子溶解比小分子要复杂得多；此外，由于高分子与溶剂分子的尺寸相差悬殊，两者的分子运动速度也差别很大，溶剂分子能比较快地渗透进入高聚物，而高分子向溶剂的扩散却非常慢。因此，高聚物的溶解有自己的特点：① 溶解比较缓慢，其过程是先溶胀后溶解；② 非晶态聚合物比结晶聚合物易于溶解；③ 交联聚合物只溶胀，不溶解。

溶胀现象就是溶解的前一阶段过程，一般为溶剂小分子先渗透、扩散到大分子之间，削弱大分子间相互作用力，使体积膨胀，称为溶胀。

溶胀之后，链段和分子整链的运动加速，分子链松动、解缠结；再达到双向扩散均匀，完成溶解。为了缩短溶解时间，对溶解体系进行搅拌或适当加热是有益的。

对于交联的高聚物，在与溶剂接触时也会发生溶胀，但因有交联的化学键束缚，不能再进一步使交联的分子拆散，只能停留在溶胀阶段，不会溶解。

非晶态高聚物的分子堆砌比较松散，分子间的相互作用较弱，因此溶剂分子比较容易渗入高聚物内部使之溶胀和溶解。晶态高聚物由于分子排列规整，堆砌紧密，分子间相互作用力很强，以致溶剂分子渗入高聚物内部非常困难，因此晶态高聚物的溶解比非晶态高聚物要困难得多。

最后，溶解与高聚物的相对分子质量有关，相对分子质量大的难溶解，相对分子质量小的易溶解。对交联高聚物来说，交联度大的溶胀度小，交联度小的溶胀度大。

8 流变学基础

在涂料的生产、涂布及成膜过程中出现的问题很多都是与流变学有关的基本问题。流变学是指从应力、应变、温度和时间等方面来研究物质变形或流动的物理力学，通俗地说，就是研究物质的变形和流动的一门科学。液体和气体的性质主要表示为流动。

所谓变形：就是对某一物体施加压力，其内部各部分的形状和体积发生了变化。主要与固体的性质相关。

当对固体施加外力时，固体内部会产生一种与外力相对抗并使固体恢复原状的内力。在单位面积上存在的内力就称为应力。

固体由外部应力而产生变形，如除去外部应力，固体则可能恢复原状，这种性质称为弹性。也把这种可逆性变形称为弹性变形，而非可逆性变形称为塑性变形。

物体流动的难易与组成物质本身的性质有关，这种性质称为黏性。实际上流动也被视为一种非可逆性变形过程。

某一种物质具有的对外力表现为弹性和黏性的双重特性（又称黏弹性），称为流变学性质。而对这种现象进行定量解析的科学称为流变学。

8.1 流变学的产生

流变学出现在 20 世纪 20 年代。人们在研究橡胶、塑料、油漆、玻璃、混凝土和金属等工业材料，岩石、土、石油、矿物等地质材料，血液、肌肉、骨骼等生物材料性质的过程中，发现使用古典弹性理论、塑性理论和牛顿流体理论都不能说明这些材料的复杂特性，于是就产生了流变学的思想。英国物理学家麦克斯韦和开尔文很早就认识到材料的变化与时间存在紧密联系的时间效应。经过人们的长期探索，现在已知道，一切材料都具有时间效应，于是就产生了流变学。流变学在 20 世纪 30 年代后得到蓬勃发展。1929 年，在美国宾厄姆教授的倡议下，创建了流变学会；1939 年，荷兰皇家科学院成立了以伯格斯教授为首的流变学小组；1940 年英国出现了流变学家学会；1948 年国际流变学会议在荷兰举行；随后，法国、日本、瑞典、澳大利亚、奥地利、捷克斯洛伐克、意大利、比利时等国也先后成立了流变学会。

流变学的研究内容是各种材料的蠕变和应力松弛现象、屈服值以及材料的流变模型和本构方程。对这几个概念，叙述如下。

（1）蠕变是指材料在恒定载荷作用下，其变形随时间而增大的过程。蠕变是由材料的分子和原子结构的重新调整而引起的，这一过程可用延滞时间来表征。当卸去载荷时，材料的变形部分恢复或完全恢复到起始状态，这就是结构重新调整的另一现象。

（2）应力松弛是指材料在恒定应变下，应力随着时间的变化而减小至某个有限值。这是材料的结构重新调整的又一种现象。

(3) 屈服值是指当作用在材料上的剪应力小于某一数值时，材料仅产生弹性形变；而当剪应力大于该数值时，材料将产生部分或完全永久变形。屈服值标志着材料由完全弹性进入具有流动现象的界限值，所以又称弹性极限、屈服极限或流动极限。同一材料可能会存在几种不同的屈服值，比如蠕变极限、断裂极限等。在对材料的研究中一般都是先研究材料的各种屈服值。在不同物理条件下（如温度、压力、湿度、辐射、电磁场等），以应力、应变和时间的物理变量来定量描述材料状态的方程，叫做流变状态方程或本构方程。

8.2 与流变学相关的基本概念

除了上面已经介绍过的应力、弹性、变形、黏性等概念外，还有一些基本概念。

8.2.1 黏度 η

8.2.1.1 黏度的定义

黏度是表示流体流动性能的一种度量，主要指流体抵抗流动的能力。黏度越高，流体越不容易流动。黏度也是液体分子内摩擦的量度。而黏度又与剪切速率 D 和剪切力 τ 有关。

当整个流体流动时，可以认为流体是由多层液体组成的。每一层的面积都为 A，层间相距 $\mathrm{d}r$。在对最上层施加一推力 F 时，使其产生一速度变化 $\mathrm{d}u$。由于液体的黏性，会将力 F 层层传递，导致各层液体也相应产生运动，并形成一速度梯度 $\mathrm{d}u/\mathrm{d}r$，称其为剪切速率，单位为/s，以 D 表示。而 F/A 称为剪切应力，以 τ 表示，单位是 Pa。剪切速率与剪切应力间具有如下关系：

$$\tau = \eta D$$

此比例系数 η 即被定义为液体的剪切黏度（另有拉伸黏度），及剪切应力与剪切速率之比。剪切黏度平时使用较多，一般不加区别简称黏度时，多指剪切黏度。

$$\eta = \tau / D = \frac{F/A}{\mathrm{d}u/\mathrm{d}r}$$

剪切应力简称剪切力，单位为 $\mathrm{N/m^2}$，如上所述以 Pa 表示。黏度单位常用“泊”，即 Pa · s，以 P 表示。$1\ \mathrm{P} = 0.1\ \mathrm{N \cdot s/m^2}$，SI 单位中黏度单位用 Pa · s 或 kg/(m · s) 表示。η 又称为绝对黏度。黏度系数除以密度 ρ 得的值 ν （$\nu = \eta/\rho$）为动力黏度，SI 单位为 $\mathrm{m^2/s}$。

一些常见液体和固体的绝对黏度数据如表 8.1 所示：

表 8.1 一些常见液体和固体的 η 值

物　质	η（Pa · s）
水	0.001
液体涂料（用于刷涂）	0.1 ~ 0.3
触干漆膜	10^3
实干漆膜	10^8
玻璃及玻璃态聚合物	10^{12}

部分黏度单位换算如下：

1 泊（P）= 0.1 牛顿秒/米^2（$N \cdot s/m^2$）= 3.6×10^2 千克/（米·时）[kg/(m · h)]

1 千克力秒/米^2（$kgf \cdot s/m^2$）= 1 Pa · s = 98.07 泊（P）

8.2.1.2 黏度的影响因素

影响黏度的因素有温度，剪切速率和压力。以 PVC 为例，看它们的影响。

1. 温度 *T*

PVC 的黏度随温度升高呈指数下降。

当剪切速率 $r' = 100/s$，温度 $T = 150$ ℃时，

软质 PVC 的黏度 $\eta = 6\ 200$ Pa · s = 608 047 P。

硬质 PVC 的黏度 $\eta = 17\ 000$ Pa · s = 1 677 900 P。

温度 $T = 190$ ℃时，

软质 PVC 的黏度 $\eta = 310$ Pa · s=30 597 P。

硬质 PVC 的黏度 $\eta = 600$ Pa · s=59 220 P。

2. 剪切速率 *D*

剪切速率 D 增加，PVC 的黏度下降。

温度 $T = 150$ ℃，剪切速率 $D = 100$ /s 时，

软质 PVC 的黏度 $\eta = 6\ 200$ Pa · s = 608 047 P。

硬质 PVC 的黏度 $\eta = 17\ 000$ Pa · s = 1 677 900 P。

剪切速率 $D = 1\ 000$ /s 时，

软质 PVC 的黏度 $\eta = 900$ Pa · s = 88 263 P。

硬质 PVC 的黏度 $\eta = 2\ 000$ Pa · s = 197 400 P。

3. 压　力

在同一温度下，增压会增加 PVC 的黏度

8.2.1.3 高分子化合物溶液的黏度

1. 黏度的其他表示方法

高分子化合物溶液的黏度，除了绝对黏度外，还有下面一些表示方法。

（1）相对黏度（或黏度比）

$$\eta_r = \frac{\eta}{\eta_0}$$

式中：η 为溶液的黏度；η_0 为溶剂的黏度；η_r 表示溶液黏度相对于溶剂黏度的倍数。

（2）增比黏度

$$\eta_{sp} = \frac{\eta - \eta_0}{\eta_0} = \eta_r - 1$$

表示在溶剂黏度的基础上，溶液黏度的倍数。

（3）比浓黏度（或黏数）

$$\eta_{sp}/c = \frac{\eta_r - 1}{c}$$

表示高分子溶液浓度为 c 时，对溶液的增比黏度的贡献，其值随浓度而改变。要注意浓度单位是 g/mL 或 g/L

（4）比浓对数黏度（或对数黏数）

$$\eta_{inh} = \frac{\ln \eta_r}{c}$$

表示高分子溶液在浓度为 c 时对溶液黏度贡献的另一种形式。

（5）特性黏数（或极限黏数）

$$[\eta] = \left(\frac{\eta_{sp}}{c}\right)_{c\to 0} \text{或} [\eta] = \left(\frac{\ln \eta_r}{c}\right)_{c\to 0}$$

其含义是溶液在无限稀释时的比浓黏度或对数黏度，其数值不随浓度而变。特性黏数与相对分子质量的关系：

$$[\eta] = KM^{\alpha}$$

式中：K，α 值与所用溶剂及聚合物本身有关。在良溶剂中，链伸展，$[\eta]$大，α=0.7～1，K 较小；在不良溶剂中，链蜷缩，$[\eta]$小，α = 0.7～0.5，K 较大。

2. 聚合物浓溶液的黏度

高分子聚合物溶液的黏度随相对分子质量的增加而增加，随温度升高而下降。涂料中的聚合物溶液是浓溶液，在同浓度下不良溶剂的溶液黏度高。

3. 分散体系的黏度

乳胶是一个分散体系，加有颜料的溶剂型涂料也是一个分散体系。乳胶体系的黏度与相对分子质量无关，可用 Mooneg 公式计算：

$$\ln \eta = \ln \eta_0 + \frac{K_E V_i}{1 - \frac{V_i}{\Phi}}$$

式中：η_0 为连续相（水相或漆液）的黏度；K_E 为颗粒的形状常数（球形最大，其值 = 2.5）；V_i 为分散相在体系中所占的体积分数；Φ 为堆砌系数。

乳胶粒子是可变形的，假定它是球形，在搅拌时，因受剪切力作用，可变为橄榄球形，此时 Φ 升高，K_E 下降，式中第二项的值变小，使黏度下降。当外力撤去时，又可恢复原状，体系黏度恢复。这就是分散体系的触变性。

颜料外层吸附一层树脂，为变形提供可能性，且增加了内相体积。粒子越细，所吸附的量就越多。如果将一个大的粒子用外力（如搅拌）分成数个小的粒子，V_i 便大大增加。V_i 包括两部分：

$$V_i = V_p + V_A$$

式中：V_p 为粒子本身体积；V_A 为吸附层对 V_i 的贡献。

在被分散体体积相同时，粒子越细，黏度越大。当乳胶或涂料发生絮凝时，黏度可大幅上升，其原因也是内相 V_i 增加。

在一个絮凝的大粒子中，含有很多小粒子。小粒子之间为外相液体所填满，这些外相的液体成为内相体积的一部分：

$$V_i = V_\mathrm{p} + V_\mathrm{A} + V_\mathrm{T}$$

式中：V_T 为截留在絮凝粒子内的外相液体体积。

V_i 增加，体系黏度上升；用搅拌破坏絮凝粒子使其重新分散时，黏度可下降。

8.2.1.4 黏度的测定

1. 流出法

我国通用涂-1 黏度杯（流出口径 ϕ5～6 mm）和涂 4 黏度杯（流出口径 ϕ4 mm）测量。

测量原理：利用试样本身重力流动，测出其流出时间，换算成黏度。

操作简介：用塞棒或手指堵住黏度杯下部流出口，将被测的液体涂料盛满黏度杯，保持水平。在手指松开的同时按秒表，测出涂料从流出开始到流柱中断（出现不连续的流柱）所需时间。

结果表示：秒。

最佳测定量程：涂-1 杯 20 s 以上。

黏度杯的应用范围比较窄，只适用于具有牛顿型或近似牛顿型的液体涂料，如低黏度的清漆和色漆等。当黏度很大时，不适应。

2. 加氏气泡黏度计

测量原理：利用空气气泡在液体中的流动速度来测定涂料产品的黏度。

操作简介：计时法，将透明待测试样注入管内充满至刻度，塞上塞子，把一定量的空气封留在顶部。把试管迅速垂直翻转 180°，试样自重下流，封留的气泡会向上升高触及管底。测出气泡在规定距离内的上升时间（s）就可表示管中液体的相对黏度。

结果表示：秒（s）。

应用范围：主要用于漆料、树脂溶液和清漆等透明液体的黏度测定。

3. 落球黏度计

测量原理：在重力作用下，利用固体球在液体中垂直下降速度的快慢来测定液体的黏度。

操作简介：测定钢球通过落球黏度计上、下两刻度之间的距离所需的时间。

结果表示：秒（s）。

应用范围：主要用于不适宜流出法测定的黏稠涂料，如厚油、厚漆、硝基漆等透明液体的黏度测定，多用于生产控制。

4. 特定剪切速率法

高黏度的色漆具有非牛顿型流动性质，在不同的剪切应力作用下产生不同的剪切速率，因而它们的黏度不是一个定值，用以上三种方法都不能测出比较实际的黏度值。需要在特定的剪切应力和设定的剪切速率下测定。

测量原理：用圆筒、圆盘或桨叶在涂料试样中旋转，使其产生回转流动，测定使其达到固定剪切速率时需要的应力，再换算成黏度。

使用仪器：① 同轴圆筒旋转黏度计；② 布氏旋转黏度计；③ 锥板旋转黏度计等。

操作简介：

（1）试样被置于两个同心圆筒之间，在环形空隙中流动，指针指示的读数乘转子系数，即得出黏度。

（2）选择好转子及速度，将转子浸入试样内开机运转，从刻度盘上读取偏转角，乘转子系数以求取黏度。

（3）将试样滴于平板上，下降圆锥，使样品在固定平板和稍带锥度的旋转圆盘之间被剪切，从指示器可读出黏度值。

结果表示：绝对黏度，即 Pa·s。

5. 压流度法

测量原理：取定量体积的试样，在固定压力下，经过一段时间后，以试样流展扩散的直径大小来表示黏度。

使用仪器：唧筒、玻璃板、砝码。

操作简介：用唧筒塞压出装满唧筒内的试样在玻璃板中央，在试样上放置另一块玻璃板，再压上砝码，打开秒表，经 1 min 后，观察试样流展扩散的直径。

结果表示：直径，cm。

应用范围：适用于厚漆、腻子及厚浆涂料等。

8.2.2 流体的类型

8.2.2.1 牛顿流体

牛顿黏度定律：纯液体和多数低分子溶液在呈流条件下的剪切应力（τ）与剪切速度（D）成正比，即 $\tau = \eta D$，应力与剪切速率呈线性关系，黏度值是线性关系的斜率。遵循该法则的液体为牛顿流体。牛顿型流体是一种理想液体，表现为在一定温度下，液体的黏度为一定值，不随剪切速率的改变而变化。常见的水、涂料溶剂，低相对分子质量的树脂溶液是该类流体。

8.2.2.2 非牛顿流体

实际上大多数液体不符合牛顿黏度定律，如高分子溶液、胶体溶液、乳剂、混悬剂、软膏以及固-液不均匀体系。把这种不遵循牛顿黏度定律的物质称为非牛顿流体。非牛顿流体表现为液体的黏度随剪切力或剪切速率的变化而变化，即黏度不再是一个常数。涂料液体的流动一般是非牛顿型的。

非牛顿流体的剪切速度 D 和剪切应力 τ 不呈线性关系，其变化规律经作图可得四种类型的曲线：塑性流动、假塑性流动、胀形流动、宾汉流动，如图 8.1 所示。

假塑性流动表现为液体的黏度随剪切速率的增加而减少，即剪切稀释。胀形流动与此相反，表现为液体的黏度随剪切速率的增加而增加，即剪切增稠。宾汉流动，是指有的流体必须要在一定的剪切力之上，才能发生流动，这个最小的剪切力称为屈服值，在此值以下，表现为弹性体。

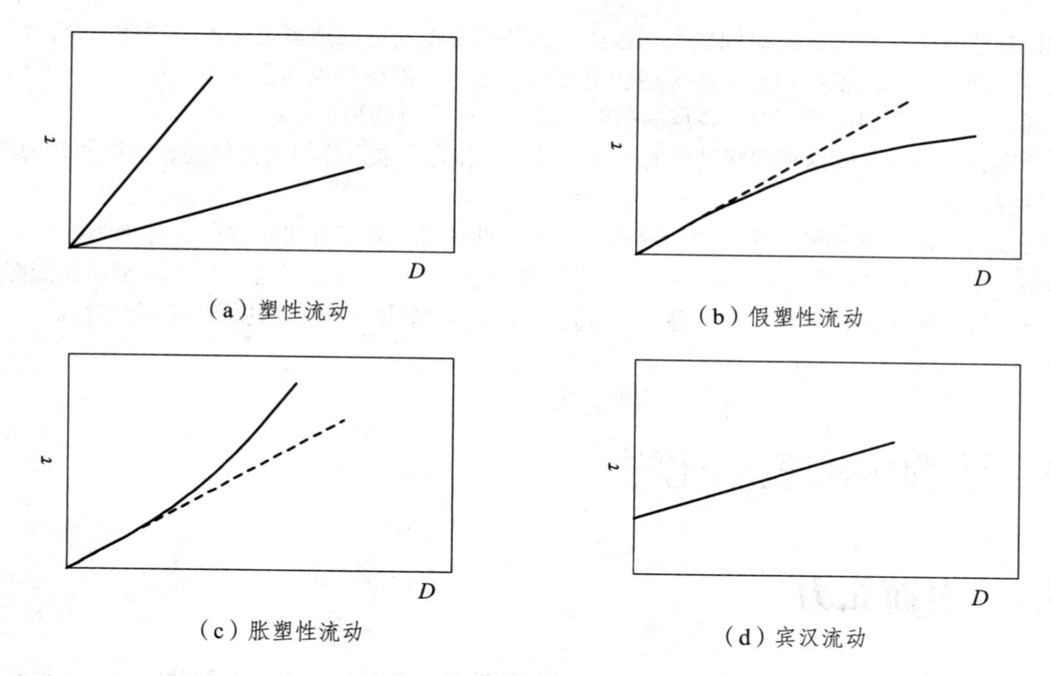

（a）塑性流动 （b）假塑性流动 （c）胀塑性流动 （d）宾汉流动

图 8.1 非牛顿流体的 *C-D* 变化规律

假塑性流动的特点：没有屈服值；过原点；切应速度增大，形成向下弯的上升曲线，黏度下降，液体变稀。在制剂中表现为假塑性流动的剂型有某些亲水性高分子溶液及微粒分散体系处于絮凝状态的液体。

胀性流动的特点：没有屈服值；过原点；切应速度很小时，液体流动速度较大，当切应速度逐渐增加时，液体流动速度逐渐减小，液体对流动的阻力增加，表观黏度增加，流动曲线向上弯曲。在制剂中表现为胀性流动的剂型为含有大量固体微粒的高浓度混悬剂，如 50%淀粉混悬剂、糊剂等。

最重要的非牛顿流体：假塑性流体。其应力低于线性值，绝大多数聚合物流体均表现为假塑性。

胀塑性流体：应力高于线性值，如玉米糊等。

宾汉流体：应力高于临界值后与剪切速率呈线性关系，如润滑油、牙膏、奶酪等。

对于非牛顿流体可以用旋转黏度计进行测定。

8.2.2.3 触变性在涂料中的作用

塑性流体、假塑性流体、胀性流体中多数具有触变性，它们分别称为触变性塑性液体、触变性假塑性液体、触变性胀性液体。

假塑型流体的流动行为如与时间有关，就称为触变流体。这种性质也称为触变性，表现为流体在高剪切速率时，黏度变低，而在低剪切速率时，黏度增高。涂料具有这种性质时，可有效防止流挂和颜料的沉降。触变性的起因在于流体在静止时，其内部形成了较弱的网状结构，这种结构在剪切力的作用下被破坏，黏度降低；而剪切力消失后，结构恢复，黏度又上升。由于网格的形成或破坏与流体所处的时间环境有关，因此，表现为黏度的变化也与时间有关。由于要恢复原来的结构所需的时间较长，因此，流体的黏度与剪切速率之间不是线性关系，没有重现性，即当流体从低剪切速率逐步增加至高剪切速率，测得各点的黏度，然后又由高剪切速率逐渐减小至低剪切速率，测得各点的黏度不同，因而上行线和下行线不重合。

通常，流体内部的这种网状结构的形成，是一种物理交联，作用力为氢键，或以颜料为桥，由极性吸附形成。

可设法使涂料具有触变性，如在涂料中加一些助剂等。触变性可使涂层性能得到改善，在高剪切速率时（涂布时），黏度低，有利于涂布并使涂料有很好的流动性以利于流平；在低剪切速率下静置或涂布后，具有较高的黏度，可防止流挂和颜料的沉降，增加色漆的稳定性。

8.3 涂料中的表面化学

8.3.1 表面张力

表面张力是涂料的重要性质之一。在涂料的制造中，颜料的分散；在涂装中湿膜对底材的润湿、吸附及流平都与表面张力息息相关。表面张力是分子力的一种表现，它发生在液体和气体接触时的边界部分。

通常，由于环境不同，处于界面的分子与处于相本体内的分子所受力是不同的，例如，在水内部的一个水分子受到周围水分子的作用力的合力为 0，但在表面的一个水分子却不如此，因上层空间气相分子对它的吸引力小于内部液相分子对它的吸引力，所以该分子所受合力不等于零，其合力方向垂直指向液体内部，结果导致液体表面具有自动缩小的趋势，这种收缩力称为表面张力。表面张力是物质的特性，其大小与温度和界面两相物质的性质有关。由于表面张力的单位可表示为 N/m（牛顿/米）或 J/m^2（焦耳/米^2），液体表面张力也表述为由于分子引力不均衡而产生的沿表面作用于任一界线上的张力，或形成或扩张单位面积的表面所需的最低能量，即单位面积上的自由能（J/m^2）。

如果没有外力的影响或影响不大，液体趋向于形成球体，如水银球或在荷叶表面看到的水珠。在体积一定的几何形体中，球体的表面积最小，一定量的液体由其他形状变为球形时将伴随表面积的减小，所以液体表面有自动收缩的趋势。

液体的表面张力一般都在 0.1 N/m 以下。表面张力随温度的上升而降低；表面活性剂加入水中，可大大降低水的表面张力。

表面张力的方向和液面相切，并和两部分的分界线垂直，如果液面是平面，表面张力就在这个平面上。如果液面是曲面，表面张力就在这个曲面的切面上。

图 8.2 是表面张力实验的示意图。方形框架的两边是可以上下滑动的，宽度为 l。将框架直立于液体中，框架的两边也被浸没。缓慢地提起框架，便在框架内形成一个逐渐扩展的液体薄膜。为保持液膜平衡而不收缩，需要施加的力为 f，则此力 f 应与液膜的两个表面所提供的力相平衡。l 越长，f 值越大。因此，在框的两边上，单位长度液面上受的力为

$$f = \gamma \cdot 2l$$

比例系数γ定义为表面张力系数，表示垂直通过液体表面任一单位长度、与液面相切的收缩表面的力，常简称为表面张力。

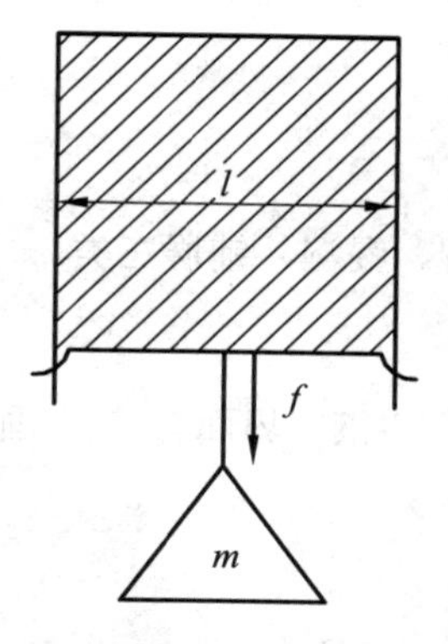

图 8.2 表面张力示意图

某一种液体，在一定的温度和压力下，有一定的γ值。因为温度升高时，液体分子间的引力减小，共存的气相蒸气密度增大，所以表面张力总是随温度的升高而降低。故测定表面张力时，必须固定温度，否则会造成较大的测量误差。

液体的表面张力是表面紧缩力，它使液体表面积有自动缩小的趋势。若要扩展液体的表面，即要把液相内的一部分分子移到表面上来，则必须克服其向液相内侧的拉力而做功，因此，液体自动收缩表面的趋势，也可以从能量的角度来解释。设当表面扩展的微面积为 dA 时，表面张力所做的元功为$-\delta W$，因为表面分子受到的指向液相内侧的拉力要扩展表面，液相内部的一部分分子就要向表面移动，所以做负功。在表面扩展过程中，元功$-\delta W$与微面积增量 dA 成正比，令γ为比例系数，则有

$$-\delta W=\gamma\cdot \mathrm{d}A$$

又因为在恒温恒压条件下，在表面扩展的过程中，体系对外界所做的功即为δW，而δW应等于在此过程中体系自由能的减少 $\mathrm{d}G_{(T,p)}$，故上式可以写作

$$\mathrm{d}G_{(T,p)}=\gamma\cdot \mathrm{d}A$$

即

$$\gamma=G/A_{(T,p)}$$

从γ的表达式得出，γ的物理意义是：在恒温恒压条件下，增加单位表面积表面所引起的体系自由能的增量，也就是单位表面上的分子比相同数量的内部分子过剩的自由能。因此，叫比表面过剩自由能，常简称为“比表面能”，单位是 $\mathrm{J/m^2}$（焦耳/米^2）。因为 1 J＝1 N · m，所以，一种物质的比表面能与表面张力数值上完全一样，量纲也一样，但物理意义有所不同，所用的单位也不同。

8.3.2 液体对固体的润湿作用

润湿是一种流体从固体表面置换另一种流体的过程。最常见的润湿现象是一种液体从固体表面置换空气，如水在玻璃表面置换空气而展开。

在日常生活及工农业生产中，有时需要液固之间润湿性很好，有时则相反。如纸张，用做滤纸时，要求水对其润湿性好；包装水泥用的牛皮纸，则因水泥需要防水，要求水对其不润湿。

制备涂料时，需要树脂能够对颜料进行润湿。润湿是有条件的，润湿能否进行，取决于界面性质及界面能的变化，其润湿的程度可以用接触角的大小来判断。

8.3.2.1 润湿程度

液体在固体表面的润湿分为沾湿、浸湿、铺展三类。

1. 沾 湿

沾湿是指液体与固体接触，将“气-液”界面与“气-固”界面转变为“液-固”界面的过程，如图 8.3（a）所示。

沾湿引起体系自由能的变化为

$$\Delta G=\gamma_{ls}-\gamma_{gs}-\gamma_{gl}$$

式中：γ_{ls}，γ_{gs} 和 γ_{gl} 分别为单位面积固-液、固-气和液-气的界面张力。

沾湿的实质是液体在固体表面上的黏附，沾湿的黏附功 W_a 为

$$W_a=-\Delta G=\gamma_{gs}+\gamma_{gl}-\gamma_{ls}$$

从上式可知 γ_{sl} 越小，则 W_a 越大，液体越易沾湿固体。若 $W_a\geqslant 0$，则 $\Delta G\leqslant 0$，沾湿过程可自发进行。涂料的液滴有效地涂于基材表面上，或农药的雾滴停留在植物的叶子之上，就是典型的沾湿。

若将上述过程的固体改为液体，及液体与液体之间的润湿，则可得另一公式，即

$$\Delta G=0-(\gamma_{lg}+\gamma_{lg})=-2\gamma_{lg}$$

令

$$W_c=-\Delta G$$

W_c 称为内聚功，反映液体自身结合的牢固度。内聚功是液体分子间相互作用力大小的表征。

2. 浸 湿

浸湿是指固体浸没在液体中，“气-固”界面转变为“液-固”界面的过程，如图 8.3（b）所示。浸润过程的自由能变化是

$$\Delta G=\gamma_{ls}-\gamma_{gs}$$

如果用浸润功 W_i 来表示，则是

$$W_i=-\Delta G=\gamma_{gs}-\gamma_{ls}$$

W_i 称为黏附张力，表示液体是否能够黏附到固体的表面。

若 $W_i\geqslant 0$，则 $\Delta G\leqslant 0$，过程可自发进行。W_i 越大，则液体在固体表面上取代气体的能力越强。

3. 铺 展

置一液滴于一固体表面，恒温恒压下，若此液滴在固体表面上自动展开形成液膜，则称此过程为铺展润湿。将涂料涂于基材上时，不仅要求涂料附于其上，而且要求其流动，这一过程的实质是以固-液界面代替固-气界面的同时液体表面也同时扩展，如图 8.3（c）所示。

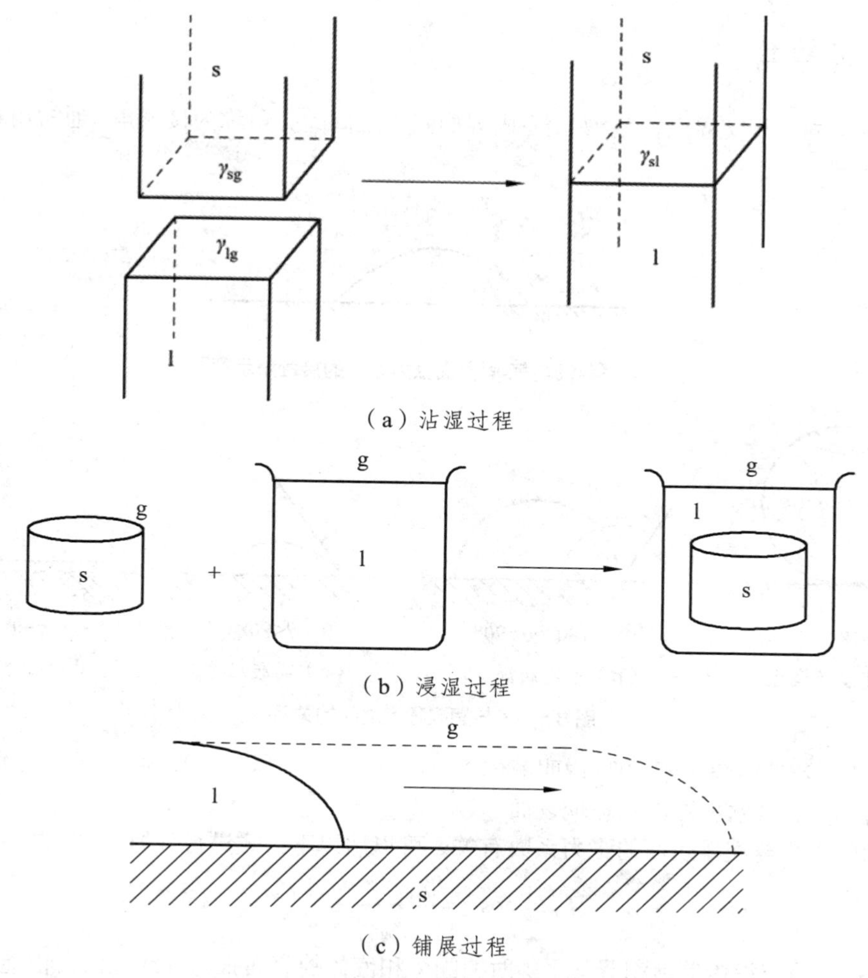

（a）沾湿过程

（b）浸湿过程

（c）铺展过程

图 8.3 润湿程度示意图

体系自由能的变化为

$$\Delta G = \gamma_{gl} + \gamma_{ls} - \gamma_{gs}$$

或

$$S = -\Delta G = \gamma_{gs} - \gamma_{gl} - \gamma_{ls}$$

S 称为铺展系数，$S > 0$ 是液体在固体表面上自动展开的条件。铺展后，表面自由能下降。

若在铺展系数表达式中采用黏附功和内聚功概念，则有

$$S = \gamma_{sg} - \gamma_{sl} + \gamma_{lg} - 2\gamma_{lg} = W_a - W_c$$

即固液黏附力大于液体内聚力时，液体可以自行铺展。涂料应用过程中不仅涉及液体在固体表面的铺展，而且也涉及液体在液体表面上的铺展。例如，将一滴液体石蜡滴在水面上，就形成一个油滴，好像一个凸透镜镶在液体表面。

若两层液体间可以混溶，不存在界面张力，此时铺展系数 $S_{ab} = \gamma_b - \gamma_a$，$\gamma_a$ 为液滴的表面张力，γ_b 为底液的表面张力。$\gamma_a < \gamma_b$ 的都能铺展。这就表明表面张力低的液体有向表面张力高的液体铺展，使整个表面的表面能趋向最小的倾向。这种现象称为马兰戈尼效应。

8.3.2.2 接触角

在气、液、固三相交界点，气-液与气-固界面张力之间的夹角称为接触角，通常用 θ 表示（图 8.4、图 8.5）。

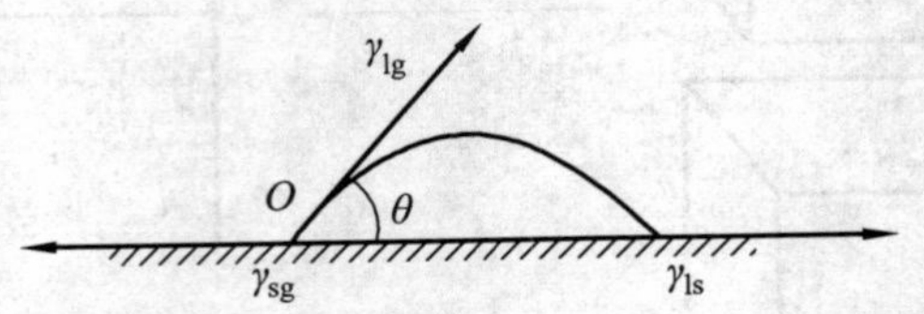

图 8.4 气-液与气-固界面张力之间的接触角示意图

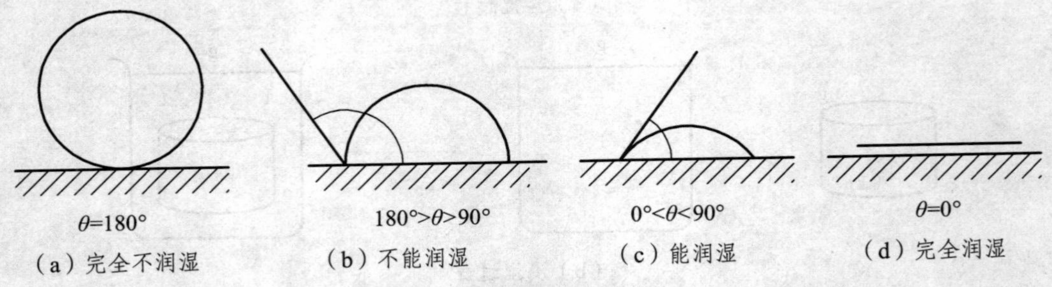

图 8.5 θ 与润湿程度之间的关系

由此可见，若接触角大于 90°，说明液体不能润湿固体，如汞在玻璃表面。若接触角小于 90°，液体能润湿固体，如水在洁净的玻璃表面。

接触角的大小与润湿表面的张力系数有关，可以用以下公式进行计算：

$$\cos\theta = \frac{\gamma_{sg} - \gamma_{ls}}{\gamma_{lg}}$$

式中：γ_{sg} 和 γ_{lg} 是与液体的饱和蒸气平衡时的固体和液体的表面张力（或表面自由能）。

这就是著名的 Young 方程。

可以看到，接触角的数据也能作为判别润湿情况的依据，接触角越小，润湿性能越好。通常把 $\theta = 90°$作为润湿与否的界限。当 $\theta = 0$，液体在固体表面上铺展，固体被完全润湿。若把干净的玻璃板浸入水中，取出时将看到玻璃表面全沾上了水，而石蜡浸入水中却不沾水。所以称 $\theta < 90°$的固体为亲液固体，$\theta > 90°$的固体为憎液固体。图 8.5 是沾湿、浸湿、铺展的示意图。

固体表面的润湿与其表面能有关。一般有机物及高聚物为低能表面，不易润湿，而氧化物、硫化物、无机盐等为高能表面，易被润湿。

8.3.2.3 润湿的动力学

即使在热力学上是能被润湿的，实际上也可能润湿不好，原因是动力学方面的，即润湿速度。如果把固体粗糙表面的缝隙当做毛细管，黏度为 η 的液体流过半径为 r，长度为 l 的毛细管所需时间 t 可按下式计算：

$$t = \frac{2\eta l^2}{r \cdot \gamma_{lg} \cos\theta}$$

因为各种有机液体的表面张力相差不大，在毛细管尺寸一定时，润湿时间决定于 η 和接触角 θ。低黏度的液体可很快润湿这些孔隙，高黏度的则需很长的时间，如几分钟或几小时。如果在润湿完成之前涂料就失去流动性，那就会形成动力学的不润湿。

8.3.2.4 毛细管力

由小管吹出一肥皂泡，停止吹气并让其通大气后，可见皂泡缩小至消失，这说明气泡内外有压力差。这种压力差与曲面的曲率半径有关，其值 ΔP 可用下式计算：

$$\Delta P = \gamma_{\mathrm{lg}}\left(\frac{1}{r_1}+\frac{1}{r_2}\right)$$

式中：r_1 和 r_2 为曲面的主曲率半径。

从上式可见，曲率半径越小，ΔP 越大，这种力是发生毛细管现象的原因，故称其为毛细管力。毛细管力促使乳胶粒子或色漆粒子紧密接触，最后导致胶粒间的融合。

由于毛细管力，液体或漆料可较快渗入颜料粒子间隙或基材的细小间隙中，其速率 v 与间隙大小（即毛细管口半径 r）、液体或漆料的表面张力 γ、接触角 θ 及渗透深度 l 有关：

$$v = r\gamma\cos\theta / 4\eta l$$

由上式可见，颜料越疏松，漆料表面张力越大，黏度越低，θ 越接近 0°，则漆料渗入颜料中就越容易，润湿过程完成越快。

8.3.3 非表面活性物质简介

能使水的表面张力明显升高的物质称为非表面活性物质，如无机盐和不挥发的酸、碱等。这些物质的离子有水合作用，趋向于把水分子拖入水中。非表面活性物质在表面的浓度低于在本体的浓度。如果要增加单位表面积，所做的功中还必须包括克服静电引力所消耗的功，所以表面张力升高。

8.4 流变性与涂料质量

8.4.1 色漆的稳定性

色漆从生产到使用，必须要经过一个漫长的储存销售周转过程，在这个过程中，分散体系仍保持原来的分散状态是至关重要的，是问题的关键。由颜料、漆料组成的色漆是一个非均相液-固体系。在这个体系中，得到分散的颜料粒子倾向于重新聚集，聚集到某种程度的颜料粒子受到重力作用倾向于沉降。因此，可以说，具有不稳定性是这个体系的本质。

分散体系不稳定的具体表现：

（1）颜料结块沉底。即色漆在久储时，部分颜料粒子沉积在容器的底部，结成不可逆转的硬块。

（2）颜料絮凝沉降形成结构松散、体积膨大的絮凝物并沉降于容器底部。

（3）浮色发花。由多种颜料组成的色漆，因各种颜料在沉降特性上的差异，造成涂装后颜色不均匀，妨害制品的美观。

（4）黏度异常变化。色漆在储存中不能维持原始黏度，出现异常增稠的现象。

8.4.2　色漆中颜料粒子受力情况

1. 重　力

如果是单一球形粒子，则在牛顿型液体中的沉降服从斯托克斯定律，即

$$v = \frac{d_p^{\ 2}}{18} \cdot \frac{(\rho_s - \rho_l)}{\eta_0}$$

式中：v 为粒子沉降速度；d_p 为粒子粒径；ρ_s 为颜料的密度；ρ_l 为漆料的密度；η_0 为漆料的黏度。

上式表明，颜料粒子在漆料中的沉降速度 v 与其粒径 d_p 的平方以及颜料和漆料的密度差成正比，与漆料的黏度成反比。

由于各种漆料的密度相差不大，因此，颜料粒度越细，密度越小，漆料黏度越大，则沉降速度越小，系统越稳定。

2. 范德华力

范德华力是指分子和粒子之间的作用力。粒子越细，其表面积越大，范德华力越显著，就越易絮凝。

3. 静电斥力

由于颜料粒子表面往往带电荷，当其分散于漆料中，粒子周围也形成同量的反电荷，构成双电层现象。由于双电层的存在，使粒子相互排斥，当分散体系中引入弱电解质时，更增加了静电斥力。静电斥力的作用范围比范德华力的大，它是防止颜料粒子因絮凝、聚集而引起沉降、沉底的有效因素。

色漆中处于分散状态的颜料粒子就其尺寸来说，可分为两类：一类粒度大约在 1 μm 以下，属胶体范畴，颜料粒子做布朗运动，不受重力影响；另一类则是远比 1 μm 大，受重力影响的粒子。当粒度较大时，重力沉降将成为主要倾向。

8.4.3　促进分散体系稳定化的措施

实现理想分散的两个手段：配方和设备。配方手段就是靠正确选择原料（包括颜料、漆料及助剂，主要考虑其性价比），正确确定用量；选择合适的研磨设备，减小颜料粒度，加大漆料黏度是能够延缓沉降的因素。但粒度减小和黏度增大都是有限度的。因此，使用助剂是促进分

散体系稳定性的重要手段。

8.4.4 涂料施工中的表面张力问题

1. 流平与流挂

流平性是指涂料施工后，其涂膜由不规则、不平整的表面，流展成平整光滑表面的能力。漆膜由不平流向平滑的推动力是表面张力，而不是重力。湿膜的流平过程就是低表面张力区的扩大，高表面张力区的缩小，即湿膜表面张力的均化过程。因平整的表面其表面积最小，即表面能最小。

流平可以减小液体的表面积。在涂层的薄处，气体挥发得相对比较快，表面张力增大得快，周围高处的涂料有向其铺展的趋向。

流挂的产生是垂直面上湿膜受重力作用所致，即在湿膜未干燥以前，部分湿膜向下流动，形成上部变薄，下部变厚的现象，称为流挂。流挂的速度公式可表示如下：

$$v=\frac{\rho g x^2}{\eta}$$

式中：ρ 为涂料密度；x 为涂层厚度；η 为涂料黏度。

涂层薄，黏度大，流挂速度小。控制流挂主要是控制黏度。

2. 缩　孔

如果涂料对底材润湿性不好，或者涂料表面张力大于底材表面张力，涂料无法铺展润湿，表面所吸附的气体不能被涂膜所取代，涂膜易产生缩孔或气孔。产生缩孔的原因可能是底材表面组成不均，导致表面张力不均或由于湿膜玷污了比湿膜表面张力更低的异物，于是向周围表面张力较高处铺展，形成像一个火山口的现象。

3. 橘皮现象

橘皮现象是指涂层表面微微地起伏不平，形状有如橘子皮的情况。在喷涂时，喷枪的距离控制不好或涂料和溶剂配合不好，雾化情况不好等都可引起橘皮现象。

喷涂时，雾化的小滴经过较长的距离，溶剂挥发很多后，落在湿膜上，由于这种小滴浓度高，表面张力大，周围的涂料便自动向此小雾滴铺展，于是形成突起（图 8.6）。

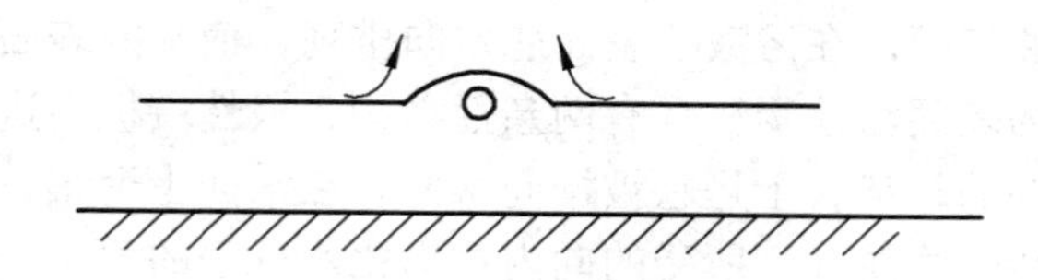

图 8.6　橘皮形成示意图

4. 贝纳德旋涡

涂料在干燥过程中，随着溶剂的挥发，表面浓度升高，温度下降，表面张力增大。由于表层和底层表面张力不同，于是产生一种很大的推力，使涂料从底层往上层运动，这种运动导致局部涡流，形成所谓贝纳德旋涡。

5. 发花和浮色

发花是指施工后漆膜中颜料不均匀分布，使外观呈花斑（蜂窝状条斑）。浮色是指漆膜表面颜色与底层颜色不同，施工后漆膜颜色呈均匀变化。这是由不同颜料在漆膜层间分布不均匀引起的。

发花和浮色都与溶剂挥发形成的贝纳德旋涡有关：当漆料运动时也带动悬浮的颜料粒子运动，如果颜料颗粒的大小、比重不同，就引起颜料的重新分布，其结果是一种颜料在表面上或表面的某部位呈现较高的浓度。

6. 厚边现象

涂层边缘表面积较大，溶剂挥发较快，温度下降，表面张力增大，附近的涂料自动向其铺展，形成边缘变厚的现象。

7. 表面张力与漆膜对底材的附着力

漆膜对底材的附着力主要的、普遍存在的是范德华力。涂料必须对底材有良好的润湿，才有可能进入范德华力的有效作用距离，使二者分子相互接近，产生相互作用，从而更好的附着。

毛细管力可提高涂料扩散到底材细小间隙中的能力，从而提高漆膜的附着力。因此底材在涂布前最好是有一定粗糙度的多孔结构，且表面是清洁干净的，以提高涂料对底材的润湿能力和附着力。为此底材在涂料涂布前必须经过预处理。

8. 表面张力与颜料分散

在颜料的研磨分散中，研磨设备对颜料聚集体施加较大的剪切力，使其破碎而产生新的表面，漆料必须快速地给予润湿，以防重新聚集。

在研磨时加入表面活性剂或先对颜料表面处理，提高其表面润湿能力，以提高研磨效率和颜料的分散效果。

8.5 表面活性剂及其应用

8.5.1 表面活性剂的概念

具有固定的亲水亲油基团，在溶液的表面能定向排列，使水的表面张力明显降低的溶质称为表面活性物质。正因为表面活性物质具有两亲性结构，极性端极力进入水相，而非极性端受到水的排斥，有逃出水相的趋势，于是它被排向水面，在水面上聚集，将憎水部分伸向空气。微观上看，表面层表面活性物质分子所受的向内拉力比水分子的要小一些，即表现出表面活性物质溶液的表面张力低于水的表面张力。

8.5.2 表面活性剂的结构特点

表面活性物质通常含有亲水的极性基团和憎水的非极性碳链或碳环有机化合物，即至少含有两种以上极性或亲媒性显著不同的官能团。

8.5.3 表面活性剂的基本性质

（1）溶解度较低。在通常浓度下大部分以胶束（缔合体）形式存在。

（2）在溶液与它相接的界面上，基于官能团作用产生定向吸附，使界面（或表面）的状态或性质发生显著变化，可以大大降低表面张力或界面张力。

表面活性物质的亲水基团进入水中，憎水基团企图离开水而指向空气，在界面定向排列。当表面活性剂浓度较低时，基本集中在表面形成单分子层，其在表面层的浓度大大高于溶液内的浓度，并使溶液的表面张力降低到水的表面张力以下。这种表面活性剂在溶液表面层聚集的现象称为正吸附。相反，如果表面活性剂在表面层的浓度低于溶液内的浓度，称为负吸附。一般情况下，表面活性物质的表面浓度大于本体浓度，属于正吸附。非表面活性物质在表面的浓度低于在本体的浓度，属于负吸附。

把溶液表面层的组成与本体溶液组成不同的现象，称为溶液的表面吸附（图 8.7）。

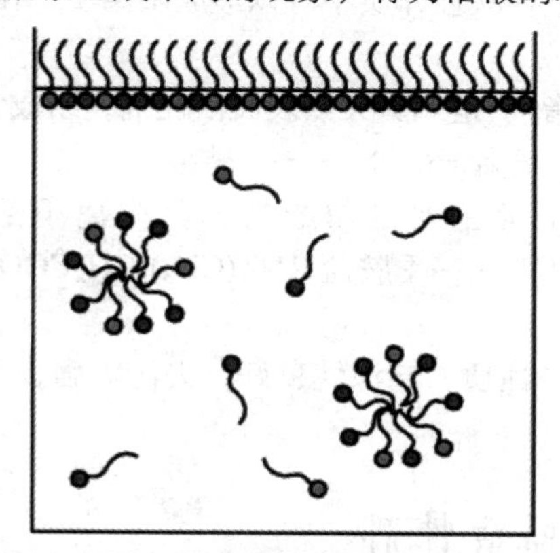

图 8.7　表面活性物质在水中的吸附示意图

表面活性物质的表面浓度大于本体浓度，增加单位面积所需的功比纯水小。非极性成分越大，表面活性也越大。

8.5.4 表面活性剂分类

表面活性剂通常按化学结构来分类，分为离子型和非离子型两大类，离子型中又可分为阳离子型、阴离子型和两性型表面活性剂。

8.5.4.1 离子型表面活性剂

1. 阴离子表面活性剂

阴离子表面活性剂的极性基团为阴离子，它们一般为水溶性或只溶于水中，水溶液呈碱性。

阴离子表面活性剂主要有长链羧酸盐（如肥皂）、高级醇硫酸盐（如十二烷基硫酸钠）、烷基苯磺酸盐（如十二烷基苯磺酸钠）等。其组成可表示为羧酸盐 RCOONa、硫酸酯盐 $R—OSO_3Na$、磺酸盐 $R—SO_3Na$、磷酸酯盐 $R—OPO_3Na_2$ 等。

2. 阳离子表面活性剂

极性基团为阳离子。阳离子表面活性剂主要有脂肪胺与羧酸形成的铵盐、四级铵盐等。阳离子表面活性剂与表面具有负电荷的金属氧化物、玻璃和纸等有很强的作用力。其组成表示为伯胺盐 $R—NH_2 \cdot HCl$、仲胺盐 $R—NH(CH_3)HCl$；叔胺盐 $R—N(CH_3)_2 \cdot HCl$；季胺盐 $R—N^+(CH_3)_3 \cdot Cl^-$。

阳离子表面活性剂与颜料作用时，其极性基与颜料表面作用，非极性基朝向介质，使颜料表面成为亲油的表面，因而易于使颜料润湿。

注意： 阳离子型和阴离子型的表面活性剂不能混用，否则可能会发生沉淀而失去活性作用。

3. 两性表面活性剂

这类表面活性剂的分子结构中同时具有正、负电荷基团，在不同 pH 介质中可表现出阳离子或阴离子表面活性剂的性质。在酸性介质中可以形成阳离子，在碱性介质中可以离解成阴离子。

（1）分类及常用品种

卵磷脂（豆磷脂、蛋磷脂）：是一类天然表面活性剂，组成复杂，可用于乳剂与脂质体的制备。阴离子部分——磷酸型；阳离子部分——季胺盐类

合成活性剂：阴离子部分主要是羧酸盐，其阳离子部分分为：氨基酸型——胺盐 $RN^+H_2CH_2CH_2COO^-$；甜菜碱型——季胺盐 $RN^+(CH_3)_2CH_2COO^-$。

（2）性质

在碱性水溶液中呈阴离子性质，起泡性良好，去污力强；在酸性水溶液中呈阳离子性质，杀菌力很强，毒性小。

8.5.4.2 非离子型表面活性剂

这类表面活性剂在水溶液中不是解离状态，故称为非离子型表面活性剂。

（1）结构组成：① 亲水基团（甘油、聚乙二醇、山梨醇）；② 亲油基团（长链脂肪酸、长链脂肪醇、烷基或芳基）；③ 酯键、醚健。

（2）性质：毒性小，溶血作用较小，化学上不解离，不易受电解质 pH 的影响。

（3）类型：① 油溶性或微溶于水；② 在水中可自分散；③ 溶于水中。

常见非离子型表面活性剂有：脂肪醇聚氧乙烯醚 $R—O—(CH_2CH_2O)_nH$、烷基酚聚氧乙烯醚 $R—(C_6H_4)—O(C_2H_4O)_nH$、聚氧乙烯烷基胺 $R_2N—(C_2H_4O)_nH$、聚氧乙烯烷基酰胺 $R—CONH(C_2H_4O)_nH$、多元醇型 $R—COOCH_2(CHOH)_3H$。

8.5.5 表面活性剂的 HLB 值

表面活性剂都是两亲分子，由于亲水和亲油基团的不同，很难用相同的单位来衡量，所以 Griffin 提出了用一个相对的值即 HLB （Hydrophile-lipophile Balance）值来表示表面活性物质的

亲水性。

1. HLB 的定义

HLB 是表面活性剂中亲水和亲油基团对油或水的综合亲和力，是用来表示表面活性剂的亲水、亲油性强弱的数值。

2. HLB 的取值

HLB 的取值为 0～40，其中非离子表面活性剂 HLB 为 0～20，即石蜡为 0，聚氧乙烯为 20。HLB 数值越高，亲水性越高；HLB 数值越小，亲油性越高。

对非离子型的表面活性剂，HLB 的计算公式为

$$\text{HLB值} = \text{亲水基质量}/(\text{亲水基质量}+\text{憎水基质量})$$

（1）多元醇型和聚乙二醇型非离子表面活性剂：

$$\text{HLB} = \frac{\text{亲水基质量} \times 100}{(\text{疏水基质量} + \text{亲水基质量})} \times 5$$

（2）大多数多元醇脂肪酸酯：

$$\text{HLB} = 20(1 - S/A)$$

式中：S 为酯的皂化价；A 为脂肪酸的酸价。

（3）混合的非离子表面活性剂：

$$\text{HLB}_{ab} = (\text{HLB}_a \times W_a + \text{HLB}_b \times W_b) / (W_a + W_b)$$

（4）官能团 HLB 计算法：

$$\text{HLB} = \sum(\text{亲水基团 HLB}) + \sum(\text{亲油基团 HLB}) + 7$$

并不是所有表面活性剂 HLB 值都能用算式计算，须用实验方法加以验证。

3. HLB 的应用

根据需要，可根据 HLB 值选择合适的表面活性剂。例如，HLB 值在 2～6 之间，可做油包水型的乳化剂；8～10 之间做润湿剂；12～18 之间做水包油型乳化剂，如图 8.8 所示。

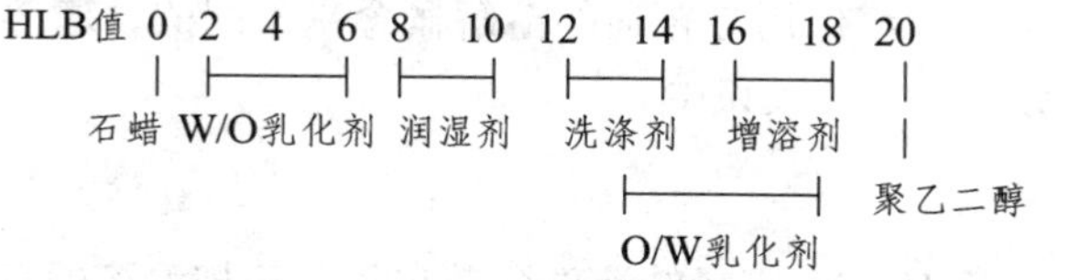

HLB值 0 2 4 6 8 10 12 14 16 18 20

石蜡 W/O乳化剂 润湿剂 洗涤剂 增溶剂 聚乙二醇

O/W乳化剂

图 8.8 HLB 值的应用

8.5.6 表面活性剂的评价

1. 表面活性剂的效率

使水的表面张力明显降低所需要的表面活性剂的浓度。显然，所需浓度越低，表面活性剂的性能越好。

2. 表面活性剂的有效值

能够把水的表面张力降低到的最小值。显然，能把水的表面张力降得越低，该表面活性剂

越有效。表面活性剂的效率与有效值在数值上常常是相反的。例如，当憎水基团的链长增加时，效率提高而有效值降低。

8.5.7 表面活性剂的重要作用

1. 润湿作用

表面活性剂可以降低液体表面张力，改变接触角的大小，从而达到所需的目的。如果要制造防水材料，就要在表面涂憎水的表面活性剂，使接触角大于90°。涂料分散时，加入润湿分散剂，也是起到降低颜料表面的表面张力，使其易于分散。

表面活性剂对固体表面润湿性的影响取决于表面活性剂分子在液-固界面上定向吸附的状态和吸附量。

当高能表面转化为低能表面时，表面活性剂的极性基向着高能表面，非极性基向外的方式形成定向排列的吸附膜，于是高能表面变成低能表面。低能表面转化为高能表面与前述相反。

能作为润湿剂的大多是阴离子型和非离子型表面活性剂。一般不使用阳离子表面活性剂，因为大多数固体在溶液中常常带负电荷，表面活性剂阳离子与表面强烈的电性作用，往往会使表面活性剂尾端向着水而变成疏水表面。

2. 起泡作用

“泡”就是由液体薄膜包围着气体。有的表面活性剂和水可以形成一定强度的薄膜，包围着空气而形成泡沫，用于浮游选矿、泡沫灭火和洗涤去污等，这种活性剂称为起泡剂。

也有时要使用消泡剂，在制糖、制中药过程中泡沫太多，要加入适当的表面活性剂降低薄膜强度，消除气泡，防止事故。

3. 增溶作用

非极性有机物如苯在水中溶解度很小，加入油酸钠等表面活性剂后，苯在水中的溶解度大大增加，这称为增溶作用。增溶作用与普通的溶解概念是不同的，增溶的苯不是均匀分散在水中，而是分散在油酸根分子形成的胶束中。

4. 乳化作用

一种或几种液体以大于 10^{-7} m 直径的液珠分散在另一不相混溶的液体之中，形成的粗分散体系称为乳状液。要使它稳定存在必须加乳化剂。根据乳化剂结构的不同可以形成以水为连续相的水包油乳状液（O/W），或以油为连续相的油包水乳状液（W/O）。

5. 洗涤作用

洗涤剂中通常要加入多种辅助成分，增加对被清洗物体的润湿作用，又要有起泡、增白、占领清洁表面不被再次污染等功能。

9 涂料配方设计基础

涂料在施工以前，必须是经检验并能符合各种性能参数的合格产品。而所谓涂料的合格产品，依据使用的对象、环境不同，产品的合格标准也不同。但在生产以前，要根据不同品种的涂料，制订出生产时的投料方案，俗称配方。涂料配方是涂料生产工艺的重要环节。要制订一个成熟的生产配方，需经过一定时间的对涂料基本原理的了解，但最终指导实际生产的配方，不是单凭经验就能“写”出来的，还需要生产特别是施工环节的检验才能确定。但先要制订出一个“试验”性的指导方针，在经过多次“试验”确定合格后，才能确定最后的配方。但在生产和施工过程中，一个“成熟”的配方，随着原材料的性能变动，也要经常对配方进行“微调”，才能满足最终的施工要求。

涂料配方在设计时要考虑的因素很多，需根据底材状况、性能和颜色要求、环境条件、施工设备等方面确定思路。但涂料配方设计的一般性原则是相同的。除了主要分析界面作用的重要性外，还要考虑涂料的四大组成即溶剂、颜填料、助剂、基料（树脂）。

9.1 涂料配方设计的一般原则

涂料配方在设计时要考虑的因素很多。从涂料性能的要求来说，要考虑光泽、颜色、各种耐性、机械性能、户外/户内、使用环境、各种特殊功能等；对颜填料的要求，有着色力、遮盖力、密度、表面极性、在树脂中的分散性、比表面积、细度、耐候性、耐光性、有害元素含量；对溶剂的要求，有对树脂的溶解力、相对挥发速度、沸点、毒性、溶解度参数；对助剂的要求，有与体系的相容性、相互间的配伍性、负面作用、毒性等；还要对涂覆底材的特性有所了解，钢铁、铜、铝材、木材、混凝土、塑料、橡胶材质，底材表面张力，表面磷化，喷砂的表面处理，原材料的成本，客户对产品价格的要求；最后是配方参数的设计，即配方中各组分比例的确定，如颜基比、颜料体积分数 PVC、固体分、黏度；施工方法对配方设计的影响，如各种喷涂方法，空气喷涂、滚涂，UV 固化、高压无空气喷涂、刷涂、电泳及施工现场或涂装线的环境条件。

9.2 界面作用

9.2.1 界面作用的重要性

界面作用对配方设计十分重要：如涂料干（湿）膜与空气之间的界面——液-固、固-固界面会影响涂膜的外观；涂料树脂与颜填料之间的界面——液-固界面则影响颜填料的分散效果；而涂料与底材之间的界面——液-固、固-固界面会影响涂料在底材上的附着力、机械性能等。研究涂料之所以一定要研究界面，是因为下面几个原因：

（1）涂料是一种多组分体系——树脂（基料）、颜填料、溶剂、助剂。在体系内部存在很多界面，特别是颜填料和树脂、溶剂之间的界面。

（2）涂料是一种半成品，必须涂覆在工件、产品、结构上，才能提供保护、装饰、功能等作用，必然要研究与底材之间的界面。

（3）涂料经施工后，有一个干燥、固化的过程，其中必然要考虑涂膜（湿）表面和空气之间的表面，以保证能提供良好的涂膜外观，防止表面缺陷的出现。为了解决涂料在钢铁底材上的附着，必须研究钢铁底材的结构及形貌。这些微观结构，有时不是一般手段能获得的，如需要进行X射线、原子力显微镜或隧道扫描电镜进行检测。

9.2.2 界面对配方设计的影响

涂层与底材的界面附着可通过物理和化学方法进行配方设计。

（1）物理方法。涂料必须要能渗入表面的微孔中去：涂料的黏度尽可能的低；涂料中溶剂挥发不能太快（可使用高沸点溶剂调节）；环氧涂料的固化速度不能太快（如使用仲胺代替伯胺固化剂）；树脂的相对分子质量低一些。

（2）化学方法。涂料树脂结构上要有可以与底材结合的锚定基团，如醚基、酯基、羟基、羧基或可以形成氢键的基团（—NH）等。

9.3 溶剂对配方设计的影响

9.3.1 溶剂的基本性能

参见溶剂章节。

9.3.2 溶剂在配方中作用的示例

（1）挥发速度快。金属闪光漆中的溶剂和稀料，其挥发速度要比色漆中快。因为快挥发溶剂体系可以使湿涂膜体积收缩过程中（从湿到干），已基本平行定向的效应颜料尽快按平行方向固定下来，否则又会出现无规定向。

（2）厚边。涂膜经常出现画框（厚边）弊病，其原因是挥发快的溶剂太多，造成边缘处溶剂很快减少（相对于板中间），表面张力上升（溶剂的表面张力较低），湿涂料会由于表面张力差而被推动，移向表面张力高的地方，即移向边缘，造成厚边。方法是降低溶剂的挥发速率，减少表面张力梯度。

（3）专用溶剂。各种涂料生产线，在夏天或因环境温度升高，涂料在施工后很容易起泡，如用夏天的专用溶剂（挥发慢一些），可以克服这一弊病；相反，冬天使用的溶剂可能挥发速率就要快一些。

（4）涂膜发白。涂膜发白的原因是体系中挥发快的溶剂太多，挥发时大量吸热，使温度降到露点以下，潮气结露，渗入涂膜，造成发白。多加挥发慢的溶剂（如乙二醇丁醚——化白水）一般可以克服。

9.3.3 配方设计中溶剂的选择方法

在配方设计中选择溶剂时，首先，要通过溶解度参数选择能溶解树脂的溶剂或混合溶剂，混合溶剂的溶解度参数 = $\sum\delta_i \times W_i/W$；其次，建立溶剂挥发速度的轮廓关系；第三，通过溶解度参数、挥发速率以及体系的黏度、VOC 含量、表面张力、固体分要求等进行优化；第四，验证。

9.4 颜填料

其他知识参见颜料章节。

9.4.1 配方设计中的颜料和基料的比

PVC 或 P/B，下面将专门介绍。

在理论上，通过实验可以作出任何一种涂料中颜料与基料的比例。图 9.1 所示是防腐颜料含量与防腐性能的关系。

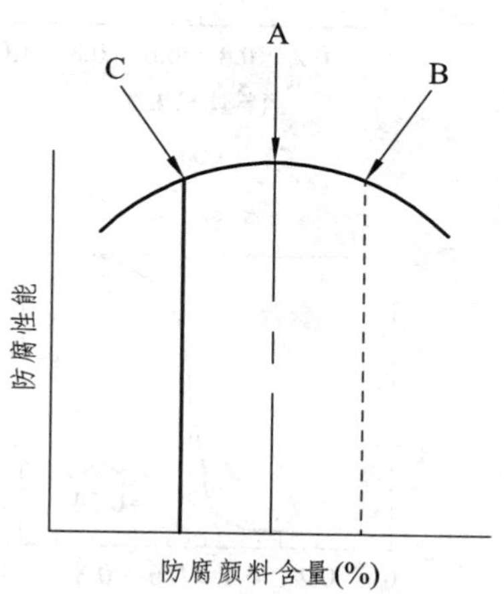

图 9.1　防腐颜料含量与防腐性能的关系

从图 9.1 曲线似乎能找到最佳配方，但是否的确如此呢？PVC 究竟多少最合适？颜填料用量到底如何确定？从实验数据图中可找到 A 点，防腐性能“似乎”是最佳点，这点的物理含意是什么？为什么在此点左边，曲线呈上升趋势，过了 A 点就下滑，甚至到零（无防腐性）？从 PVC（颜料体积浓度）可找到答案。曲线最高点 A 代表 CPVC（临界颜料体积浓度）。颜料体积浓度高于及等于临界体积浓度时的微观示意图见图 9.2。

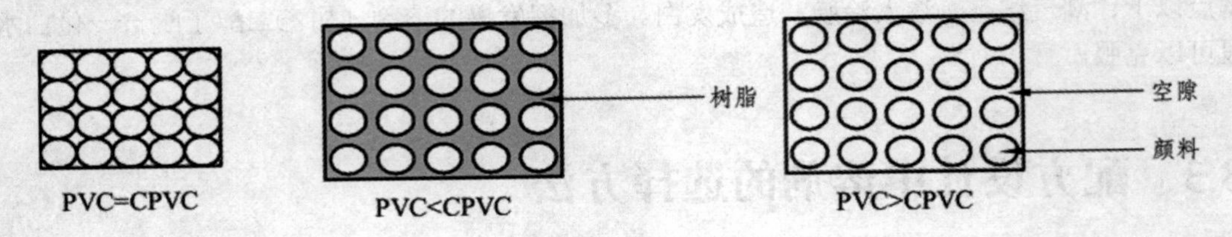

图 9.2 颜料体积浓度等于、低于、高于临界体积浓度的微观结构示意图

在 PVC＜CPVC 时，颜料含量增加，防腐性能提高。但是，当 PVC >CPVC 时，出现空穴，为氧和水的侵入提供了可能性，防腐性能下降。最佳防腐颜料的用量应小于 CPVC 处的数据（C 点）；但作为底漆，为了提高打磨性也可稍高于 CPVC（B 点）。CPVC 的计算：

$$CPVC = \frac{1}{1 + \frac{\sum (OA)_i \cdot \rho_i}{93.5}}$$

式中：OA 为颜料的吸油量；ρ 为颜料的密度；93.5 为亚麻油的密度。

在 CPVC 时，涂膜性能的突变情况见图 9.3。

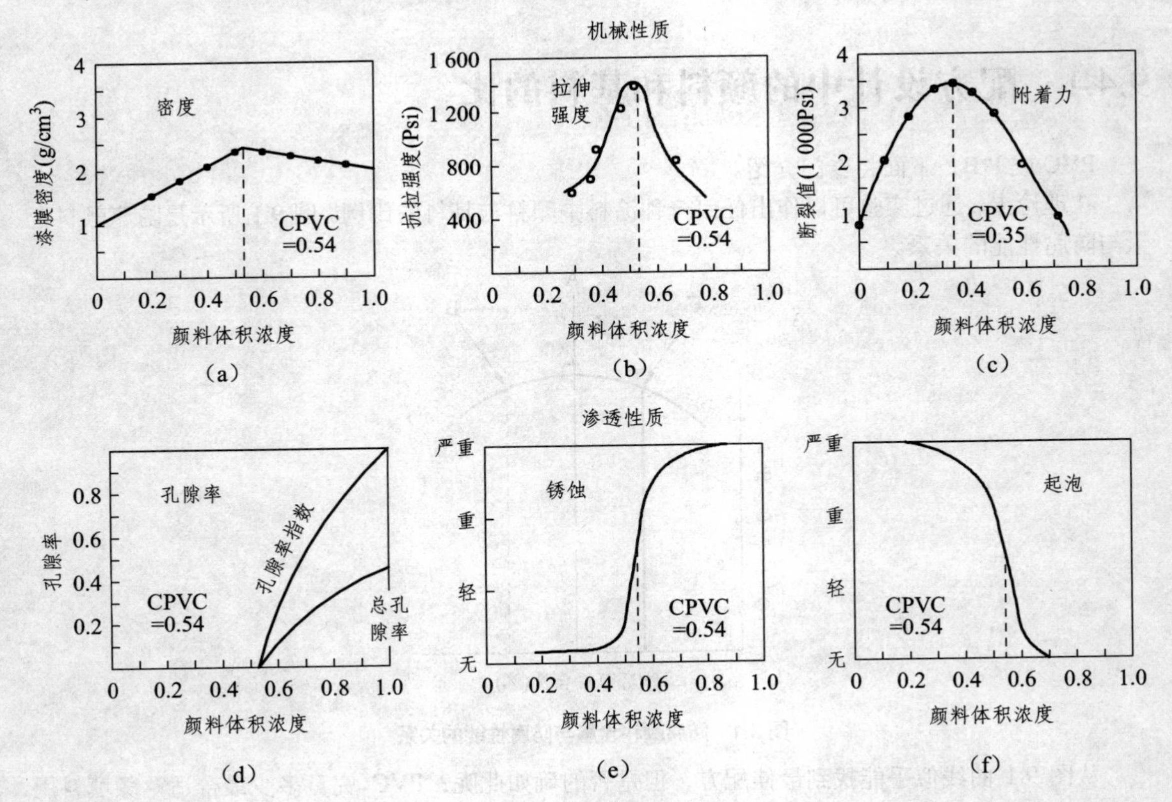

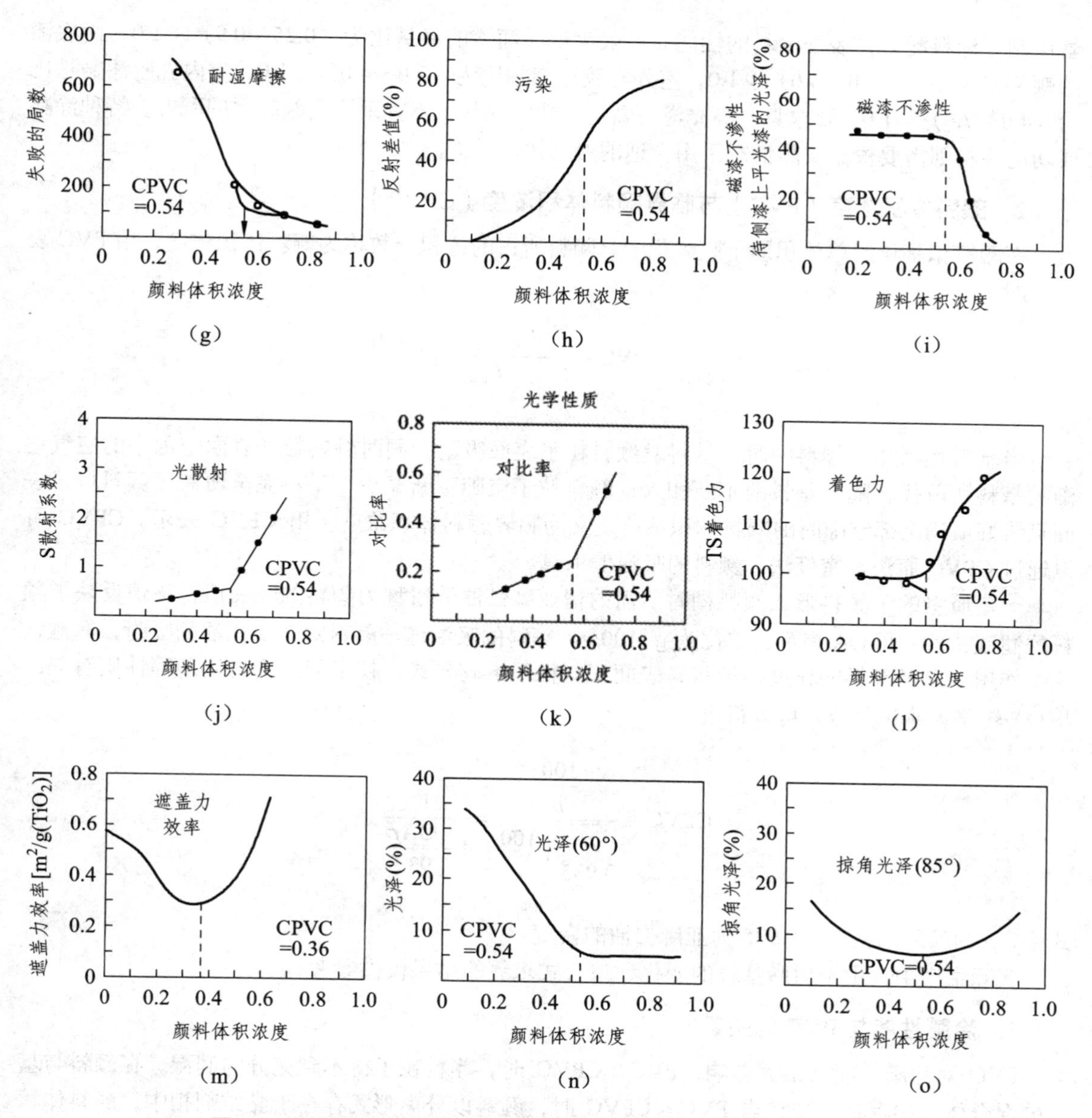

图 9.3　在临界颜料体积浓度时涂膜的 15 种主要性质的突变情况示意图

9.4.2　颜料体积浓度（PVC）

涂料的颜料体积浓度是表征涂料最重要、最基本的参数。早期涂料工业普遍采用颜基比描述涂料配方中的颜料含量。由于涂料中所使用的各种颜料、填料和基料的密度相差甚远，颜料体积浓度能更科学地反映涂料的性能，在科学研究和实际生产中成为制订和描述涂料配方的参数。

1．颜基比

涂料配方中颜料（包括填料）与固体基料的质量比称为颜基比。在很多情况下，可根据颜基比制订涂料配方，表征涂料的性能。一般来说，面漆的颜基比为（0.25～0.9）：1.0，而底漆的颜基比大多为（2.0～4.0）：1.0，室外乳胶漆颜基比为（2.0～4.0）：1.0，室内乳胶漆颜基比为（4.0～7.0）：1.0。要求具有高光泽、高耐久性的涂料，不宜采用高颜基比的配方，特种涂料或功能涂料则需要根据实际情况采用合适的颜基比。

2. 颜料体积浓度（PVC）与临界颜料体积浓度（CPVC）

在颜料和基料的总体积即干膜体积中，颜料所占的体积分数称为颜料体积浓度，用 PVC 表示，即

$$\mathrm{PVC}=\frac{V_{颜料}}{V_{颜料}+V_{基料}}$$

当基料逐渐加入颜料中时，基料被颜料粒子表面吸附，同时颜料粒子表面空隙中的空气逐渐被基料所取代；随着基料的不断加入，颜料粒子空隙不断减少，基料完全覆盖了颜料粒子表面且恰好填满全部空隙时的颜料体积浓度定义为临界颜料体积浓度，用 CPVC 表示。CPVC 可以通过 CPVC 瓶法、密度法、颜料的吸油值求算。

一定质量的干颜料形成颜料糊时所需的精亚麻仁油的量称为颜料的吸油值，该值反映了颜料的润湿特性，用 $\overline{\mathrm{OA}}$ 表示，单位为 g /100 g。颜料的吸油值与颜料对亚麻仁油的吸附、润湿、毛细作用，以及颜料的粒度、形状、表面积、粒子堆砌方式、粒子的结构与质地等性质有关。将 $\overline{\mathrm{OA}}$ 转化为体积分数，可以得出：

$$\mathrm{CPVC}=\frac{\dfrac{100}{\rho}}{\dfrac{\overline{\mathrm{OA}}}{0.935}+\dfrac{100}{\rho}}=\frac{1}{1+\dfrac{\overline{\mathrm{OA}}\rho}{93.5}}$$

式中：ρ 为颜料的密度；0.935 为亚麻仁油的密度。

实际生产中，由于树脂基料的变化，该公式求算的结果仅供参考。

3. 涂膜性能与 PVC 的关系

PVC 对涂膜性能有很大影响，PVC > CPVC 时，颜料粒子得不到充分的润湿，在颜料与基料的混合体系中存在空隙；当 PVC < CPVC 时，颜料以分离形式存在于黏结剂相中；颜料体积浓度在 CPVC 附近变化时，漆膜的性质将发生突变（参见图 9.3）。因此，CPVC 是涂料性能的一项重要表征，也是进行涂料配方设计的重要依据。

配方中颜料的选择还应考虑以下因素：① 遮盖率 [F(反射率) $=(n_1-n_2)^2/(n_1+n_2)^2$]；② 吸油量；③ 粒径；④ 表面修饰状况，表面极性；⑤ pH；⑥ 颜色（在涂料配方设计中要学会如何应用色坐标，参见颜料章节）。

9.5 配方设计中的助剂

助剂的其他相关知识，参见助剂章节。

9.5.1 助剂选择原则

（1）高效；（2）负面影响小；（3）性价比高；（4）符合环保要求。

9.5.2 要注意的问题

1. 混容性

使用助剂时必须注意助剂与基料体系的混容性问题。很多助剂为了实现某种功能，都具有特定的化学结构及相对分子质量，而涂料的基料（树脂等）也是具有特定结构及相对分子质量的高分子物质，二者必须相互匹配才能发挥助剂的功能。在加入助剂后，若助剂与体系相容性差，则体系呈乳状，表明此助剂不适合该体系；相反，合适的助剂则相容性好，体系透明。

2. pH

强酸性（碱性）的助剂使用时要考虑体系的 pH，否则易引起化学反应，产生负面影响。

3. 助剂特性与涂膜性能矛盾

特定助剂的特性与涂膜其他性能的冲突和矛盾必须要考虑。例如，抗流挂剂与涂膜流平性的矛盾；消泡剂与涂膜缩孔弊病的矛盾，增滑剂与重涂性的矛盾；成膜助剂与涂膜的抗沾污性（沸点高，易滞留）的矛盾；乳化剂与涂膜耐水性的矛盾（乳化剂残留引起）；光引发剂与光引发剂残留导致涂膜返黄的矛盾，等等。因此，在使用助剂时一定要了解它的负面作用，否则会适得其反。

4. 其他因素

其他因素综合考虑，以分散剂为例，颜料浆在油性漆中的稳定主要靠颜料表面吸附层的厚度来保证，厚度值以＞10 nm 为宜。因为醇酸树脂官能团多，很容易实现 10 nm 的吸附层厚度，而强溶剂会与吸附层产生竞争吸附，因此，溶剂的极性（溶剂和树脂的相互作用）会影响高分子分散剂链段上非极性链段的伸展，从而影响吸附层厚度。

9.6 树 脂

9.6.1 考虑因素

树脂是涂料的成膜物质，一般称基料。树脂选择正确与否或设计是否合理，会极大地影响涂料配方的总体适用性。涂料用树脂的品种很多，性能各异，主要包括环氧树脂、聚氨酯树脂、醇酸/聚酯树脂、丙烯酸树脂、氨基树脂等。选择涂料用树脂主要基于树脂的结构和性能，被涂覆基材的种类（木质基材、金属、砖石、皮革等）和使用环境（室外、室内、高温、低温、UV

环境、酸碱条件等）以及性能/价格比等因素。树脂的主要特性有：相对分子质量及相对分子质量分布；主、侧链的结构；有无官能团及官能团的分布和结构；树脂能否实现室温交联，还是高温交联；软硬链段的比例及分布。了解树脂的结构和性能之间的关系十分重要。例如，环氧树脂物理性能之间的关系见表9.1。

表9.1　环氧树脂物理性能之间的关系

聚合度	相对分子质量	环氧当量	熔点（℃）
0～1	350～600	170～310	＜40
1～2	600～900	310～475	40～70
2～4	900～1400	475～900	70～100
4～91	400～2 900	900～1 750	100～130
9～12	2 900～3 750	1 750～3 200	130～150

环氧树脂的固化反应可分为室温固化和高温固化。室温固化的固化剂主要有脂肪族多元胺、多元胺加成物、聚酰多元胺（包括乙二胺、二乙三胺、三乙四胺和四乙基五胺）以及一些脂环胺。以多元胺加成物代替多元胺，固化速度减小，但固体涂膜的韧性和柔软性更好。以聚酰胺做固化剂，涂膜的强度、冲击强度、黏结性、保光性和柔软性好于其他低温固化剂，但耐化学品性和耐溶剂性则稍逊于其他低温固化体系。异氰酸酯也是室温固化剂。高温固化的固化剂主要有芳香胺、酸酐、氨基树脂和酚醛树脂。

在涂料的应用中，常常为了不同的使用对象、场合，要赋予涂料不同的性能，单一树脂品种通常是不能具有所有性能的。为此，对树脂的结构进行改变，部分或完全获得想要的性能是有可能的。仍然以环氧树脂为例，改性环氧树脂的性能参见表9.2。

表9.2　改性环氧树脂的性能

性能		脂肪胺固化	聚酰胺固化	芳香胺固化	酚醛固化	有机硅改性	煤焦油改性		水性环氧树脂
							环氧胺固化	聚酰胺固化	
物理性能		硬	韧	硬	硬	中硬	硬（脆）	韧	韧
耐水性		好	很好	很好	极好	好～极好	极好	极好	尚可～好
耐酸性		好	尚可	很好	极好	好	好	好	尚可
耐碱性		好	很好	很好	极好	好	好	很好	尚可
耐盐性		很好	很好	很好	极好	很好	很好	很好	尚可～好
耐溶剂性	芳香族烃	很好	尚可	很好	很好	好	差	差	差～尚可
	脂肪族烃	很好	好	很好	很好	很好	好	好	好
	含氧类溶剂	尚可	差	好	很好	尚可	差	差	差
耐温性（℃）		95	95	120	120	120	95	95	95
耐候性		尚可/粉化	好/粉化	好	尚可	很好/耐粉化	尚可	尚可	好
耐久性		很好	很好	很好	很好	很好	很好	很好	好
最好的特性		强耐腐蚀性	耐水耐碱性	耐化学性	耐化学性	耐水耐候性	耐水性	耐水性	容易使用
最差的特性		再涂性	再涂性	固化慢	空气固化很慢	再涂性	黑色/再涂性	黑色/再涂性	需适当成膜助剂
再涂性		难	难	难	难	难	难	难	难
主要应用		化学环境	水浸	化学环境	化工管道	耐候	水浸	水浸	大气腐蚀

如果是其他合成树脂，每种合成单体赋予涂料的性能不同，了解它们的这些性能也是很有必要的，在此不再赘述；如果是乳液，形成乳液核壳的结构也是要考虑的，这方面参考相关专门文献。

9.6.2 树脂特性

1. 氨基树脂

丁醚化和甲醚化氨基树脂的差异见表 9.3。

表 9.3 丁醚化和甲醚化氨基树脂的差异

特 性	丁醚化树脂	甲醚化树脂
黏度	——————→	
活性	——————→	
导电性	←——————	
储存稳定性	←——————	
流动性	←——————	
硬度	——————→	
重涂性	←——————	
耐溶剂性	——————→	
耐候性（UV，潮气）	←——————	

注： 箭头方向代表增加。

2. 聚氨酯树脂

单组分类型：氨酯油，聚氨酯醇酸；湿固化聚氨酯，封闭型聚氨酯；PUDs（水性聚氨酯分散体）。双组分类型：NCO/OH 体系；TDI 加成物，HDI（IPDI）加成物，缩二脲。

不同体系聚氨酯的性能及在配方中的选择见表 9.4。

表 9.4 不同体系聚氨酯的性能及在配方中的选择

性 能		氨酯油	湿固化	封闭型	双组分	
					芳香族异氰酸酯	脂肪族异氰酸酯
物理性能		很韧	很韧，耐磨	韧，耐磨	韧-硬-橡胶性	韧-橡胶性
耐水性		尚可	好	好	好	好
耐酸性		差	尚可	尚可	尚可	尚可
耐碱性		差	尚可	尚可	尚可	尚可
耐盐性		尚可	尚可	尚可	尚可	尚可
耐溶剂性	含氧类溶剂	差	尚可	尚可	好	尚可
	芳香族烃	尚可	好	好	好	好
	脂肪族烃	尚可	好	好	好	好
耐温性（℃）		好，120	好，120	好，120	好，120	好，120
耐候性		好，变黄	好，变黄	好，变黄	变黄，粉化	极好，保色保光性
耐久性		好	好	好	好	好

续表 9.4

性　能	氨酯油	湿固化	封闭型	双组分	
				芳香族异氰酸酯	脂肪族异氰酸酯
最好的特性	户外，木器漆	耐磨，冲击	耐磨，冲击	耐磨，冲击	耐候性，保色保光性
最差的特性	耐化学性	取决湿度固化	加热固化	双组分	双组分
再涂性	尚可	难	难	难	难
主要应用	木器清漆	耐磨，地板	面漆	耐磨，高冲击场合	户外涂料

9.6.3　树脂选择原则

涂料树脂体系选择的原则：① 根据涂料性能要求；② 根据成本要求；③ 根据使用目的和场合要求；④ 根据原材料厂商提供的参考配方；⑤ 根据实验室实验结果；⑥ 根据现场试验结果；⑦ 根据个人的经验。

9.7　涂料配方设计实例

9.7.1　塑料涂料配方设计

1. 一般塑料涂料

塑料涂料配方设计的主要问题是要解决涂料和塑料表面的润湿问题。要使表面张力满足 γ（涂料）$\leqslant\gamma$（塑料）；涂料树脂和塑料树脂的溶解度参数要接近（≤2）；提高塑料表面的极性（酸处理，氧化，电晕处理等）；低表面能的表面可使用偶联剂或氯化聚烯烃；加温，超过塑料的 T_{g}，使塑料的自由体积增加。有些塑料可采用强极性溶剂，使底材溶胀，降低其 T_{g}，有利于树脂分子的渗入（如 ABS 塑料）。丙烯酸底漆中使用少量氨基单体如甲基丙烯酸 2-(*N*, *N* -二甲基氨基)乙酯、甲基丙烯酸 2-氮丙啶乙酯，有助于提高附着力。底面漆层间附着力可采用下述方法改善：使底漆的固化不足，交联密度降低，从而有利于面漆的附着；底漆的 PVC 稍高于 CPVC，出现微量的空穴，有利于面漆的渗入。但底漆 PVC 不能太高，否则面漆中树脂渗入太多，会影响面漆光泽。

界面扩散作用：如果涂料和塑料的溶解度参数十分接近，润湿又比较良好，界面两边的分子因扩散而互相渗透，形成有两种分子的过渡层，从而大大提高界面附着力。溶剂也是在提高界面扩散作用方面可采取的一种方法，但需要十分小心谨慎。另外，温度的升高有利于涂料与塑料之间的扩散和渗透。

2. 塑料合金涂料

塑料合金是利用物理共混或化学接枝的方法而获得的高性能、功能化、专用化的一类新的塑料材料，主要用于汽车、家电、电子等行业。通用塑料合金，主要是 PVC、PE、PP、PS 等的合金。而工程塑料合金，因其附加值高，是工程塑料改性的主要方法，如 PC/ABS 合金已成为高分子合金的研究热点。另外，还有很多将塑料回收料进行掺混使用。聚合物合金是一种多组分的聚合物，各组分均是以高分子的形式存在。大多数聚合物之间具有非混容性，因此聚合物合金常常出现微观相分离。

一般共聚物共混体都不能以分子状态混合，各组分都有自己的自由体积分数（即各自有自己的 T_g）。有的体系常温下不相容，但是在一定温度下，可变成相容的合金体系。很多改性塑料合金中，经常用橡胶组分来制造高抗冲击的塑料合金。总之，塑料合金通常是一个微观非均相体系，其中有硬组分也有软组分，有极性组分有非极性组分，有无定型相也有结晶相。

塑料合金涂料的设计思路如下：

（1）首先可遵循一般塑料涂料设计的原则。

（2）根据塑料合金的组成特点来考虑。因为塑料合金是多组分、微观非均相体系，其底漆的组分也一定要对应设计成多相或多组分。一般应采用两种或两种以上的树脂，可以是接枝、嵌段式的共聚物，也可以是进行物理混拼或互穿网络（IPN）。要注意的是这种不均匀性要和塑料合金的不均匀性相一致（如果合金中有一软相，则涂料中也要有相应的软相），甚至可用同类树脂，也使附着力更强。在选择溶剂时也应考虑合金中不同组分的特点。

应先了解塑料合金的组分，再进行涂料配方的设计。

9.7.2 混凝土涂料配方设计

首先要了解混凝土材料的特性。一般而言，其特性如下：水泥混凝土的抗压强度高；水泥混凝土干燥时，孔隙率可从 10%增加到 25%；混凝土中含凝土的抗张强度低；碱性高，pH 一般在 12～13；多孔，有游离的湿气；混凝土可阻挡液态水，但挡不住潮气的渗透；混凝土容易在张力的作用下开裂，出现裂纹。

然后，针对混凝土的上述特性，找出设计配方时的注意点。例如，考虑到混凝土碱性高，则选用树脂时，要选用耐碱性高的体系，如环氧树脂、乙烯基树脂；不能使用酸性颜料或填料。环氧树脂中有许多—OH 基团，可与混凝土中无机盐产生化学结合力，提高附着力。底漆或封闭漆一定要具有很高的渗透性：相对分子质量低的环氧树脂，最深可达 6 mm。低黏度；固化反应慢一些。增加混凝土的密度和强度。抗开裂性：涂料要具有一定的柔韧性，不能用低分子胺固化，最好用相对分子质量较高的固化剂（如聚酰胺或胺加成物）。面漆：根据混凝土使用的环境决定（化工、海洋、一般场合）。另外，钢筋的腐蚀也不容忽视，国外目前常用的方法是粉末涂装保护，主要是环氧粉末。

9.7.3 汽车闪光涂料配方设计

汽车闪光涂料配方设计的关键是如何使效应颜料（铝粉、珍珠粉等）平行定向。可从以下几方面进行控制：① 施工固体分要低，使湿膜变到干膜有较大收缩压力；② 固体分低，但黏度不能太低，否则效应颜料定向差；③ 溶剂型闪光漆中要使用纤维素增稠，水性体系要采用具有强触变性的树脂，或水性纤维素；④ 溶剂的挥发速率要相对快，太慢不容易使铝粉平行定向；

⑤ 水性体系必需增加预烘工艺；⑥ 罩光面漆中溶剂极性不能太强，否则容易使已定向的铝粉又重新被咬起。

效应颜料的定向原理将在第 10 章专门介绍。

9.7.4 建筑外墙涂料配方设计

对于建筑外墙涂料，一般需要具有高附着力、高保光保色性、高户外耐久性、耐碱性、耐沾污性、高抗粉化性、耐洗刷性、抗墙体开裂性等性能要求。典型的涂料配方如表 9.5。

表 9.5　典型建筑外墙涂料配方实例（白色）

组成	功用	用量（g）	体积分数（%）
Natrosol 250MHR 羟乙基纤维素	增稠剂	3.0	0.26
乙二醇	冻融稳定	25.0	2.65
水		120.0	14.4
Tamol960	阴离子分散剂	7.1	0.67
三聚磷酸钾	分散稳定剂	1.5	0.07
Triton CF-10	非离子表面活性剂	2.5	0.28
Colloid 643	消泡剂	1.0	0.13
丙二醇	冻融稳定	34.0	3.94
R-902 TiO2	白色颜料	225.0	6.57
AZO-11 ZnO	灭藻剂	25.0	0.54
Minex 4 硅酸铝钾钠	惰性颜料	142.5	6.55
Icecap K 硅酸铝	惰性颜料	50.0	2.33
Attagel 水合硅酸铝钾镁	惰性颜料	5.0	0.25
以 1200～1 500 r/min 用高速搅拌釜分散 15 min，然后慢速加入以下组分：			
Rhoplex AC-64（60.5%）	乳液	320.5	36.21
Colloid 643	消泡剂	3.0	0.39
Texanol 醇酯	成膜助剂	9.7	1.22
Skane M-8	灭藻剂	1.0	0.12
氨水（28%）	pH 调节剂	2.0	0.27
水		65.0	7.8
2.5%Natrosol 250 MHR	增稠剂	125.0	15.15
总　计		1 167.8	100.00

在表 9.5 中，涂料的 PVC 43.9%，体积固含量 37.0%，VOC 93 g / L（不包含水），pH =9.5。有关组分的作用为：HEC 用于增加外相黏度和涂料黏度控制；乙二醇和丙二醇为冻融稳定剂；

Tamol960、三聚磷酸钾、Triton CF-10 均为颜料分散剂；消泡剂的使用，是因为水性涂料的表面张力高，易起泡；TiO_2的用量约为 18%，是较经济的用量；ZnO 可以有一点遮盖力，但很低，主要起防藻作用；氨水用来调节 pH，一般调到 8～9，体系稳定，对包装桶无腐蚀；Texanol 是成膜助剂，降低 MMFT；配方的 PVC 为 43.9%，是一种低光泽涂料。

乳胶漆由于组分较多，配方设计时要考虑全面，加上是水性体系，稳定性差，一般按以下顺序设计配方：PVC→乳液品种→各种助剂的确定→色浆配方→VOC 的控制→最终配方的确定。

有人将涂料的研制形象地比喻为和面。科学又严谨地讲，涂料配方设计是一门综合学科，不是和面。总之，要根据底材状况、性能和颜色要求、环境条件、施工设备（喷涂、浸涂、刷涂、卷涂、淋涂、辊涂、电泳、静电喷涂等）确定思路。被涂装底材的特性对于涂料配方设计起着至关重要的作用，必须给予充分的重视；涂料最终要经过成功应用后，才能确定是否是一个合格产品，因此，涂料配方的设计往往和施工方法离不开。研制涂料一定要研究涂装。涂料设计涉及方方面面的知识，没有扎实和宽阔的知识面是不可能实现的。

10　闪光涂料基本原理

涂料的基本功能之一，就是装饰作用。看看公路上行驶着的五颜六色的汽车，各种色彩斑斓的玩具等。最初，汽车面漆只是以黑色单色漆为主；后来，随着各种色彩缤纷的颜色的出现，汽车的外观已超出了涂料原来起保护作用的范畴。汽车的外观已成为车主个人喜好的一种象征，从而对汽车装饰面漆的质量及外观提出了更高的要求。到 20 世纪 70 年代就出现了含有金属铝粉的灰色轿车，开创了一条崭新的汽车装饰面漆设计的新思路、新工艺和新途径，并很快在欧洲、北美和日本得到了迅速发展。传统的单色漆体系逐渐被底色漆 + 罩光清漆的二道面漆体系取代。在 80 年代中后期，又出现了珠光颜料，进一步扩大了其色彩效果及创新的潜力。金属闪光漆因为具有特殊的金属光泽而受到欢迎。现在，金属闪光漆作为汽车面漆使用量逐年上升，与色漆各占约 1/2。

金属闪光漆的特殊装饰效果，主要由两层涂层构成的：① 底色漆中的闪光铝粉等效应颜料起遮盖、色彩及闪光效果；② 罩光清漆起到高光泽、耐候性、耐化学性及机械性等效果。

所谓效应颜料，是颜料具有随角异色的光线效果，使轿车的外观主要是色彩可随观察者角度的变化而呈现不同的明亮度及色彩，在新型的曲线较丰富的流线型款式轿车上尤为明显，给人一种色彩变幻，或明或暗的神秘、豪华感觉，使轿车的外观装饰达到了一个崭新的境界。目前主要使用的随角异色效应颜料有片状金属颜料，其中又以铝粉为主；还有珠光颜料（云母钛和云母氧化物），以及其他一些如片状石墨、片状酞普铜等，但使用较少。

10.1　效应颜料的特性

效应颜料的随角异色效应与这类颜料的结构有关。它们绝大多数为片状结构，这类片状结构的颜料在涂膜中的排列，对于随角异色或称为“闪光”效果影响很大。如图 10.1（a）所示，

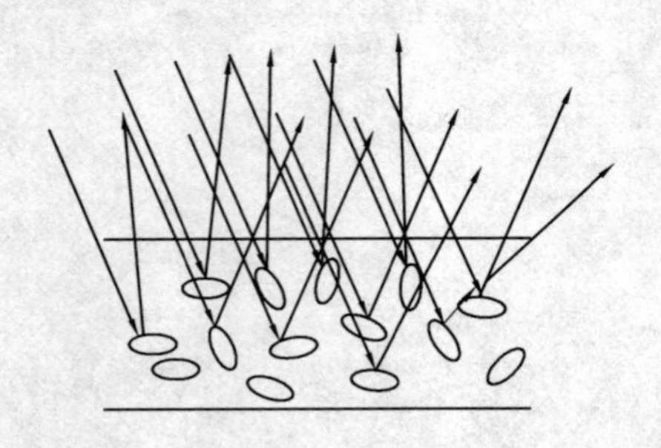

（a）效应颜料无序排列时对光产生漫反射

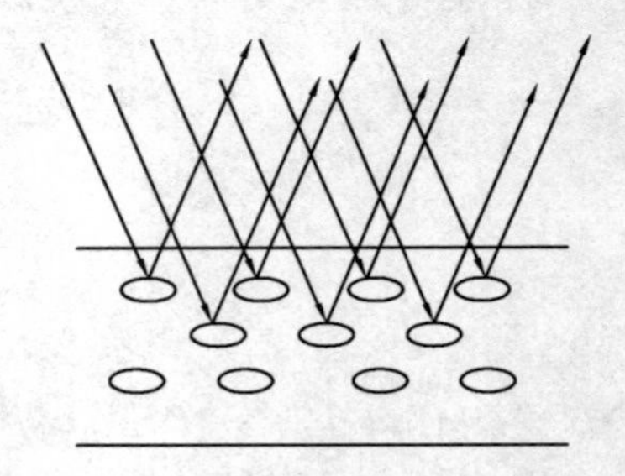

（b）效应颜料平行排列时对光产生反射

图 10.1　片状结构的颜料排列对闪光效果的影响

由于片状铝粉或珠光颜料的无规排列，光线照射在这些颜料上，只有漫反射，没有任何随角异色效果。但在图 10.1（b）中，可清楚地看到，由于这些片状颜料的有规取向，即采取平行于表面或底材的取向，入射光在其表面呈现定向反射，结果造成在某一观察角，即反射角处，光强度最大，而在其他观察角处，光强度均很弱，造成强烈的随角异色效果，即闪光效果，表现为在同一入射光角度下，随观察者视角的变化，涂膜的明度发生强烈的变化。

10.2 影响效应颜料在金属闪光漆（底色漆）中平行取向的因素

效应颜料要在成膜后形成平行取向，受到以下几个因素的影响。

10.2.1 底色漆喷涂时湿膜固体分的影响

如果喷涂的底色漆固体分太高，会造成湿膜固体分也高，导致在干燥或固化过程中，涂膜体积收缩小。此时，效应颜料由于受这种收缩而造成的重力或压力作用也小，不利于片状颜料平行取向。反之，若湿膜固体分较低，在干燥时的体积收缩大，片状颜料受到一个较大的重力或压力作用，有利于平行取向，其作用如图 10.2 所示。

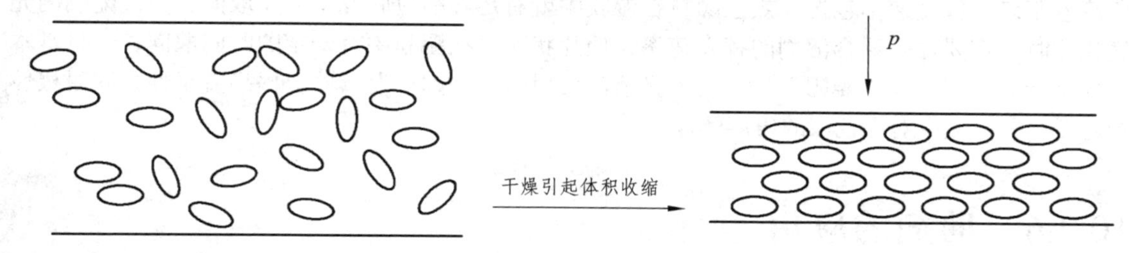

图 10.2 闪光底漆的湿膜干燥引起的体积收缩示意图

10.2.2 底色漆喷涂时湿膜厚度的影响

湿膜的厚度，即喷涂一道底漆的湿膜厚度。若此值太高，不利于效应颜料的平行取向。此时，涂膜表干速度会变慢，增加了溶剂挥发时间。溶剂挥发时形成的贝纳德旋涡，使效应颜料在湿膜中有足够的空间及时间在其中做无序运动，最终“冻结”在一个无序取向的位置上。

10.2.3 底色漆喷涂时湿膜黏度的影响

一般闪光底色漆的施工固体分都比较低（12%～15%），涂料体系中含有大量溶剂。大量的溶剂会使体系的黏度降到很低，从而使效应颜料在湿膜中能不受太大阻力而产生移动或运动，造成无序取向。为减小这种倾向，必须增加体系的黏度，从而增加体系对铝粉或珠光颜料的运动阻力，使这种无序运动降低到一个可控制的水平。

10.2.4　罩光面漆对底色漆的再溶解性（回溶）的影响

闪光漆的施工工艺，一般都是“湿碰湿”工艺。所谓“湿碰湿”工艺，就是在喷涂完闪光底漆（一般是 2～3 遍）后，底色漆只需表干，也有称闪干的，一般时间只有 10 min 左右，就要马上喷涂罩光清漆。考虑到罩光漆的作用，主要是给最终的复合漆膜带来丰满、光滑、高光泽的效果，因此，要求罩光清漆的固体分较高，同时喷涂后还要保留有大量溶剂，并且挥发时间也要长，以供其有足够的流平时间。若罩光清漆中的溶剂对底色漆产生再溶解，就会导致已平行取向的片状颜料重新取向，形成肉眼可观察到的发黑、发灰现象。这种现象在湿碰湿的二涂一烘体系中尤为明显，也称为底色漆“回溶”。在底色漆的配方中及施工时必须避免这种回溶现象的出现，消除因回溶而导致的取向紊乱

10.2.5　湿膜干燥速度的影响

湿膜干燥，通常指表干，它主要取决于溶剂的挥发速率。若混合溶剂的挥发速率与普通单色漆差不多，挥发速率较慢，效应颜料在湿膜中就有足够的时间发生无序取向。因此配制闪光底色漆时一定要提高混合溶剂的挥发速率，使片状颜料在湿膜中有一定的时间取向，一旦基本达到平行后，即刻被“凝固”住。而罩光清漆使用的溶剂则可慢一些，提高流平性，同时极性相对低一些，减少对底色漆的再溶解作用。

10.2.6　助剂的应用

（1）定向剂。为了进一步改善闪光底色漆中效应颜料的平行取向，很多生产厂商都使用所谓的“定向剂”。正确选择一种对效应颜料平行取向有促进作用的助剂很重要。最常见的是蜡的溶胶和微凝胶体系，如台湾德谦公司生产的 201 聚乙烯蜡系列、Cerafak–103 等。微凝胶液体中含有微米级的部分交联的聚合物颗粒，宏观上属一种非水分散体，可做流变剂使用。由于这种微粒的存在，其本身有一定的上浮特性，在体系中起到一种托力作用，如图 10.3 所示。结合湿膜在干燥时体积收缩受到的压力，加上这种助剂的能力，使效应颜料很快趋于平行取向。

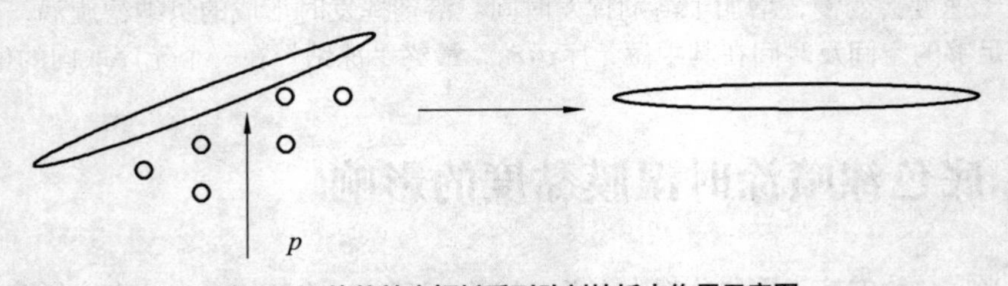

图 10.3　片状效应颜料受到助剂的托力作用示意图

（2）润湿分散剂。金属底色漆需要使用润湿分散剂和防沉剂。金属底色漆中对铝粉颜料的润湿，应使用 BYK-P104s、EFKA-54 等润湿剂。但应注意其用量，用量过多时，底色漆表面张力降低，在表面张力不一致的底材上（如底漆修补、打磨砂底痕等），涂膜在自然干燥过程中，颜料就容易产生流动、迁移或积聚等现象，形成的颜色深浅不一。分散剂最佳用量在 0.5%左右。

（3）防沉剂。在金属底色漆中，加入 6%的有机膨润土预凝胶，能有效地防止铝粉的沉降和结块。这类防沉助剂可以在油漆系统中建立一个三维结构，通过氢键做骨架，连接载体、颜料（铝粉）和助剂本身，增加颜料（铝粉）和载体之间的缔合作用，降低沉淀倾向；而且这些助剂粒子还会在铝粉片之间形成一个楔形结构，从而阻止铝粉片与片之间形成紧密的聚集，这样，即使颜料有所沉降，也不会在容器底部形成硬结，而能够很快又很容易被再分散到载体中。201 聚乙烯蜡系列也有这种防沉作用。

10.2.7 施工技术的影响

闪光底色漆中片状颜料的取向，往往和施工技术有极大的关系。同一个配方的涂料，由于施工时，喷枪的选择、出漆量、出气量及走枪速度的调整等不同，最终会导致漆膜外观产生极大的差异。闪光底漆喷涂应薄，以遮盖为限，一般该漆的施工固体分在 15%上下，喷涂 2～3 道，控制干膜厚度在 10～15 μm。每道应匀而薄，随着溶剂快速挥发，涂层体积的收缩促使铝粉定向。由于金属闪光漆涂膜很薄，没有遮盖能力，故不能像本色漆通过厚涂而遮住砂纸纹。要求底层表面致密平整，应无较深的经砂纸打磨而留下的砂纸痕，否则无法掩盖。施工时，若采用提高黏度、厚涂会造成铝粉成片移动，引起严重发花，或由于铝粉不能很好定向排列，使涂层粗糙，罩光后光亮度降低。

金属闪光漆一定要用清漆罩光，这样可以给涂层以光亮、丰满，增加闪烁效果和保护铝粉的作用。罩光清漆应厚涂。喷涂罩光清漆应注意的问题是防止铝粉回溶（铝粉移动），所以要求喷涂闪光底漆与罩光漆间隔时间不能太短。烘烤型金属闪光底漆与罩光清漆，可采用湿碰湿工艺，两喷一烘，常温固化金属闪光底漆喷涂后，待表干，可立即喷涂罩光清漆。

底色漆在喷涂施工时，一般应掌握“不干不湿”的原则。太干，会使效应颜料没有任何取向移动的可能性，表面粗糙，闪光效果差；相反，太湿，湿膜在很长时间内不能表干，导致效应颜料在其中溶剂挥发时对流和表面张力差异造成的液体流动的干扰，处在一个极易随意取向的自由状态，造成取向混乱。比较适合的喷涂工艺应是：降低漆料流量，增加压缩空气流量；增大喷涂扇面，适当增大枪距；喷涂黏度（涂 4 杯），14～17 s；每道喷涂要薄，喷涂 2～3 道，每次喷涂间隔约 30 s，喷涂压力一般控制在 3.5～4 kg/cm^2；使用的喷枪必须能调节出漆量、出气量以及扇形大小。

10.3 溶剂型金属闪光漆的原料选择

溶剂型金属闪光底漆的基料有丙烯酸树脂、聚酯树脂、氨基树脂、共聚蜡液和醋丁纤维素（CAB）树脂液。其中丙烯酸树脂、聚酯树脂和氨基树脂可提供烘干后坚硬的底色漆涂膜，共聚蜡液使效应颜料定向排列，CAB 树脂液主要是用来提高底色漆的干燥速度，提高体系低固体分下的黏度，阻止铝粉和珠光颜料在湿涂膜中杂乱无章地运动和防止回溶现象。有时底漆中还加入少量聚氨酯树脂来提高抗石击性能。在金属闪光涂料中，着色颜料的选择最重要的是透明性。它不能遮盖铝片和其他装饰性金属颜料的闪光效果，同时也不能影响闪光涂料的随角异色度（当视角为垂直方向时，颜色为浅色；当视角变大时，颜色变深）。除此之外，着色颜料也不能影响效应颜料在涂膜中的定向移动和排列，如果效应颜料不能定向排列，它们会突出于汽车罩光漆涂膜之外，造成汽车面漆失光，鲜映性下降等漆病。

10.3.1 醋丁纤维素（CAB）或其他类型的增稠剂（硝基纤维素）的作用

体系中加入醋丁纤维素（CAB）或其他类型的增稠剂（硝基纤维素），能同时发挥多种功能。首先能提高体系的黏度，特别在固体分比较低时是必不可少的。同时能增加对溶剂挥发导致湿膜中紊流和对流时铝粉或珠光颜料运动的阻力。如果用量适当，可控制这种阻力，使效应颜料具有一定的运动自由度，进行排列取向，但又具有一定的阻滞力，不造成其杂乱无章的运动。另外，CAB 的加入可提高底色漆的干燥速度，使已取向平行的效应颜料迅速“冻结”在平行取向的位置。最后，CAB 有利于防止底色漆在罩光面漆中溶剂的作用下出现效应颜料的回溶现象。

金属底漆中加入 CAB 有助于铝粉的定向排列，是因为 CAB 分子的结构对称性和较大的分子结构，使其分子间的氢键、范德华力较大，致使内聚力大，难以被溶剂溶解。即使 CAB 溶解，金属底漆喷涂后，其溶剂也很容易快速挥发，从而使涂膜快速收缩。正是借助于这种快速而强大的收缩力，将铝粉拉平，实现定向排列。另一方面，在湿碰湿涂装中，不仅要控制金属铝粉的定向排列，同时还要抑制罩光漆溶剂对底层的再溶解，防止渗色、吸底现象。一般而言，CAB 相对分子质量相当时，丁酰基含量越低（或者相同丁酰基含量时相对分子质量越大），它与清漆树脂的相容性就越差，所以可以充当金属闪光底漆与清漆间的一道防渗墙。在实际应用中，经常将 CAB 381～0.5 与 CAB 551～0.2 搭配使用。

在选用 CAB 时，应注意几个问题：① 与底色漆中树脂的混容性。② 黏度的大小。③ 丁酰基含量的高低。一般而言，高丁酰基含量的 CAB 的相容性比低丁酰基含量的 CAB 要好。实验发现，其用量一般在 15%～40%（以固体树脂基料计）范围内，在 20%～25%为宜。

10.3.2 效应颜料的加入量

一般情况下，效应颜料的加入量，由所需涂层的厚度、透明度和遮盖力决定。但不应使用过大含量的效应颜料，因为它们会妨碍颜料的取向性，从而造成涂层的光泽损失。在汽车涂料中，一般用量范围为：铝粉 2%～5%（质量分数），珠光粉 2%～4%（质量分数）。

10.3.3 成膜基料

有报道比较了两种类型的底色漆来评价湿碰湿涂装习惯。一种为丙烯酸/氨基/醋酸丁酸纤维素体系，另一种为聚酯/氨基/醋酸丁酸纤维素体系。一般而言，聚酯树脂的底色漆比丙烯酸树脂底色漆外观更平滑，而且施工适应性更好。这一方面是因为丙烯酸树脂本身玻璃化温度较高，用于含 CAB 的体系中，当在气温偏高条件下施工时，漆膜干燥太快，喷涂后黏度增长过快，容易冻结金属铝粉的无序排列，使得它们不能流动和作平行排列。相对而言，聚酯树脂底色漆的干燥时间较长，流平性较好，在 CAB 的协调作用下，既有较大的收缩性，又不容易产生表干太快的现象，因而具有较广泛的施工适应性。因此，选择聚酯树脂作为底色漆的主体树脂比较切合实际。传统的聚酯树脂是由多元酸、多元醇经酯化缩合制成的低支化度的线型聚酯树脂。由于没有弱极性的长碳链脂肪酸侧链，极性强的酯键密度很大，内聚力很强，表面张力相对较大。因此，用它制成的底色漆对底材表面润湿性不好，流平性差，甚至会出现缩孔，而且对铝粉颜料的分散也很不利。要改善传统聚酯的性能，重要的办法是改善其极性，使树脂与涂料体系极性适当，相容性、流平性良好。经过反复试验、分析、比较，一般以聚丙烯酸酯改性的聚酯树脂性能最为优越。

实际上，能用于做闪光底色漆成膜基料的树脂，在品种方面和通常涂料没有多大的差别，主要区别在成膜树脂的合成。闪光底色漆成膜基料树脂与普通色漆树脂是不同的，常常是各厂商的卖点。金属闪光漆除了烘干涂料外，也有用聚氨酯树脂或其他树脂设计配方的常温干燥或低温干燥涂料。

10.3.4 效应颜料

效应颜料除了铝粉外，就是珠光颜料（参见颜料章节）。铝粉又分浮性铝粉和非浮性铝粉，生产厂商众多，品质差异较大。

浮性铝粉：是指片状铝粉能够漂浮于制备闪光底色漆的成膜树脂（载体）中，在固化成膜后，浮于涂膜表层。非浮性铝粉：不能够漂浮于闪光底色漆的成膜树脂（载体）中，在固化成膜后，悬浮或沉积于涂膜的中间层或底层。

铝粉漂浮性能的差异，取决于生产铝粉时选择的表面处理剂和介质。浮性铝粉使用的表面处理剂有十二至二十二烷酸及其衍生物，通用十八碳烷酸，即硬脂酸。硬脂酸是一种白色或微黄色柔软晶体，分子式为 $CH_3(CH_2)_{16}COOH$，不溶于水，微溶于有机溶剂，相对密度 0.9408，熔点为 70～71 ℃，沸点 383 ℃。硬脂酸有几个作用：① 在研磨生产铝粉时，起到减磨作用，即减少磨体和磨质之间的磨耗。② 防止在研磨生产铝粉时，铝粉受磨质冲击而“锻接”。③ 产品铝粉在储存时，保护其不受空气中水分的影响。④ 最重要的作用，就是赋予铝粉的漂浮能力，使其能在成膜载体内漂浮和定向排列。非浮性铝粉所使用的表面处理剂主要有油酸、亚油酸、蓖麻油酸、月桂酸等。

在汽车涂料中，选择使用的是非浮性铝粉，非浮性铝粉用于闪光涂料成膜后，色彩显得更沉稳、庄重。而在家具涂料中，常用浮性铝粉，浮性铝粉用于闪光涂料成膜后，色彩显得更白和更华丽。现在，还有专门用于水性涂料的水分散型铝粉。

10.3.5 着色颜料

在金属闪光涂料中，着色颜料的选择最重要的是透明性。它不能遮盖铝片和其他装饰性金属颜料的闪光效果；同时也不能影响闪光涂料的随角异色度（当视角为垂直方向时，颜色为浅色；当视角变大时，颜色变深）。除此之外，着色颜料也不能影响效应颜料在涂膜中的定向移动和排列，如果效应颜料不能定向排列，它们会突出于汽车罩光漆涂膜之外，造成汽车面漆失光，鲜映性下降等漆病。

常用的效应颜料为云母珠光颜料，其原理和使用方法与铝粉相似，不再赘述。

11　涂料生产工艺基础

涂料生产过程就是把颜料粒子通过外力进行破碎并分散在树脂溶液或者乳液中，使之形成一个均匀微细的悬浮分散体。生产过程通常包括以下四个步骤。

（1）配料与预分散。配料要分两次完成。首先将颜料按一定的颜料/基料/溶剂比例在一定容积的漆缸中配制研磨色浆，使之有最佳研磨效率。配料力求称量准确。

（2）研磨分散。将预分散后的拌和色浆通过研磨分散设备进行充分分散，使颜料粒子达到一定粒径（细度），得到颜料色浆。

（3）调漆。分散、研磨后，再根据色漆配方补足其余组分，主要是余下的基料、其他助剂及溶剂，必要时进行调色，再进行分散混合，以达到色漆质量要求。

（4）净化包装。通过过滤设备除去各种杂质和大颗粒，包装制得成品涂料。

11.1　生产设备

11.1.1　分散设备

11.1.1.1　预分散

这是涂料生产的第一道工序。通过预分散，颜填料混合均匀，同时使基料（树脂）取代部分颜料表面所吸附的空气，使颜料得到部分湿润，由于有机械力作用于颜料，使颜料得到初步粉碎。在色漆生产中，这道工序是研磨分散的配套工序。过去色漆的研磨分散设备以辊磨机为主，与其配套的是各种类型的搅浆机。近年来，研磨分散设备以砂磨机为主，与其配套的设备也改用高速分散机（搅拌机），它是目前使用最广泛的预分散设备。如果是实验室研发实验，预分散常常在一个塑料杯或烧杯中用玻璃棒或小木棍就可完成。

高速分散机由机体、搅拌轴、分散盘、分散缸等组成[图 11.1（a）]，主要配合砂磨机对颜填料进行预分散。对于易分散颜料或分散细度要求不高的涂料也可以直接将高速分散机作为研磨分散设备使用，同时也可用做调漆设备。

高速分散机的关键部件是锯齿圆盘式叶轮[图 11.1（b）]，它由高速旋转的搅拌轴带动，搅拌轴可以根据需要进行升降。工作时叶轮的高速旋转使漆浆呈现滚动的环流，并产生一个很大的旋涡，位于顶部表面的颜料粒子，很快呈螺旋状下降到旋涡的底部，在叶轮边缘 2.5～5 cm 处，形成一个湍流区[图 11.1（c）]。在湍流区，颜料粒子受到较强的剪切和冲击作用，很快分散到漆浆中。在湍流区外，形成上、下两个流束，使漆浆得到充分的循环和翻动；同时，在叶轮边缘剪切力的作用下，聚集在一起的颜料团粒得以初步分开，达到预分散的目的。

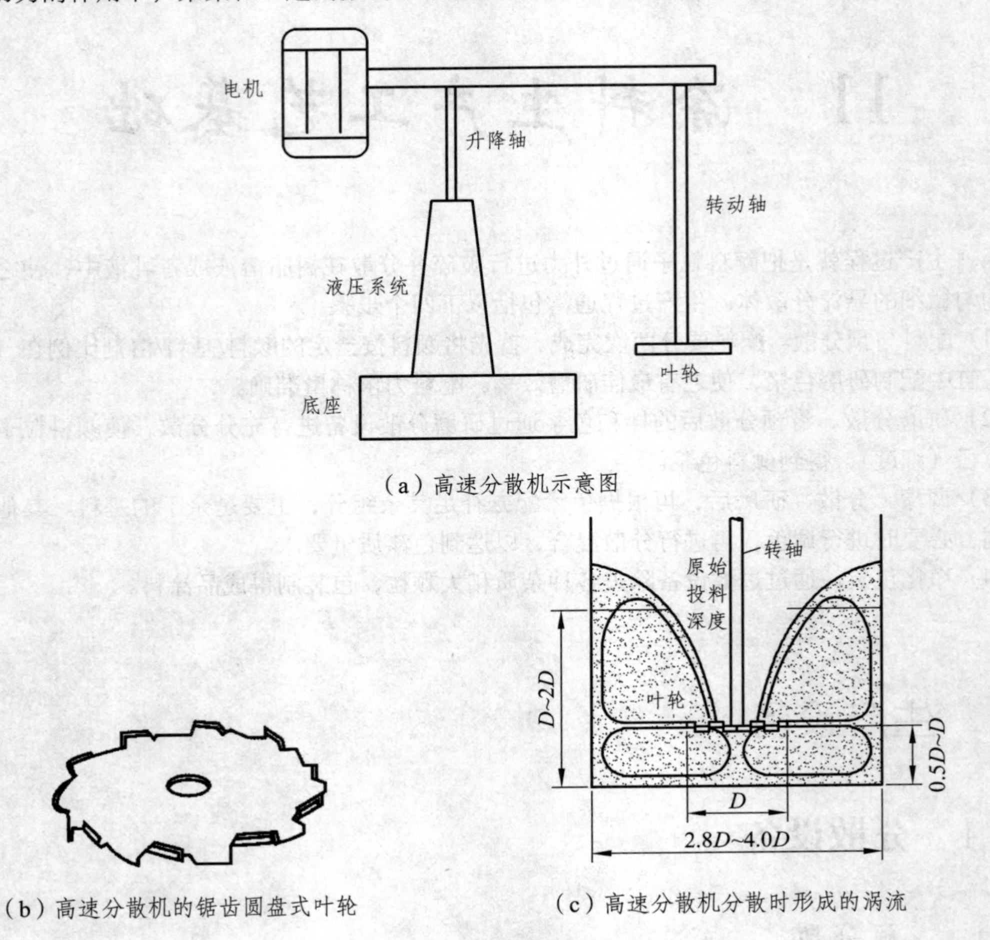

（a）高速分散机示意图

（b）高速分散机的锯齿圆盘式叶轮

（c）高速分散机分散时形成的涡流

图 11.1　高速分散机

高速分散机具有以下优点：① 结构简单、使用成本低、操作方便、维护和保养容易；② 应用范围广，配料、分散、调漆等作业均可使用，对于易分散颜料和制造细度要求不高的涂料，可以混合、分散、调漆，直接制成产品；③ 效率高，一台高速分散机可以配合数台研磨设备开展工作；④ 结构简单，清洗方便。同时也有其缺点：剪切力低，从而分散能力较差，不能分散紧密的颜料，对高黏度漆浆不适用。

高速分散机工作时漆浆的黏度要适中，太稀则分散效果差，黏度高或流动性差也不合适。合适的漆料黏度范围通常为 0.1～0.4 Pa · s 。

除了上述单轴分散机外，现在也经常使用双轴双叶轮高速分散机。双轴高速分散机能产生强烈的汽蚀作用，具有很好的分散能力，同时产生的旋涡较浅，漆浆罐的盛装质量也可提高；双轴高速分散机的双轴可在一定范围内上下移动，有利于漆浆罐内物料的轴向混合；双轴高速搅拌机适用于高黏度物料拌和。

在各种研磨分散设备中，三辊机和五辊机是加工黏稠漆浆的，与之配套的预分散设备通常是搅浆机。

11.1.1.2 研磨与分散

颜料在漆料中的分散对色漆的性能有重要的影响，主要表现在：

(1) 色漆首先要求颜色均一，如果颜料在漆料中分散不均，就会造成漆膜颜色深浅不一，影响装饰目的。

(2) 颜料是固体，通常其比重大于漆料，如在色漆中混合分散不均，就会在储存过程中沉淀结块。

(3) 色漆涂装成膜，一般膜厚可达 20 μm 以下，如颜料团粒过大，未经分散至适宜大小的颜料会使漆膜粗糙不平，影响光泽。因此颜料的分散均匀十分重要。

预分散通常不能达到色漆成品要求的粒径和均一性。研磨分散就是将已预配好的颜料和漆料再一次分散，以达到成品色漆的粒径和均匀性要求。

研磨的原理就是在剪切力作用下，将颜料团块及颜料本身凝结及包含的空气泡撕碎排出，将较大的颜料颗粒研磨成所规定的细度，并使颜料在漆料中分散均匀。

研磨分散设备是色漆生产的主要设备，基本形式可分为两类：一类带自由运动的研磨介质(或称分散介质)，另一类不带研磨介质，依靠抹研力进行研磨分散。研磨分散设备主要有砂磨机、球磨机、三辊机等。砂磨机分散效率高，适用于中、低黏度漆浆；辊磨可用于黏度很高的甚至呈膏状物料的生产。不同研磨设备研磨工艺参数不同。几种常见的研磨设备性能对比如下：

研磨黏度：三辊机>球磨机>砂磨机。

研磨细度：三辊机>砂磨机>球磨机。

研磨效率：砂磨机>球磨机>三辊机。

清洗难易：三辊机>球磨机>砂磨机。

砂磨机、球磨机依靠研磨介质在冲击和相互滚动时产生的冲击力和剪切力进行研磨分散，由于效率高、操作简便，成为当前最主要的研磨分散设备。

砂磨机由电动机、传动装置、分散筒、分散轴、分散盘、平衡轮等组成，分散轴上安装数个分散盘，分散筒体中盛有适量的玻璃珠、氧化锆珠、石英砂等研磨介质（图 11.2）。经预分散

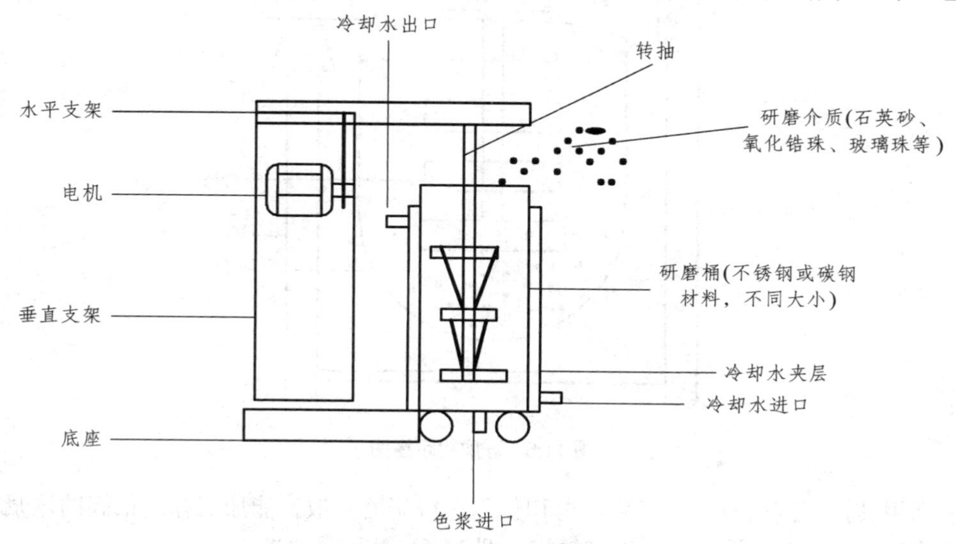

图 11.2 立砂机示意图

的漆浆用送料泵从底部输入，电动机带动分散轴高速旋转，研磨介质随着分散盘运动，抛向砂磨机的筒壁又被弹回，漆浆受到研磨介质的冲击和剪切得到分散。

砂磨机主要有立式砂磨机和卧式砂磨机两大类（图 11.3、图 11.4）。立式砂磨机研磨分散介质容易沉底，卧式砂磨机研磨分散介质在轴向分布均匀，避免了此问题。

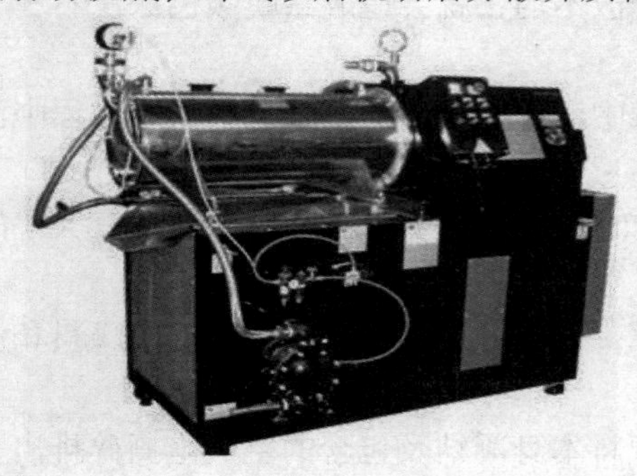

图 11.3　卧砂机实际照片图

图 11.4　立砂机实际照片图

砂磨机具有生产效率高、分散细度好、操作简便、结构简单，便于维护等特点，因此成为了研磨分散的主要设备；但是砂磨机必须要有高速分散机配合使用，而且深色和浅色漆浆互相换色生产时，较难清洗干净，目前主要用于低黏度漆浆的生产。

球磨机机体内装有玻璃珠、锆珠、钢球等研磨介质，运转时，圆筒中的球被向上提起，然后落下，球体间相互撞击或摩擦使颜料团粒受到冲击和强剪切作用，分散到漆料中（图 11.5）。球磨机无需预混作业，完全密闭操作，适用于高挥发分漆及毒性大的漆浆的分散，而且操作简单、运行安全；但其效率低，变换颜色困难，漆浆不易放净，不适宜加工过于黏稠的漆浆。

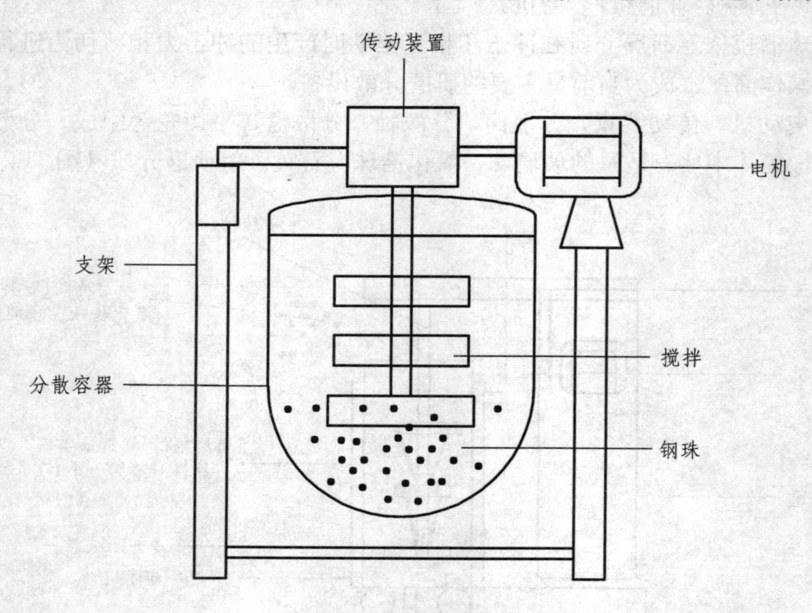

图 11.5　球磨机示意图

辊磨利用转速不同的辊筒间产生的剪切作用进行研磨分散，能加工黏度很高的漆浆，适宜于难分散漆浆，换色时清洗容易，以三辊机（图 11.6）使用最普遍。

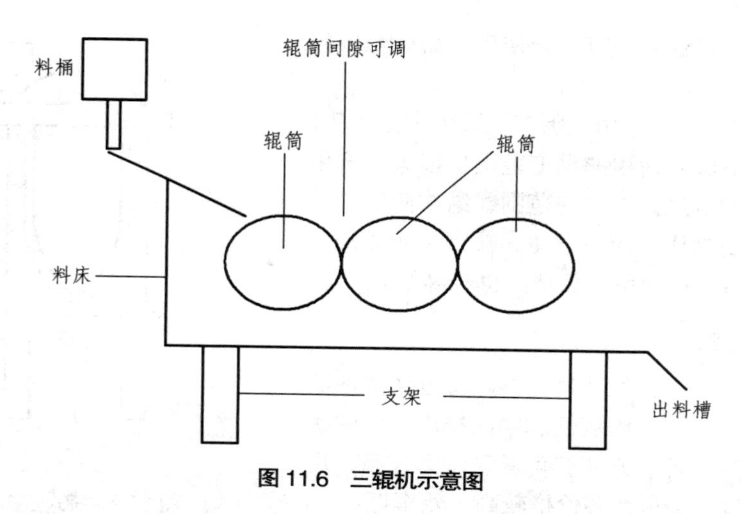

图 11.6 三辊机示意图

除了三辊机外，还有两辊机和五辊机。

11.1.1.3 过滤设备

在色漆制造过程中，仍有可能混入杂质，如在加入颜填料时，可能会带入一些机械杂质，用砂磨分散时，漆浆中会混入被打碎的研磨介质（如玻璃珠），此外还有未得到充分研磨的颜料颗粒。这些杂质都要除去，否则，在涂料干燥后，会留下难看的弊病。用于色漆过滤的常用设备有罗筛、振动筛、袋式过滤器、管式过滤器、自清洗过滤机、板框过滤机（图 11.7）、离心过滤机以及过滤布等。一般根据色漆的细度要求和产量大小选用适当的过滤设备。

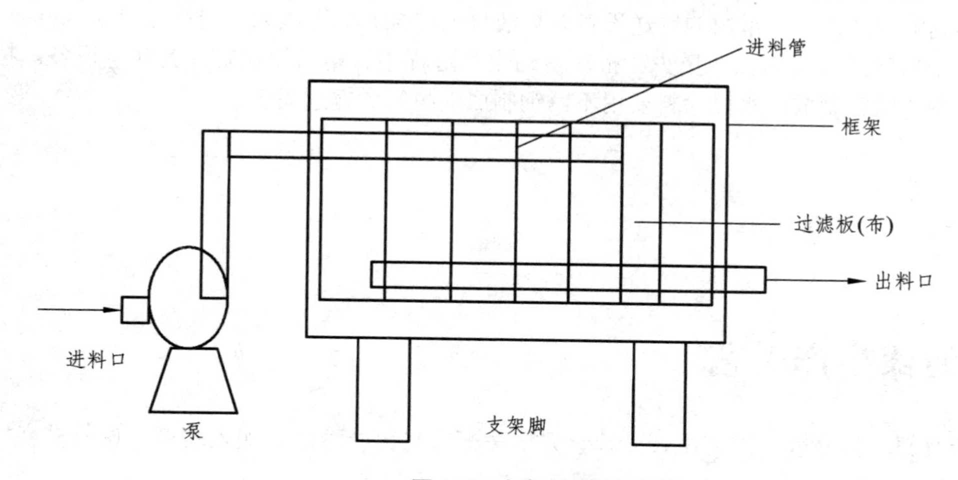

图 11.7 板框过滤机示意图

1. 袋式过滤器

袋式过滤器由一细长筒体内装有一个活动的金属网袋，内套以尼龙丝绢、无纺布或多孔纤维织物制作的滤袋，接口处用耐溶剂的橡胶密封圈进行密封（图 11.8）。压紧盖时，可同时使密封面达到密封，因而在清理滤渣，更换滤袋时十分方便。过滤器的材质有不锈钢和碳钢两种。为了便于用户使用，制造厂常将过滤器与配套的泵用管路连接好，装在移动式推车上。除单台过滤机外还有双联过滤机，可一台使用，另一台进行清渣。

袋式过滤器的优点是适用范围广，既可过滤色漆，也可过滤漆料和清漆，适用的黏度范围也很大。选用不同的滤袋可以调节过滤细度的范围，结构简单、紧凑、体积小、密闭操作，操作方便。缺点是滤袋价格较高，虽然清洗后尚可使用，但清洗也较麻烦。

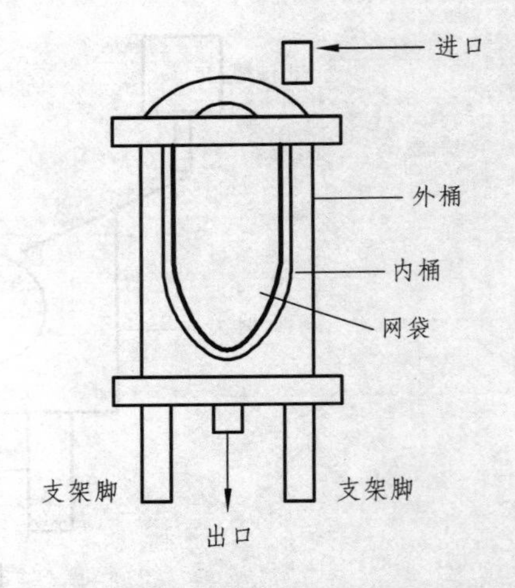

图 11.8　袋式过滤器示意图

2. 管式过滤器

管式过滤器也是一种滤芯过滤器。待过滤的油漆从外层进入，过滤后的油漆从滤芯中间排出。它的优点是：滤芯强度高，拆装方便，可承受压力较高，用于要求高的色漆过滤。但滤芯价格较高，效率低。

在实际生产过程中，用不同粒径大小的过滤布或过滤网来进行过滤，也是常用的方法。过滤布常用的是绢布，过滤网常用的是铜网。它们的孔径大小一般为 80～200 目。底漆一般用 80 目左右的过滤网布，而色漆用 150～180 目的过滤网布，闪光底漆用 100 目左右的过滤网布。“目”是表示单位长度上孔隙多少的一种量度，数值越大，则孔隙越多、越小。

11.1.1.4　输送设备

涂料生产过程中，原料、半成品、成品往往需要运输，这就需要用到输送设备，输送不同的物料需要不同的输送设备。常用的输送设备有：液料输送泵，如隔膜泵、内齿轮泵和螺杆泵，螺旋输送机，粉料输送泵等。但在量少、批次多的生产过程中，常常用拉缸作为输送设备。拉缸一般由不锈钢或碳钢制成。水性涂料要用不锈钢制成的拉缸做输送设备。

11.2　生产过程

11.2.1　清漆生产工艺

由于不涉及颜填料分散，工艺比较简单，只要按配方将树脂溶解，加入助剂，调整黏度，检验，过滤，包装既可。

11.2.2　色漆生产工艺

色漆生产工艺其核心是颜填料的分散和研磨。一般包括混合、分散、研磨、过滤、包装等工序。通常依据产品种类、原材料特点及其加工特点的不同，主要考虑颜料在漆料中的分散性、漆料对颜料的湿润性及对产品的加工精度要求等方面，再结合其他因素如溶剂毒性等。首先选用适宜的研磨分散设备，确定基本工艺模式；再根据多方面的综合考虑，选用其他工艺手段，制订生产工艺过程。

对于颗粒细小而又易分散的合成颜料、粗颗粒或微粉化的天然颜料和填料等易流动的漆浆，砂磨机的生产能力高，分散精度好，能耗低，噪声小，溶剂挥发少，结构简单，便于维护，能连续生产，适合大批量生产，是加工此类涂料的优选设备，在多种类型的磁漆和底漆生产中获得了广泛的应用。但是，它不适用于生产膏状或厚浆型的悬浮散体，用于加工炭黑等分散困难的合成颜料时生产效率低，用于生产磨蚀性颜料时则易于磨损，此外换色时清洗比较困难。

球磨机同样也适用于分散易流动的悬浮分散体系、任何品种的颜料，对于分散粗颗粒的颜料、填料、磨蚀性颜料和细颗粒又难分散的合成颜料有着突出的效果。卧式球磨机由于密闭操作，故适用于要求防止溶剂挥发及含毒物的产品。但其研磨精度差，且清洗换色困难，故不适于加工高精度的漆浆及经常调换花色品种的场合。炭黑、铁蓝等颜料用球磨机分散效果较好。

三辊机由于开放操作，溶剂挥发损失大，对人体危害性较大，而且生产能力较低，结构较复杂，手工操作劳动强度大，故应用范围受到一定限制。但是它适用于高黏度漆浆和厚浆型产品，因而被广泛用于厚漆、腻子及部分厚浆美术漆的生产。对于某些贵重颜料，三辊机中不等速运转的两辊间能产生巨大的剪切力，导致高固体含量的漆料对颜料润湿充分，有利于获得较好的产品质量，因而被用于生产高质量的面漆。三辊机清洗换色比较方便，也常和砂磨机配合应用，用于制造复色磁漆的少量调色浆。

以砂磨机工艺为例，包括以下工序：

（1）备料。即将色漆生产所需的各种原材料送至车间。

（2）配料预混合（预分散）。按工艺配方规定的数量将漆料和溶剂分别经机械泵输送并计量后加入配料预混合罐中，开动高速分散机将其混合均匀，然后在搅拌下逐渐加入配方量的颜填料，加完后提高高速分散机的转速，以充分湿润和预分散颜料，以便下一步的分散。

（3）研磨分散。将已预分散的漆浆用泵输入砂磨机进行分散，至细度合格后输入调漆罐或者中间储罐。

（4）调色制漆。将分散好的漆浆输入调漆罐中，在搅拌下，将调色漆浆逐渐加入其中，以调整颜色，补加配方中基料及助剂，并加入溶剂调整黏度。

（5）过滤包装。经检验合格的色漆成品，经过滤器净化后，计量、包装、入库。

11.3 生产过程中应注意的问题

1. 絮凝（返粗）

所谓絮凝（返粗），就是颜料重新聚集成较大的颗粒。当用纯溶剂或高浓度的漆料调稀色浆时，容易发生絮凝。其原因在于调稀过程中，纯溶剂可从原色浆中提出树脂，使颜料保护层上的树脂部分被溶剂取代，稳定性下降，当用高浓度漆料调稀时，因为有溶剂提取过程，使原色中颜料浓度局部大大增加，从而增加絮凝的可能。

2. **配料后漆浆增稠**

色漆生产中，会在配料后或砂磨分散过程遇到漆浆增稠的现象。可能的原因是颜料在加工或储存过程中，含水量过高，在溶剂型涂料中出现了假稠现象；其次是颜料中的水溶盐含量过高，或含有其他碱性杂质，与漆料混合后，脂肪酸与碱反应生成皂而导致增稠。

解决方法：增稠现象较轻时，加少量溶剂，或补加适量漆料。增稠情况严重时，如果原因是水分过高，可加入少量乙醇等醇类物质；如是碱性物质所造成的，可加入少量亚麻油酸或其他有机酸进行中和。

3. **细度不易分散**

研磨漆浆时细度不易分散的原因可能有以下几点。

(1) 颜料细度大于色漆要求的细度，如云母、氧化铁、石墨粉等颜料的原始颗粒大于色漆细度的标准，解决办法是先将颜料进一步粉碎加工，使其达到色漆细度的要求。此时，单纯通过研磨分散解决不了颜料原始颗粒的细度问题。

(2) 颜料颗粒聚集紧密难以分散。如炭黑、铁蓝在生产中就很难分散，且易沉淀。解决办法是分散过程中不要停配料罐搅拌机，砂磨分散时快速进料过磨，经过砂磨机过一遍后，再正常进料，二次分散作业；此外还可以在配料中加入环烷酸锌对颜料进行表面处理，提高颜料的分散性能；也可加入分散剂，提高分散效率。

(3) 漆料本身细度达不到色漆的细度要求，也会造成不易分散，应严格把好进漆料的检验手续关。

(4) 调色在储存中胶化。某些颜料容易造成调色储存中变胶，最易产生变胶现象的是酞菁蓝浆与铁蓝浆。解决方法可采用冷存稀浆法，即配色浆研磨后，立即倒入冷漆料中搅拌，同时加松节油稀释搅匀。

(5) 醇酸色漆细度不合格。细度不合格的主要原因有：研磨漆浆细度不合格，调漆工序验收不严格，调色浆、漆料的细度不合格，调漆罐换品种时没刷洗干净，没放稀料或树脂，混容性不好。可通过研磨试验、加入适量分散剂重新分散解决。如果是混容性不好，要调整配方解决。

(6) 复色漆出现浮色和发花现象。浮色和发花是复色漆生产时常见的两种漆膜病态。浮色是由于复色漆生产时所用的各种颜料的密度和颗粒大小及润湿程度不同，在漆膜形成但尚未固化的过程中向下沉降的速度不同造成的。粒径大、密度大的颜料（如铬黄钛白、铁红等）的沉降速度快，粒径小、密度小的颜料（如炭黑、铁蓝、酞菁等）的沉降速度相对慢一些，漆膜固化后，漆膜表面颜色成为以粒径小、密度小的颜料占显著色彩的浮色，而不是工艺要求的标准复色。

发花是由于不同颜料表面张力不同，漆料的亲和力也有差距，造成漆膜表面出现局部某一颜料相对集中而产生的不规则的花斑。

解决上述问题的办法是在色漆生产中，加入降低表面张力的低黏度硅油或者其他流平助剂。

(7) 凝胶化。涂料在生产或储存时黏度突然增大，并出现具弹性凝胶的现象称为凝胶化。聚氨酯涂料在生产和储存过程中，异氰酸酯组分（又称甲组分）和羟基组分（又称乙组分）都可能出现凝胶化现象，其原因有：生产时没有按照配方用量投料；生产操作工艺（包括反应温度、反应时间及 pH 等）失控；稀释溶剂没有达到氨酯级要求；涂料包装桶漏气，混入了水分或空气中的湿气；包装桶内积有反应性活性物质，如水、醇、酸等。

预防与解决的办法：原料规格必须符合配方、工艺要求；严格按照工艺条件生产，反应温度、反应时间及 pH 控制在规定的范围内等。

（8）发胀。色浆在研磨过程中，浆料一旦静置下来就呈现胶冻状，而一经搅拌又稀下来的现象称为发胀。这种现象主要发生在羧基组分中，原因主要有：羧基树脂 pH 偏低，采用的是碱性颜料，两者发生皂化反应使色浆发胀；聚合度高的羧基树脂会使一些活动颜料结成颜料粒子团而显现发胀。解决方法可以在发胀的浆料中加入适量的二甲基乙胺或甲基二乙醇胺，缓解发胀；用三辊机对发胀的色浆再研磨，使絮凝的颜料重新分散；在研磨料中加入适量的乙醇胺类，能消除因水而引起的发胀。

（9）沉淀。由于杂质或不溶性物质的存在，色漆中的颜料出现沉底的现象叫沉淀。产生沉淀的原因主要有：色漆组分黏度小，稀料用量过大，树脂含量少；颜料相对密度大，颗粒过粗；稀释剂使用不当；储存时间长等。解决办法，可以通过加入适量的硬脂酸铝或有机膨润土等涂料常用的防沉剂，或提高色漆的研磨细度等避免沉淀的产生。

（10）变色。清漆在储存过程中由于某些原因颜色发生变化的现象叫变色。这种现象主要发生在羧基组分中。可能的原因有：羧基组分 pH 偏低，与包装铁桶和金属颜料发生化学反应；颜色料之间发生化学反应，改变了原来颜料的固有显色；颜料之间的相对密度相差大，颜料分层造成组分颜色不一致。解决办法可以通过选用高 pH 羧基树脂，最好是中性树脂避免变色；在颜料的选用上需考虑它们之间与其他组分不发生反应。

（11）结皮。涂料在储存中表层形成一层硬漆膜的现象称为结皮。产生的原因是：涂料包装桶的桶盖不严，涂料表层溶剂挥发；催干剂的用量过多。解决方法，可加入防结皮剂丁酮肟以及生产时严格控制催干剂的用量等。

11.4 涂料生产实例

11.4.1 乳胶漆的生产工艺简介

乳胶漆是颜料的水分散体和聚合物的水分散体（乳液）的混合物。颜料的水分散体和聚合物的水分散体二者本身都已含有多种表面活性剂，同时为了获得良好的施工和成膜性质，又添加了许多表面活性剂。这些表面活性剂与颜料除了进行化学键合或化学吸附外，还存在吸附/脱吸附的动态平衡，而表面活性剂之间又有相互作用，如使用不当，就有可能导致分散体稳定性被破坏。为了避免出现可能的质量问题，在颜料和聚合物两种分散体进行混合时，投料次序就显得特别重要。典型的投料顺序如下：

水→杀菌剂→成膜溶剂→增稠剂→颜料分散剂→消泡剂、润湿剂→颜填料→乳液→pH 调整剂→其他助剂→水/增稠剂溶液

操作步骤为：首先将水放入高速搅拌机中，在低速下依次加入杀菌剂、成膜溶剂、增稠剂、颜料分散剂、消泡剂、润湿剂，混合均匀后，将颜填料缓缓加入由叶轮搅起的旋涡中；加入颜填料后，调节叶轮与调漆桶底的距离，使旋涡成浅盆状。加完颜料后，提高叶轮转速，为防止温度上升过多，应停止搅拌让其冷却，同时刮下桶边粘附的颜填料。用刮板细度法随时测定细

度，至合格才能算分散完毕。分散完毕后，在低速下逐渐加入乳液、pH 调整剂，再加入其他助剂，然后用水或增稠剂溶液调整黏度，过滤出料。

11.4.2　粉末涂料的生产工艺简介

粉末涂料的生产工艺和传统的溶剂性涂料生产工艺不同，在此简单介绍。

粉末涂料的生产工艺可以分为两大类方法：干法和湿法。干法包括 ① 干混合法；② 熔融混合法；③ 超临界流体混合法。湿法包括 ① 蒸发法；② 喷雾干燥法；③ 沉淀法；④ 分散法。

一种热塑性粉末涂料的制造工艺如下：① 原材料的预混合。按配方称量的原料，加入有加热夹套的高速混合机（500～800 r/min）中进行混合。② 熔融挤出混合。使预混合的物料进一步混合均匀，保证每一个粉末涂料粒子的成分都一样，使涂料产品质量保持稳定。这道工序在单螺杆挤出机上进行。③ 冷却和造粒。从挤出机出来的条形塑性物，立即进入凉水中冷却，变成有弹性的条状产品，再经切粒机切成粒状物得到供粉碎用半成品。④ 粉碎和分级过筛。将半成品经粉碎机粉碎后，再用过筛机按粒径分级过筛。⑤ 包装。热塑性粉末涂料一般不怕受压，也不容易受潮，用聚乙烯塑料内衬的牛皮纸袋包装。成品要存放在空气干燥、通风良好的库房内，并要求远离火源和热源。

其他粉末涂料的制造方法，可参阅专门的文献。

11.5　涂料性能测试与质量检验

11.5.1　测试与检验标准

涂料的性能一般包括涂料产品本身的性能、涂料施工性能、涂膜性能等。每一种性能都有参数作为控制标准，在检验时有标准方法用于实际操作。标准方法有的依据的是 GB，即国家标准（简称国标）；有的依据的是 QB，即企业标准（简称企标）；还有的依据的是 ISO，即国际标准化组织标准或其他国家标准，如 ASTM（即美国材料试验协会标准）等。在试验时一定要注明所采用的标准或方法。通常情况下，用 GB 比较多见，但也有一些企业根据自已涂覆产品的特点或用户的要求，制订了涂料质量控制参数，即企标。

对涂料进行质量检验和性能测试有利于选定配方，指导生产，起到控制产品质量的作用，同时为施工提供技术数据，并且有助于开展基础理论研究。

由于涂料品种、使用对象众多，检验方法也有差异，为此，各种产品的检验方法和标准都由权威机构发布（企标除外），并公开出版发行。需要说明的是，各种涂料产品的检验标准可能不同，但检验的操作方法、所用设备大部分都可通用。还有，涂料的性能除了在研制和试生产时要全面检测外，正常生产时，只进行常规检测既可，然后根据需要，在某些时候进行抽检。这是因为有的检测项目要较长时间才能完成，如人工老化、耐盐雾试验等，往往需要数天至几十天不等。

11.5.2 检测项目及特点

涂料涂装在物体表面形成涂膜后应具有一定的装饰、保护性能，除此之外，涂膜常常在一些特定环境下使用，需要满足特定的技术要求。因此，还必须测试某些特殊保护性能，如耐温、耐腐蚀、耐盐雾、耐化学药品等。老化试验、盐雾试验、储存性要耗时数天或数月才能完成；一般的耐酸、耐碱、耐水、耐油等试验，也要耗时几小时或数天；有时还有耐温试验。因此，在常规生产时，不可能每一批次都进行所有检验，而仅进行必要的检验。另一方面，涂料生产所用的原材料，也有自己的质量稳定参数要求，一般不会有较大的质量波动，只要在研制和试生产时，已考虑留有足够的冗余度，并已满足质量、性能要求，则通常情况下，也是能满足的。

涂料的常规检测参数，主要有物理或机械性能、涂膜外观、产品有效质量等，具体包括细度、黏度、光泽、柔韧性、附着力、冲击强度、硬度、涂膜厚度、固体含量、遮盖力等。

涂料本身不能作为工程材料使用，必须和被涂物品配套使用并发挥其功能，其质量好坏，最重要的是它涂在物体上所形成的涂膜性能。因此，涂料的质量检测有以下特点：

（1）涂料产品质量检测即涂料及涂膜的性能测试，主要体现在涂膜性能上，以物理方法为主，不能单纯依靠化学方法。

（2）试验基材和条件有很大影响。涂料产品应用面极为广泛，必须通过各种涂装方法施工在物体表面，其施工性能不好，也会大大影响涂料的使用效果。所以，涂料性能测试还必须包括施工性能的测试。

（3）同一项目往往从不同角度进行考察，结果有差异。

11.5.3 涂料产品本身的性能测试

涂料产品本身的性能包括涂料产品形态、组成、储存性等性能。以下举例进行简介。

1. 颜色与外观

本项目是检查涂料的形状、颜色和透明度的，特别是对清漆的检查，外观更为重要，参见国家标准 GB1727—79（清漆，清油及稀释剂外观和透明度），GB1722—79（清漆，清油及稀释颜色测定方法）。

2. 细　度

细度是检查色漆中颜料颗料或分散均匀程度的标准，以 μm 表示，测定方法见 GB1724—79（涂料细度测定法）。

3. 黏　度

黏度测定的方法很多，涂料中通常是在规定的温度下测量定量的涂料从仪器孔流出所需的时间，以 s 表示，如涂-4 黏度计，具体方法见 GB1723—79（涂料黏度测定法）。

4. 固体分（不挥发分）

固体分是涂料中除去溶剂（或水）之外的不挥发分（包括树脂、颜料、增塑剂等）占涂料质量的百分比，用以控制清漆和高装饰性磁漆中固体分和挥发分的比例是否合适，从而控制漆膜的厚度。一般来说，固体分低，一次成膜较薄，保护性欠佳，施工时较易流挂。

11.5.4　涂料施工性能

涂料施工性能是评价涂料产品质量好坏的一个重要方面，主要有：遮盖力，指的是遮盖物面原来底色的最小色漆用量；使用量，即涂覆单位面积所需要的涂料数量；干燥时间，指涂料涂装施工以后，从流体层到全部形成固体涂膜的这段时间；流平性，指涂料施工后形成平整涂膜的能力。

关于涂料的施工，将在 16 章进行详细介绍。

12 电泳涂料

电泳涂装的原理发明于20世纪30年代末。但开发这一技术并获得工业应用是在1963年以后。电泳涂装是近几十年发展起来的一种特殊涂膜形成方法，是对水性涂料最具有实际意义的施工工艺。由于具有水溶性、无毒、易于自动化控制等特点，以及优良的素质和高度环保，电泳涂装正在逐步替代传统油漆喷涂，现已在汽车、建材、五金、家电等行业得到广泛的应用。

电泳涂覆层的耐腐蚀性能极其优良（一般能通过中性盐雾试验400小时以上），抗变色性能强；与基体金属的结合力好，可进行各种机械加工；涂覆层色彩鲜艳，根据用户的要求可以配制成各种颜色；与传统溶剂型涂料工艺相比，施工性能好，对环境的污染和危害大为减少。

电泳与电镀相比有明显区别：电泳漆层高低电位处厚薄均匀，一般电镀高低电位处镀层厚薄差距大；电泳漆层能完全覆盖隐蔽处，一般电镀不能深入隐蔽处。

电泳涂装与油漆喷涂相比，也有明显不同：在附着力方面，前者强、很难脱落，后者不强、易脱落；在防腐性方面，前者耐腐蚀，后者不耐腐蚀；在环保性方面，前者符合环保要求，后者污染严重。

12.1 电泳涂料的基本知识

12.1.1 电泳涂料的定义

电泳涂料又称电沉积涂料，是以水溶性（或水乳型）树脂为成膜基料，采用电泳法（也称电沉积法）进行施工的涂料。

电泳涂料所用的合成树脂能溶于水。这是由于在高分子聚合物的分子链上含有一定数量的强亲水性基团，如羧基、羟基、氨基、醚基、酰胺基等。但是这些极性基材与水混合时多数只能形成乳浊液，必须经过氨（或胺）或酸中和成盐，它们的羧酸盐和胺盐则可部分溶于水中，因此电泳涂料用的水溶性树脂多以中和成盐的形式而获得水溶性。

12.1.2 电泳涂料的分类

根据电泳涂料所用大分子树脂带电荷性质的不同，电泳涂料分为阳极电泳涂料（阴离子电沉积）与阴极电泳涂料（阳离子电沉积）。

1. 阳极电泳涂料

含有羧基的高分子聚合物，经过氨或胺中和后形成羧酸盐，采用此类羧酸盐树脂作为主体树脂，再配以适当的颜料、填料及助剂、溶剂经研磨分散而制成的涂料，并以水作为溶剂进行稀释，形成阴离子型水溶液，中和剂为无机碱或有机胺，如 KOH、一乙醇胺、三乙醇胺、三乙胺等，以被涂工件作为阳极，采用电泳涂装的方式进行施工，从而获得致密的涂膜，该种类的涂料称为阳极电泳涂料。常用的有纯酚醛阳极电泳涂料、聚丁二烯阳极电泳涂料、顺酐化油阳极电泳涂料等。

2. 阴极电泳涂料

含有羟基、氨基、醚基、酰胺基等的高分子聚合物，经过有机酸中和后形成胺盐，而采用此类胺盐树脂作为主体树脂，再配以适当的颜料、填料及助剂、溶剂经研磨分散而制成的涂料，也以水作为溶剂进行稀释，形成阳离子型水溶剂，中和剂为有机酸，如甲酸、乙酸、乳酸等，以被涂工件作为阴极，采用电泳涂装的方式进行施工，从而获得致密的涂膜，该种类的涂料称为阴极电泳涂料。最常用的是环氧树脂型阴极电泳涂料。近几年开发的有环氧丙烯酸、丙烯酸树脂型阴极电泳涂料。

12.1.3 电泳涂装

阳极电泳涂料和阴极电泳涂料对应的涂装方式分为阳极电泳涂装和阴极电泳涂装。

1. 阳极电泳涂装

金属工件为阳极，吸引漆液中带负电荷的涂料粒子，电沉积时，少量的金属离子（阳极氧化）迁移到涂膜表面，对涂膜的性能造成影响。阳极电泳涂料主要用于对耐蚀性要求较低的工件，是经济型涂料。

2. 阴极电泳涂装

金属工件为阴极，吸引漆液中带正电荷的涂料粒子，由于被涂工件是阴极而非阳极，进入涂膜的金属离子大大减少，从而提高了漆膜性能，涂膜优良，具有优异的耐蚀性能。

3. 电泳涂装的原理

电泳涂装最基本的物理原理为，利用电流沉积漆膜，其工作原理为“异极相吸”，即带电荷的涂料粒子与它所带电荷相反的电极相吸。涂装时，采用直流电源，金属工件浸于电泳漆液中。通电后，阳离子涂料粒子向阴极工件移动，阴离子涂料粒子向阳极工件移动，继而沉积在工件上，在工件表面形成均匀、连续的涂膜。当涂膜达到一定厚度（漆膜电阻大到一定程度），工件表面形成绝缘层，“异极相吸”停止，电泳涂装过程结束。但要注意的是，到目前为止，阳极电泳涂料和阴极电泳涂料的涂装不能同时进行，它们实际分属两种不同的涂料和涂装方法。

整个电泳涂装过程可以概括为以下四个步骤：① 电解：水的电解；② 电泳：带电的聚合物分别向阴极或阳极泳动的过程；③ 电沉积：带电的聚合物分别在阴极或阳极沉积的过程；④ 电渗：沉积的电泳涂膜收缩、脱去溶剂和水，形成均匀致密的湿膜。电极附近主要的化学反应如下所示：

阴极反应：$2H_2O + 2e^- \longrightarrow 2OH^- + H_2$，$R—NH^+ + OH^- \longrightarrow R—N + H_2O$

阳极反应：$2H_2O \longrightarrow 4H^+ + O_2 + 4e^-$

这样，在阳极周围，呈现很强的酸性；而在阴极周围，呈现较强的碱性。

阳极电泳涂料中树脂成分是含有$—COO^- NH_4^+$多元酸聚合物的氨基。在通电后，以$—COO^-$阴离子形式存在的聚合物向阳极移动，被H^+中和发生沉淀反应，同时，在阳极上伴随着发生阳极金属的电化学溶解（副反应），会产生一部分阳极金属离子，带入电泳涂膜中或电泳槽中。

阴极电泳涂料是含有氨基的改性树脂，通过加入酸中和成盐而形成带有RNX^+Z^-的亲水性聚合物。其中，Z^-为相应的有机酸（多为醋酸、甲酸和乳酸）根离子，RNX^+为聚合物离子。在通电后，阴极表面由于电解产生大量的OH^-而呈碱性，阳离子聚合物与OH^-相互作用而失去亲和性，并在阴极上以R_nN的形式沉积下来。涂料中的颜填料也通过电沉积过程沉积在电极上。电沉积涂膜中含有少量的有机溶剂和水，是一种高度集中的胶体结构。由于阴极电泳涂装过程中被涂物表面呈碱性，这对黑色金属有缓蚀保护作用，能显著提高金属材料的防腐蚀性能。

12.1.4 电泳涂料或涂装专有名词或术语

固体分（%）：指电泳涂料槽液（或原漆）中树脂、颜料及其他添加剂的固体（不挥发分）含量。

pH：电泳涂料槽液的酸碱性大小。

电导率：又称比电导，指在 1 cm 距离 1 cm^2 电极面的导电量。表示槽液导电的难易程度。单位为 μS/cm 或 μV/cm，S = 1/Ω，Ω 为电阻单位欧姆。

比电阻（Ω · cm）：电导率的倒数。

$$比电阻\ (\Omega\cdot cm) = 10^6/电导率$$

库仑效率（mg/C）：消耗 1 C 电量时析出涂膜的质量（以 mg 表示），表示涂膜生长的难易程度。

泳透力：在电泳涂装过程中，使背离电极（阴极或阳极）的被涂物表面涂上涂料（膜）的能力。泳透力表示电泳涂膜膜厚分布的均匀性，因此又称泳透性。泳透力与库仑效率都是电泳涂料的重要特性。

颜基比（P/B）：指电泳涂料的加热残分（或干涂膜）中颜料与基料的比值。

溶剂含量：电泳槽液或电泳涂料中含有的有机溶剂的量。

杂质离子：有可能影响电泳涂膜质量的、必须严格控制引入的有害离子。一般是被涂物前处理或补给水带入，在阴极电泳涂装时常见的有Na^+、Fe^{2+}、Zn^{2+}、Pb^{2+}、Ni^{2+}；在阳极电泳涂装时常见的有Cl^-、PO_4^{3-}、SO_4^{2-}、NO_3^-。

更新期（T.O）：电泳涂料在涂装过程中要逐渐消耗各种组成成分，为了使涂膜质量保持稳定，需要不断补充涂料。当补充涂料的累计量与最初配制的槽液的量相等时，称为一个更新期（1 T.O）。更新期以月/（T.O）表示。

击穿电压：指在电泳涂装过程中，当泳装电压超过一定数值时，会在沉积电极上产生大量气体，使沉积的涂膜炸裂，泳装电流突然增大，造成异常析出状态的电压值。

中和当量（MEQ）：使涂料水溶化或乳化所必需的中和剂的物质的量，单位 mmol。通常是指 100 g 电泳涂料固体中所含中和剂的物质的量。

阴极电泳涂装的中和当量 =（中和剂 MEQ × 56.1）/胺值

阳极电泳涂装的中和当量 =（中和剂 MEQ × 56.1）/酸值

胺值：中和 1 g 树脂所需要的 HCl 的质量（mg/g）。酸值：中和 1 g 树脂所需要的 NaOH 质量（mg/g）。

辅助电极：在某些不容易涂到漆的被涂物表面附近安装的可拆卸电极。其作用是提高泳透力。现在随着高泳透力涂料的开发成功，辅助电极已基本被淘汰。

12.2 电泳涂料的组成

电泳涂料是由水溶性树脂、颜料、填料、助剂、溶剂及中和剂组成的。阳极电泳涂料和阴极电泳涂料组成的比较见表 12.1。

表 12.1 阴、阳极电泳涂料的组成

项目	阳极电泳涂料	阴极电泳涂料
树脂	含羧基的合成树脂，以聚丁二烯树脂为代表	环氧、聚胺树脂（含 NH_2 的合成树脂）
颜料	碱性颜料	酸性颜料
固化剂	无	封闭异氰酸酯树脂
中和剂	KON，胺	有机酸
工作液	碱性（水溶性-分散体）	弱酸性（水溶性-乳液）
漆膜	酸性	碱性
溶剂	低沸点的有机溶剂（单一品种）	中、高沸点的有机溶剂（几种物质的混合物）

12.3 阳极电泳漆电泳过程存在的问题

作为阳极的被涂覆物，在电泳过程中金属及其表面处理膜被溶出，造成沉积膜被离子污染，不仅影响涂膜颜色，也影响其物理、机械性能，防腐蚀性能也较差。电泳时，水的电解在阳极产生氧，对易于氧化的树脂有较大的影响，为使其长时间稳定，可考虑加入抗氧化剂。

12.4 阴极电泳涂料的特性

（1）阴极电泳涂料的泳透力比阳极电泳涂料高，通常是阳极电泳涂料的 1.3～1.5 倍，这就使得阴极电泳在进行复杂工件内部（如汽车车身）涂装时，可以省略辅助电极，从而简化了电泳涂装工艺和材料消耗。

（2）阴极电泳涂料在电泳涂装时库仑效率较高，通常是阳极电泳的 2～3 倍，可减少 30%的耗电量。电泳设备所需冷冻机的容量也较小。

（3）阴极电泳涂料的耐碱性比阳极电泳涂料高，实验数据表明，阴极电泳涂膜比阳极电泳涂膜的耐碱性（5% NaOH 溶液）通常高 20～40 倍。

（4）阴极电泳槽液比较稳定，容易控制，不易受杂质离子和微生物的影响而变质。虽然阴极电泳漆的价格较阳极电泳漆贵（国外一般是贵 1.3～1.5 倍），但由于工艺简化（不需设置辅助电极）、库仑效率高、涂装漆膜薄（一般 10～13 μm 的阴极电泳涂膜的耐腐蚀性就明显地优于 20～25 μm 的阳极电泳涂膜）等原因，阴极电泳涂装的综合成本反而低于阳极电泳涂装。

（5）阴极电泳漆的 pH 在弱酸性范围内，虽然接近中性，但还是有一定的腐蚀性，因而阴极电泳设备的一些关键部件如输送泵、热交换器等仍然须用不锈钢制造，设备费用相对较高。

（6）阴极电泳漆本身性能比较稳定，但在涂装线上的管理比阳极电泳涂料复杂。

（7）被涂物（金属工件）表面的化学处理要求更高。

（8）阴极电泳涂料是水乳性，没有阳极电泳涂料的亲水性好，因此工件要及时清洗。

（9）为了调整漆液中中和剂（酸）的浓度，要把阳极隔开，即必须要有阳极用隔膜及阳极室和阳极液循环调整装置。

与阳极电泳涂料相比，阴极电泳涂料有以下特点：

被涂物是阴极，电泳中无离子渗入沉积涂层，不影响涂层的色泽，在易于氧化变色的金属上也能较好地沉积；所用水性树脂属碱性，本身对金属有较好的防护稳定性，故电极中沉积层表示出优异的抗腐蚀性能。

阴极电泳涂料电泳涂装时，工件为阴极，金属表面不被溶解，且树脂中的胺基具有缓蚀作用。因此阴极电泳涂膜的防腐蚀能力远比阳极电泳涂膜好得多，即使在不加防锈颜料的情况下，仍有很好的耐盐雾性能。磷化处理以后的电泳涂漆，耐盐雾能力达到 800～1 200 h，加上阴极电泳涂料的高泳透力，能满足汽车车身 10 年无穿孔腐蚀的防护要求，因而在汽车上得到广泛采用。

电泳涂料从阳极电泳涂料发展成阴极电泳涂料，也消除了阳极电泳涂膜经常产生的丝状腐蚀和疤痕腐蚀对涂层外观装饰性的影响；阴极电泳涂膜的良好展平性，赋予涂层高的鲜映性。新一代阴极电泳涂料的展平率达到 83%，涂膜粗糙度 Ra 在 0.2 μm 以下。厚膜阴极电泳涂料的推出（涂膜厚度达 35 μm），能省去二道浆，简化涂装工艺，同时能提高棱边的耐腐蚀性，厚膜阴极电泳涂膜的耐盐雾性可达 1 000 ～1 200 h。

12.5 电泳涂料各组成的功能、制备、选择

除了成膜基料外，电泳涂料也含有颜料、助剂、中和剂。

12.5.1 颜　料

电泳涂料以水作为溶剂，树脂多数呈弱碱性或弱酸性，所以电泳涂料使用的颜料与溶剂性漆用的颜料有所不同，电泳涂料对颜料的要求高。

不同的颜料（包括体质颜料）其物理性质，如相对密度、酸碱性、极性及结晶形状等均不相同。因此，在电泳涂料的制造过程中，常因其物理性质的差异较大，即使强烈搅拌，也只能暂时分散在色浆中，长时间储存往往会出现沉淀、浮色等问题。故在制漆时选用的颜料、填料的种类应尽量少，不同的颜料其电沉积速度也不一样，因此，采用电泳涂料很难达到颜色的固定并保证色差符合要求。为了使多种颜料调制成电泳涂料的色浆均匀分散，常常在颜料中加入少量的表面活性剂进行表面处理，从而保证复色颜料体系有较稳定的分散性。

1. 颜料对水的稳定性和杂质含量的影响

电泳涂料用的颜料，必须在水介质中保持较高的化学稳定性。一般认为，部分水解及能析出二价或多价金属离子的颜料均不适于电泳涂料，它能使大分子树脂沉淀析出，水溶性电解质离解后引起压缩颜料表面存在的双电层聚集，使颜料产生沉淀。而且电解质还将导致电泳时电解反应加剧，致使漆膜产生大量的针孔，不但增加了电解消耗，还降低了电泳涂料的泳透力。同时，电解产生的新生态氧还会加速漆液的老化。

2. 颜料的相对密度和粒度的影响

由于电泳漆槽液的固体含量较低，其黏度接近于水的黏度，因此相对密度大的颜料在各平面上的沉积也不相同，尤其是水平面的上下部差距相当明显，随着颜料粒度分散度的提高，湿漆膜的电阻也会大大提高，从而提高电泳涂料的泳透力。

3. 颜料的酸碱性

电泳涂料所用的树脂多数是羧酸型的或多胺型的，用胺或酸中和后才能溶解于水。对于阳极电泳涂料，如果选用的颜料是酸性的，常有可能促使电泳涂料酸化，发生凝聚而破坏槽液的稳定性。同样，阴极电泳涂料不能选择碱性的颜料，或遇酸易分解的颜料，如碳酸钙等。碱性很强的颜料（如红丹、氧化锌、铅白等）又容易使羧酸型树脂产生皂化；水溶性大的颜料（如铬酸锌等）配入水溶性漆时，会破坏漆液的稳定性；铝粉、锌粉这类活性大的颜料未经表面钝化处理，也不能与电泳漆树脂配合。

因此电泳涂料用颜料的选择必须考虑它的酸碱性、水溶性和在水中的活泼性等因素。

12.5.2 助溶剂的选择

助溶剂（也称为共溶剂）的作用是增加树脂在水中的溶解度，同时调节树脂溶液的黏度，提高漆液的稳定性，改善漆膜的流平性和外观。以同一树脂而言，助溶剂不同，助溶的效果也不同。主要体现在以下几个方面：

(1) 助溶剂的存在对水的蒸发速度没有任何影响，但其他所有挥发组分同时蒸发，只是速度不一样。

(2) 低沸点助溶剂的氢键不会干扰溶剂/水混合物的蒸发。

(3) 中沸点或高沸点的助溶剂则不一样，因为氢键越强，所用助溶剂的蒸发速度越慢。

(4) 氢键对水稀释系统的作用可视为树脂和助溶剂以及助溶剂/水混合物之间的亲和力的再现。氢键越强，树脂对助溶剂的亲和力越大，助溶剂的蒸发速度也就越慢。当水的介质减少时，树脂和助溶剂之间的氢键增多。低沸点溶剂蒸发速度快，氢键不起作用。

为使树脂全部溶解需正确选择所用的助溶剂。选择时要考虑所用胺的性能，采用仲丁醇往往可以得到低的黏度。在水溶性醇类中，碳链长的醇比碳链短的助溶效果好，含醚基的醇比不含醚基的醇好。正确选择助溶剂的品种或者采用两种助溶剂，增大助溶剂对于克服稀释过程中不正常黏度增稠的现象是比较有利的。但是对电泳涂料来说，往往多加助溶剂对电沉积的效果并不好。

此外，助溶剂的含量对电泳涂料的质量影响也比较大。含量低，涂膜膜厚下降，槽液分散性变差，表面发粗，光泽下降，还易产生针孔；助溶剂含量增加，膜厚增加，光泽提高，但击穿电压降低，库仑效率下降，涂膜附着力和抗腐蚀性变差，还会使涂膜脱落、结块等。实际应用时，在保证涂膜厚度和涂层质量的前提下，还是应尽量使助溶剂的含量越低越好，以利于提高电泳电压和涂膜质量。使助溶剂含量控制在 1.5%以下，是较为理想的情况。如果涂料的更新期较长，涂膜较薄和流平性不好，可适当提高助溶剂含量。

12.5.3 中和剂的选择

中和剂的品种不同，能明显影响树脂的水溶性、漆的储存稳定性、黏度、固化速度及漆膜的泛黄性。因此，适当选择中和剂也是十分重要的。树脂的品种不同，所用的中和剂也不同，如浅色漆应选用变色性小的中和剂。通常电泳涂料所采用的中和剂为:

阳极电泳涂料——氨水、二乙胺、三乙胺、二乙醇胺、三乙醇胺等。

阴极电泳涂料——甲酸、乙酸、乳酸、马来酸等。

12.6 阳极电泳涂料的成膜物质

12.6.1 水溶性聚丁二烯树脂

近年来，水溶性聚丁二烯树脂发展十分迅速，许多牌号的品种已在工业涂装上获得了实际应用。该类涂料的显著特点是：原料立足石油化工产品，可少用或不用植物油脂；水溶性聚丁二烯涂膜的快干性、耐水性及抗化学腐蚀性都较好，电沉积泳透力高；其价格比环氧酯、聚酯系的电泳涂料低廉。在德国、日本等发达国家，水溶性聚丁二烯电泳涂料已成为阳极电泳涂料的第三代产品，并获得了广泛应用。

但水溶性聚丁二烯树脂中仍具有大量的不饱和双键，涂膜易泛黄老化，耐候性差，因而用做底漆比较理想。丁二烯分子具有共轭双键，在金属钠、锂或有机金属化合物等催化剂作用下，可以制得聚丁二烯树脂。随着催化体系、反应条件及溶剂的不同，生成物结构各异。

聚丁二烯树脂水溶化的途径是利用聚丁二烯链中双键与 α, β-乙烯型不饱和羧酸（或酐）加成，可于大分子链上引入足够量的极性基团 ——羧基，它与碱（胺）中和成盐后使树脂获得水溶性。不饱和羧酸（酐）还可以是反丁烯二酸、亚甲基丁二酸（衣康酸)、丙烯酸、不饱和脂肪酸等。利用聚丁二烯双键与其他烯类单体或顺酐上羧基与羧基组分改性可以得到具有不同性能的聚丁二烯水溶性树脂。

丁二烯是石油化工二次产品，其分子内具有共轭双键，根据聚合体系（催化剂、溶剂）及工艺（温度、压力）等不同，聚合可发生在1, 2或1, 4碳原子上，产物结构各异。

（1）1, 4-聚丁二烯

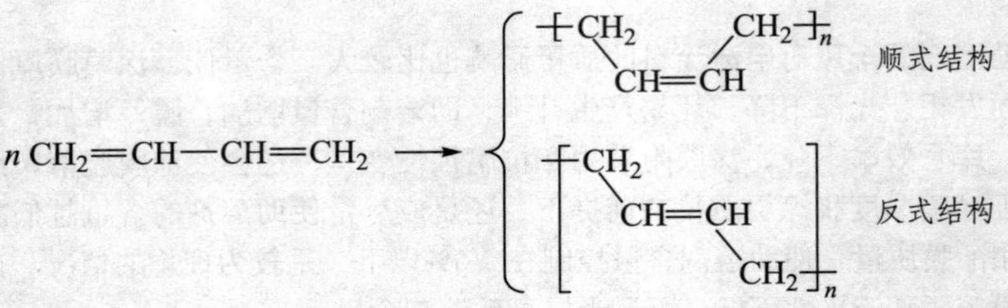

$$n\,CH_2{=}CH{-}CH{=}CH_2 \longrightarrow \begin{cases} \text{顺式结构} \\ \text{反式结构} \end{cases}$$

（2）1, 2-聚丁二烯

$$n\,CH_2{=}CH{-}CH{=}CH_2 \longrightarrow {+}CH_2{-}\underset{\underset{CH_2}{\overset{\|}{CH}}}{CH}{+}_n$$

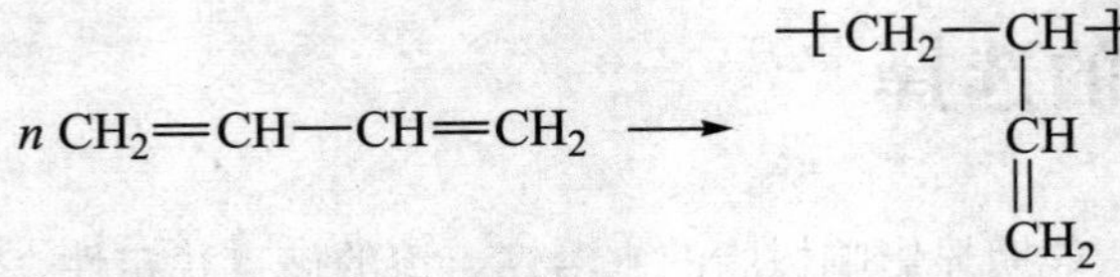

聚丁二烯一般与顺丁烯二酸酐反应引入羧基，其反应方程式为

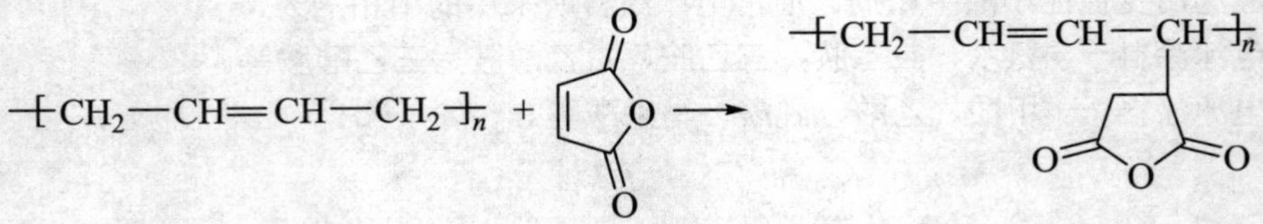

$${+}CH_2{-}CH{=}CH{-}CH_2{+}_n + \text{顺丁烯二酸酐} \longrightarrow {+}CH_2{-}CH{=}CH{-}CH{+}_n \text{（CH上接丁二酸酐环）}$$

1, 4-聚丁二烯

$${+}CH_2{-}\underset{\underset{CH_2}{\overset{\|}{CH}}}{CH}{+}_n + \text{顺丁烯二酸酐} \longrightarrow {+}CH_2{-}\underset{\underset{CH_2}{\overset{\|}{CH}}}{C}{+}_n \text{（C上接丁二酸酐环）}$$

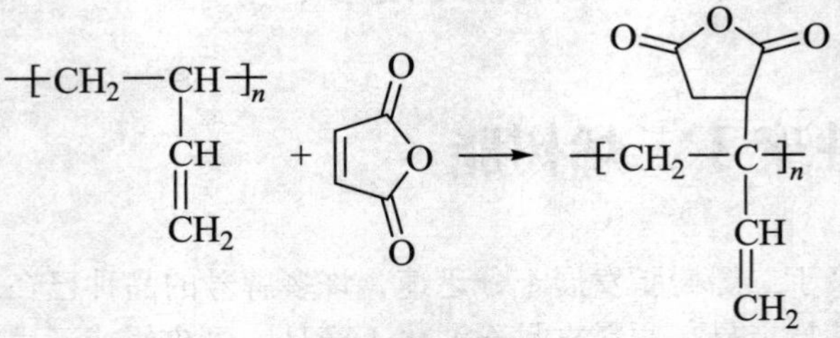

1, 2-聚丁二烯

12.6.2 水溶性丙烯酸酯树脂

丙烯酸酯树脂制得的涂膜，以色浅、光泽高，保光、保色性优，耐候性佳受到关注，并被广泛用于装饰要求高、耐候性好的被涂工件。水溶性丙烯酸酯树脂颜色浅，因此可做成电泳清漆、白色漆和浅色漆，具有既美观又防腐的底面合一的效果。

随着石油工业的迅速发展，价格低廉且来源丰富的丙烯酸（酯）单体不断出现，为丙烯酸酯类的供应提供了可靠保障。由于丙烯酸在电泳槽内不容易分解，具有较好的稳定性。使丙烯酸树脂水溶化的途径主要有两条：① 向共聚物分子链中引入带极性的官能性单体，如丙烯酸、甲基丙烯酸、丙烯酸-β-羧丙酯、丙烯酰胺、甲基丙烯酰胺、丙烯酸缩水甘油酯等。② 使丙烯酸酯共聚物在碱性介质下部分水解。

水溶性丙烯酸酯固化成膜的两种基本方法：① 与带羧基、羟基、氨基或环氧基的功能性基团于高温下彼此反应而交联固化，但固化温度较高（160～180 ℃）；② 在水溶性丙烯酸树脂中添加水溶性交联剂，如六甲氧甲基三聚氰胺、水溶性酚醛树脂等，它们在加热时彼此反应交联，可于较低温度（140 ℃左右）固化完全。

12.6.3 水溶性聚酯树脂

聚酯是由多元酸和多元醇缩聚而成的。聚酯漆膜的硬度、光泽、“过烘烤性”、不泛黄及耐久性都很好，同时可以完全不用油，用合成原料制得，随着石油化工的发展原料来源越来越丰富。聚酯树脂可分为饱和聚酯和不饱和聚酯两类，作为烘烤漆，饱和聚酯用得比较普遍。

12.6.4 其他阳极电泳涂料

有水溶性环氧酯电泳漆、水溶性酚醛树脂电泳漆、水溶性醇酸树脂电泳漆。

12.7 阴极电泳涂料的成膜物质

阴极电泳涂料的种类较多，目前应用的主要有：以双酚 A 环氧树脂与有机胺的加成物为骨架的环氧型阴极电泳涂料、以丙烯酸酯类共聚物为主体的阴极电泳涂料和聚氨酯类阴极电泳涂料。环氧型阴极电泳涂料是采用有机胺进行环氧树脂改性，采用全封闭多异氰酸酯预聚物或三聚氰胺甲醛树脂、六甲氧基甲基三聚氰胺做固化剂，两者通过机械共混而得。

12.7.1 环氧胺-聚氨酯阳离子聚合物

1. 环氧树脂与仲胺的胺化反应

$$\sim\!\!\sim\mathrm{CH}\underset{\mathrm{O}}{-}\mathrm{CH_2} + \mathrm{HN}(\mathrm{R})(\mathrm{R'}) \longrightarrow \sim\!\!\sim\underset{\mathrm{OH}}{\underset{|}{\mathrm{CH}}}-\mathrm{CH_2}-\mathrm{N}(\mathrm{R})(\mathrm{R'})$$

环氧树脂可以是二酚基丙烷型的环氧树脂、甘油环氧树脂、聚丁二烯环氧树脂等。胺化当量一般为 50%～75%。实际应用的环氧树脂多为中相对分子质量树脂。使用的胺可以是伯胺、仲胺、二元胺。合理地选择胺的类型、用量，是改善阴极电泳涂料 pH、库仑效率的重要途径。采用丙烯酸等不饱和单体与丙烯酸缩水甘油酯聚合构成的含有环氧基的聚合物对于制备浅色电泳涂料有一定的意义。

2. 多胺基团的引入对阴极电泳漆的影响

含伯胺基的胺（如二乙烯三胺或液态的聚酰胺树脂）与酮反应，生成酮亚胺；再与环氧树脂加成，加成物遇水分解成伯胺，这对于提高在较高的 pH 下水溶液的稳定性是有利的。由于多胺的引入，提高了电泳漆的泳透力和涂膜的防腐性。这种树脂通常作为电泳涂料主体树脂使用。

3. 固化交联剂对阴极电泳漆的影响

阴极电泳漆固化采用的是高温交联反应，通常不易得到高性能的涂膜，并且所需能耗比阳极涂料要高得多。为此，使用交联剂固化。常用的交联剂是密封型的异氰酸酯，在一般温度下，与其他组分不反应，当漆膜沉积下来在高温时解封，释放出的异氰酸根迅速与成膜树脂上的活泼氢官能团反应交联成膜。在成膜过程中，释放出的异氰酸酯对涂膜的流平还有一定的促进作用。将催化剂二丁基二月桂酸锡分散在分散树脂中制成催化剂浆，加入催化剂浆有利于提高涂膜的干燥性能和防腐性能。合理地选择固化剂及活化基团的再生条件，是降低固化温度，节能降耗的重要措施。当然，也要考虑固化时释放的挥发分对人体及环境的影响。

其他交联剂还有酚醛树脂、氨基树脂、脲醛树脂。

4. 防缩孔助剂

有报道称，用聚环氧化物同聚胺反应制成聚氧亚基聚环氧化物，可用做防缩孔助剂。同聚氨酯交联剂及表面活性剂相配，并溶解在乙酸的水溶液中。其组成为如表 12.2 所示。

表 12.2 防缩孔助剂的组成

成　分	用量（kg）	成　分	用量（kg）
聚胺树脂 D-2000	132.7	乙酸	3.9
聚环氧化物中间体	67.4	表面活性剂	7.4
2-丁氧基乙醇	2.4	去离子水	416.8
聚氨酯交联剂	174.5		

12.7.2 丙烯酸胺化阳离子聚合物

由于丙烯酸酯阴极电泳涂料具有优异的耐候性能和防腐性能，且容易制成浅色漆，近年来广泛应用于高装饰、高防腐及高耐候的场合，往往作为底面合一的涂层。

使丙烯酸酯树脂阳离子化主要有以下几种方法。

（1）丙烯酸主链的多胺聚合物与环氧脱水蓖麻油接枝，例如，由丙烯酸乙酯、甲基丙烯酸卞胺基丁酯、甲基丙烯酸羧乙酯、硫醇制得的丙烯酸多胺聚合物，与环氧 EPON1004 的脱水蓖麻油酸酯接枝，得到一种具有碱性的聚合物，然后用乳酸中和，就可获得阴极电沉积的丙烯酸涂料。

（2）丙烯酸或甲基丙烯酸的胺烷基酯与丙烯酸酯或甲基丙烯酸酯、苯乙烯等不饱和单体共

聚，得到一种在侧链上含有可质子化氮官能团的共聚物，该树脂结构为

$$
\sim\sim CH_2-\underset{\underset{O-CH_2-CH_2-\overset{+}{N}(CH_3)_2H\ RCOO^-}{|}}{\overset{}{CH}}\sim\sim \quad (C=O)
$$

（3）环化醚-氨基丙烯酸酯共聚物，这类聚合物是用不饱和醇先醚化多环氧化物，然后再同氨基丙烯酸酯等单体共聚制成。

（4）丙烯酸缩水甘油酯与甲基丙烯酸酯、苯乙烯等不饱和单体共聚，得到一种在侧链上含有环氧基团的共聚物，再与胺反应制成碱性树脂，然后用酸中和，其反应方程式如下：

$$
\sim[CH_2-CH(COOR)]\sim[CH_2-CH(COOCH_2-CH(O)CH_2)]\sim[CH_2-CH(C_6H_5)]\sim \xrightarrow{HN(C_2H_4OH)_2}
$$

$$
\sim CH_2-CH(C(=O)-O-CH_2-CH(OH)-CH_2N(C_2H_4OH)_2)\sim \xrightarrow{RCOOH} \overset{+}{N}H(CH_2CH_2OH)_2\ RCOO^-
$$

12.8 电泳涂料的发展历程简介

电泳涂料源于 20 世纪 30 年代；1940 年，开发出了应用于电导线上的电沉积苯酚树脂阳极电泳涂料；1950 年，汽车车身用阳极电沉积耐腐蚀电泳底漆有了新发展；20 世纪 60 年代初期，阳极电泳涂料投入工业化应用。

阳极电泳涂料存在阳极氧化的缺点，会腐蚀金属表面（除铝及不活泼金属外），使其失去光泽，故阳极电泳涂料一般只用做防腐底漆，不能满足表面装饰的要求，因而人们开始研究具有更高耐腐蚀性能的阴极电泳涂料。1960 年，适用于室内电器设备和建筑用的有色阴极电泳树脂体系的研究有所进展，其涂膜具有更好的耐蚀性，耐盐雾试验时间达 1 000 h，比阳极电泳涂料具有更大的发展潜力。1971 年，美国 PPG 公司首先研制成功第一代阴极电泳涂料。

第二代：高电压、高 pH、高泳透力的阴极电泳涂料，其工作液的 pH 在 6 左右，泳透力比第一代阴极电泳涂料明显提高，在磷化板上的耐盐雾性能达到 720 h 以上。

第三代：降低了 VOC 含量，改善了电泳涂料工作液的稳定性。

第四代：以 20 世纪 80 年代中期开发的厚膜阴极电泳涂料为代表，为提高被涂物的耐腐蚀性能和适应简化涂装工艺的需要（由三涂层改为两涂层），开发了厚膜阴极电泳涂料，一次泳涂的漆膜厚度由原来的 20 μm 左右提高到 30～35 μm，耐盐雾性能可达 1 000 h 以上。通过生产应用一段时间后发现，厚膜阴极电泳涂料适用于耐腐蚀性能要求比较高的车下底盘件，如轿车后轴、副车架等；而不太适用于车身和驾驶室涂装，因为使用普通膜厚的阴极电泳涂料耐腐蚀性

能就已经能达到要求了，耐候性能要靠面漆来实现。

第五代：低温化、低加热减量、高泳透性阴极电泳涂装的开发，出于节能、降低成本的需要。

第六代：以 20 世纪 90 年代后期开发的无铅阴极电泳涂料、特殊质量要求的阴极电泳涂料为代表，为适应汽车市场竞争日趋激烈的形式和汽车用涂料向环保、节能、低成本方向发展的趋势，开发了高泳透力、低溶剂含量、低温烘烤型、高锐边防腐蚀性能、无铅、无锡、耐候性能好的阴极电泳涂料，并已在生产上得到了应用。其中无铅阴极电泳涂料在汽车车身尤其是轿车车身涂装的应用近几年所占比例达 80%以上，新建涂装线 100%采用无铅阴极电泳涂料，老线逐渐用无铅阴极电泳涂料替代有铅阴极电泳涂料。

12.9　阴极电泳涂料的种类简介

1. 厚膜型阴极电泳涂料

这类涂料可以改善阴极电泳涂层的抗碎性和边角防锈性，进一步提高阴极电泳涂料的耐蚀性。近年来，对耐腐蚀性要求更高的汽车零部件，一般的阴极电泳涂料达不到要求，因此开发了厚膜型阴极电泳涂料，膜厚最高可达 40 μm。这种涂料主要是依靠具有不同玻璃化温度的数种树脂相配合，并添加高沸点的助溶剂等制成，解决了电泳涂装时涂膜的沉积和烘烤时黏弹性的控制问题，一次性成膜较厚，可弥补磷化处理不均及有缺陷的部分，外观比较平整，表面光泽显著提高，涂膜弹性好，具有较强的抗石击能力。

厚膜型阴极电泳涂层不仅外观平整、致密，而且具有优异的机械性能和防腐蚀性。由于厚膜型阴极电泳涂料具有高外观性能、耐石击性、孔腔内部及边角防锈性、防锈钢板涂装适应性和短时电泳、缩短工序等优点，在美国、欧洲及日本已广泛用于电器产品、建材、农业机械、建筑机械、汽车及其零部件等的涂装。

2. 边角防锈型阴极电泳涂料

汽车车身和零部件在冲压加工时形成大小不同的棱边和尖角。这些边角在涂装时，由于覆盖性不好，容易生锈。过去常用的防锈措施是设计上边角部不外露、打磨端部、在连接处涂布密封胶等办法，但费时费工。对于涂料而言，提高边角防锈性的关键是提高边角的覆盖性。电泳涂装时，涂料固体组分集中在尖端部位析出，可以覆盖边角，但在烘烤时，由于涂膜的黏度下降而产生热流动，以及表面张力的作用，使边角露底。为提高边角覆盖性，须提高涂膜加热固化时的黏度，降低其表面张力。但是，随着边角覆盖性的提高，涂膜的平滑性却受到影响。为了解决这一矛盾，提出了多种方案。其中，一家日本油脂公司采用了高相对分子质量的树脂作为涂膜加热时的流动调整剂，并通过流变学控制技术，使涂膜边角覆盖性和表面平整性得以兼顾，成功开发出边角防锈型涂料。这种涂料在涂膜熔融时，由于高分子树脂添加剂的作用而抑制了涂膜的热流动性，达到固化温度后，由于该树脂自身的熔融和交联反应而形成均匀的涂膜。

3. 耐候性阴极电泳涂料

阴极电泳涂料作为底漆，通常以耐蚀性好的环氧树脂为主体。虽然其耐蚀性优良，但耐候性不够好。一道涂装系光泽下降，二道涂装系因受太阳光线，特别是短波紫外线的作用，会发生层间剥离。因此，作为二道涂装系的阴极电泳涂料具备耐蚀性和耐候性尤为必要。开发耐候性好的阴极电泳涂料的设计思想是：树脂的主要组成为环氧系树脂和丙烯酸系树脂，利用两者表面张力的不同，烘烤时表面张力大的环氧树脂沉于下层，表面张力小的丙烯酸树脂浮于表面层，可形成耐候性和耐腐蚀性都较好的“底面合一”型阴极电泳涂料。

4. 低温固化型阴极电泳涂料

通常，阴极电泳涂料的烘烤温度为170～180 ℃，对于带有塑料或橡胶等的汽车零部件，高温下烘烤易产生变形，因此，需开发低温固化型阴极电泳涂料。低温固化电泳涂料能减少能量消耗、降低成本、减轻环境污染，减少漆膜因烘烤而变色，从而提高涂膜质量。开发这类涂料的技术关键是寻求新型交联剂，同时要解决低温固化和槽液稳定性的矛盾。从固化机理来看，降低固化温度的基本途径有三种：一是引入高效性即多官能化固化剂；二是开发低温分解的特殊封闭剂；三是研制低温分解氨基甲酸乙酯。目前已推出固化温度低于150 ℃的阴极电泳涂料。

低温固化阴极电泳涂料实用化必须解决三个技术课题：① 控制封闭异氰酸酯的低温离解性；② 低温固化性和涂料稳定性兼备；③ 低温固化性和涂膜表面平滑性兼备。低温固化型阴极电泳涂料不仅适用于带有塑料和橡胶的汽车零部件的涂装，而且可大大降低能耗。

对固化温度为120～140 ℃以至更低的阴极电泳涂料的开发虽做了很多工作，出现了很多专利，但成熟的产品还不多见。

5. 多彩型阴极电泳涂料

对涂料的用途而言，底涂层的主要功能是防腐蚀，而装饰性和耐候性的功能主要由面漆或罩光涂料来实现。为了得到高装饰性的阴极电泳涂料，国内外做了大量的工作。据文献报道，现已有多种不同方案可以实现上述目的：① 以用胺改性环氧树脂与含氟乙烯基单体共聚物混合，制得高耐候性和高装饰性的阴极电泳涂料；② 在胺改性环氧树脂和封闭异氰酸酯乳化分散液中加入胶化粒子，组成透明高装饰性阴极电泳涂料；③ 用潜伏性异氰酸酯做交联剂的丙烯酸系阴极电泳涂料；④ 由环氧树脂与特殊异氰酸酯交联并加入丙烯酸系树脂组成复层阴极电泳涂料；⑤ 用环氧改性丙烯酸系树脂制得阴极电泳涂料等。

阴极电泳涂料的发展趋势：提高边角耐蚀性的阴极电泳涂料；低温交联型阴极电泳涂料；高抗碎裂性的阴极电泳涂料；膜厚30～40 μm的厚膜型或60 μm以上的超厚型阴极电泳涂料；彩色复合，兼备底漆、面漆特点的阴极电泳涂料；新型电极材料的选择与电极位置的研究等。

13　防腐蚀涂料基础

金属材料是人类物质文明的基础。调查表明，每年由于腐蚀而报废的金属设备和材料相当于金属产量的 1/3。在工业发达国家中，腐蚀造成的直接经济损失占国民经济总产值的 1%～4%，每年腐蚀生锈的钢铁约占产量的 20%，约有 30%的设备因腐蚀而报废。在中国，由于金属腐蚀造成的经济损失占每年国民生产总值的 4%。无论现在还是将来，金属材料以其优良的机械性能和工艺性能仍将在材料领域占有重要地位。因此，研究金属防护方法以控制金属的腐蚀，减少因腐蚀造成的损失，对国民经济发展具有重要意义。

13.1　金属腐蚀原理简介

腐蚀的定义：所有物质因环境而引起的破坏。所有的物质包括金属、木材、混凝土、塑料和橡胶等。金属的腐蚀，是金属受环境介质的化学或电化学作用而被破坏的现象。

从腐蚀的定义及分类，我们知道腐蚀主要是化学过程，因此可以把腐蚀过程分为两种主要机理：化学机理和电化学机理。

13.1.1　化学腐蚀

化学腐蚀是根据化学的多相反应机理，金属表面的原子直接与反应物（如氧、水、酸）的分子相互作用。金属的氧化和氧化剂的还原是同时发生的，电子从金属原子直接转移到接受体，而不是在时间或空间上分开独立进行的共轭电化学反应。

金属和不导电的液体（非电解质）或干燥气体相互作用是化学腐蚀的实例。最主要的化学腐蚀形式是气体腐蚀，也就是金属的氧化过程（与氧的化学反应），或者是金属与活泼气体（如二氧化硫、硫化氢、卤素、蒸汽和二氧化碳等）在高温下的化学作用。

13.1.2　电化学腐蚀

电化学腐蚀是最常见的腐蚀，金属腐蚀中的绝大部分均属于电化学腐蚀。如在自然条件下（如海水、土壤、地下水、潮湿大气、酸雨等）对金属的腐蚀通常是电化学腐蚀。实质是金属在电解质溶液中发生的腐蚀。基本条件：电解质溶液，即能导电的溶液。

13.1.2.1 电化学腐蚀与化学腐蚀的异同点

电化学腐蚀与纯化学腐蚀的基本区别：电化学腐蚀时，介质与金属的相互作用被分为两个独立的共轭反应：① 阳极反应是金属原子直接转移到溶液中，形成水合金属离子或溶剂化金属离子；② 另一个共轭的阴极反应，是留在金属内的过量电子被溶液中的电子接受体或去极化剂接受而发生还原反应。即电化学腐蚀过程中的阳极反应和阴极反应是同时发生的，但不在同一地点进行，腐蚀过程中的任意一个反应停止了，另一个反应（或是整个反应）也停止。电化学腐蚀有电流产生，服从电化学动力学规律。反应推动力是电位差，通过自身能量也可完成。化学腐蚀是氧化剂与金属原子直接碰撞化合形成腐蚀产物，氧化还原反应在同一反应点瞬间同时完成，反应中无电流产生，遵循化学反应动力学规律。推动力是化学位不同，主要依靠外加能量。

电化学腐蚀与纯化学腐蚀的相同点：它们都是金属与周围介质作用转变为金属化合物的过程，发生的都是氧化还原反应。

13.1.2.2 电化学腐蚀的电极反应

电化学腐蚀过程中的阳极反应，总是金属 M 被氧化成金属离子 M^{n+}并放出电子：

$$M \longrightarrow M^{n+} + ne^-$$

电化学腐蚀过程中的阴极反应，总是由溶液中能够接受电子的物质(称为去极剂或氧化剂 D)吸收从阳极流来的电子：

$$D + ne^- \longrightarrow [D \cdot ne]$$

式中：$[D \cdot ne]$为去极剂接受电子后生成的物质。常见的去极剂有

（1）氢离子

$$2H^+ + 2e^- \longrightarrow H_2\uparrow \text{——析氢反应}$$

（2）溶解在溶液中的氧

在中性或碱性溶液中

$$O_2 + 2H_2O + 4e^- \longrightarrow 4OH^-$$

在酸性溶液中 $O_2 + 4H^+ + 4e^- \longrightarrow 2H_2O$ ——吸氧反应（好氧反应）

（3）氧化性的金属离子。产生于局部区域，比较少见，可能引起严重的局部腐蚀。实例：

① 金属离子直接还原为金属——沉淀反应

$$Zn + Cu^{2+} \longrightarrow Zn^{2+} + Cu\downarrow$$

阴极反应 $Cu^{2+} + 2e^- \longrightarrow Cu\downarrow$

② 还原为较低价态的金属离子

$$Zn + 2Fe^{3+} \longrightarrow Zn^{2+} + 2Fe^{2+}$$

阴极反应 $Fe^{3+} + e^- \longrightarrow Fe^{2+}$

所有电化学腐蚀反应都是一个或几个阳极反应和一个或几个阴极反应的综合反应。在实际腐蚀过程中，往往会发生一种以上的阳极反应和一种以上的阴极反应。

$$2Fe + O_2 + 2H_2O \longrightarrow 2Fe^{2+} + 4OH^-$$

$2Fe \longrightarrow 2Fe^{2+} + 4e^-$（阳极反应），$O_2 + 2H_2O + 4e^- \longrightarrow 4OH^-$（阴极反应）

腐蚀电池与原电池的异同点：相同点，它们都有阴（正）极、阳（负）极，都有电子通道和离子通道。不同点，原电池不短路，电化学能做有用功；腐蚀电池短路，不可做有用功，转换为热能。

13.2 影响金属电化学腐蚀的趋势——电极电位 E

13.2.1 电极电位的形成——双电层结构

金属浸入溶液中，在金属和溶液界面可能发生带电粒子的转移，电荷从一相通过界面进入另一相内，结果在两相中都会出现剩余电荷，并或多或少地集中在界面两侧，形成一边带正电一边带负电的“双电层”。这种在电极和溶液界面上建立起的双电层电位又称为金属在该溶液中的电极电位。电极电位表征了金属以离子状态投入溶液的倾向性大小，电极电位越小（负数），金属以离子状态投入溶液的倾向性越大。

13.2.2 平衡电极电位与能斯特（Nernst）方程式

1. 平衡电极与平衡电极电位

$$\underset{\text{溶液中的金属离子}}{M^{n+} + ne^-} \rightleftharpoons \underset{\text{金属晶格中的金属离子}}{[M^{n+} \cdot ne]}$$

当电极过程达到平衡时，金属和溶液界面建立一个稳定的双电层，即不随时间变化的电极电位，称为金属的平衡电极电位 E_e，也称可逆电位。宏观上平衡电极电位是一个没有净反应的电极，反应速度为零。平衡电极电位的变化符合能斯特方程：

$$E_e=E^{\ominus}+\ (RT/nF)\ \ln a_{(\text{氧化态})}/a_{(\text{还原})}$$

式中：E_e为平衡电极电位（V）；$E^{\ominus}$为标准电极电位（V）；F 为法拉第常数，$F = 96\,500$ C/mol；R 为气体常数，$R = 8.314$ J/(mol · K)；T 为热力学温度（K）；n 为参加电极反应的电子数；$a_{(\text{氧化态})\,/\,(\text{还原态})}$为氧化（还原）态物质的平均活度（有效浓度）。

能斯特方程反映了电池的电动势受温度、电池中的反应物和产物的活度或压强影响的关系，它们的变化可以改变电动势的大小，甚至浓度的变化可以导致腐蚀倾向的改变。

2. 非平衡电极与非平衡电极电位

金属接触溶液，大多是不含有金属本身离子的溶液，金属表面进行的是两对或两对以上的电极过程，且过程中物质并不平衡——不可逆电极，这种状态的电极电位称为非平衡电极电位。它与金属本性、电解液的组成、温度等因素有关，不能用 Nernst 方程计算，只能实测，如铁或锌在稀盐酸中。

13.2.3 金属电化学腐蚀的趋势判断

根据化学反应的热力学自由能与电化学反应的电极电位的关系，$G=-nFE<0$，反应自发进行，$E=E_k-E_m>0$，即金属电极电位E_m小于（负于）介质中阴极元素的电极电位E_k时，腐蚀可以自动发生。

利用标准电极电位$E^{\ominus}$判断金属的腐蚀倾向。电位较小的电极反应往氧化方向进行，电位较大的电极反应则往还原方向进行。凡金属的电极电位比氢更小的，它在酸溶液中会腐蚀。

非平衡电极体系不能用金属的标准电极电位和平衡电极电位，而应该采用金属在该介质中的实际电位作为判断依据。金属的标准电极电位和平衡电极电位是在金属表面裸露的状态下测得的，如果金属表面有覆盖膜存在，则不能运用标准电极电位表预测其腐蚀倾向。

总结腐蚀倾向的判断原则：

（1）标准状态下，用标准电极电位$E^{\ominus}$，依据就是标准电极电位表；

（2）不在标准状态下，① 用能斯特方程式，求出平衡电极电位；② 非平衡电极电位：实际测得电位，电位较小的电极（阳极）反应往氧化方向进行，电位较大的电极（阴极）反应则往还原方向进行。

具体判断标准如下：

（1）在有氧的介质中，当金属的电极电位$E_{e,m}$比介质中氧的电极电位$E_{e,o}$更小时，金属发生腐蚀；

（2）在无氧的还原性酸中，当$E_{e,m}<E_{e,H}$时，金属发生腐蚀；

（3）当两种不同金属偶接在一起时，电位较小的金属可能发生腐蚀，电位较大的则可能不腐蚀。

13.3 影响金属电化学腐蚀速度的因素

要注意的是，电极电位决定电化学腐蚀的倾向性，但不决定腐蚀速度。金属电极电位越小，电化学腐蚀的倾向性越大，但是并不表明它的腐蚀速度就越快，比如铝与铁。腐蚀速度快慢是电化学反应动力学的研究范畴，它与电极本身的性质、介质种类、浓度、温度、介质状态（有无搅拌、流动等）等许多因素相关。金属本身的因素有电极电位、超电压、钝性、组成、组织结构、表面状态、腐蚀产物的性质等；金属的热处理工艺也影响合金的晶相结构等；介质环境包括组成、浓度、pH、温度、压力、流速等；其他环境因素有电偶效应、微量氯离子、微量氧、微量高价离子、析出氢等。此外，极化现象也可能引起电化学腐蚀速度的变化。

13.4 极化与超电压

1. 极化现象

电池工作过程中，由于电流流动而引起的电极电位偏离初始值的现象。极化引起原电池两极间电位差减小，并引起电池工作电流减小。阳极电位向正方向偏离称为阳极极化；阴极电位向负方向偏离称为阴极极化。产生极化现象的根本原因是阳极或阴极的电极反应与电子迁移速度存在差异，主要是电子的迁移（当阳极极化时电子离开电极，当阴极极化时电子流流入电极）比其电极反应及有关的连续步骤完成得快。

极化有三种形式：① 电化学极化：电极反应速度 < 电子迁移速度。② 浓差极化：去极剂或反应产物在溶液中的扩散速度 < 电极反应速度。③ 膜阻极化：金属表面形成的保护性薄膜阻滞了阳极反应，使阳极电位急剧正移；同时由于保护膜的存在，系统电阻大大增加。

极化的实质是一种阻力，增大极化，有利于降低腐蚀电流和腐蚀速度，对防腐有利。显然，从控制腐蚀的角度，总是希望如何增大极化作用以降低腐蚀速度。

2. 超电压

腐蚀电池工作时，由于极化作用使阴极电极电位降低或阳极电极电位升高，其偏离平衡电极电位的差值即称为超电压或过电压。超电压越大，极化程度越大，电极反应越难进行，腐蚀速率越小，反之亦然。对应极化的三种形式，超电压也有三种：① 活化超电压；② 扩散超电压；③ 膜阻超电压。

3. 去极化作用

凡是能减弱或消除极化过程的作用称为去极化作用。引起去极化发生的物质称为去极剂。增加去极剂的浓度、升温、搅拌、扩大极板面积等都可能产生去极化的效果。

4. 金属钝化

从热力学上讲，绝大多数金属通常在介质中都会自发地被腐蚀，可是金属表面在某些介质环境下会发生一种阳极反应受阻即钝化的现象。钝化大多降低了金属的腐蚀速度，增加了金属的耐蚀性。可以采用以下几种方法来达到这一目的：

（1）阳极保护。就是通入阳极电流使金属进入钝化区，利用恒电位器保持所需要的电位。

（2）加入钝化剂。通常的钝化剂为氧化剂。这种方法要求氧化剂加入的浓度要合适，否则，不但起不到钝化作用，反而会加快金属的腐蚀速度。常见的钝化剂为溶解氧、含氧酸及其盐类，如 $AgNO_3$、$HClO_3$、$KClO_3$、HIO_3、$K_2Cr_2O_7$、HNO_3、$KMnO_4$。最容易钝化的金属是 Cr、Mo、Ni、Fe（不锈钢）等。研究已经发现，只要条件合适，差不多所有金属都可以钝化。

（3）加入能扩大钝化区和减小维钝电流的合金元素，如铬、铝、硅、镍等。

13.5 腐蚀电池类型

1. 宏观腐蚀电池

电极尺寸相对较大，肉眼可以分辨阴极和阳极。一般形成宏观腐蚀电池有三种情况：

（1）金属偶接。两种具有不同电极电位的金属在同一电介质中相接触，即构成电偶电池（图13.1）。

（2）浓差电池。同一种金属浸入不同浓度的电介质中，或者虽在同一电介质中但局部浓度不同，都可形成浓差电池。又分两种情况：① 金属离子浓差电池；② 氧浓差电池。通常电位较

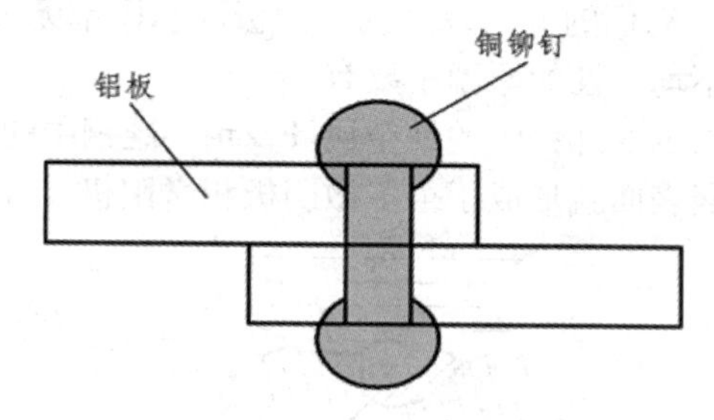

图 13.1 电偶电池

大的金属易发生金属离子浓差电池腐蚀，较小的金属易受氧浓差电池腐蚀。例如，将金属铜分别置于用半透膜隔开的两种不同浓度的 $CuSO_4$ 溶液中，铜之间用导线连接，就构成了金属离子浓差电池。它们的电化学反应表示为

$$Cu^{2+} + 2e^- \longrightarrow Cu$$

但在稀溶液中的 Cu 易失电子而被腐蚀。

氧气作为氧化剂的半反应是

$$O_2 + 2H_2O + 4e^- \longrightarrow 4OH^-$$

氧的分压（浓度）越高，电极电位越高。介质中溶解氧浓度越大，氧电极电位越高；而氧浓度较小处则电极电位较低，称为腐蚀电池的阳极。例如，将钢铁置于水中时，在水线上面钢铁表面的水膜中氧气的浓度较高，在水线下面氧气的浓度较小，由于扩散慢，此处钢铁表面含氧量较水线上要低得多。含氧量高的区域，由于氧的还原作用而成为阴极，氧含量低的区域成为阳极而遭到腐蚀。由于溶液电阻的影响，通常严重腐蚀的部位离水线不远，故称这种腐蚀现象为水线腐蚀（图 13.2）。

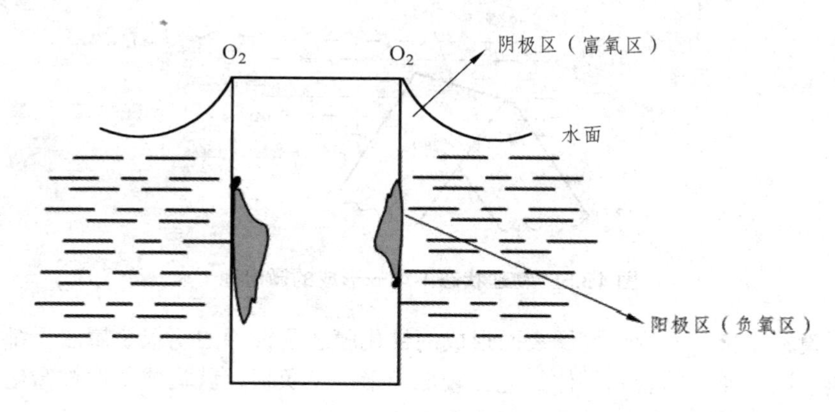

图 13.2 水线腐蚀示意图

（3）温差电池。浸入电解质溶液中的金属各部位由于温度不同而形成温差腐蚀电池。这类电池常发生在热交换器、锅炉等设备中。例如，碳钢热交换器，在高温部位的碳钢电势低，成为腐蚀电池的阳极；低温部位的碳钢电势高，成为阴极。

2. 微电池

电极尺寸微小，肉眼不能分辨阴极和阳极。

工业用金属及合金表面，因化学不均一性而存在大量微小的阴极和阳极，它们在合适的条

件下会构成微电池腐蚀系统。它们的分布以及阴、阳极面积比都无一定规律，预防与控制比较困难。构成金属表面电化学不均一性的原因主要有：

（1）化学成分不均一。如工业纯锌中的铁杂质 $FeZn_7$、碳钢中的渗碳体 Fe_3C、铸铁中的石墨等，在腐蚀介质中，在金属表面就形成了很多微阴极和微阳极，导致腐蚀发生（图 13.3）。

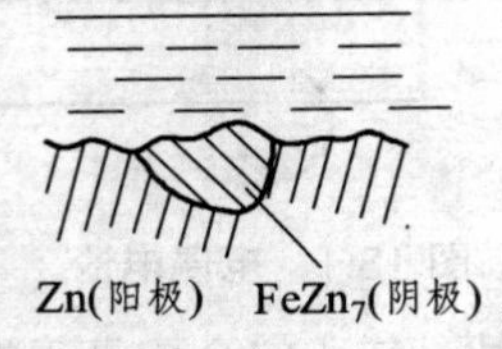

图 13.3　化学成分不均一形成的微电池

（2）组织结构不均一。例如，晶粒-晶界腐蚀微电池，晶界作为阳极而先被腐蚀（图 13.4）。

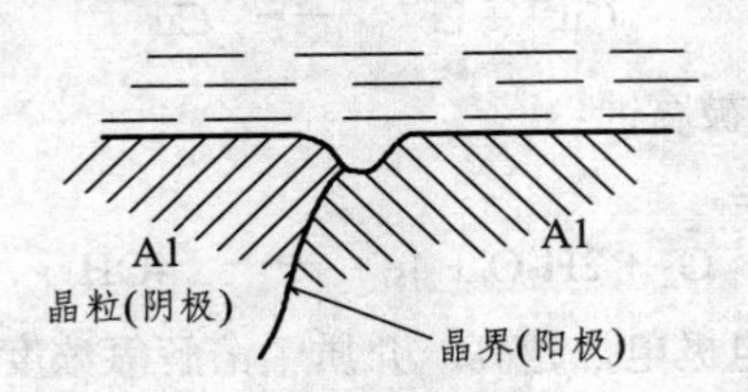

图 13.4　组织结构不均一形成的微电池

（3）物理状态不均一。各部分应力不均匀或变形不均匀导致的腐蚀微电池。变形大或应力集中的部分成为阳极而先被腐蚀。例如，钢铁的弯曲处或铆钉的头部区域容易生锈（图 13.5）。

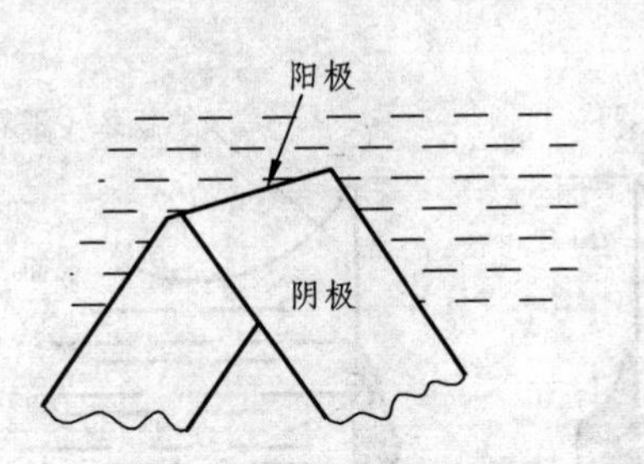

图 13.5　物理状态不均一形成的微电池

（4）表面膜不完整。不管是金属表面形成的钝化膜还是镀涂的阴极金属层，都可能存在空隙或破损，如果该处裸露的金属基体的电位较低，形成了负极，就构成了腐蚀微电池。空隙或破损处作为阳极而被腐蚀。示意图如图 13.6。

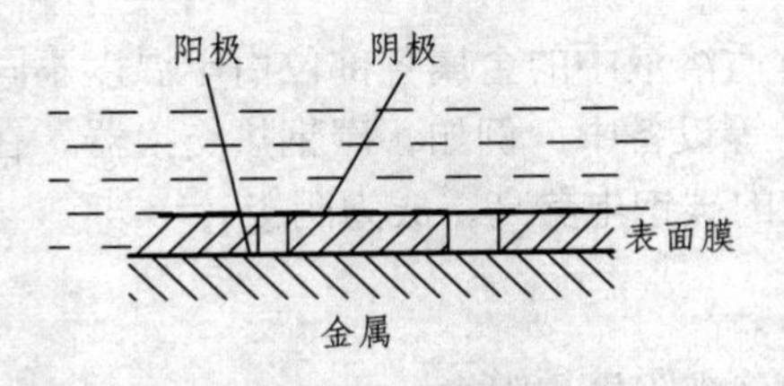

图 13.6　表面膜不完整形式的微电池

13.6 金属防腐涂料简介

长期以来，人们一直采用多种技术对金属加以保护，防止腐蚀的发生。传统金属防护的方法有使用缓蚀剂、电镀惰性或能够形成致密氧化膜的金属、阴极保护、涂敷防腐涂料（油漆）等。其中，缓蚀剂应用于溶液或气体环境中，具有使用方便的优点，但缺点是效率较低。电镀惰性贵金属效果好、适用范围宽，但成本高，难以大范围使用；电镀铝、锌等金属在低湿、低盐、低温下效果较好，在高温、高湿、高盐时防腐效果很差。阴极保护只能应用于特定环境中。涂敷防腐涂料（油漆）是最为常见的方法，为提高防腐效果，通常在涂料（油漆）中加入重金属氧化性盐（如重铬酸钾）或片状阻隔性材料。

13.6.1 防腐涂料的组成

防腐涂料和其他涂料一样，其配方组成主要包括基料（树脂）、颜填料和溶剂。基料树脂是成膜物质，是涂料中的主要成分，它的分子结构决定着涂料的主要性能；颜填料是用来辅助隔离腐蚀因素的，根据作用机理又可分为防锈颜料和片状填料；溶剂分为有机溶剂或水，用来溶解基料树脂，便于成膜。

还应该区分“防腐蚀涂料”和“防锈涂料”: ① 在自然条件下防止金属产生锈蚀的涂料为防锈涂料；② 防止各种腐蚀介质引起腐蚀的涂料为防腐蚀涂料。一般工业介质的腐蚀性比自然条件更为严重，因此防腐蚀涂料具有更高的性能，也就是说，防锈涂料不一定能防腐，但是防腐涂料一定是能够防锈的。

应该说，所有涂料都具有防腐蚀功能，只不过程度不同。为了更好地发挥涂料的作用，人们将这方面的功能进行强化，并单独分出来成为一个分支。相对于一般涂料，防腐蚀涂料有如下特点:

（1）成膜物越来越多地采用热固性合成树脂，以增强涂层的防腐蚀性能，含有较多的防腐蚀颜填料，因此固体含量比较高，单次涂刷的涂层比较厚。天然成膜物（天然油脂类）由于资源和性能方面的制约而使用得越来越少。

（2）涂层的装饰性能并不要求特别好，但是对于金属底材的处理要求比较严格；防腐蚀的要求使得这类涂料具有较强的针对性，而很少有一种涂料能解决全部防腐蚀问题。所以，深入了解防腐蚀涂料的性能，才能更好、更有针对性地利用它，达到防腐蚀的目的。

防腐蚀涂料涂层构成：一般由底漆、中间漆（中涂）和面漆组成，特殊情况下还需要腻子层。

（1）底漆：底漆是整个涂层系统中极其重要的部分，要求具有如下性能：① 对底材有良好的附着力。② 因为金属腐蚀时在阴极呈阳性，所以底漆基料宜具碱性，如氯化橡胶和环氧树脂等。③ 底漆的基料具有屏蔽性，阻挡水、氧、离子的透过。④ 底漆中应含较多的颜填料，其作用是增加涂层表面粗糙度，这样可提高与上层涂层的层间附着力；降低底漆的收缩率；颜填料粒子能减少水、氧、离子的透过。⑤ 一般情况下，底漆的厚度不要太大，以减小收缩应力，避免降低附着力。⑥ 底漆应对底材具有良好的润湿性，对于焊缝、锈痕等部位能渗入较深。常用的底漆有红丹底漆、铁红底漆、富锌底漆、带锈底漆、磷酸盐底漆等。

（2）中间漆，涂层称中涂，主要作用是：① 与底漆和面漆具有良好的附着性，起到承上启下的作用。② 在重防腐涂料中，中间漆的作用主要是增加涂层体系的厚度，以提高整个体系的屏蔽性能。

(3) 面漆，主要作用是：① 遮蔽日光紫外线对涂层的破坏。② 起装饰和标志作用。

13.6.2 防腐涂料常用品种

13.6.2.1 根据防腐原理分类

根据金属腐蚀原理，防腐蚀涂料的防腐蚀机理也可分为三个方面，对应的涂料也有三大类。当然，有的涂料兼具几种机理或功能。

1. 物理作用防腐漆

采用不溶于水、不易被腐蚀介质破坏分解的颜填料，形成致密、稳定的涂层，能降低水、氧离子对漆膜的透过速率，颜料如铁红、天然铁红、石墨粉等；采用细微的鳞片状材料为主要颜料制备的涂料，颜料如云母氧化铁、铝粉、细微玻璃片等。

涂料品种有铁红防锈漆：防锈能力一般，遮盖力强，施工性能好，对日光、大气、水及电解质比较稳定，有一定的耐热性。云母氧化铁防锈漆：屏蔽性好，耐候性也较优良，适合在海洋气候区和湿热地区使用。广泛用于户外金属设备、桥梁、高压线铁塔等钢结构的保护。铝粉防锈漆：优良的防锈功能和耐候性能。

2. 化学防腐漆

采用多种化学活性的颜料，依靠化学反应改变金属表面的性质及反应生成物的特性来达到防锈的目的。

(1) 化学防腐颜料与金属表面发生作用如钝化作用、磷化作用，产生新的表面膜层。

(2) 化学防腐颜料与漆料中某些成分进行化学反应，生成性能稳定、耐水性好和渗透性小的化合物。

(3) 有的颜料和助剂在成膜过程中能形成阻蚀性络合物。

具有上述化学防腐功能的颜料有：铅系颜料、铬酸盐颜料、磷酸盐颜料、有机磷酸盐颜料等。

3. 电化学防腐漆

根据电化学腐蚀理论，在腐蚀电池中被腐蚀的是电极电位较小的阳极。如果涂覆于金属上的涂层具有比金属更低的电极电位，则当存在电化学腐蚀的条件时，涂层是阳极，金属是阴极而不被腐蚀，这就是阴极保护涂层的设计依据。

阴极保护涂层方法，采用最多的是富锌底漆。该防锈漆的主要成分是环氧树脂、金属锌粉和助剂，锌粉在干膜中的比例很大，达到90%以上。在富锌底漆中，为了能形成连续的“锌膜”和保证涂层的导电性以便使涂层与底材有效地接触，形成畅通的腐蚀电池的回路，采用纯度较高的金属锌粉，其用量应占干膜的 90%以上。富锌底漆对金属表面的处理要求严格，若存在油污、铁锈及杂质，不仅影响涂层附着力，而且妨碍涂层与金属的有效接触。

此外磷化底漆也属电化学防腐机理。其组成为聚乙烯醇缩丁醛、铬酸盐、辅助材料和磷酸处理剂。作用原理：漆中的磷酸能使钢铁表面磷化生成极薄（厚度约为 10 μm）的磷化膜；铬酸盐使表面钝化，形成稳定的钝化膜；聚乙烯醇缩丁醛牢固地附着在经磷化、钝化的表面上，并能与磷酸、铬酸盐络合，把金属、磷化膜、钝化膜及成膜物质结合为一体，形成致密的保护膜。

13.6.2.2　常用的中高档次防腐蚀涂料品种

1. 环氧树脂系列

这是一类目前应用最广泛的防腐蚀涂料。它具有非常优秀的附着性能、防腐蚀性能，尤其耐碱性能、机械性能等。但是由于分子结构中含有芳香结构，因此其耐候性较差，不宜应用于户外；耐酸性能也不是很理想；在低温环境下（10 ℃以下），固化速度很慢甚至难以固化，因此冬季应用受到限制。但已有文献报道，“高性能耐温重防腐涂料”和“低温固化环氧树脂防腐蚀涂料”相继开发成功。前者除具有一般环氧树脂涂料的优点外，耐酸性能大大提高，可以在100 ℃的条件下长期耐受酸、碱、盐的腐蚀，已经成功地应用于辽阳石化的催化反应器和聚乙烯均化料仓内壁、大连热电集团锅炉除尘器内壁防腐蚀；后者可以在 0～5℃条件下固化，其防腐蚀性能与普通环氧树脂防腐蚀涂料相比也有很大的提高。

不锈钢粉末是最近几年发展起来的金属颜料，由于其具有不活泼性，特别是在高温、强蚀环境中的防护性极好，所以既可用来作为主要颜料，也可作为复合颜料的一部分，与黏合剂组成防护性涂料。M. Selvaraj 研究发现，通过极化方法可以实现不锈钢颜料与环氧树脂的最优化组合，生成的粉末环氧涂料可以弥补环氧树脂表面耐磨性差的缺点，从而可以直接用于露天环境。该涂料是双组分涂料，一部分是将 70%的环氧树脂溶于甲基异丁酮、二甲苯、丁基合成橡胶等溶纤剂；另一部分则是由 70%的聚酰胺溶于二甲苯而得，使用时将两者混合即可。通过力学、加速寿命、电化学等方法测试可知，该涂料有良好的力学性能及在 NaCl 等溶液中长期保持金属形貌稳定的特性。

为了提高环氧树脂涂料的耐热性，人们利用硅酮的耐热性将少量硅酮树脂与环氧树脂混合制成新的耐热防腐涂料。这是因为硅酮中—Si—O—Si—键的存在使涂料具有良好的热稳定性，而—Si—C—键则保证了涂料的固体成分。先将环氧树脂与甲基异丁酮等混合组成溶剂，然后将硅酮树脂加入上述溶剂，再用二甲苯进行稀释，并加入聚酰胺作为固化剂。通过分光镜和电化学显微镜观察可发现，涂料的热稳定性有了显著提高，对甲苯、三氯甲苯等溶剂也有良好的抵抗力。另外，M. Dhanalakshmi 等研究了环氧树脂涂料，发现它在潮湿的环境下防腐能力较差，使用酮亚胺代替常见的聚酰胺、聚胺，由于酮亚胺水解后生成的胺可以与环氧树脂作用，从而达到耐水防腐目的。如果将环氧树脂与氯化橡胶、硅酮树脂共混生成聚合物-聚合物类型涂料，利用橡胶对水蒸气等腐蚀介质的阻隔性和硅酮的耐高温性，可以用单层涂膜来实现普通多层薄膜的防护功能。

周钟等人利用静态浸泡与阴极剥离方法研究了环氧粉末涂料和酚醛改性环氧粉末涂料的耐不同介质渗透能力与抗阴极剥离性能，探讨了酚醛树脂对改性环氧粉末涂料抗蚀性的影响，结果表明，加入适量酚醛树脂的改性环氧粉末涂料在合理的固化条件下可得到 90 ℃时的良好耐水及耐酸性，耐碱性也在一定程度上有所提高。

南京水利科学院研制出新型环氧粉末涂料。他们将环氧树脂粗粉碎到一定细度，将适量固化剂、增韧剂、流平剂及填料加入混合机内进行预混合，然后将预混料挤出、粉碎、过筛、干燥即可。该涂料采取喷涂施工，其涂膜抗酸、碱、盐雾、氯离子的渗透性良好，附着力强，抗冲击强度＞500 N·mm，柔韧性 1 mm，储存稳定性＞1.5 年。有一种 HN 重防腐合成膜，采用环氧树脂、不饱和树脂、钛白粉、云母粉和高强度的黏结剂加固化剂反应而成。其主要技术指标为：耐人工加速老化，1000 h 以上不起泡、不剥落、不变色，在 35 ℃条件下氧指数在 29.5 以上，耐酸、碱、盐腐蚀性能优良。

2. 聚氨酯树脂系列

相比较而言，这类涂料具有更加全面的性能：耐酸碱盐性能、机械性能和优秀的装饰性能。因此现在多用于家庭的装修和高级汽车修补涂料（脂肪族聚氨酯类）。但是常用的芳香族类由于其分子结构的原因，表现为耐候性较差，如果用于室外露天环境会发生变色、粉化等现象。由于这类涂料在国内的商品化应用是在 20 世纪 80 年代末期，因此在防腐蚀行业人们对它的认识不像环氧树脂那样深刻，其应用范围和数量比环氧树脂要少得多。由于其优良的性能，尤其是在低温、常温和高温烘烤条件下均可以固化，预计今后聚氨酯树脂防腐蚀涂料的应用将会不断增加，特别是脂肪族聚氨酯涂料，会逐步从高端应用走向防腐蚀领域。聚氨酯涂料的主要缺点是有较大的刺激性和毒性。

聚氨酯产品是多种多样的。按产品的包装形式可分为两大类：单组分湿固化聚氨酯涂料和双组分聚氨酯涂料。前者是含异氰酸基的预聚物，涂布以后，涂膜与空气中的湿气反应而交联固化。常用的有以蓖麻油醇解物或聚醚为基础的预聚物。这种涂料的主要优点是使用方便，可以避免现场配制的麻烦。主要缺点是色漆制造比较复杂，需要特殊的工艺方法，成品的储存期限一般也较短。后者包括多羟基组分与多异氰酸酯两组分，在使用前将两组分混合，由多羟基组分中的羟基与多异氰酸酯组分中的异氰根反应而交联成膜。所用的多羟基化合物的种类很多，如聚酯、聚醚、环氧树脂和丙烯酸树脂等。涂层的耐热、耐水和耐油性良好，但耐碱性较差。

据报道，一种称为 951 的双组分重防腐涂料，其甲组分为甲苯二异氰酸酯加成物固化剂，乙组分为环氧树脂、聚酯树脂、颜料、助剂和溶剂所组成。该型防锈磁漆由于在环氧树脂中加入聚酯树脂，因而具有优异的防腐蚀性能和机械性能。其主要技术指标为：细度≤30 μm；黏度≥50 s；干燥时间，表面干燥≤1 h，实际干燥≤16 h，烘干 (90±2) ℃≤1 h；硬度≥0.55；耐汽油性浸泡 1 年；耐酸性浸泡（25% H_2SO_4 液）3 个月，耐碱性浸泡（NaOH）3 个月。

另据报道，有一种互穿网络防腐涂料性能较佳，该涂料是橡胶网络和塑料网络互相贯穿形成的线穿网络聚氨酯，产品在常温下对硫酸、盐酸、磷酸、盐水、苛性碱、汽油等具有优良的耐腐蚀性能和物理、机械性能。田军等人研究了以聚氨酯和 γ 射线辐照的聚四氟乙烯组成的耐磨防腐涂层，通过用傅立叶红外光谱等分析了涂层表面的化学结构及形貌，发现含有适量的聚四氟乙烯涂料，其涂层表面可富集聚四氟乙烯并与聚氨酯树脂形成牢固的结合，涂层表面密实，具有良好的耐磨性及抗腐蚀性。

3. 乙烯树脂系列

主要包括过氯乙烯类、氯磺化聚乙烯类和高氯化聚乙烯类等。前两种属于比较早的产品，后者出现于 20 世纪 90 年代。它们共同的特点是在常温条件下具有优秀的耐酸碱盐、耐候性等特点，应用于化工设备、大型户外设备以及各类酸碱盐水溶液储罐内壁防腐蚀。但是它们的耐油性能不好，在高温条件下不稳定。另外，前两种的初期产品具有很低的固体含量，需要多道涂装施工才可以达到防腐蚀要求，因而大大限制了它们的应用。

高氯化聚乙烯（HCPE）类与过氯乙烯和氯磺化聚乙烯相比，具有如下特点：

(1) 防腐蚀性能相当，并且在部分指标方面更为优秀。

(2) 单组分，施工更加方便，有利于储存和运输。

(3) 固体含量高（50%左右，与之相比的小于 30%），一次涂装可以得到更厚的涂层，减少 VOC 排放，更有利于节省成本和环境保护。

因此，H CPE 类防腐蚀涂料正逐步取代过氯乙烯和氯磺化聚乙烯类，其应用数量在逐步上升。

4. 橡胶类

氯化橡胶防腐蚀涂料具有涂层耐久、耐候性能好，干燥快速，不受施工温度限制；单组分、无毒、无层间附着，是一种高效防腐蚀涂料。制成厚浆型涂料，多用于集装箱、海洋设施、大型罐体的外壁防腐蚀，也用于石油化工设备的内壁防腐蚀，具有良好的耐酸碱盐和水的性能。

5. 鳞片树脂涂料

金属及某些无机化合物经用物理或化学的特殊方法处理后，使其呈一定大小粒径、微厚的薄片，工程上称之为鳞片。以鳞片为填料，合成树脂为成膜物质（黏合剂），再加以其他添加剂，可制成防腐蚀涂料。鳞片树脂涂料有下列共性：抗渗透性好；收缩性小；抗冲击性、耐磨性好。目前已有像玻璃片、云母、耐蚀金属片、有机材料等鳞片树脂涂料。实验证明，其中对涂料影响最大的是鳞片添加量及表面处理剂量。对施工性能影响较大的是悬浮触变剂、活性稀释剂及颜料。

(1) 玻璃片涂料

玻璃片涂料是用微细片状玻璃粉填充的一种涂料，其涂层不但可厚涂，而且由于片状玻璃粉隔离作用很大，对水、水蒸气、电解质和氧的防渗透效果很好，是一种优异的重防腐涂料。采用适当规格的玻璃片填充的不饱和聚酯涂膜，透湿率比其他涂膜要小得多。玻璃片粒子的大小对透过性的影响很大，例如，对 3 μm 厚的玻璃片来说，其横向尺寸小于 420 μm 时，渗透性显著增大；而大于 420 μm 时，则对渗透性无影响并达到最低值。此外，玻璃片涂层的厚度也很重要，要使玻璃片涂料达到理想防腐效果，其涂层厚度必须在 500 μm 以上。

日本工业技术院开发了一种防腐能力强、作业时间短的防腐涂料。新涂料是在微米大小的小玻璃片上，包覆锌及铝，然后将其混合于树脂系涂料中。玻璃片能防止雨水和盐分的侵入；涂料中的锌能防腐蚀；铝则具有抑制紫外线使涂料劣化的作用。新涂料只需涂刷两遍便能耐 7～8 年以上的海水等的腐蚀，并且锌、铝的材料费用低。

(2) 云母鳞片涂料

云母是水铝硅酸盐，从结构上来讲它属于层状结构硅酸盐。云母的化学稳定性好，它的耐碱性和耐有机溶剂性极好，经研究得知，云母鳞片不饱和聚酯与玻璃鳞片不饱和聚酯涂料在同样的环境条件下，化学稳定性差不多；由于树脂不耐碱，所以它们同样在质量分数为 20%的碳酸钠溶液中完全破坏。新近研制出云母树脂薄膜膜厚 0.1～1 mm，该薄膜既具有鳞片树脂的共性，又克服了鳞片树脂材料自身的缺陷。

(3) 无机富锌涂料

无机富锌涂料有水型和溶剂型两类。前者是以硅酸钠为基料，后者是以正硅酸乙酯为基料的。正硅酸乙酯可溶于有机溶剂，涂刷后，溶剂挥发的同时，正硅酸乙酯中的烷氧基吸收空气中的潮气并发生水解反应，交联固化成高分子硅氧烷聚合物。

由正硅酸乙酯与锌粉（质量分数为 70%～90%）制成的富锌涂料，锌粉具有阴极保护作用，所以该涂层有好的耐热性、耐磨性和耐溶剂性，同时有强的防锈性。其缺点是涂膜韧性差，往往需加一些有机树脂进行改性。例如，一种耐高温、重防腐的新型涂料——HWE 型无机硅酸锌底漆已开发成功，该油漆主要由烷基硅酸酯、超细锌粉、颜填料、特种助剂、固化剂等组成。黏度适中，熟化期短，具有优异的耐热、耐腐性。

锌-铁酸盐颜料已被证明具有较大的应用潜力。将 α-Fe_2O_3 和 ZnO 以物质的量之比 1∶1 的比例混合，加热至 1 200 ℃发生固态反应，反应物结晶为针状结构晶体。将此作为颜料与亚麻油混合可进一步制成涂料。对其性质进行研究发现，锌-铁酸盐颜料具有较好的耐腐蚀性，加入不会引起皂化的有机涂料中，可以大大提高涂料的防腐蚀性能。防腐蚀性能随着颜料的增加而增强，并且力学性能也有较大提高。

6. 高固体分涂料

普通防腐涂料中一般含有 40%左右的可挥发成分，它们绝大多数为有机溶剂，在涂料施工后会挥发到大气中去，不仅造成涂层缺陷，难以满足防腐要求，而且也污染了环境。因此提高涂料的固含量，降低其可挥发组分，成为涂料开发新的发展方向。

7. 其他防腐蚀涂料

常用的有沥青及改性沥青类防腐蚀涂料、酚醛树脂类防腐蚀涂料、呋喃树脂防腐蚀涂料等，特殊的品种有有机硅耐高温防腐蚀涂料、含氟树脂防腐蚀涂料、水性无机防腐蚀涂料等。耐高温防腐蚀方面经常使用的有机硅类涂料相对比较成熟，添加一些特殊的填料如金属粉末或者硅酸盐类可以使涂层的耐温性能达到 700 ℃，并且具有优秀的耐候性能。但是这类涂料不能用于直接接触介质的防腐蚀，只能用于设备的外壁。目前，国内外均没有在较高温度下（500 ℃以上）能防止直接介质腐蚀的耐高温涂料。

有文献报道，漆酚硅类涂料和有机氟涂料可以达到 300 ℃左右耐受高温介质的腐蚀，但是存在着成本偏高的问题，而且就目前国内情况来看，还没有真正意义上以含氟有机物为主要成膜物的有机氟防腐蚀涂料。

13.6.3 防腐蚀涂料的选择

材料的防腐蚀是一项综合性工程，有诸多方面需要综合考虑，手段也有多种。防腐蚀涂料的选用是该工程的第一项。就目前的技术和产品水平，还没有一种防腐蚀涂料可以解决所有的防腐蚀问题，因而只能采取“对症下药”的方式进行针对性的选择。因此，搞清楚腐蚀产生的原因、明确防腐蚀要达到的目的是最为重要的。根据腐蚀介质的种类和性质以及防腐蚀的目的，结合涂料供应厂家的产品介绍，确定防腐蚀涂料的品种和施工工艺，必要时与涂料生产和技术方面的人员进行交流，以正确选择涂料品种及施工工艺。

防腐蚀涂料选择时要考虑以下因素：① 附着性能。这是防腐蚀涂料最根本的性能，必须考虑对不同底材的附着力以及层间附着力。② 对腐蚀介质的稳定性。针对腐蚀产生的原因，选择的防腐蚀涂料应长期稳定。③ 底面漆的配套性能。包括层间附着力、是否会产生“溶胀”现象等。④ 相适应的物理机械性能。如是否要求装饰性、有无外力冲击以及耐磨等要求。⑤ 经济合理性。除了考虑上述技术性外，需要综合考虑经济合理性问题。涂料的品种众多，性能各异，工业和经济的发展对于涂料性能的要求也越来越高，防腐蚀涂料的针对性也越来越强，以往把一种涂料当做“万金油”而到处使用的现象正逐渐消失。怎样在众多的品种之中选择合理的防腐蚀涂料，不仅要单独核算涂料的单价，还必须考虑综合经济性。

13.6.4 防腐涂料的发展趋势

随着防腐技术的成熟，防腐涂料也必将得到进一步发展。其中高固体分涂料因可挥发成分少、固化速度快、施工性能好必将成为发展的趋势。另外，环氧树脂涂料、聚氨酯涂料由于具有较高的机械强度和黏接力、加工改性容易等特点，其防腐性能、应用范围也会进一步得到提高和扩大。防腐涂料研究开发的重点仍将是树脂的改性，这是涂料防腐性能的决定因素。另外新型颜填料、固化剂的开发也成为一个新的课题。

14 粉末涂料

粉末涂料是从 20 世纪 50 年代开始开发的涂料。作为最近几十年才发展起来的新型涂装材料，其以优异的性能和环保性，引发了涂装行业的一次革命。粉末涂料是涂料的一个特殊品种，与传统的溶剂型涂料不同，它是不含有机溶剂，也不含水的固体粉末状涂料，并以粉末状喷涂到被涂物表面，经烘烤熔融流平和固化形成涂膜。

粉末涂料理论是建立在高分子物理、高分子化学、静电理论等基础上的新学科，在很多方面还不成熟，现有的理论对有些现象还不能进行充分解释，有些概念还处在不断更新和发展阶段，有的问题还只限于定性讨论。

14.1 粉末涂料概述

粉末涂料主要由树脂、固化剂、颜填料、助剂组成。树脂是成膜物质，又分为两大类，热塑性树脂和热固性树脂。热塑性树脂不需要固化剂，本身可以单独固化成膜，相应的涂料也叫热塑性粉末涂料。热固性树脂相应的涂料叫热固性粉末涂料。固化剂主要用于热固性树脂的交联成膜。颜料对涂膜起到着色和装饰作用；填料用于改进涂膜的刚性、硬度、防划伤性等物理、力学性能。助剂对涂膜的外观，光泽，物理、力学性能和其他性质起重大作用，如流平剂消除涂膜产生缩孔；润湿分散剂使颜料和填料能够与树脂充分的润湿和分散；消泡剂使喷涂件时避免产品火山坑和颗料（质点）；消光剂使涂膜光泽下降；防流挂剂使被涂物边缘不产生流挂；纹理剂可使涂膜产生各种花纹；等等。

热塑型粉末涂料的附着性质不佳，其基板通常必须进行喷丸或喷砂处理或打底漆。这种涂料通常用做功能性而非装饰性涂层，且通常用于流化床工艺。涂装时要对加工件进行预热，然后将其浸入粉末涂料的流化床内，为基板提供一个 245 μm 或更厚的完全的包膜。热塑性粉末涂料主要用于一些需要涂覆的场合，如铁丝栅栏材料、铁丝棚架材料、洗碗机网架、冰箱筐子、管子和阀门，作为电气绝缘。

热固性粉末涂料在被加热时，涂料粉末发生化学反应，形成一个高聚合物网络。在冷却后再次加热，不会再次熔化。

热固型粉末涂料在具有很好的功能性时又有很好的装饰性。为了满足市场需要，生产厂商常常需要二者兼顾。热固型粉末涂料能够以较小的膜厚度（通常为 50～75 μm）达到涂装的要求。热固型粉末具有优良的附着性质，通常不需要打底。这种粉末涂料通常应用于经过机械或化学预处理的基板，并可以进行配制，以提供多种不同的功能。热固型粉末涂料又可分为两个子类：抗紫外线（UV）类和不抗紫外线类（通常称为耐候性）。一般来说，环氧树脂和基于环氧树脂的混合型粉末不抗紫外线；而大部分聚酯、聚氨酯和丙烯酸粉末则可抗紫外线。

粉末涂料的各组分又与一般溶剂型涂料的要求不同。对成膜物质（树脂）的要求是，熔融黏度低，熔融温度低于分解温度，附着力好，稳定性好，常温下机械粉碎性好，带高压静电或摩擦带电性好，副产物少，流平和固化反应温度低；对固化剂的要求是，与树脂有良好的反应活性，易粉碎和分散，熔融温度低，混容性好，易分散，只与树脂发生化学反应，反应温度低，反应时间短，稳定，副产物少，无色或浅色；对颜填料的要求是，与树脂或固化剂不反应，耐光性好，耐热性好，分散性好；对助剂的要求是，固体或粉末，化学稳定性好，易于分散。

按粉末涂料成膜后形成的涂膜外观光泽，可将粉末涂料分为高光粉（一般涂膜光泽大于90%）、有光粉（一般涂膜光泽大于 70%～90%）、半光粉（一般涂膜光泽 45%～70%）、亚光粉（一般涂膜光泽 10%～25%）、无光粉（一般涂膜光泽小于 10%）；皱纹粉、橘纹粉、砂纹粉、锤纹粉、绵纹粉、花纹粉、金属闪光粉等。

粉末涂料具有自己的特点。优点是：利用率高、环保、高效、节能、无害安全、树脂相对分子质量大，涂膜性能好、操作简单，易于实现自动化。缺点是：设备需要专用、烘烤温度高、不适宜薄涂、调色、换色、换品种麻烦。

14.2 粉末涂料的成膜物质

热塑性树脂有聚乙烯，聚氯乙烯，聚丙烯，聚酰胺（尼龙），聚苯硫醚，EVA（乙烯/醋酸乙烯共聚物），氯化聚醚，醋丁纤维素和醋丙纤维素，氟树脂等。热固性树脂有环氧，聚酯环氧，聚酯，聚氨酯，丙烯酸，氟树脂等。

14.2.1 粉末涂料品种简介

14.2.1.1 聚丙烯粉末涂料

聚丙烯粉末涂料是由聚丙烯树脂、增塑剂、光稳定剂、颜料、填料和助剂组成的热塑性粉末涂料。

聚丙烯粉末涂料有以下优点：① 聚丙烯树脂没有极性，聚丙烯粉末涂料的涂膜耐沸水、耐化学药品和耐有机溶剂性能好，涂膜的韧性强。② 聚丙烯树脂的相对密度是 0.9，比其他粉末涂料用树脂密度小，配置粉末涂料后，涂装面积比其他粉末涂料大。③ 聚丙烯树脂结晶体熔点为 167 ℃，在 190～232 ℃之间熔融附着，可以用各种涂装法涂装。④ 粉末涂料的玻璃化温度高，储存稳定性好，在稍高的温度下储存也不发生粉末涂料结团。⑤ 聚丙烯树脂的耐热性好，颜色浅，聚丙烯粉末涂料可以得到水白色涂膜。

聚丙烯粉末涂料的缺点：① 涂装后冷却速度对涂膜结晶大小、涂膜外观表面状态有很大影响，根据要求一定要控制好冷却速度。② 涂膜附着力不好，必须用底漆，或者用其他附着力好的树脂改性。③ 粉末涂料的耐候性差，不适用于户外用产品的涂装。如果用于乳胶漆，则必须要改性或添加光稳定剂等。

聚丙烯粉末涂料主要用于家用电器部件的涂装和化工防腐管道或槽的衬里。近来也用于道路隔离护栏方面。一种用于金属基材涂敷的改性聚丙烯粉末涂料含有以不饱和羧酸及酸酐和有机过氧化物改性的结晶聚丙烯、聚乙烯共聚物橡胶组成的共混物，其涂膜具有优异的附着力和高的抗冲击强度，用于化工管道、包装桶、池槽防腐等，汽车、自行车部件，建筑网架构件，电气绝缘器件，网栅等的防护与装饰，还可用于改性热塑性塑料，提高各组分的掺混效果和加工流动性。

14.2.1.2 聚酰胺（尼龙）粉末涂料

聚酰胺（尼龙）品种很多，但粉末涂料中用得最多的是尼龙 11 和尼龙 12，并且又以尼龙 11 最多。尼龙 11 的熔融温度为 184～186 ℃，分解温度在 270 ℃。尼龙 11 独特的分子结构赋予了粉末涂膜优良的物理性能和抗化学药性，使其成为制造高性能粉末涂料的原料。

尼龙 11 是以重复的酰胺基团和亚甲基为线型主链的聚合物，在现有热塑性聚酰胺树脂中属于高性能品种。它的主要特性是力学性能优异，抗拉强度、韧性、耐反复冲击振动、耐应力开裂、耐磨性能非常突出，并且有优良的自润滑性和吸音性，耐油、耐烃类、耐酯类、耐水、耐防冻剂和醇类等极性溶剂，易着色、易加工成型。尼龙 11 粉末涂膜性能如表 14.1、表 14.2 所示。

表 14.1 尼龙 11 粉末涂膜性能

项　目	性能	项　目	性能
熔点（℃）	186	冲击强度（DuPon）（N · cm）	>490
密度（g/cm^3）	1.4	比热容[J/(g · ℃)]	1.26
耐磨性（1 kg，1 000 次）（mg）	5	热膨胀系数（1×10^{-5}）（℃）	12～13
埃力克森值（mm）	> 10	弯曲（Gadner 直径 6 mm 棒）	合格
热导率[M/(m · kT)]	0.22	骤冷	84
连续使用最高温度（℃）	100	光泽（60°）	
间断使用最高温度（℃）	130	慢冷	7
拉伸强度（MPa）	40～50	最低使用温度（℃）	−50
紫外线照射保光性	很好	体积电阻（20 ℃）（Ω）	10^{15}
伸长率（%）	250	耐盐水喷雾，3 000 h	很好
邵氏硬度	HS	铅笔硬度	B
毒性	无		

表 14.2 尼龙 11 粉末涂膜的抗化学药性

种类	农药喷剂	氯化钙	柠檬酸	硫酸铜*	葡萄糖	碳酸钠*	氯化钠**	汽油	海水	1%硫酸	乳酸	丙酮
40 ℃	优	优	优	优	优	优	优	优	优	优	优	优
60 ℃		优	中	优	优	中	优	优	优	中	优	中

注：*表示浓缩液，**表示饱和液。

由于尼龙 11 粉末涂膜具有降低噪声效果好，且涂膜手感好，尺寸稳定，传热系数小，耐磨、耐腐蚀以及涂敷加工无溶剂等特点，成为汽车非金属环保型新涂料材料。例如，汽车传动轴是一根两端有花键的长轴，传统加工工艺是通过铣与滚压工艺加工成形，即将毛坯加工成比较精密的花键，不仅工艺复杂且尺寸精度难以达到国际标准，容易磨损导致花键配合间隙增大，在高速转动时会发出噪声。近来开发出一种可以降低运行噪声的传动轴，它采用大模数花键冷挤压一次成型技术，花键尼龙 11 固体粉末涂料涂敷技术及相关设备，大幅度提高了花键的耐磨性能，降低了汽车的运行噪声，提高了产品性能，而且还节省约 10%原材料。

14.2.1.3 环氧树脂粉末涂料

环氧树脂是粉末涂料最主要的原材料之一，用量较大。粉末涂料用的环氧树脂，通常采用“4”型双酚 A 型固体环氧树脂（结构如下），加入适量固化剂、功能性填料、着色剂等，在一定温度下混炼、冷却粉末而成。其特点为环氧树脂粉末涂料不用溶剂，没有因有机溶剂挥发而造成的环境污染；原材料的利用率高，可达 95%以上，在各类涂料中占首位；方便涂层施工，省时、省工，有利于流水线生产；涂层坚固，有较好的机械强度，耐化学腐蚀性好；涂层绝缘性能较好；防腐性能和物理、化学性能均超过同品种的其他类型涂料；安全、无溶剂挥发，因而不存在因溶剂而引起火灾的危险。环氧树脂粉末最大的缺点是耐候性差，而聚酯和丙烯酸树脂均优于它。

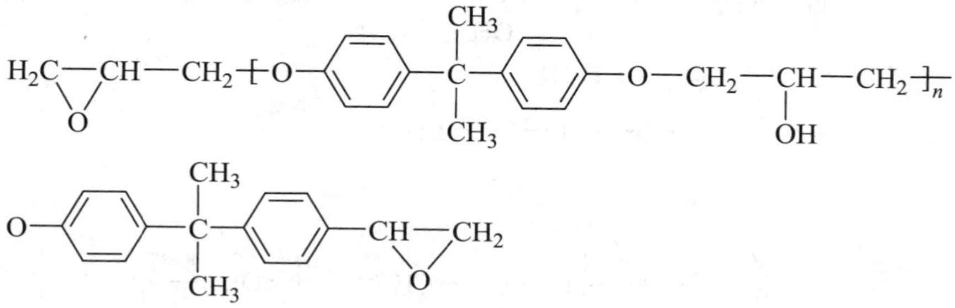

$$\underset{\text{(环氧)}}{H_2C—CH}—CH_2\left[O—C_6H_4—C(CH_3)_2—C_6H_4—O—CH_2—CH(OH)—CH_2\right]_n$$

$$O—C_6H_4—C(CH_3)_2—C_6H_4—\underset{\text{(环氧)}}{CH—CH_2}$$

1. **环氧树脂中各部分官能团在涂膜中发挥的作用**

端环氧基提供反应性和柔软性，链重复部分中段的异丙苯氧基$—C(CH_3)_2C_6H_4—O—CH_2—$中，链段$—C_6H_4—O—CH_2—$可使涂膜具有耐药品性，紧挨其右的$—CH_2CH(OH)—$链段可提供反应性和黏结性，而重复链段右侧的$—C_6H_4—C(CH_3)_2—C_6H_4—$又可使涂膜具有强韧性和耐热性。

2. **环氧树脂的附着力**

环氧树脂本身只是一种半成品的涂料原料，要经与各种不同的固化剂反应，充分交联之后才能发挥其优良性质，最突出的是其与物面的附着力。这是由于其分子中含有极性的羟基、醚键等，即使对湿面也有一定的附着作用。其作用可表示如下：

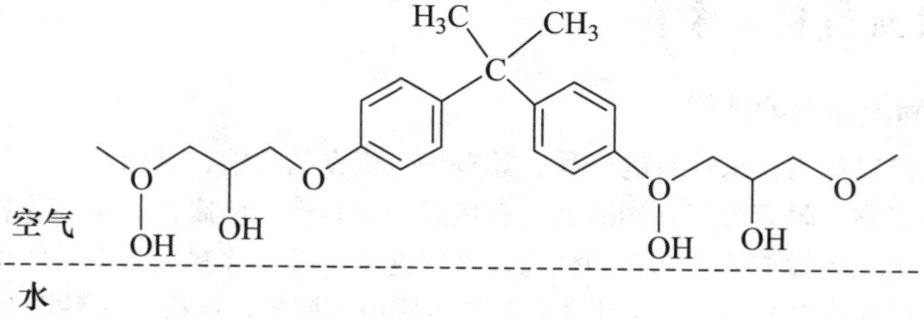

H₃C CH₃ C O OH O OH O O OH OH O
空气
水

涂膜固化时，有些树脂体积收缩率高达 11%，产生高内应力，降低了附着力。而环氧树脂固化时体积收缩率仅 2%左右，并且环氧分子中的醚键使分子链柔软，便于旋转，可消除内应力，所以附着力高。

3. 环氧树脂的化学性

环氧树脂中含有亲水的羟基、醚键以及固化剂中的胺基虽会影响树脂的耐水性，但该树脂中的双酚 A 链段（二个苯环和一个丙叉基，共 15 个碳原子的烃基）具有疏水性，两个苯环的刚性屏蔽了羟基和醚键，保持了整体漆膜的耐水性。固化后的环氧树脂的玻璃化温度较高，有利于其耐水性。环氧树脂分子中没有酯键，耐碱性优良。在腐蚀微电池的阴极部位呈碱性，普通油脂系漆或醇酸漆极易被皂化破坏。优良的防腐蚀涂料必须有耐碱性和附着力，所以环氧树脂是优良的防腐蚀涂料的基料。

4. 环氧树脂的抗老化性

环氧树脂中含有醚键，漆膜经日光紫外线照射后易降解断链，其机理可能如下式所示。

$$\sim\!\!\sim C_6H_4-O-CH_2-CH(OH)-CH_2\sim\!\!\sim \xrightarrow[\text{紫外线}]{[O]}$$

$$\sim\!\!\sim C_6H_4-O-CH(OOH)-CH(OH)-CH_2\sim\!\!\sim \xrightarrow{\text{分解}}$$

$$\sim\!\!\sim C_6H_4-O-CH(O\cdot)-CH(OH)-CH_2\sim\!\!\sim + \cdot OH \xrightarrow{\text{断链}}$$

$$\sim\!\!\sim C_6H_4-O-\overset{O}{\overset{\|}{C}}-H + H\dot{C}(OH)-CH_2\sim\!\!\sim$$

正因如此，环氧涂料在户外不耐日晒，漆膜易失去光泽，然后粉化，因此不宜做户外用面漆。若必须用做户外面漆，则必须加入足量能遮蔽紫外线的颜料，如铝粉、炭黑、云母氧化铁、石墨等，可阻缓粉化的速度。环氧漆膜老化破坏主要表现为逐渐粉化而漆膜减薄。而有些涂料老化破坏出现龟裂。对防腐蚀涂料而言，龟裂比粉化更不利，在裂缝处会锈蚀，而且在维修重涂时，龟裂的表面必须填平后再涂漆，而粉化的表面揩净后较易重涂。

14.2.1.4 聚氨酯粉末涂料

1. 聚氨酯粉末涂料的性能

聚氨酯粉末涂料作为粉末涂料的一种，具有许多优良的性能，其涂膜的光泽度高、装饰性能优良、耐磨性能强、附着力好，同时又具有良好的耐候性、防腐性、电性能和机械性能，可以说它兼顾了环氧和丙烯酸粉末涂料的优点，又比纯聚酯粉末涂料具有无毒的优点。在包括工业、农业、交通运输业以及航天航空业在内的许多应用领域里，该粉末涂料均可发挥其优势。

聚氨酯粉末涂料以含羟基的聚酯树脂与封闭异氰酸酯固化剂为基料，加流平剂、颜填料等经混合、熔融、挤出、粉碎而成。当涂层烘烤时处于封闭状态的异氰酸酯解封而释出，用于固化。整个固化反应示意如下：

$$\mathrm{R{-}\underset{\underset{H}{|}}{N}{-}\overset{\overset{O}{\|}}{C}{-}B \xrightarrow{加热} R{-}N{=}C{=}O + B{-}H}$$

封闭异氰酸酯　　　　异氰酸酯　　　　封闭剂

$$\mathrm{R{-}N{=}C{=}O + R'{-}OH \longrightarrow R{-}\underset{\underset{H}{|}}{N}{-}\overset{\overset{O}{\|}}{C}{-}R'}$$

异氰酸酯　　　端羟基聚酯　　　聚氨基甲酸酯交联体

异氰酸酯能与任何含活泼氢的化合物反应。除上述与羟基生成氨基甲酸酯外，还可与羧基生成酰胺，与水、胺、脲、氨基甲酸酯等分别生成胺、脲、缩二脲基甲酸酯和酰基脲。

聚氨酯粉末涂料除具有常规通用粉末涂料的通性之外，还具有以下特点：① 粉末涂料熔融流平时熔融黏度低，涂膜流平性好。特别是封闭剂解封之前不起化学反应，使涂料具有足够的流平时间，容易得到平整的光滑涂膜。② 对被涂物的附着力好，一般不需要涂底漆。③ 涂料配制范围比纯聚酯粉末宽，通过改变树脂结构和羟基值、封闭型聚氨酯树脂含量，可配制不同性能要求和固化速度变化的粉末涂料，粉末涂料配色性能好。④ 涂料成膜后的物理、机械性能和耐化学药品性能优良。⑤ 芳香族异氰酸酯固化粉末涂料的防腐性好，适于户内使用；脂肪族异氰酸酯固化粉末涂料的耐候性好，适于户外高装饰使用。⑥ 涂料的施工性好，主要以静电粉末喷涂法施工。

聚氨酯粉末涂料的最大缺点是在烘炉内固化成膜时，释放出封闭剂，造成对环境大气的污染；另外，当涂膜过厚时，由于封闭剂的释放容易产生针孔或气泡。为此，要尽量减少封闭剂的用量，降低废气的排放，同时考虑用无毒封闭剂。

2. 聚氨酯粉末涂料的品种

（1）封闭型聚氨酯体系。该体系又可分为封闭多异氰酸酯及封闭预聚物。其原理是利用某些化合物与多异氰酸酯反应生成的氨酯键在加工温度下是稳定的，足以保证不会与含活性氢的化合物发生反应。但这种氨酯键的热稳定性是有限的，当温度高于 130℃时，解封闭释放出—NCO 基团，迅速与化合物中的活性氢反应生成热稳定性高的聚氨酯键。这种只能形成有限热稳定性、含活性氢的物质，通常叫做封闭剂。常用封闭剂的解封温度如表 14.3 所示。

表 14.3　不同封闭剂的解封温度

封闭剂	解封温度（℃）	封闭剂	解封温度（℃）
甲醇、乙醇	≥180	丙酮肟、环己酮肟	≥160
苯酚	170～180	丙二酸二乙酯	130～140
乙基硫醇	170～180	ε-己内酰胺	160
β-萘硫酚	160	乙酰丙酮	140
氢氰酸	120～123	甲乙酮肟	110～140
N-甲基苯胺	170～180	亚硫酸氢钠	50～70

常用的多异氰酸酯是异佛尔酮二异氰酸酯，其他脂肪族、芳香族二异氰酸酯也能采用。为了获得耐候性好、耐热性高的产品，可将价廉易得的甲苯二异氰酸酯（TDI）先封闭，再进行三聚反应，以便保证固化时释放出反应活性比较高的对位—NCO 基团。三聚后形成的叔氮原子被

三聚异氰酸环所稳定，受紫外光作用不会分解，即使在仲氮原子处分解生成芳香胺，由于叔氮原子的阻止也不会氧化重排生成醌式助色团，因此具有较好的耐候性。为了调节产品的性能，也可采用普通方法将二异氰酸酯与多元醇首先制成预聚物，然后再进行封闭反应。能与封闭型聚氨酯进行交联反应的固化剂，通常是带羟基的各种高分子化合物，如聚酯树脂、环氧树脂、丙烯酸树脂、聚乙烯醇及其衍生物。

（2）含其他功能团的聚氨酯体系。封闭型聚氨酯粉末涂料体系在固化过程中挥发出的封闭剂对大气造成了严重的污染，并且易引起涂膜的外观变差。因此，人们开发出带有其他官能基的聚氨酯粉末涂料体系（表 14.4）。

表 14.4　带其他功能团的聚氨酯体系

聚氨酯树脂所含功能团	固化剂	固化剂所含官能团
—COOH AV：50～80	环氧树脂	$-\underbrace{HC-CH_2}_{O}$
	异氰脲酸三缩水甘油酯	异氰脲酸环（三个 N 上各连 R，三个 C=O） 其中：R＝ $-CH_2-\underbrace{CH-CH_2}_{O}$
	丙烯酸树脂	$\sim\!\!\sim[CH_2-CH]-\overset{O}{\overset{\parallel}{C}}-O-\underbrace{CH-CH_2}_{O}$
—COOH，—OH AV：<15，OHV<50	多酐	丁二酸酐环（O=C—O—C=O）
—COOH，—OH AV：<15，OHV<50	脲醛树脂	$N-\overset{O}{\overset{\parallel}{C}}-N\begin{matrix}CH_2OH\\CH_2OR\end{matrix}$
	N-脲基内酰胺树脂	$-\overset{O}{\overset{\parallel}{C}}-N-\overset{O}{\overset{\parallel}{C}}-R$
	N-酰亚胺树脂	$-\overset{O}{\overset{\parallel}{C}}-N\begin{matrix}C=O\\C=O\end{matrix}R$（环）
—NH_2	端环氧基聚氨酯树脂	$-\underset{H}{N}-\underset{O}{\overset{}{C}}-O-CH_2-\underbrace{CH-CH_2}_{O}$
环氧基（△O）	聚酯树脂	$-O-\underset{O}{\underset{\parallel}{C}}-\overset{COOH}{\overset{\vert}{R'}}-\underset{O}{\underset{\parallel}{C}}-O-$
EV：0.62～0.70 m.p.70～80 ℃	丙烯酸树脂	$\sim\!\!\sim[CH_2-CH]-\overset{O}{\overset{\parallel}{C}}-O-H$

这类聚氨酯树脂可以在很广的范围内选择原料，并根据用途进行分子设计，制造出综合性能优良的聚氨酯粉末涂料。

(3) 含游离异氰酸基团体系。德国一家公司开发了一种可以采用含游离异氰酸基团的聚氨酯，制备静电喷塑用聚氨酯粉末涂料。固化机理是，环氧基只有在固化所需要的高温时，才受某些碱性物质催化而开环，随即与异氰酸基团直接反应生成二噁唑烷酮环。由该体系所制得的涂层流平性好，外观平整光滑，耐高温，各项机械性能突出，户外耐候性好，其性能之优良是别的体系无法相比的。不过，该体系在制备与储存过程中，应尽量避免与潮湿空气接触，最好采用密闭联动流水线进行生产。

14.2.1.5 丙烯酸粉末涂料

丙烯酸粉末涂料是一类高装饰性、高耐候性涂料，具有良好的耐老化性、耐腐蚀性和硬度，机械强度高，保色、保光性好，耐磨性和柔韧性优异。在我国，尽管粉末涂料的产量在2002年以前已经达到100 000 t 以上，但主要是环氧型、聚酯型、环氧-聚酯混合型，丙烯酸粉末涂料尚处于开发阶段，没有进行工业化生产。随着汽车、洗衣机、冰箱和空调等行业的蓬勃发展，对高装饰性、高耐候性的丙烯酸粉末涂料的需求越来越迫切，尤其在汽车行业，由于其他几类粉末涂料或多或少都有性能上的不足，丙烯酸粉末涂料被广泛用做车身面漆。但是，丙烯酸粉末涂料的制造成本高，限制了其大规模应用，因此，在粉末涂料用丙烯酸树脂的制备过程中，既要考虑粉末涂料用丙烯酸树脂的性能，又要考虑粉末涂料的成本。

此外，丙烯酸粉末涂料与环氧、聚酯粉末涂料在表面张力等方面有很大的差异，在同一涂装线上使用会产生缩孔等缺陷，因此，丙烯酸树脂系粉末涂料的静电喷涂必须另设专用的涂装线。从用户的角度考虑，这是丙烯酸粉末涂料的最大缺点。

1. 丙烯酸树脂的结构特性

粉末涂料用丙烯酸树脂为侧链带不同官能团的线性共聚物（下面有介绍），具有以下性能特点：

(1) 丙烯酸树脂的分子主链同环氧树脂、聚酯树脂相比没有苯环，则分子链柔顺性较大，分子间的堆积密度大，固化交联后涂膜硬度较高，具有类似搪瓷的外观。

(2) 树脂的玻璃化转变温度及软化点可以通过侧链不同基团的调整进行控制，非常方便。

(3) 分子侧链带有大量的酯基，赋予涂膜外观丰满、光滑的特性。

(4) 主链全为—C—C—键，在紫外光波长范围内没有明显的吸收带，树脂的耐紫外光性能优异，从而赋予涂膜优良的耐老化性能。

(5) 通过单体的优化选择可以在分子链上引入特定功能基团，从而得到所需性能。在树脂的分子侧链引入不同的官能团，可以生产出各种型号的丙烯酸树脂，如羟基型丙烯酸树脂、环氧型丙烯酸树脂、羧基型丙烯酸树脂和酰胺型丙烯酸树脂等。

粉末涂料用丙烯酸树脂一般是指丙烯酸酯、甲基丙烯酸酯及其他乙烯系单体（CH_2—CHX）的共聚树脂，形成期间的主要反应为聚合反应，其结构式如下：

$$\left[\underset{\substack{| \\ R}}{CH} - C_2H_4 - \overset{\substack{CH_3 \\ |}}{\underset{\substack{| \\ R'}}{C}} - CH_2 - \underset{\substack{| \\ X}}{CH} - CH_2 - \underset{\substack{| \\ Y}}{CH} - CH_2 - \overset{\substack{CH_3 \\ |}}{\underset{\substack{| \\ Z}}{C}} \right]_n$$

式中：R、R′、X、Y、Z 分别代表不同官能团。

官能团的引入为丙烯酸树脂交联固化提供可反应的基团，一般为三类：① 含羟基和缩水甘油基的单体；② 含羧基或酸酐基的单体；③ 含氨基的单体。

粉末涂料用丙烯酸树脂固体含量必须接近 100%，数均分子质量应在 3 000～6 000 之间，玻璃化温度应大于 60 ℃，熔融温度在 75～05 ℃之间，其制备方式一般采用本体聚合、溶液聚合、悬浮聚合、乳液聚合 4 种方式，其中溶液聚合是涂料工业中最常用的一种工艺方法。

2. 丙烯酸粉末涂料的固化

丙烯酸粉末涂料用丙烯酸树脂根据所用的固化剂不同可分为：羟基型丙烯酸树脂，羧基型丙烯酸树脂，缩水甘油基丙烯酸树脂（GMA），酰胺基丙烯酸树脂，其中缩水甘油基丙烯酸树脂是用得最多的树脂。可以用多元羧酸、多元胺，多元醇、多元羟基树脂，羟基聚酯树脂等固化剂成膜。由于价格昂贵，所以一般情况下厂家都是用来制造特殊无光粉末涂料的多。其中羟基丙烯酸树脂、羧基丙烯酸树脂、酰胺基丙烯酸树脂等主要是指带有各种基团的丙烯酸树脂，比如环氧、聚氨酯、氨基等。这类树脂不算纯的丙烯酸树脂。缩水甘油基的丙烯酸树脂，一般是指经甲基丙烯酸缩水甘油酯或是丙烯酸缩水甘油酯单体聚合而成的丙烯酸树脂。因聚合而成的丙烯酸树脂一般为固体，所以通常选择带甲基的甲基丙烯酸缩水甘油酯，也就是通常所说的甲基丙烯酸环氧丙酯，简称 GMA，这个单体有很好的性能及具有多官能团。

缩水甘油基丙烯酸树脂在 20 世纪 90 年代末开始研究。其生产的粉末涂料有很多特点，是其他树脂所不及的。但因为有成本高，原料来源困难，未能被广泛应用，现主要还是用于做聚酯树脂、聚氨酯树脂的固化剂、消光剂等。下面简要介绍上面所说的几种丙烯酸粉末涂料的基本反应。

（1）缩水甘油基丙烯酸类（GMA 型）粉末涂料。是以含有环氧基的功能性单体甲基丙烯酸缩水甘油酯（GMA）、丙烯酸丁酯（BA）、甲基丙烯酸甲酯（MMA）和苯乙烯（St）在偶氮二异丁腈（AIBN）的引发下聚合反应制得。

在欧洲，有专利报道制备出以癸二酸为固化剂的丙烯酸粉末涂料；还有人通过本体聚合合成了组成基本相同的含有环氧基的丙烯酸树脂，固化剂为聚羧酸。国内齐鲁石化研究院和华东理工大学联合进行了 GMA 型丙烯酸粉末涂料的中小试研究，制得一种浅黄色透明脆性物，其主要参数为：软化点 100～110 ℃，玻璃化温度 60～70℃，相对分子质量 3 500～5 500，相对分子质量分布 2.0，挥发物含量 $<$ 2.0%（m/m），基本符合一般生产规格。固化剂采用多元羧酸、多元胺、多元酚、酸酐和多元羟基化合物，固化机理为

$$2\,\mathrm{R'}\!\sim\!\sim\mathrm{CH_2-\underset{\diagdown\,O\,\diagup}{CH-CH_2}} + \mathrm{HOOC-R-COOH} \longrightarrow$$

$$\mathrm{R'}\!\sim\!\sim\mathrm{CH_2-\underset{|}{\overset{}{CH}}\!\!\!\!\!\!\!\!_{OH}-CH_2-O-\underset{\|}{C}\!\!\!\!_{O}-R-\underset{\|}{C}\!\!\!\!_{O}-O-CH_2-\underset{|}{CH}\!\!\!\!\!\!\!\!_{OH}-CH_2}\!\sim\!\sim\mathrm{R'}$$

从涂膜的综合性能看，脂肪族二元羧酸是最好的固化剂，如十二碳二羧酸（DDDA）、癸二酸，固化温度为 180～200 ℃，固化时间为 20～30 min。GMA 型粉末涂料所形成的涂层平整，户外耐久性、耐冲击性好。

（2）羟基型丙烯酸粉末涂料。羟基型丙烯酸树脂是以含有羟基的丙烯酸酯类单体和其他丙烯酸单体在过氧化苯甲酰（BPO）引发下溶液聚合而成。国内齐鲁石化公司研究院的刘继宪等人曾合成出这样的树脂。试验所用原料均为市售工业品，包括羟基单体、甲基丙烯酸甲酯

(MMA)、甲基丙烯酸丁酯（BMA）、丙烯酸丁酯（BA）、苯乙烯（St），引发剂，甲苯等。以羟基单体同其他软单体和硬单体共聚，采用溶液聚合工艺制备，反应完毕，减压蒸除溶剂即得浅黄色、透明的脆性树脂。其主要参数为：软化点 100～110℃，数均相对分子质量 4 000～6 000，羟值 40～60（mg KOH/g），玻璃化温度 55～65 ℃，挥发物含量≤1%（m/m），性能指标完全达到了行业标准要求。经应用检测表明，用该树脂制成的粉末涂料，性能优良。该树脂链上的羟基与异氰酸基团反应，形成交联网状结构，配制成丙烯酸粉末涂料。羟基型丙烯酸粉末涂料的固化官能团为—OH，多采用二异氰酸酯、三聚氰胺或脲醛树脂做固化剂，固化机理为

$$2\,[\!-CH_2-\underset{\displaystyle OH}{\underset{|}{CH}}-]_n + O{=}C{=}N-R-N{=}C{=}O \longrightarrow$$

$$\begin{array}{c}[\!-CH_2-CH-]_n \qquad\qquad\qquad\qquad [\!-CH-CH_2-]_n \\ | \qquad\qquad\qquad\qquad\qquad\qquad | \\ O-\underset{\displaystyle O}{\underset{\|}{C}}-NH-R-NH-\underset{\displaystyle O}{\underset{\|}{C}}-O\end{array}$$

羟基型丙烯酸粉末涂料形成的涂膜综合性能不如环氧型粉末涂料，涂膜较脆，耐冲击性能差，通常用于诸如冰箱、洗衣机、电视机等的外壳涂装，但不能用做汽车罩光面漆。

（3）羧基型丙烯酸粉末涂料。有人用乳液聚合法合成了含羧基丙烯酸树脂，专门考察单体、酸值和引发剂用量对该树脂及其粉末涂料涂膜性能的影响。合成树脂的参数为：酸值 45～55 mg KOH/g，数均相对分子质量 2 000～5 000，软化点 90～110 ℃，玻璃化温度 50～60 ℃。所得涂膜性能良好。考察表明，树脂中引入羧基，提供了与固化剂反应的官能团，羧基加入量大，能提高丙烯酸粉末涂料涂膜的硬度、机械强度，并显著改善涂膜的耐溶剂及耐盐雾性；但羧基量过多，交联密度大，涂膜流平性差，橘皮严重。

羧基型粉末涂料的固化官能团是羧基（—COOH），固化机理可简化为

$$R_1-\overset{\displaystyle O}{\overset{\|}{C}}-N(CH_2CH_2OH)_2 + 2\,R_2-\overset{\displaystyle O}{\overset{\|}{C}}-OH \longrightarrow R_1-\overset{\displaystyle O}{\overset{\|}{C}}-N(CH_2CH_2O-\overset{\displaystyle O}{\overset{\|}{C}}-R_2)_2 + 2H_2O$$

从粉末涂料的储存稳定性、涂膜的耐候性、物理机械性能和耐化学药品性能等综合评价，日本人认为应该以发展含缩水甘油醚酯的丙烯酸树脂，采用多元羧酸固化体系作为丙烯酸粉末涂料的主流；而西欧则把发展含羧基丙烯酸树脂采用二噁烷固化体系作为丙烯酸粉末涂料的方向。前一种粉末涂料的耐候性、耐污染性、硬度、光泽都比环氧和聚酯粉末好，但颜基比小、遮盖力低、涂装成本高；后一种粉末涂料的最大缺陷是夏季储存稳定性差。

3. 丙烯酸粉末涂料研究与改进方向

（1）降低烘烤温度：为适应用户降低烘烤温度的要求，GMA 型丙烯酸粉末涂料已由开发初期的 180 ℃/20 min 降到 170 ℃/25 min。主要是在树脂中增加缩水甘油酯单体含量和在涂料配方中增加固化剂含量，并配以锡类固化促进剂，以达到降低固化温度的目的。但是，由于缩水甘油酯单体和固化剂的价格比较高，因此涂料材料费用上升。另外，对有些材料（如木材、塑料及其他热敏性基体材料）来说，难以承受 180 ℃左右的固化温度，更需要开发低温固化或紫外光辐射固化的粉末涂料。同时，降低固化温度可大大降低能源消耗。

据报道，日本已研制出可以用于塑料、木材等基材表面涂装的丙烯酸粉末涂料，它们的固化温度在 140 ℃左右，紫外线固化温度已降低到 100 ℃左右，且涂膜的外观和性能能够符合技术要求。

（2）提高涂膜平整度和薄层比：由于丙烯酸粉末涂料具有优异的装饰性能和耐候性能，特

别适合于高档轿车及其他户外用品的表面装饰性涂装。但常规工艺制备的丙烯酸粉末涂料的流平性能和外观与常规液体漆相比仍有一定的差距，因此要求粉末涂料必须有较高的平整度。影响涂膜平整度的因素有很多，如树脂的单体组成、熔融黏度、涂料组成中的颜料选择、流平剂的添加以及在涂料制造过程中的颜料分散情况和熔融挤出过程。有研究表明，在树脂合成中添加 0.2%的丙烯酰胺会使 TiO_2 等多种无机颜料分散性提高，且粉末涂料的熔融流动性明显提高。所以要调整涂料成分配比，提高颜料在树脂中的分散性来获得较好的涂膜性能。同时需对粉末粒子表面处理，改进其表面电性，实现稳定储存。

此外，调整粉末粒度后，涂膜的平整度也能够改善。另有证明，涂料的超细化可大大改进涂料的流平性能及涂装外观，从而达到理想的涂装效果。根据经验，粉末涂层的厚度是粉末涂料平均粒径的 2～3 倍时能够得到满意的涂膜外观流平性。实现粉末涂料的薄膜化必须使粉末的粒度微细化且粒度分布窄，这会对粉末涂料的流平性、储存稳定性、涂装效率及粉末回收效率产生影响。在日本，超细丙烯酸粉末已经用于轿车的表面涂装，效果良好。同时，超细粉末可以使涂层厚度变薄，大大降低涂料成本。

（3）提高耐候性：有报道对几种常见的粉末涂料进行人工加速老化性能测试，得出的耐人工加速老化性能大小为：纯丙烯酸粉末涂料>丙烯酸聚氨酯型粉末涂料> 纯聚酯型粉末涂料> 环氧聚酯混合型粉末涂料。纯丙烯酸粉末涂料（固化剂为封闭型芳香族异氰酸酯）的保光率远远高于其他几种类型的粉末涂料，经 20 h 的紫外光照射，其失光率仅为 30%左右。

现在，与开发初期产品相比，（淡黄系）丙烯酸粉末涂料市售品的光泽保光率已从 60% 上升到 87%（QUV 照射 1 000 h 后）。已知可提高丙烯酸粉末涂料耐候性的措施有：降低丙烯酸树脂中的苯乙烯单体含量，采用适宜的聚合工艺获得合适的相对分子质量分布。另外，在涂料配合剂中添加紫外线吸收剂和光稳定剂等助剂来提高涂料的耐候性，也开始引起人们的兴趣。

14.2.1.6　聚酯粉末涂料

世界上有很大一部分粉末涂料的生产是用聚酯树脂作为重要成膜物。聚酯树脂的选择范围很广，是各种交联剂的两倍。这使得粉末涂料的性能更广，可有效地满足广大消费者的使用要求。聚酯树脂单体的选择对粉末涂料的外观、物理性质和储存稳定性有很大的影响。聚酯粉末涂料有热固性和热塑型。

在热固性粉末涂料中，聚酯粉末涂料是耐候性粉末涂料的主要品种之一，为了区别于聚酯环氧粉末涂料，习惯上叫做纯聚酯粉末涂料。

1. 聚酯粉末涂料的品种

聚酯粉末涂料的品种也较多，主要品种包括（末端）羧基聚酯树脂用异氰脲酸三缩水甘油酯（TGIC）固化体系；（末端）羧基聚酯树脂用羟烷基酰胺（HAA，商品名 PrimidXL522 或 T105）固化体系；（末端）羧基聚酯树脂用环氧化合物（PT910）固化体系；（末端）羟基聚酯树脂用四甲氧甲基甘脲（Powderlink1174）固化体系等。（末端）羟基聚酯树脂用封闭型多异氰酸酯固化体系，在我国分类为聚氨酯粉末涂料。

2. 聚酯粉末涂料的性质及选用

树脂的玻璃化温度（T_g）对涂膜性能是有重要影响的。玻璃化温度（T_g）在 55～65 ℃之间的树脂是脆性的，易于粉碎，使粉末具有好的黏结稳定性，还能确保树脂在挤压成型时具有好的熔体混合，并且在 100 ℃烘烤时开始流动。

在聚酯粉末涂料配方中，对于聚酯树脂的选择方面，根据用户对涂膜外观及性能要求。对于高光泽、高性能的粉末涂料，一般选择聚酯树脂酸值在 28～35 mg KOH/g，玻璃化温度在 60 ℃以上的羧基聚酯树脂；对于干混合法制造消光聚酯粉末涂料时，一种聚酯树脂选择酸值在 20 mg KOH/g 左右的，另一种选酸值在 50 mg KOH/g 左右的羧基聚酯树脂；对于皱纹（网纹）型聚酯粉末涂料，选择羟值在 35～45 mg KOH/g 的羟基聚酯；消光固化剂消光的聚酯粉末涂料，可以选择常用的羧基聚酯树脂。

3. 粉末涂料聚酯树脂单体

聚酯树脂通过配方中的单体组成及官能度变化和交联剂选择，可以改变涂膜的性能和粉末涂料的品种。

用新戊二醇（NPG）和对苯二甲酸（TPA）合成的聚酯树脂在粉末涂料中较常使用。典型的是使用少量的三元醇或三元酸作为一种支化剂。可以添加二元酸和/或二元醇使聚酯改性来达到满意的涂层性能。羟基型树脂（末端是羟基的树脂）和羧基型树脂（末端是酸基的树脂）分别由过量的二元醇和二元酸制得。使用的典型羟基树脂的酸值在 25～55 之间，典型羧基树脂的酸值在 30～85 之间。聚酯树脂也可用间苯二甲酸（IPA）和 NPG 制得。与 TPA/NPG 相比，这些树脂具有更好的户外持久性，但柔韧性和耐冲击性能低。

除了 NPG 和 TPA，可以用于改性的二元酸是间苯二甲酸（IPA）、己二酸（AD）、1, 4-环己烷二羧酸（1, 4-CHDA）。用于改性的一般二元醇是羟基新戊酸羟基新戊酯（HPHP）、1, 4-环己烷二甲醇（CHDM）和乙二醇（EG）。最普通的支化剂是三羟甲基丙烷（TMP）、三羟甲基乙烷（TME）和 1, 2, 4-苯三甲酸酐（TMA）。聚酯树脂中使用的单体的选择对粉末涂料外观、物理性质和的储存稳定性具有很大的影响。下面是聚酯粉末涂料树脂中可选用的树脂中间体（单体）和这些中间体对聚酯树脂和粉末涂料产生的性能。

（1）NPG（新戊二醇，2, 2-二甲基-1, 3-丙二醇）。

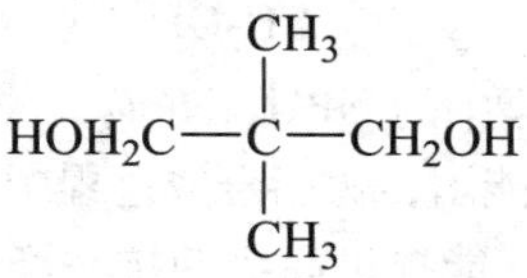

$$HOH_2C-\overset{\displaystyle CH_3}{\underset{\displaystyle CH_3}{\overset{|}{\underset{|}{C}}}}-CH_2OH$$

树脂性能：NPG 和对苯二甲酸（TPA）是大多数聚酯型粉末涂料的主要成分。用 NPG 和 TPA 制得的树脂，其玻璃化温度（T_g）可在 52～68 ℃范围内，这个范围是粉末涂料最合适的范围。

用 NPG 和 TPA 制得的树脂具有低初色和好的色泽保持性能。

粉末涂料性能：使用交联剂如 TGIC，β-羟烷基胺或封闭的异氰酸酯，具有优良的耐气候（抗 UV 和不泛黄）特性；具有良好的粉体流动和流化特性；有良好的硬度和柔韧性的平衡性；有较好的耐化学品性和防污性。

（2）TPA（对苯二甲酸，1, 4-苯二甲酸）、IPA（间苯二甲酸，l, 3-苯二甲酸）

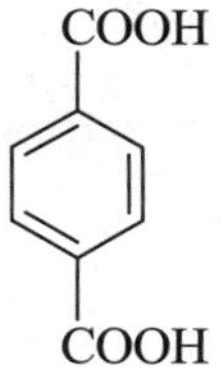

COOH（苯环）COOH　　TPA

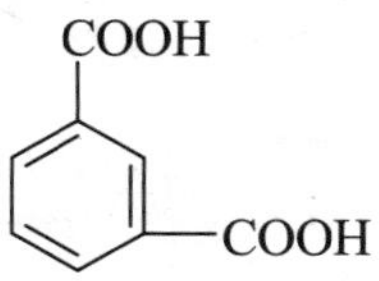

COOH（苯环）COOH　　IPA

在多数聚酯型粉末涂料体系中，TPA 是用得比较多的二元酸。用其和 NPG 形成的聚酯树脂可改性以满足不同涂层的性能要求。

树脂性能：因 IPA 更易溶解，而在熔融的二元醇和树脂中，TPA 具有更大的反应性。为此在树脂合成的第二阶段，常常选择它使羟基型树脂变成羧基型树脂。另外，由 IPA/NPG 制得的树脂其玻璃化温度（T_g）约比 TPA/NPG 甘醇制得的低 7 ℃。但由这些树脂制得的粉体储存稳定性能还是能完全满足要求。

粉末涂料性能：用 IPA/NPG 制得的树脂使涂层具有较高的耐气候（抗 UV）特性。与其他聚酯粉体相比，具有低的耐冲击性能和柔韧性，但可与丙烯酸类粉体相比。

(3)（HPHP）（羟基新戊酸羟基新戊酯）

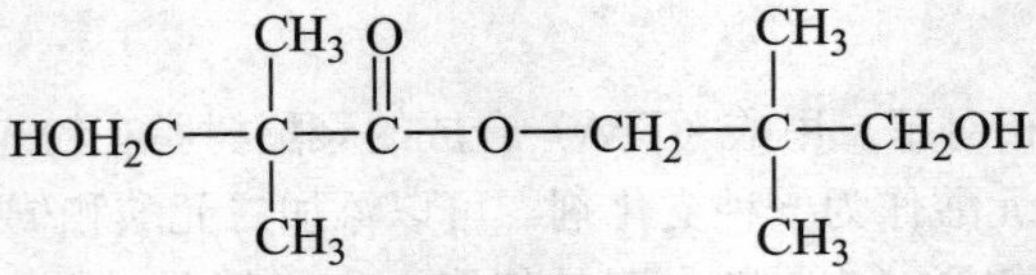

$$HOH_2C-\underset{CH_3}{\overset{CH_3}{C}}-\overset{O}{\overset{\|}{C}}-O-CH_2-\underset{CH_3}{\overset{CH_3}{C}}-CH_2OH$$

树脂性能：具有与 NPG 相似的结构特征和反应性。代替 TPA/NPG 树脂中的 NPG，树脂的 T_g 降低约 0.2 ℃/mol。最适合用于户外的羧基型树脂，因为与羟基型树脂相比，羧基型树脂具有较高的初始 Tg，并且具有优良的耐气候特性。

粉末涂料性能：在 TGIC 和 β -羟烷基胺体系中提高平滑性和柔韧性，而不牺牲耐气候（抗 UV）特性（NPG 和 HPHP 有同样的耐气候特性）；具有良好的耐化学品性和防污性能。

(4) CHDM （1, 4-环己烷二甲醇）

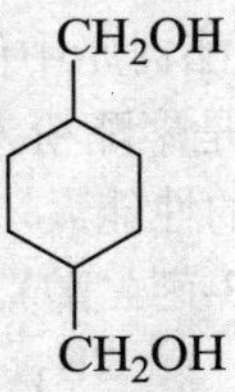

CH_2OH

CH_2OH

树脂性能：可代替 TPA/NPG 树脂中的 NPG，对 T_g 无影响。代替 IPA/NPG 树脂中的 IPA，可提高 T_g 约 0.2 ℃/mol。由于有伯醇官能团，树脂合成过程中提供良好的反应性和浅的树脂颜色。

粉末涂料性能：含 CHDM 树脂，能提供高级的抗洗涤剂性能。对于液体涂料，CHDM 能提高 T_g；有文献表明，在粉末涂料中，用 CHDM 代替 NPG 并不改变 TPA/NPG 的 T_g。然而，在由 IPA 制得的树脂中，CHDM 代替 NPG 能提高 3 ℃/20 mol。在羟基型树脂（T_g 55～58 ℃）和羧基型树脂（T_g 61～64℃）中发现这种 T_g 的提高是准确的。

(5) EG（乙二醇），$HOCH_2CH_2OH$

对树脂改性时使用少量的 EG，但它有使粉末涂料粉化的趋势，并缺乏户外持久性。

(6) 1, 4-CHDA（1, 4-环己烷二甲酸）

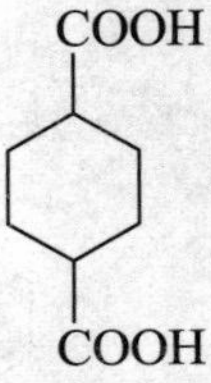

COOH

COOH

树脂性能：减少树脂烘烤时间，因为在 NPC 中 CHDA 比 TPA 更容易溶解，因而反应加快。

用 CHDA 代替 IPA/NPG 中的 TPA，减少 T_g 大约 0.4 ℃/mol。

粉末涂料性能：含 CHDA 的树脂尤其适用于对柔韧性要求高，并且硬度也很重要的场合（如坯料涂层和卷材涂层、底涂、家用器具涂层等）。用 CHDA 代替树脂中的 TPA 产生较好的平滑性（较少的粒状表面），因为 CHDA 降低熔体黏度效果更有效。

（7）TMP（三羟甲基丙烷）

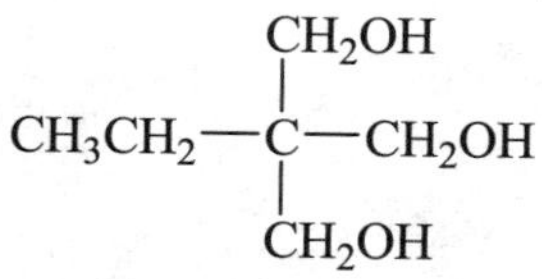

$$\begin{array}{c} CH_2OH \\ | \\ CH_3CH_2-C-CH_2OH \\ | \\ CH_2OH \end{array}$$

TMP 被用做三官能度的支化剂，以提高树脂官能度和涂层的交联密度。具有羟值 40～60 的树脂 TMP 量可能达到全部二元醇物质的量的 5%。对于羟基型树脂，占物质的量 1%的 TMP 引起 TPA/NPG 树脂 T_g 大约下降 1 ℃。

（8）TMA（1, 2, 4-苯三甲酸酐）

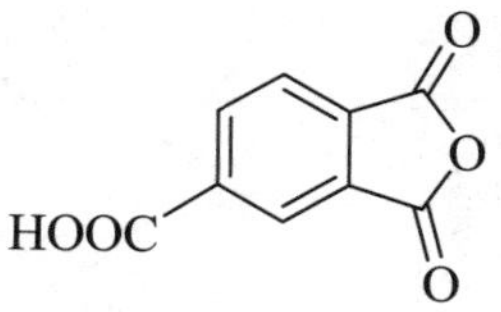

O
O
HOOC
O

TMA 用于对 T_g 要求较高的粉末涂料树脂的支化剂。它也是一关键的单体，用于封端一个羟基树脂变成一个羧基树脂，尤其用于聚酯-环氧杂化的树脂。

（9）TME（三羟甲基乙烷）

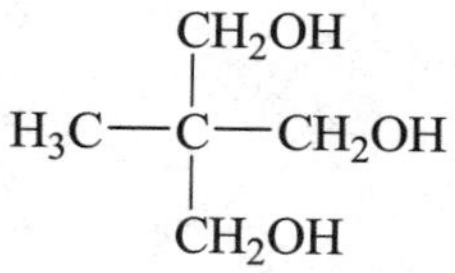

$$\begin{array}{c} CH_2OH \\ | \\ H_3C-C-CH_2OH \\ | \\ CH_2OH \end{array}$$

TME 可代替 TMP，TME 比 TMP 引起较少的 T_g 下降，但 TME 价格贵。

14.2.2 粉末涂料发展趋势

世界涂料工业进入 20 世纪 90 年代以来，随着科学技术的发展，粉末涂料类型和种类也与日俱增。它主要朝攻克涂膜薄层化、外观质量亮丽、坚固和低温固化方面向前发展。由于全球面临环境恶化的难题，因此，粉末涂料以无溶剂、低污染的优势在世界涂料市场中所占比例越来越大。有以下几个方面的发展值得关注。

（1）以美国 Ferro 公司开发成功的超临界（VAMP）新工艺将成为粉末涂料制造工艺上的一场划时代的革新。由此可开发出一批超细粉末涂料、低温固化涂料、紫外光固化、热敏性粉末涂料和复合粉末涂料等新品种。

（2）在粉末涂装方面开发了电磁刷新工艺。它是一种模拟复印或激光打印的新的涂装方法。尤其适用于将粉末涂料高速涂覆于平板型的底材上。该装置由磁刷台和可将被涂物贴附的磁鼓组成，粉末涂料可看成复印机的磁粉，平板型的被涂物可看成是待复印的纸张。当静电开通时，随着被涂物通过，磁刷将被涂物涂覆上粉末涂料，如将粉末涂料成功地涂装在铝箔和卡纸上。该工艺虽然不适宜直接涂装在铁磁体底材上，但可以通过转移法进行涂装，从而大大扩展了它的应用范围。这是一项粉末涂装开创性的新进展，有待进一步研究开发，有可能发展成为粉末涂料全色印刷的新工艺，其前景十分看好。

（3）同时，粉末涂料还朝着色彩多样化、木器粉末涂料专用化、汽车粉末涂料高性能化、粉末涂料复合化方向发展。

15 辐射固化涂料

所谓辐射固化涂料，是指涂料固化的成膜是在涂料经辐射后才形成的，对应的技术为辐射技术。辐射固化的基本含义就是利用紫外光（UV）或电子束（EB）为能源，引发具有化学活性的液体配方，在基体表面实现快速反应的固化过程。UV/EB 固化的工业应用为材料表面固化提供了一种先进的加工手段。这种固化技术不同于传统技术（如热固化），最大优点在于辐射固化采用高效能源——紫外光或电子束作为引发手段，快速实现涂层固化。

辐射固化技术是应用领域很广的一门技术。辐射固化涂料是辐射固化技术中最重要的部分，而目前辐射固化涂料中又以光固化涂料发展最为迅速。自 20 世纪 90 年代以来，光固化涂料在国内有很大发展，光固化涂料的基本原料国内已有很大的生产能力，其中光引发剂的生产更为突出，不仅可满足国内需求，还大量出口，它们为光固化涂料的进一步发展打下了基础。

辐射固化技术是在现有科学技术的基础上发展起来的一门新技术，因此可以看成是多种技术共同结合形成的综合体，包括辐射源（UV 和 EB）、原料、单体和齐聚物、光引发剂、各种助剂（如颜料、添加剂）、化学配方（涂料、油墨、黏合剂等）、基材与涂布装置等。辐射固化只有通过这些技术要素的合理配置才能发挥其固有的生命力。事实上，这些技术要素在辐射固化的产业进程中已形成了相互依赖的市场链，共同保证市场竞争力，因此辐射固化本身是一项系统工程。

近 20 多年来，紫外光固化涂料取得了迅猛的发展，许多在紫外光辐射下快速固化的树脂陆续商品化，成为涂料工业的一支重要的生力军。目前，紫外光固化涂料不仅有液态型，还有粉末型、水分散型等。

15.1 紫外光与电子束

紫外光与电子束都可看成辐射大家族的成员，不同的是紫外光是一种电磁辐射，而电子束却是经加速的高能电子流。

辐射固化常用的 100～380 nm 紫外光区又细分为 UV-C（100～280 nm）、UV-B（280～315 nm）和 UV-A（315～380 nm）。辐射固化采用的紫外光源一般是经电能激发的紫外灯。

电子束也是一种辐射，它是一批经过加速的电子流，粒子能量远高于紫外光，可使空气电离，故高能电子束又可称为电离辐射。电子束固化一般不需光引发剂，可直接引发化学反应，而且对物质的穿透力也比紫外光大得多。产生电子束的装置称为电子加速器。辐射固化采用的是一种扫描型的电子加速器，其基本原理与家庭使用的电视机十分类似。在电视机中经加速的电子流扫描电视荧光屏取得视觉信息，辐射固化中电子加速器的电子束对基材表面扫描从而实现固化加工。

15.2　紫外光固化涂料的组成

紫外光固化涂料主要由四大部分组成，即光固化低聚物、光引发剂、活性稀释剂和助剂。

15.2.1　光固化低聚物（齐聚体）

光固化低聚物是紫外光固化涂料的主要活性组分之一，它在活性光引发剂的引发下能发生聚合反应，形成网状聚合物，是紫外光固化涂料的基础，占到整个配方质量的 90%以上，是光固化配方的基体树脂，构成固化产品的基本骨架。即固化后产品的基本性能（包括硬度、柔韧性、附着力、光学性能、耐老化性等）主要由低聚物树脂决定，这些性能当然与光聚合反应程度（转换率）有关，通过稀释剂及其他添加剂也可以对产品最终性能进行调整。主要包括两大类不饱和聚酯和丙烯酸酯树脂。不饱和聚酯较早被应用，随后开发了许多丙烯酸酯产品。实际生产中多数采用性能和成本均衡的丙烯酸酯作为涂料体系的低聚物。

低聚物（Oligomer）又叫寡聚物，也称为预聚物（Prepolymer）。传统溶剂型涂料使用的树脂相对分子质量一般较大，约为几千至几万，光固化产品中的树脂低聚物相对分子质量相对较小，大多为几百至几千。相对分子质量过大，黏度太高，不利于调配和施工，涂层性能也不易控制。光固化产品中的低聚物一般应具有在光照条件下可进一步反应或聚合的基团，如 C═C 键、环氧基团等。

根据光固化的机理不同，适用的树脂结构也应当不同，对于目前市场份额最大的自由基聚合机理的光固化产品，可供选择的低聚物比较丰富，主要包括不饱和聚酯、环氧丙烯酸树脂、聚氨酯丙烯酸树脂、聚酯丙烯酸树脂、聚醚丙烯酸树脂、丙烯酸酯官能化的聚丙烯酸酯树脂。对阳离子光固化体系，适合的低聚物主要包括各种环氧树脂、环氧官能化聚硅氧烷树脂、具有乙烯基醚官能团的树脂等。

单体和低聚物的主要特征是含有端基双键，它是光固化成膜的物质基础，在光固化成膜物质的研究和改性中，其研究的主要思路是：通过化学手段，将含有双键的单体连接在树脂上，使树脂具有光固化活性。其中丙烯酸酯是经常被使用的改性物质。近来，随着合成技术和分子设计技术的进步，合成了许多具有枝形结构的光固化成膜物质。

自由基光固化树脂上的反应性双键可能的类型有丙烯酸酯基（$CH_2{=}CH{-}COO{-}$）、甲基丙烯酸酯基[$CH_2{=}C(CH_3){-}COO{-}$]、烯丙基（$CH_2{=}CH{-}CH_2{-}$）和分子链中 C═C 键，其中丙烯酸酯基和甲基丙烯酸酯基团最为常见。按自由基聚合反应速率排序，在单体其余部分结构相近条件下，丙烯酸酯聚合反应速率最快，甲基丙烯酸酯次之，两者反应速率可以相差一个数量级。下面是几种常用光固化涂料中的低聚物。

1. 环氧丙烯酸酯（EA）

环氧丙烯酸酯是由商品环氧树脂和丙烯酸或甲基丙烯酸酯化而得，是目前国内光固化产业消耗量最大的一类光固化低聚物。根据结构类型，环氧丙烯酸酯可以分为双酚 A 型环氧丙烯酸酯、酚醛环氧丙烯酸酯、改性环氧丙烯酸酯和环氧化油丙烯酸酯，其中又以双酚 A 型环氧丙烯酸酯用量最大。

双酚A型环氧丙烯酸酯由双酚A环氧树脂和丙烯酸（或甲基丙烯酸）反应而得，结构如下。

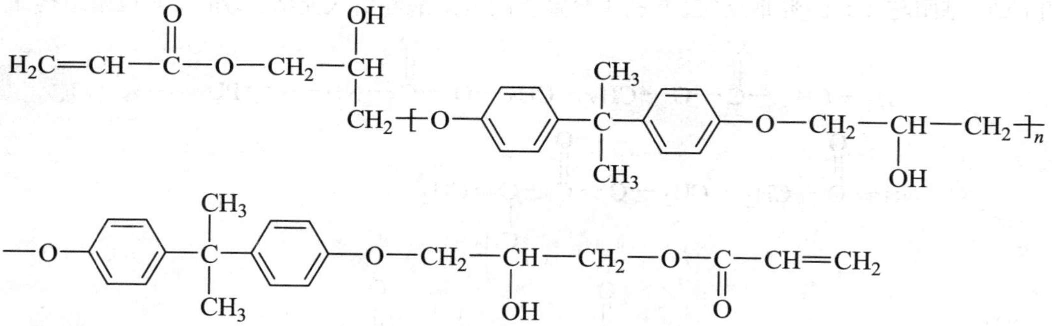

$$H_2C{=}CH{-}\overset{\overset{\large O}{\|}}{C}{-}O{-}CH_2{-}\underset{|}{\overset{\overset{OH}{|}}{CH}}\;\;CH_2{+}O{-}C_6H_4{-}\overset{\overset{CH_3}{|}}{\underset{\underset{CH_3}{|}}{C}}{-}C_6H_4{-}O{-}CH_2{-}\underset{\underset{OH}{|}}{CH}{-}CH_2{+}_n$$

$${-}O{-}C_6H_4{-}\overset{\overset{CH_3}{|}}{\underset{\underset{CH_3}{|}}{C}}{-}C_6H_4{-}O{-}CH_2{-}\underset{\underset{OH}{|}}{CH}{-}CH_2{-}O{-}\underset{\underset{O}{\|}}{C}{-}CH{=}CH_2$$

分子结构中含芳环和侧位羟基，对提高附着力有利，而脂肪族环氧丙烯酸酯的附着力就很差。芳环结构还赋予树脂较高的刚性、拉伸强度及热稳定性。

双酚A型环氧丙烯酸酯的主要特点是：光固化反应速率很快，固化后硬度和拉伸强度大，膜层光泽度高，耐化学品腐蚀性能优异。缺点是固化膜柔性不足，脆性高，光固化后膜层中残余的丙烯酸酯基团较多，聚合反应在较低转化率下就被刚硬的交联网状结构“冻结”，残留的未反应基团对耐老化、抗黄变等性能不利。因此双酚A型环氧丙烯酸酯常常需要大量活性稀释剂调低黏度，并且尽量减少高官能度“硬性”活性稀释剂的用量。合成环氧丙烯酸酯时，以柔性长链脂肪二酸（如壬二酸）或一元羧酸（如油酸、蓖麻油酸等）部分替代丙烯酸，在环氧丙烯酸酯链上引入柔性长链烃基，可改善其柔韧性，也可以配合聚氨酯丙烯酸酯低聚物使用以增加柔性。

环氧丙烯酸酯的另一常见品种是酚醛环氧丙烯酸酯，其特点是反应活性更高，交联密度大，交联网络中芳环稠密，耐热性能极佳，常常是电子工业阻焊材料的首选原材料。但在光固化涂料中，由于其对耐热性一般要求不高，因而较少使用酚醛环氧丙烯酸酯。

2. 聚酯丙烯酸酯（PEA）

聚酯丙烯酸酯是在饱和聚酯的基础上进行丙烯酸酯化引入光活性基团，所得结构如下。

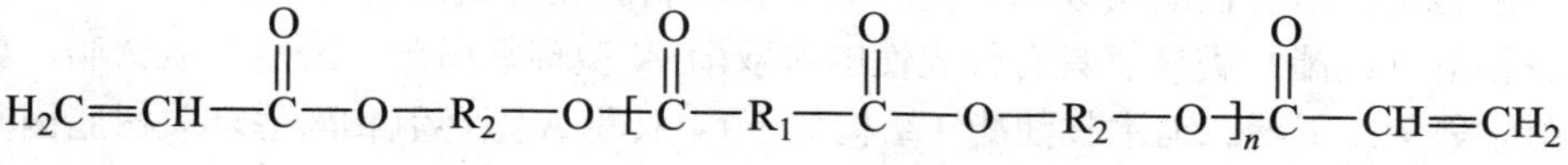

$$H_2C{=}CH{-}\overset{\overset{O}{\|}}{C}{-}O{-}R_2{-}O{+}\overset{\overset{O}{\|}}{C}{-}R_1{-}\overset{\overset{O}{\|}}{C}{-}O{-}R_2{-}O{+}_n\overset{\overset{O}{\|}}{C}{-}CH{=}CH_2$$

用于光固化体系的聚酯丙烯酸酯相对分子质量较小，通常在几百到几千，黏度比环氧丙烯酸酯和聚氨酯丙烯酸酯都低得多，因此其光固化速率受影响，表面氧阻聚较明显。据文献报道，可以通过合成支化的多官能度聚酯丙烯酸酯，提高光固化反应活性，但树脂黏度也显著升高，导致固化膜交联密度较高，涂膜柔性下降；还可对常规聚酯丙烯酸酯进行胺改性，可以克服氧阻聚问题，并能改善固化涂膜附着力、耐磨性、气味、光泽等性能；还有，在聚酯丙烯酸酯主链上引入醚键，或引入芳环作为侧链，也能提高固化速率。

3. 聚氨酯丙烯酸酯（PUA）

聚氨酯丙烯酸酯是另一类比较重要的光固化低聚物，原材料成本往往高于其他几类低聚物，但其应用广泛程度仅次于环氧丙烯酸酯，在光固化涂料、油墨、胶黏剂等领域有着广泛应用。合成工艺简单灵活，可通过分子设计对树脂性能进行调节，因此，就柔软性、硬度、耐受性等多方面性能可以事先设计控制，树脂的灵活性相当强。聚氨酯丙烯酸酯的合成是利用多异氰酸酯的 NCO 基团与多元醇羟基反应，并利用含羟基的丙烯酸酯引入光活性基团，其典型结构如下。

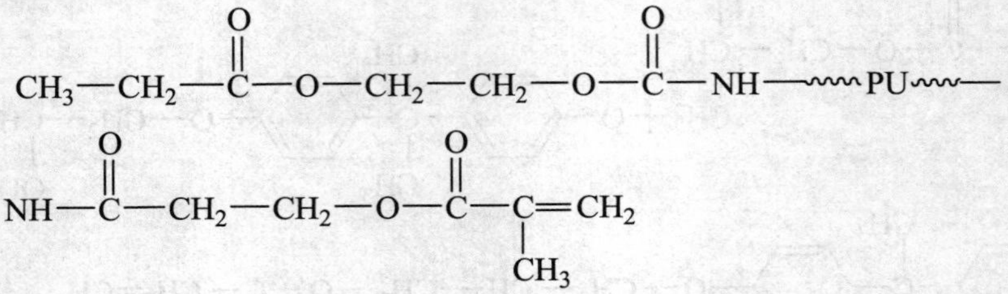

$$CH_3—CH_2—\overset{O}{\overset{\|}{C}}—O—CH_2—CH_2—O—\overset{O}{\overset{\|}{C}}—NH—\sim PU\sim—$$

$$NH—\overset{O}{\overset{\|}{C}}—CH_2—CH_2—O—\overset{O}{\overset{\|}{C}}—\underset{CH_3}{\underset{|}{C}}=CH_2$$

其中 PU：

$$\left[R_1—NH—\overset{O}{\overset{\|}{C}}—O—R_2—O—\overset{O}{\overset{\|}{C}}—NH\right]_n$$

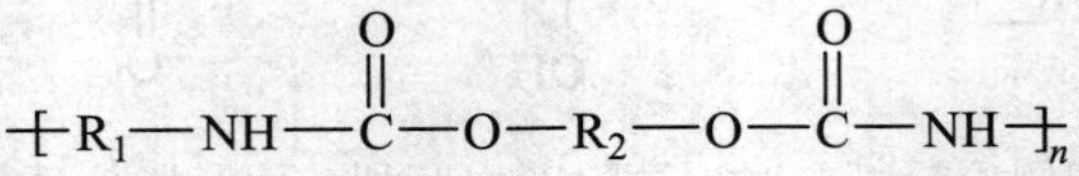

PUA 低聚物的光聚合反应活性没有环氧丙烯酸酯快，反应速率较慢是 PUA 的一个典型特征。由纯粹的 PUA 加光引发剂制得的涂膜，光固化后，常有表面固化不完全的现象，必须为底层基本固化，但表层成黏液状。即使和环氧丙烯酸酯混合再经光固化，若光引发剂和活性稀释剂等选择使用不当，仍有表面不干爽、易产生指纹印等不良现象。产生这些现象的原因，可归结为氧阻聚。PUA 的丙烯酸酯基官能度增大可以提高光聚合速率，但三官能度的 PUA 和二官能度的聚合活性接近，对聚合速率无较大改善，而六官能度的 PUA 光聚合速率大大提高，所得涂膜交联密度较高，导致模量升高，硬度增加，柔顺性下降。目前，PUA 已成为光固化领域非常重要的一大类低聚物。由于 PUA 固化慢、价格相对较高，在常规光固化涂料中较少以 PUA 为主体低聚物，往往作为辅助性功能树脂使用。大多数情况下，使用 PUA 主要是为了增加固化涂层的柔顺性，降低应力收缩，改善附着力，特别是在纸张、软质塑料、皮革、织物、易拉罐等软性底材的光固化涂装、粘贴和印刷方面，聚氨酯丙烯酸酯（PUA）发挥着至关重要的作用。

4．环氧树脂

环氧树脂及单体在超强质子酸或路易斯酸作用下，容易发生阳离子聚合，形成聚醚主链。单官能度的环氧化合物一般只能作为稀释单体，用做主体树脂的环氧树脂应当至少含有两个环氧基团。一般包括缩水甘油醚（或酯）类环氧树脂和脂肪族环氧树脂两大类。

缩水甘油醚（或酯）类环氧具有代表性的有双酚 A 型环氧树脂、酚醛环氧树脂、聚醚二醇缩水甘油醚、邻苯二甲酸二缩水甘油酯（结构如下）。双酚 A 型环氧和酚醛环氧树脂因其聚合度不同，导致环氧值（即环氧基团含量）不同。聚合度太高，产物软化点也高，溶解困难，施工不便，而且因反应性基团浓度较低，光聚合活性受影响。一般 $n \leqslant 4$ 即可，酚醛环氧树脂的 n 值通常为 1～5，更高的聚合度在工业上也不易获得。

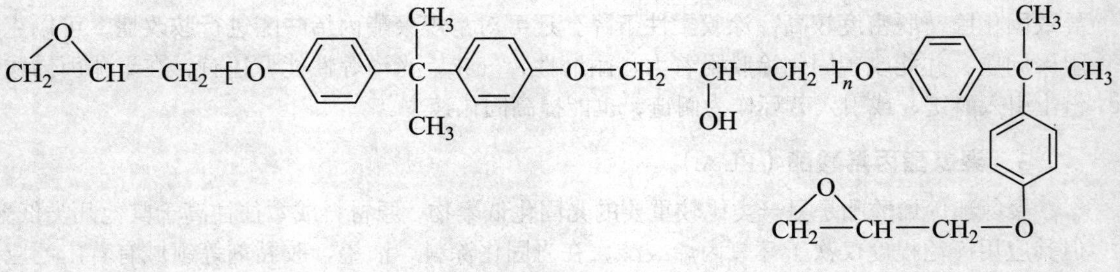

$$\underset{\backslash O /}{CH_2—CH}—CH_2\left[O—C_6H_4—\underset{CH_3}{\overset{CH_3}{C}}—C_6H_4—O—CH_2—\underset{OH}{\underset{|}{CH}}—CH_2\right]_n O—C_6H_4—\underset{C_6H_4—O—CH_2—\underset{\backslash O /}{CH—CH_2}}{\overset{CH_3}{C}}—CH_3$$

双酚 A 型环氧树脂

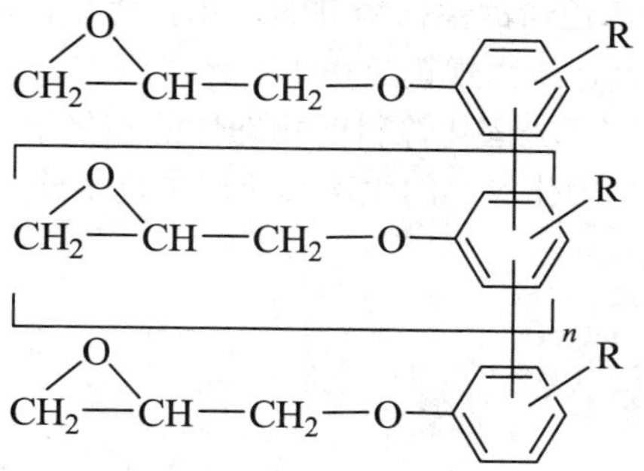

酚醛环氧树脂

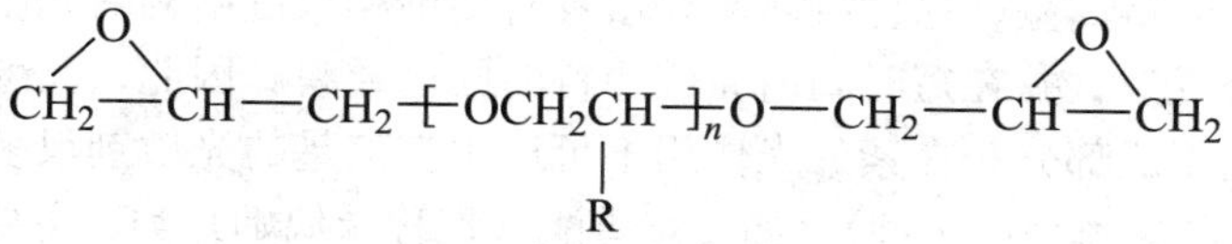

$$\overset{\;O\;}{CH_2-CH}-CH_2+OCH_2\underset{R}{CH}+_nO-CH_2-\overset{\;O\;}{CH-CH_2}$$

聚醚二醇缩水甘油醚

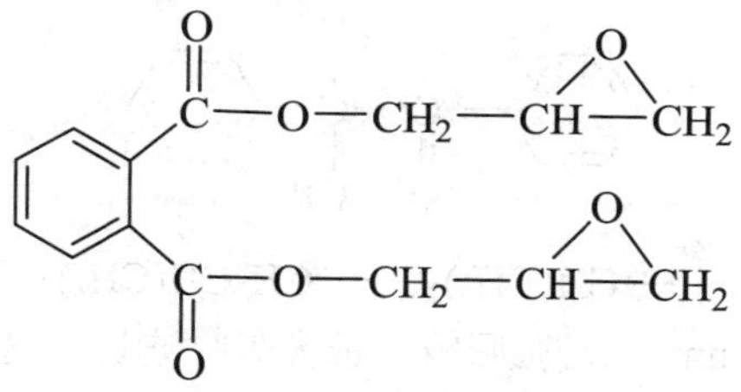

邻苯二甲酸二缩水甘油酯

脂环族环氧树脂是适合阳离子光聚合最重要的一类环氧树脂，主要包括氧化环己烯衍生物。商品一般是黏稠液体。因其有较高的反应活性、优良的固化膜性能和可以承受的价格，因而成为阳离子光固化领域最受青睐的主体树脂。其次为己二酸双（3，4-环氧环己基甲酯），可以从环己烯-3-甲醇与己二酸合成制备。这两种树脂黏度相对较低。

5. 不饱和聚酯

光固化涂料中使用的不饱和聚酯是指分子链中含有可反应 C═C 键的直链状或支链状聚酯大分子。C═C 键主要由马来酸、富马酸等不饱和酸或其酸酐参与酯化反应引入。不饱和聚酯中马来酸酯的 C═C 键发生均聚的反应活性较低，不能适应光固化快速高效的要求，鉴于马来酸酯结构 C═C 键的缺电子特点，可与富电子的单体配合，在活性自由基引发下发生交替共聚，形成交联网络结构。

苯乙烯是不饱和聚酯比较合适的共聚单体，兼活性稀释剂，其具有廉价、反应活性较高等特点；但它是挥发性易燃液体，涂料涂展开来时，挥发更快，工作现场火灾隐患大，工人的人身健康也受威胁，光固化平台如温度较高，还将导致苯乙烯挥发太快，固化涂层产生病疵。

乙烯基醚也是比较适合不饱和聚酯的活性稀释剂，其 C═C 键直接与氧原子连接，双键电子云密度较高，属于富电子单体，发生自由基均聚倾向较小，正好可与缺电子的不饱和聚酯配对，作为高效稀释剂的同时，又能和马来酸酯单元进行交替共聚交联。由于低毒、低气味、高稀释性，多官能度乙烯基醚是苯乙烯活性稀释剂的理想替代品，但可能因为价格因素，乙烯基醚作为光固化产品的活性稀释剂还未大规模应用。

光固化树脂的性能大大决定了光固化涂料的物理性能和化学性能，也影响施工工艺，所以合理地研制、选择树脂品种在光固化涂料的生产和应用中是十分重要的。

15.2.2 光引发剂

光引发剂是一种可吸收紫外光能而产生游离基的化合物，这是引发光固化树脂和活性稀释剂进入聚合反应的初始游离基，又称光敏剂或光聚合开始剂。光敏剂吸收了紫外光能以后，首先裂变成具反应活性的游离基，这种游离基攻击具有不饱和双键结构的光固化树脂和活性稀释剂，引发游离基聚合反应，并在短时间内完成涂料的固化成膜。因此，光敏剂是构成光固化涂料组分一个很重要的组成部分。在紫外光作用下可产生游离基的光敏剂很多，常用的主要有两类：①链断裂型（也称裂解型或Ⅰ型），如安息香醚（也称苯偶姻）类，主要有安息香丁醚、安息香乙醚等，结构如下。

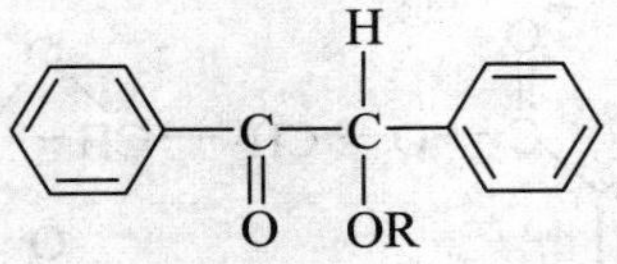

R=—H，$—CH_3$，$—CH_2CH_3$，$—CH(CH_3)_2$，$—CH_2CH(CH_3)_2$，$—C_6H_5$，—O—CO—CH_3

这类光引发剂在 300～400 nm 有较强吸收，最大吸收波长一般都在 320 nm 以上。安息香醚光反应较快，很少受配方中其他组分的影响，适合于猝灭性很强的单体的光引发聚合，如苯乙烯。

安息香醚类光引发剂存在严重的储存稳定性及黄变问题。这是阻碍其广泛应用的关键因素。但由于合成容易，成本低廉，在早期的光固化体系中曾起到重要作用。

（2）生成氢型（也称夺氢型或Ⅱ型），如二苯甲酮、二苯甲酰、过氧化二苯甲酰等。此外，还有生成氢型的光敏剂与三级胺拼用的，产生的氨基游离基能与氧反应，从而可以减轻氧对聚合反应的阻聚作用。

此外，还有阳离子型光引发剂。阳离子光引发剂是另一类非常重要的光引发剂，包括重氮盐、二芳基碘盐、三芳基硫盐、烷基硫盐、铁芳烃盐、磺酰氧基酮及三芳基硅氧醚。它的基本作用特点是光活化使分子到激发态，分子发生系列分解反应，最终产生超强质子酸或路易斯酸，作为阳离子聚合的活性种而引发环氧化合物、乙烯基醚，内酯、缩醛、环醚等聚合。

15.2.3 活性稀释剂

光固化树脂是一种高黏度的黏稠液体，不能直接用于涂装。制得的光固化涂料是一种无溶剂涂料，所以必须加入具反应活性、可光聚合的活性稀释剂，以调节施工黏度。从化学结构来说，活性稀释剂一般是含有可聚合官能团的小分子，因而习惯上也称之为单体 （Monomer）。活性稀释剂一方面在紫外光作用下需具有与光固化树脂相同的反应活性，本身可进行光聚合反应；另一方面，活性稀释剂经光聚合反应以后又能与光固化树脂反应而成为光固化树脂涂膜的组成部分。因此在选用光固化涂料活性稀释剂时不但要考虑活性稀释剂本身的聚合反应速率，还需考虑它与光固化树脂反应的速率，以及它对光固化涂膜形成以后可能带来的性能质量影响。

实际上，个别在光固化体系中采用的单体在室温下为黏稠液体甚至是固体，没有稀释的作用，这时称为单体（而不是活性稀释剂）更贴切。在光固化体系中由于采用了活性稀释剂，大大减少了固化过程中进入空气的有机挥发物，从而赋予了光固化体系的环保特性。

活性稀释剂按其每个分子所含反应性基团的多少，可以分为单官能团活性稀释剂和多官能团活性稀释剂。按官能团的种类，则可把活性稀释剂分为（甲基）丙烯酸酯类、乙烯基类、乙烯基醚类、环氧类等。按固化机理，也可把活性稀释剂分为自由基型和阳离子型两类。

在原料供应上，活性稀释剂的品种繁多。现在活性稀释剂的作用不仅仅是降低黏度，还能用来调节光固化涂料的各种性能。因此，在选择光固化活性稀释剂时必须考虑选择合适的品种和使用量。除此之外，稀释剂对人体皮肤的刺激性也应加以考虑。光固化涂料常用的稀释剂有以下一些。

1. 单官能团活性稀释剂

单官能团活性稀释剂每个分子仅含一个可参与固化反应的基团，因此一般具有转化率高、体积收缩少、固化速度低、交联密度低、黏度低等特点。体积收缩较少的特性使此类活性稀释剂常用于要求低收缩的场合，如光固化胶黏剂。对于光固化涂料来说，为保证足够的交联度和固化速度，必须与多官能团单体配合使用。

除此之外，很多单官能团的活性稀释剂相对分子质量较小，因此挥发性较大，相应地毒性大、气味大、易燃等。这在早期使用的活性稀释剂中尤其明显，如丙烯酸正丁酯、丙烯酸异丁酯、丙烯酸-β-羟乙酯等，包括非丙烯酸酯类的苯乙烯、乙烯基吡咯烷酮、乙酸乙烯酯等也是如此。不过现在已经开发出不少低挥发性、低毒、低味甚至无毒、无味的单官能团活性稀释剂，广泛应用于辐射固化体系中。

单官能团活性稀释剂以（甲基）丙烯酸酯类为主，如甲基丙烯酸-β-羟乙酯（HEMA）、异冰片基丙烯酸酯（IBOA）、β-羧乙基丙烯酸酯（β-CEA）、2-苯氧基乙基丙烯酸酯（PHEA）等（结构如下）。HEMA 价格较低，在光固化涂料中应用较广；IBOA 和β-CEA 则主要应用在光固化胶黏剂中。

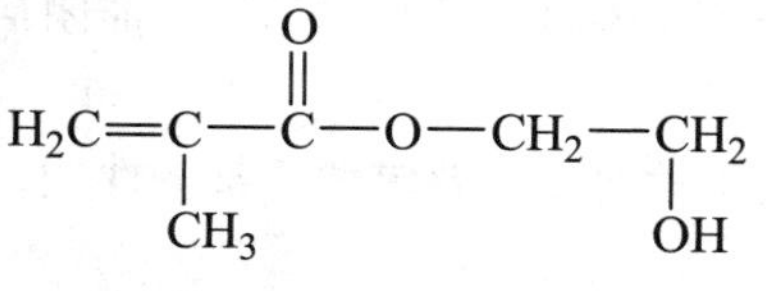

$$H_2C{=}C(CH_3){-}C({=}O){-}O{-}CH_2{-}CH_2OH$$

甲基丙烯酸-β-羟乙酯

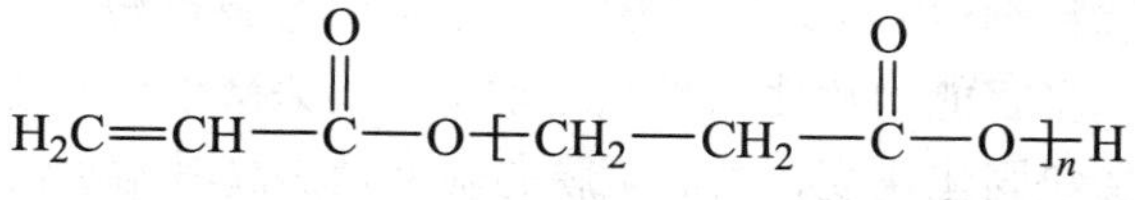

$$H_2C{=}CH{-}C({=}O){-}O{+}CH_2{-}CH_2{-}C({=}O){-}O{+}_nH$$

β-羧乙基丙烯酸酯

H_3C　CH_3　H_3C　$-O-C(=O)-CH=CH_2$

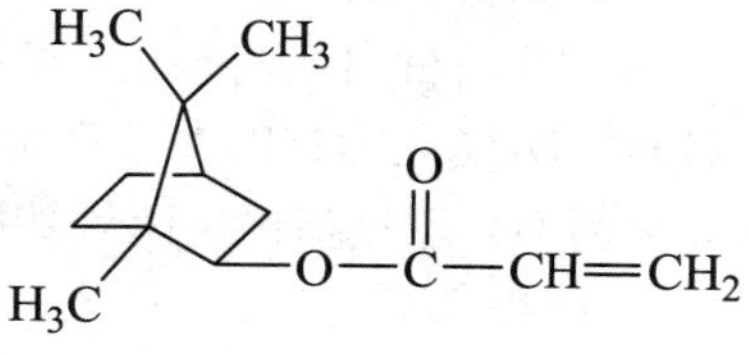

异冰片基丙烯酸酯

此外还有（甲基）丙烯酸长链酯，分子中带有长的烷烃链（10 个碳以上），加入配方中可起到增塑的作用。非丙烯酸酯类的活性稀释剂有苯乙烯（St）、乙烯基吡咯烷酮（NVP）、乙酸乙烯酯（VA）（结构如下）等。苯乙烯可配合不饱和聚酯使用，构成廉价的光固化涂料体系。NVP曾一度广泛使用，后来因怀疑是致癌物质而逐渐淡出。

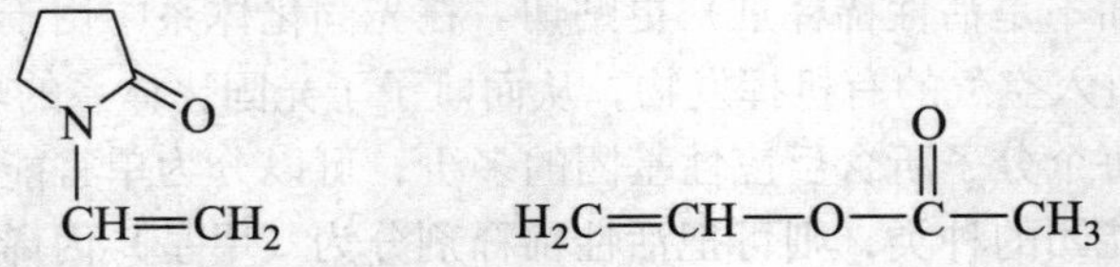

$$CH=CH_2$$

乙烯基吡咯烷酮

$$H_2C=CH-O-C(=O)-CH_3$$

乙酸乙烯酯

最新发展的含甲氧端基的（甲基）丙烯酸酯单体作为单官能团单体，其反应活性相当于甚至超过多官能团单体，同时也具备单官能团单体的低收缩性和高转化率，因而被称为第三代活性稀释剂。如甲氧基聚乙二醇单甲基丙烯酸酯、甲氧基聚乙二醇单丙烯酸酯。此外，含氨基甲酸酯、环碳酸酯的单官能团丙烯酸酯也显示出高的反应活性和转化率。

2. 双官能团活性稀释剂

这类活性稀释剂含有两个光活性的（甲基）丙烯酸酯官能团。其固化速度比单官能团的稀释剂快，成膜交联密度增加，同时仍保持良好的稀释性。另外，随着官能团的增加，相对分子质量增大，因而其挥发性较小，气味较低。双官能团（甲基）丙烯酸酯类单体广泛应用于光固化涂料的配制。

光固化涂料中使用较广泛的是 1, 6-己二醇双丙烯酸酯（HDDA）、二缩丙二醇双丙烯酸酯（DPGDA）、三缩丙二醇双丙烯酸酯（TPGDA）等。HDDA 是一种低黏度的双官能团活性稀释剂，具有强稀释能力和极好的附着力，溶解能力好，反应速度快。在涂料、油墨及胶黏剂中均可应用。TPGDA 多一个丙氧基，具有较佳的柔韧性。DPGDA 兼具 HDDA 的快速固化与 TPGDA 的柔韧性，其固化速度比 HDDA 还快，在很多场合可以代替 HDDA。

3. 多官能团活性稀释剂

这类活性稀释剂含有 3 个或 3 个以上的丙烯酸酯或甲基丙烯酸酯光活性基团。多官能团活性稀释剂具有如下特点：① 光固化速度快；② 固化产物硬度高，脆性大，这是因为每个分子含有多个光活性基团，导致光固化产物具有较大的交联密度；③ 挥发性低，这是因为多官能团活性稀释剂通常相对分子质量都较大；④ 黏度较大，稀释效果较差。

多官能团活性稀释剂通常不是用来降低体系黏度，而是用于针对使用要求调节某些性能，如加快固化速度、增加干膜的硬度及提高其耐刮性等。

三羟甲基丙烷三丙烯酸酯（TMPTA）是一种典型的三官能团活性稀释剂，其黏度比单官能团和双官能团的稀释剂大，具有中等到良好的溶解能力。作为多官能团活性稀释剂，TMPTA可提供高固化速度和高交联密度，形成具有优良耐溶剂性、坚硬耐刮而偏脆的干膜。乙氧基化三羟甲基丙烷三丙烯酸酯[TMP（EO）TA]是在 TMPTA 分子中插入一些乙氧基（EO），以增加柔性，同时又具备 TMPTA 的高固化活性。乙氧基化和丙氧基化是改善多官能团单体柔性的主要手段。

其他还有四到六官能团的单体，如季戊四醇四丙烯酸酯（PETTA）、二缩三羟甲基丙烷四丙烯酸酯（DTEMPTTA）、双季戊四醇五丙烯酸酯（DPEPA）、双季戊四醇六丙烯酸酯（DPHA）及其乙氧基化产物。

4. 阳离子光固化体系的活性稀释剂

阳离子光固化体系常采用的是脂环族环氧树脂。因其本身黏度较低，可以不另外加入活性稀释剂而直接使用。但当采用双酚 A 型环氧树脂时，由于黏度较高，必须加入活性稀释剂，如苯基缩水甘油醚（结构如下）。

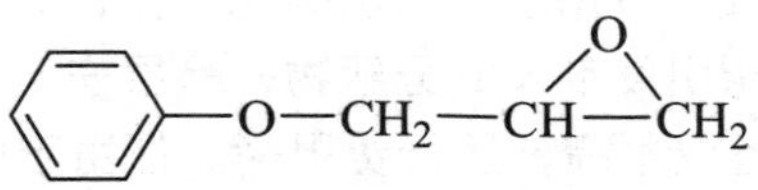

$$C_6H_5—O—CH_2—CH—CH_2 \quad (\text{CH与}CH_2\text{之间经O成环})$$

醇类的羟基可以参与环氧基的阳离子固化，所以可在配方中加入 20%左右的多元醇，以调节黏度和改善性能。乙烯基醚可以进行自由基光固化和阳离子光固化，有较强的稀释性，可作为阳离子固化体系的稀释剂使用。

15.2.4 助 剂

在木制品行业中使用光固化涂料多为厚膜型涂饰，并且以淋涂法施工为主，而用在塑料制品件上的光固化涂料又多是以喷涂法为主要施工手段的薄膜型涂饰。由于光固化涂料属无溶剂涂料，所以在快速固化的施工过程中要求光固化涂膜具有极高的装饰性，这时光固化涂料中必须加有能帮助形成优良涂膜的涂料助剂。早期用于光固化涂料的助剂主要是醋酸丁酸纤维素流平剂和低黏度甲基硅油消泡剂。如今有许多优良的流平剂和消泡剂面市，各厂家都加有适合的助剂。光固化涂料作为高装饰性的优良涂层、涂料助剂是不可缺少的。

关于涂料助剂，品种繁多，可参阅相关书籍，这里不再赘述。选用时可多参考原料供应商提供的建议。

15.2.5 光固化设备简介

光源是光固化涂料涂装的关键，中压汞灯是普遍采用的光源。工业上流水涂布装置一般采用管形灯，管形灯的强度以线功率密度表示。紫外灯发射的紫外光是向各个方向同时发出的，它投在被涂物上的强度随灯距的增加而迅速减弱。为了最大限度地增加紫外光的利用率，并使光能均匀地照射到被涂物上，需要精心设计具有反光作用的灯罩用于聚集光束定向投射到器物上，反光罩一般为椭圆形或抛物线状，椭圆反光罩最为常用。使用椭圆形灯罩，灯管置于椭圆的第一焦点上，灯光则在第二焦点上，聚焦形成狭窄的高辐照度的光束。但由于光的发散，偏离此点后，辐照度迅速降低。使用抛物线灯罩，在较宽的范围内均可得到平行紫外光束，但光强较弱，照射三维物件时易出现阴影。

不同形状和大小、角度、弯曲、边缘、凹凸情况的三维（3D）物件光固化时，需要有光投射到所有的表面上，且应有可靠和足够的能量。为了使整个表面充分固化，需要采取一些措施，根据物体的大小和形状，物体是垂直的还是水平的，能否通过旋转使潜在的阴影部位得到照射等实际情况设计生产线。为了进行光固化能量要求与固化速度的可调节，将灯源装在机器人上是一个重要的方法。

15.3 电子束（EB）固化涂料

电子束固化涂料是用高能电子束作为固化的能源。电子束固化涂料和紫外光固化涂料相比有如下优点：① 电子束穿透力强，可用于厚涂层的光固化；② 可用于色漆特别是黑漆的固化；③ 不加自由基引发剂，没有残留引发剂及其分解物，涂层安全，可用于食物包装。妨碍 EB 固化涂料发展的原因之一是其设备成本高，运行费用高。但由于电子束固化设备——电子束加速器已有了很大进步，特别是低能量电子束加速器的发展，电子束固化的成本逐渐和紫外光固化的相近，因此最近发展很快。

电子加速器是发生电子束的设备，一般由 3 部分组成，即电源、加速器和控制台。电子加速器可看做是一个真空三极管，电子由阴极表面产生，通过加速电压使其加速飞向阳极。用电或磁的聚焦装置使其在指定表面上有最高浓度。电子密度由电流控制。电子的加速在真空中进行，通过钛或铝的窗口射向固化室。固化室有传送带的进出口，室内为惰性气氛，被涂物由传送带送进固化室接受辐照。电子加速器有不同类型，其中电子帘加速器适用于电子束固化涂料。此种加速器的阴极为灯丝状，它被安装在真空圆筒中央，由阴极产生的电子经加速后通过金属窗形成连续的帘状束流。它的加速电压为 150～300 kV，造价比较低。

电子束固化的机理基本上和紫外光固化机理相同，但引发机理不同，电子束自由基固化不需加引发剂，高能的电子束可以裂解化合物生成高活性的离子和自由基。但电子束阳离子固化需要加入碘鎓盐或硫馈盐，电子束辐照产生的自由基可以诱导它们产生阳离子。

紫外光固化涂料所用的单体、低聚物同样可用于电子束固化。有的单体如甲基丙烯酸酯在紫外光固化时速度较慢，但电子束固化时不存在这个问题。在用于塑料或聚合物基复合材料时 EB 可使聚合物降解或交联，在有单体存在时，可使聚合物发生接枝共聚合，因此在设计用于聚合物为基材的涂料配方时应予注意。

15.4 辐射固化涂料的发展趋势

当前辐射固化技术主要应该向着低成本、高质量方向发展。EB 固化应解决实验条件苛刻（需要高真空和高压）、设备昂贵的问题（可通过普及能够发射帘状电子束的低成本紧凑型低能加速器的途径解决）；UV 固化重点是解决化学体系中各成分的毒性及刺激性气体的释放、减少辐射剂量等。在低聚物的生产方面，应对其工艺进行优化，提高产量和质量。对于 UV 固化涂料，还要研究解决氧阻聚的方法。氧阻聚的主要危害包括使光固化速度减慢，固化时间延长，浪费更多的能量，对膜固化以后的性能影响也是比较显著的，如膜的柔韧性、耐磨性等。消除阻聚的措施主要有加大引发剂的浓度、加入氧清除剂、控制膜的厚度，使用对氧低敏感的齐聚物或单体等。其中，后一种方法是当前紫外光固化领域的一个重要方面。因此，寻找对氧低敏感的单体、齐聚物和光引发体系，进一步研究不受氧气干扰的阳离子开环聚合是一个主要发展方向。

此外，辐射固化的主要发展方向还是要在传统制造业中继续发挥优势，同时向汽车与建筑装饰市场——全球最大的涂料市场进军，这就要求辐射固化产品性能达到户外长期耐候性的标准。辐射固化另一发展方向是向新兴的信息产业进军，具体地说就是在光导介质、信息系统和远程通信领域占领阵地，这是一个全新领域。

“3E 原则”推动辐射固化发展。任何高新技术的确立和发展，都必须遵循“3E 原则”。所谓“3E”就是指能源（Energy）、生态（Ecology）和经济（Economy）。

(1) 能源。辐射固化时的能量消耗只需保证活性化学配方在辐射引发下发生聚合交联反应，不必对基材进行加热，因此 UV 固化的能耗仅为常规溶剂型涂料和油墨固化的 1/5，EB 固化能耗更小，仅为常规固化的 1/100。

(2) 生态。辐射固化所采用的活性化学配方不含（或少含）挥发性溶剂，属于零排放（或低排放）技术，有利于环境保护。此外，辐射固化所用基础能源为电源，无燃油燃气，也无二氧化碳产生。因此辐射固化常被誉为“绿色技术”。

(3) 经济。辐射固化装置紧凑，加工速度快，场地空间小，生产效率高。因此工艺本身有助于提高产品性能，降低原材料消耗，这一切从经济成本上提高了技术本身的竞争能力。除此之外，辐射固化较之于传统的固化技术尚有自身的特点，例如，室温固化，有利于热敏材料的加工；固化配方可按需求调节，有利于提高工艺的适应性，保证产品性能（如硬度、柔性、光泽、耐候性等）；辐射固化易于实现流水作业，自动化程度高。

16 涂料施工简介

涂料工程师的主要任务，就是研发涂料。但涂料研发的成功与否，不是看研发的产品在实验时或生产时是否合格，而是要求涂料在被用户涂覆到指定的对象后，经检验是否符合相关技术参数。涂料只有被使用或施工后，都符合要求，才能最终肯定研发的产品为合格产品。

涂料的性能参数除了与其组成（树脂、颜料、助剂和溶剂）有关外，涂料的施工也是影响其性能的重要因素。因此，涂料工程师不仅要熟悉涂料的研发过程，还要熟悉涂料的施工工艺。当然，涂料的施工一般都是在客户的施工场所进行，并有客户的涂装工程师在现场具体指导。但涂料研发人员如果不了解涂料施工工艺，只在实验室开发产品，无异于闭门造车，可能开发的产品不适合用户的要求，最后会造成事倍功半的效果。实际上，涂料生产厂家常常会碰到一个成熟的产品，某一客户用得很成功，但在另一客户处就问题不断。这就是两家的施工工艺有差异造成的。

涂料生产厂家不可能具有用户的涂料施工工艺条件，但要尽量模拟。这也要求涂料研发人员事先了解涂料施工工艺情况。根据涂料的品种、涂覆对象、性能参数的不同，涂料施工工艺相差很大。这里只针对某些典型工艺做简单介绍，涂料研发工程师在实际过程中，应多到现场自己熟悉、考察、探索。

16.1 涂料涂覆方法

1. 刷 涂

这是最简单的涂料施工方法。一般常见的涂装要求比较低的涂料，采用该方法。使用者根据自己的判断，在涂料中加入一定的稀释剂至合适黏度，用软刷将涂料蘸上，将其刷到涂覆对象表面即可。常见的一般性装饰调和涂料（油脂或磁性调和漆），常用该方法施工。

刷涂的优点是：工具简单，施工简便，易于掌握，灵活性强，适用性强，节省涂料；对于边角、沟槽及设备底座等特殊位置和狭窄区域，其他施工方式难以涂装的部位，常采用手工刷涂方法施工。缺点是：手工操作，生产效率低，劳动强度大。对于干性较快的和流平性较差的涂料，刷涂容易留下刷痕以及膜厚不均匀现象，影响涂膜的平整度和装饰效果。

2. 揩 涂

用纱布（包裹泡沫塑料块或棉花球）蘸取涂料色浆，手工揩于被涂覆工件的表面。传统家具的油漆涂覆常常用这一方法。该方法的技术要求比刷涂高，得到的涂膜厚薄均匀；但有可能某些边缘死角涂覆不到。

3. 喷　涂

这是目前用得最多的涂装方式，适用于各种大小被涂装对象。它是通过使液体涂料雾化成雾状，喷涂到被涂物品表面而形成涂层。喷涂的方法也很多，有空气喷涂、无气喷涂、高压无气喷涂、静电喷涂等。

4. 电泳涂装

电泳涂装是指将具有导电性的被涂物浸渍在装满水稀释的、浓度比较低的电泳涂料槽中作为阴极（或阳极），在槽中另设阳极（或阴极），在两电极间接通直流电，经过一段时间，涂料被表面沉积在被涂物上，并形成均匀、细密和不溶于水的涂膜的涂装方法。电泳漆涂装具有以下特点：

（1）涂装工艺容易实现机械化和自动化，减轻了劳动强度，可大幅度提高劳动生产率。

（2）电泳漆涂装由于在电场作用下成膜均匀，所以适合于形状复杂，有边缘棱角、孔穴的工件，如焊接件等，而且可以调整通电量，在一定程度上控制膜厚。例如，在定位焊接缝隙中，箱形体的内外表面都能获得比较均匀的漆膜，耐腐蚀性也得到明显的提高。

（3）带电荷的高分子粒子在电场作用下定向沉积，因而电泳涂装漆膜的耐水性很好，漆膜的附着力也比采用其他方法的强。

（4）电泳漆涂装所用漆液浓度较低，黏度小，由于浸渍作用黏附于被涂工件，所以带出损耗的漆较少。漆可以充分利用，特别是超滤技术应用于电泳涂装后，漆的利用率均在95%以上。

（5）电泳漆中采用蒸馏水作为溶剂，因而节省了大量的有机溶剂，而且又没有溶剂中毒和易燃等危险，从根本上清除了漆雾，改善了工人的劳动条件和环境污染。

（6）提高了漆膜的平整性，减少了打磨工时，降低了成本。

5. 自泳涂装

利用化学反应使涂料自动沉积在基底表面的涂装方法。自泳涂装工艺是在电泳漆涂装基础上发展的新型涂装工艺，两者之间最主要的区别就是自泳不需通电，利用化学原理使涂料产生电位差涂膜在工件上，而电泳漆涂装则是在通电条件下产生电位差，涂膜在工件上。

由于不需要磷化，在整个涂装过程中不再有重金属的存在，并且自泳漆本身不含或仅含极少量的有机溶剂，减少了涂装对环境的污染。另外，自泳涂装所需工位少、操作简单、运行成本低廉，适用于大多数铁基表面的涂装，已得到了广泛应用。

6. 滚（辊）涂

用滚筒蘸上涂料，在工件表面滚动，使涂料覆盖于工件表面的涂装方法。辊涂适用于平面状金属板、胶合板、纸张的涂布，尤其适合于金属卷材的高速涂装。具有以下特点：

（1）高速自动化涂装作业，生产效率高。

（2）涂料利用率接近100%。

（3）适用于各种黏度的涂料，涂膜可厚也可薄，且厚度均匀。

（4）可双面同时涂布。

但在辊涂过程中，溶剂挥发快，易造成涂料黏度变化，工艺条件控制不当，涂膜易产生辊痕。

7. 淋涂（帘幕涂）

指将涂料储存于高位槽中（或直接将涂料从一容器中通过泵送到喷嘴或窄缝处），通过喷嘴或窄缝从上方淋下，呈帘幕状淋在由传送装置带动的被涂物上，形成均匀涂膜，多余的涂料流回容器，通过泵送到高位槽循环使用。对小批量物件采用手工操作，向被涂物件上浇漆（俗称浇漆法）。

该方法适用于大批量生产的钢铁板材、胶合板、塑料板等平板状、带状材料的涂装。通过喷嘴的大小或窄缝的宽度来控制产品上的涂膜的厚度。如涂膜较厚，从传送带经烘干箱出来的产品的涂膜就会出现气泡。如太薄则产品就会出现露底，淋涂不均匀。

淋涂适合于平板的大量涂装。具有以下优点：

(1) 涂装效率高，传送带运行速度高达 50～100 m/min；

(2) 涂料几乎无损失，仅存在少量溶剂挥发；

(3) 涂膜厚度均匀，膜厚误差可控制在 1～2 μm 以内，并有良好外观；

(4) 操作简单、作业性好且卫生，只要将设备各项参数调试好，生产过程就很稳定；

(5) 对双组分涂料和快干性涂料也能涂布，双组分涂料需前后设置两个涂料幕，而快干涂料有利于缩短干燥设备长度。

帘幕涂存在的缺陷有以下几方面：

(1) 不适合多品种小批量作业，因涂料经常更换时需要大量溶剂不断清洗涂料循环系统，既费时也不经济；

(2) 不适合垂直面涂布；

(3) 只能厚涂不能薄涂，因为要形成连续帘幕，涂料需要较高黏度，这样得到的膜厚一般在 30 μm 以上；

(4) 纸张、织物、皮革必须绷紧在硬板上才能帘幕涂。

8. 浸涂涂装

将工件浸没于涂料中，待各部位都沾上漆液后将被涂物提起离开漆液，自然或强制地使多余的漆液滴回到漆槽内，经干燥后在被涂物表面形成涂膜。

手工浸涂用于间歇式小批量生产；机械浸涂用于连续式批量生产的流水线上。该法只能用于颜色一致的涂装，不能套色，且被涂物上下部的涂膜厚薄不均匀，溶剂挥发量大，易污染环境，涂料的损耗率也较大。

9. 刮　涂

用刮刀进行手工涂装以制得厚涂膜的一种涂装方法。供刮涂的涂料有各种厚浆涂料和腻子。

16.2　典型涂覆方法——喷涂

如前述，喷涂的主要分类有空气喷涂：利用压缩空气将涂料雾化的喷涂方法；高压无气喷涂：采用增压泵将涂料增至高压，通过很细的喷孔喷出使涂料形成扇形雾状；低流量中等压力喷涂：涂料雾化所使用的压缩空气是超低压及大风量的一种新型涂装。

16.2.1 静电喷涂

在接地工件和喷枪之间加上直流高压，就会产生一个静电场，带电的涂料微粒喷到工件上时，经过相互碰撞均匀地沉积在工件表面，那些散落在工件附近的涂料微粒仍处在静电场的作用范围内，它会环绕在工件的四周，这样就喷涂到了工件所有的表面上。其原理是，喷涂时喷枪接负极，零件接正极，枪头与零件之间形成了静电场，当电压足够高时，枪头附近区域内的空气产生强烈电晕放电，形成了气体电离区域，涂料经喷枪喷嘴雾化后喷出，被雾化的涂料微粒通过喷头边缘或喷嘴处的极针接触带电，当经过气体电离区域时再次带电，附着并沉积在零件表面上，形成均匀的涂膜（图 16.1）。

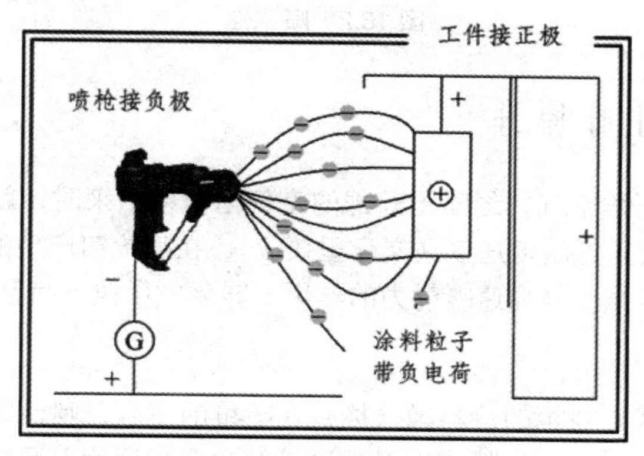

图 16.1 静电喷涂示意图

16.2.2 空气喷涂

空气喷涂是靠压缩空气气流使涂料出口产生负压，涂料自动流出，同时在压缩空气气流的冲击混合下被充分雾化，漆雾在气流推动下朝工件表面运动并沉积下来的涂覆方法。

16.2.2.1 空气喷涂的设备

空气喷涂就是利用空气压缩机产生的压缩空气流，迫使涂料从喷枪的喷嘴中喷出并沉积在被涂物体表面。空气喷涂设备主要由空气压缩机、油水分离器、涂料输送胶管和高压空气输送管、喷枪组成。

（1）空气压缩机主要用来提供压缩空气。压缩机的容量应根据喷枪的空气消耗量来确定。空气压缩机应能保证在喷涂过程中，压力维持在 0.35～0.6 MPa（3.5～6 atm）。在使用过程中，要经常将压缩空气筒中的水和油放干净，以保证空气的洁净。

（2）油水分离器。进一步除去空气中的水和油。油和水对溶剂型涂料的喷涂有很大的影响，必须除去，以保持压缩空气的干燥和无尘。

（3）涂料输送胶管和高压空气输送管。输送涂料和空气。

（4）喷枪。使涂料雾化。这是空气喷涂的关键设备。喷枪也有不同的类型，有吸上式喷枪、重力式喷枪、压送式喷枪等。如图 16.2 所示。

（a）吸上式喷枪

（b）重力式喷枪

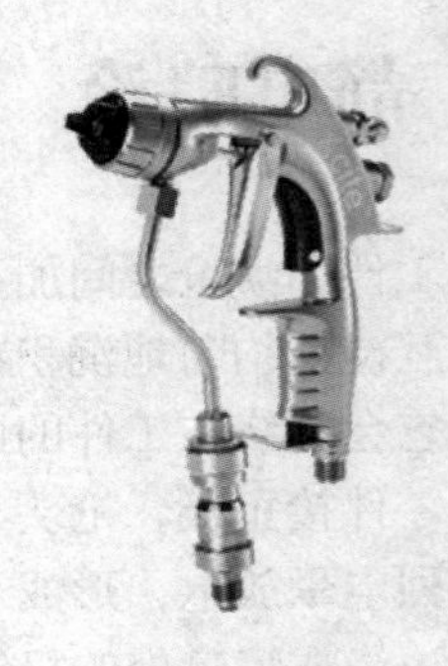

（c）压送式喷枪

图 16.2　喷　枪

16.2.2.2　喷枪的工作原理

在空气压缩机里的压缩空气，经喷枪前部的空气帽喷射出来时，就在与之相连的涂料喷嘴的前部产生了一个比大气压低的低压区（文丘里效应）。在喷枪口产生的这个压力差把涂料从涂料储罐中吸出来，并在压缩空气高速喷射力的作用下雾化成微粒，喷洒在被涂物表面。

1．喷枪的分类

（1）吸上式（虹吸式）喷枪的涂料罐（杯）在喷枪的下方，喷涂时靠高速气流在喷嘴处产生的负压吸上涂料并使之雾化。涂料流出量受涂料的黏度和密度以及喷嘴直径大小的影响。大口径喷枪流出量多，但如果空气压力不够，涂料的雾化效果会不好。盛涂料的杯子容量在 1 L 左右，适合于小批量非连续喷涂，如汽车的修补、家具涂装等。在同样的条件及涂料流量要求下，虹吸式喷枪的喷嘴口径要比重力式喷枪的大。

（2）重力式喷枪的涂料罐（杯）在喷枪的上方，喷涂时涂料靠自身的重力流到喷嘴，还兼有高速气流产生的负压作用。因此，涂料的喷出量比吸上式喷枪大。喷枪的涂料罐容积比吸上式小，一般为 250～500 mL。优点是喷涂量少，但清洗方便，换色容易。如与高位槽连接，可以满足大量喷涂作业。

（3）压送式喷枪靠涂料泵把涂料加压输送到喷嘴处，再在高速气流在喷嘴处产生的负压作用下将涂料雾化。压送式喷枪轻巧灵活，涂料的流出量可以由涂料压力调整，并可供多把喷枪同时喷涂，能满足大批量连续喷涂要求。由于涂料是压送出来的，而且可通过施加不同的压力调节涂料流量，一般选用的喷嘴口径比上述两类喷枪更小。

喷枪除了上述几种外，还有长枪头喷枪、长柄喷枪、无雾喷枪、自动喷枪等，可以满足各种不同要求的喷涂形式。

2．喷枪的结构

典型喷枪的主要零件包括气帽、喷嘴、针阀、扳机、气流控制钮、气阀、扇形调节钮（模式控制钮）和手柄。气帽把压缩空气流吸上来的油漆雾化并形成一定形状。空气喷口有三个，中央喷口、侧喷口和辅助喷口，如图 16.3 所示。辅助喷口喷出空气量的多少与油漆雾化好坏有关。

喷枪前部空气帽、涂料喷嘴及针阀三部分，是决定喷枪生命的主要部分，其解剖侧面图如图 16.4。涂料嘴与针阀要求耐久，空气帽要求有稳定的喷雾式样与微粒化，中心空气孔是供吸引涂料及涂料微粒化作用，侧面的空气孔则调节喷雾宽幅之大小。辅助空气孔是将中心孔与侧面孔的喷流良好平衡、冲击、合流、促进微粒子化，并且整理喷雾式样等重要作用。

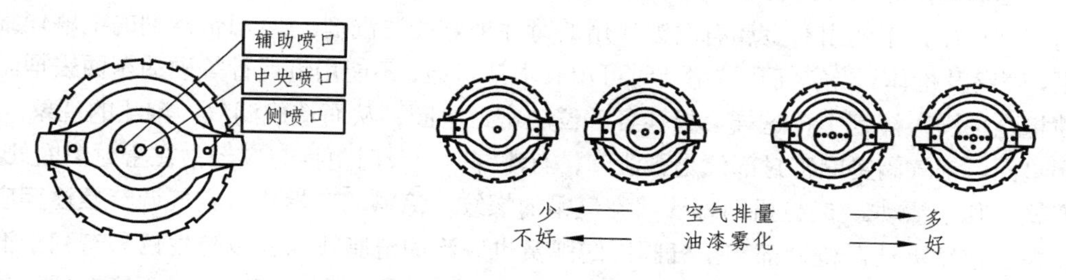

图 16.3 喷枪前部示意图

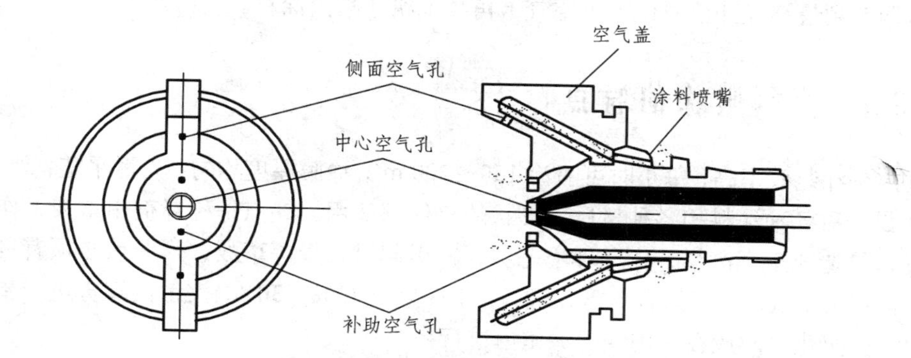

图 16.4 喷枪侧面解剖示意图

3. 喷枪的调节

主要是出气量与出油漆量和喷幅的调节。出气量与出油漆量是两个相互关联的因素，出气量小，不能使涂料充分雾化，涂料以液滴形式洒落，会导致涂膜不能流平。出气量过大，会使涂料过度雾化，从而使涂料中保留的溶剂过少，导致涂料在洒落到被涂物表面时已经是干颗粒，根本不能流平，得到的涂膜发毛。合适的出气量和出漆量，能让涂料均匀涂布于物体表面，形成的涂膜平整光滑。空气雾化压力越大，油漆雾化越干，发毛，发花，严重时出现颗粒，雾化压力与出油量成比例，一般油漆的雾化压力在 0.3～0.4 MPa 之间。

喷枪的调整，主要通过观察喷嘴处涂料的雾化情况和扇形面的大小以及气体流动的声音来决定。

4. 喷枪的使用

右手握紧喷枪，喷嘴离喷涂面 20 cm 并垂直于喷涂面，喷枪的移动速度在 30～60 cm/s 之间，并沿直线方向移动。喷枪移动时中途不能停留，否则会造成流挂；移动速度不能太慢或太快，太快会露底，太慢也会流挂。第一枪要正对喷涂面的边缘，当喷枪移动到另一端时，要立即回转不能停留。第二枪的雾面中心正对第一枪的边缘或第二枪的雾面要能遮盖第一枪的 1/3 左右。移动喷枪要靠手臂而不能靠手腕。手臂能保持喷枪与喷涂面始终垂直，手腕会使喷枪作弧形运动，从而导致喷涂不均匀。喷涂时通常是从左到右，再从右到左；从上到下再由下到上；先边角后平面再边角；先内后外，先难后易反复喷涂。一般情况下喷涂两遍能满足涂装要求，每遍之间间隔 8～15 min。

此外，还要注意喷枪离工件太近也会使油漆雾化不开，严重色差，油漆堆积。喷枪离工件太远，油漆喷涂太干，发毛，发花，严重时出现颗粒。喷涂底漆时，喷枪与工件保持 10～15 cm。

5. **喷枪的维护**

在喷枪的使用和保养过程中，喷枪的维护非常重要，主要包括以下几点：① 喷枪使用后应立即用溶剂洗净，不能用对金属有腐蚀作用的苛性钠碱性清洗剂。② 用带溶剂的毛刷仔细洗净空气帽、喷嘴及枪体。当空气孔被堵塞时可用软木针疏通，不能用钉或针等硬的东西去捅。③ 不能将喷枪全部浸入溶剂中，这样会损坏各部位的密封垫圈，从而造成漏气、漏漆的现象。④ 检查针阀垫圈、空气阀垫圈密封部位是否泄漏，有泄漏时应及时更换。应经常在密封垫圈处涂油，使其变软，利于活动。⑤ 枪机的螺栓、空气帽的螺纹，涂料调节螺栓、空气调节螺栓等应经常涂油，保证活动灵活。枪针部和空气阀部的弹簧也应涂润滑脂或油，以防生锈和有利于滑动。⑥ 在卸装喷枪时应注意各锥形部位不应粘有垃圾和涂料，空气帽和喷嘴绝对不应有任何损伤，组装后调节到最初轻开枪时仅喷出空气，再扣枪机才喷出涂料。

16.2.2.3 空气喷涂的特点

优点是涂装效率高，每小时可喷涂 150～200 m^3，涂膜厚度均匀、光滑平整，外观装饰性好，适应性强，对各种涂料和各种材质、形状的工件都适用。缺点是稀释剂用量大，作业时溶剂大量挥发，易造成空气污染，作业环境恶劣，易引起燃、爆等事故，作业点必须有良好的通风设施；涂料利用率低，一般只有 50%～60%，小件只有 15%～30%，飞散的漆雾进一步造成作业环境恶化，大量生产时应在专门的喷漆室内进行。

16.2.2.4 空气喷涂的工艺参数

主要有温度、湿度、喷涂压力、喷涂距离、空气无尘。温度一般控制在 (20±5) ℃，湿度控制在 60%±5%，压力控制在（0.6±0.05）MPa，喷涂距离在 15～20 cm，涂料黏度应调在 17～22 s（涂 4-杯），空气中微尘颗粒大于 10 μm 以上，99%的要去除。当然，各个生产厂家也要根据自己的实际情况和喷涂工的经验控制喷涂参数。

其他涂装方法，可以参阅专门的涂装书籍。

16.3 涂装前表面处理

16.3.1 涂装前表面处理的目的

保证和提高涂层的防护性能；增强涂层对物体表面的附着力；创造合适的表面粗糙度；增强涂层与底材的配套性和相容性。

涂装前表面处理的必要性：在被涂物体表面，可能有各种因素导致涂膜与物体的附着力不良，这会引起涂膜的性能下降，起不到涂料的基本作用；甚至会引起整片涂膜的剥离或脱落。这些因素可能是由被涂物体本身的性质造成的，如不同的金属材质与不同的涂料之间的附着力会有很大的差异，塑料也如此；材料表面可能有油脂、污垢、锈蚀物、氧化物、旧涂膜等。

16.3.2 涂装前表面处理的方法

根据材质不同，表面处理的方法是不一样的。金属材料的表面处理有除油、除锈、磷化、氧化、表面调整和钝化。塑料表面处理方法有物理方法，主要是溶剂腐蚀，可使材料表面多孔粗化，但必须立即涂装，也可用强碱腐蚀或打磨使塑料表面粗孔化；化学方法是用铬酸氧化塑料表面，使其产生很多的极性基团，从而使涂膜附着力改善；还要就是物理化学方法，包括火焰喷射、等离子体处理、紫外线照射、电晕处理等，也会使表面降解粗化，产生极化基团。对于被涂材料表面的具体处理方法，本书不详细介绍。下面仅对金属的表面处理作一简单介绍。

16.3.2.1 钢铁表面处理

钢铁表面常见污物及其来源、对涂层的危害和处理方法见表 16.1，钢铁锈蚀的物理形态和处理方法见表 16.2。钢铁表面脱脂（除油）方法见表 16.3。

表 16.1 钢铁表面常见污物及其来源、对涂层的危害和处理方法

类型	来源	对涂层的危害	处理方法
氧化皮	热加工和热处理	和漆膜一起脱落。高湿高盐或腐蚀介质中影响极大	机械、火焰、酸洗
锈蚀（黄锈）	未保护下使用和储存	促进腐蚀产物在涂层下蔓延，使涂层失去屏蔽性，在高湿时导致涂层和金属早期破坏	机械、手工、酸洗
矿物油，润滑油，动、植物油	储运、加工过程中做防锈、润滑剂	涂层附着力下降至脱落，影响涂料干燥、硬度、光泽、外观	碱洗，火焰
碱及碱性盐	在热处理和加工中采用	使涂层起泡，底漆附着力下降，高湿条件下脱落	水、专用清洗剂冲洗
中性盐	湿处理中采用，或使用硬水	高湿条件涂层易起泡	去离子水或专用清洗剂冲洗并烘干
酸及酸性盐	在潮湿空气中或酸洗不干净	使涂层易起泡，加速金属腐蚀	缩短放置时间，尽快涂漆，用水或清洗剂擦干
砂、灰尘	生产、运输、储存中玷污	影响外观，加速涂层破坏	压缩空气吹净或抹布擦净
铜、锡、铅等高电位金属	焊接、加工过程中玷污	高湿条件下产生接触腐蚀，加速金属在涂层下腐蚀	打磨去除
旧涂层	原有涂层，或临时保护涂层	使附着力和外观变差，涂层不配套时容易脱落、破坏	碱洗，脱漆剂及机械等除去，或有条件保留

表 16.2　锈蚀的物理形态和处理方法

名称	含义及特点	处理方法
浮锈	钢板除锈后放在潮湿空气中 24 h 后形成黄色或淡红色锈蚀	砂纸打磨，钢丝刷除锈，或直接用带锈底漆
漆皮锈	因漆膜失效而生成的较均匀和薄的锈蚀	同上
点锈	腐蚀点直径较小，板厚<5 mm 时，直径<25 mm，板厚>5 mm 时，直径<50 mm 的腐蚀形态	小型机械除锈，针束钢丝刷除锈
层锈	严重锈蚀，生成较厚的片状腐蚀物	大型机械除锈，撞击式小型机械除锈
死硬锈	严重生锈，生成了很厚的片状或块状锈蚀	趁湿时刮铲去大部，其他同上处理
线状锈	经常出现在焊缝边缘部位，为线形坑洼状	喷砂除锈，高压水除锈
圈状锈	经常出现在铆钉周围，往往面积小，数量多	喷砂除锈，高压水除锈

表 16.3　钢铁表面脱脂（除油）方法

除油方法	使用方式	特　点
燃烧法	工件加热到 300～400 °C，使油脂烧掉	可以完全烧除，但表面可能有残碳
喷砂（丸）法	喷砂，喷丸，抛丸	除油除锈一次完成，不适用厚度小的产品
碱液清洗	可浸泡，喷射、滚筒	价格低廉，使用简单；但碱液会影响涂层附着力，矿物油无法除去
乳化法	溶剂和表面活性剂水溶液清洗	可除油污和无机盐，但除不尽树脂化油类和渗入微孔的油污，易起泡沫
溶剂法	冷溶剂清洗	对油污溶解好，注意安全
	蒸气清洗	除油快，效率高，但不能除无机盐和碱类物质
	两相清洗	互不溶解的水和氯烃做溶剂，除油溶性和水溶性污物
超声波清洗	采用超声仪清洗	效率高，适用于精密度高和多孔等几何形状工件的除油；受工件尺寸的限制，有一定的局限性
电解清洗	阴极电解清洗 阳极电解清洗	金属做阳极电解清洗，非铁金属阴极清洗，可获得最清洁的有活性表面

16.3.2.2　金属表面化学转化方法

钢铁等金属表面除油、除锈后，为防止重新生锈，通常要进行化学处理，使钢铁表面生成一层保护膜，起增强涂层和底材附着力的作用，较厚的膜层还能增强防锈性能。常用的表面化学转化方法有氧化、磷化、钝化三种。钝化通常为有色金属表面处理，或者用于较高要求的钢铁表面处理。

1. 金属的氧化

通过化学或电化学的方法，在表面形成一层薄的氧化层，内层为 FeO，外层为 Fe_2O_3 或 Fe_3O_4，根据工艺不同，呈不同颜色，从蓝色至深黑色，厚度一般为 0.5～1.5 μm。

碱液法氧化工艺流程：除油→水洗→酸洗→化学氧化→浸洗→水洗→钝化→水洗→吹干。

钢铁经过氧化后，耐蚀性提高，但防护性较差，需要进一步进行钝化处理，如果不进行涂装使用，需经常涂防锈油保持防锈状态。

2. 金属的磷化

金属经含有锌、锰、镉、铁等磷酸盐的溶液处理后，得到一层不导电、不溶解的磷酸盐薄膜的过程称为磷化。磷化是金属用来大幅度提高耐腐蚀性的一个简单又可靠、价廉的方法，尤其在薄板处理上，几乎都采用磷化处理。磷化除提高金属的耐腐蚀性外，还可起到润滑、减磨的作用。

钢铁磷化工艺：磷化方法主要有浸泡喷淋和涂刷法。磷化工艺一般为：除油→热水洗 →冷水洗→酸洗→冷水洗→中和→水洗→表调→磷化→冷水洗→钝化→冷水洗→去离子水洗→烘干。

3. 金属的钝化

金属和铬酸盐作用生成三价和六价的铬化层的过程称为钝化（铬化）。钢铁钝化一般与磷化层结合，以封闭磷化层的空隙，进一步增强耐腐蚀性。

4. 钢铁表面脱漆方法

（1）脱漆剂除漆法。采用混合有机溶剂或石蜡等增稠剂，涂上物体或将其浸入，利用溶剂对漆膜的溶胀作用，使漆膜脱离物体表面达到脱漆目的。优点是效率高，腐蚀性小，不损坏物体表面，可常温使用；缺点是毒性大，成本高，易燃。

（2）碱液或乳化液除漆法。采用 NaOH 水溶液和乳化剂，配成 15%的溶液。该法成本低，但需加热，耐碱涂料难除去，碱液难除尽，并对附着力有影响。

（3）燃烧法。利用高温使漆膜燃烧碳化达到除漆的目的，成本较低。但烟雾污染环境，对人体有害，会损伤物体表面，使金属变形，只适用于对物体表面要求不高的场合。

（4）机械除漆法。主要利用手工或机械工具打磨，喷砂或高压水等方法，通常与除锈同时进行。

参考文献

[1] 陈士杰．涂料工艺（第一分册）[M]．增订本．北京：化学工业出版社，1994.
[2] 虞兆年．涂料工艺（第二分册）[M]．增订本．北京：化学工业出版社，1996.
[3] 王树强．涂料工艺（第三分册）[M]．增订本．北京：化学工业出版社，1996.
[4] 居滋善．涂料工艺（第四分册）[M]．增订本．北京：化学工业出版社，1994.
[5] 姜英涛．涂料工艺（第五分册）[M]．增订本．北京：化学工业出版社，1992.
[6] 马庆林．涂料工艺（第六分册）[M]．增订本．北京：化学工业出版社，1996.
[7] 战凤昌，李悦良，等．专用涂料[M]．北京：化学工业出版社，1988.
[8] 李桂林．环氧树脂与环氧涂料[M]．北京：化学工业出版社，2003.
[9] 钱逢麟，竺玉书．涂料助剂——品种和性能手册[M]．北京：化学工业出版社，1990.
[10] 姜英涛．涂料基础[M]．北京：化学工业出版社，1997.
[11] 虞兆年．防腐蚀涂料和涂装[M]．北京：化学工业出版社，1994.
[12] 李绍雄，朱吕民．聚氨酯树脂[M]．南京：江苏科学技术出版社，1992.
[13] 闫福安．水性树脂与水性涂料[M]．北京：化学工业出版社，2010.
[14] 朱骥良，吴申年．颜料工艺学[M]．2 版．北京：化学工业出版社，2002.
[15] 庞启财．防腐蚀涂料涂装和质量控制[M]．北京：化学工业出版社，2003.
[16] 张鹏，王兆华．丙烯酸树脂防腐蚀涂料及应用[M]．北京：化学工业出版社，2003.
[17] 林安，周苗银．功能性防腐蚀涂料及应用[M]．北京：化学工业出版社，2004.
[18] 管从胜，王威强．氟树脂涂料及应用[M]．北京：化学工业出版社，2004.
[19] 刘娅莉，徐龙贵．聚氨酯树脂防腐蚀涂料及应用[M]．北京：化学工业出版社，2006.
[20] 武利民．涂料技术基础[M]．北京：化学工业出版社，1999.
[21] 张学民．涂装工艺学[M]．2 版．北京：化学工业出版社，2008.
[22] 刘宪文．电泳涂料与涂装[M]．北京：化学工业出版社，2007.
[23] 林尚安，陆耘，梁兆熙．高分子化学[M]．北京：科学出版社，1982.
[24] 洪啸吟，冯汉保．涂料化学[M]．2 版．北京：科学出版社，2005.
[25] 张帮华，朱常英，郭天瑛．近代高分子科学[M]．北京：化学工业出版社，2006.
[26] 魏无际，俞强，催益华，等．高分子化学与物理基础[M]．北京：化学工业出版社，2005.
[27] 马德柱，何平笙，徐种德，等．高聚物的结构与性能[M]．2 版．北京：科学出版社，1995.
[28] 周强，金祝年．涂料化学[M]．北京：化学工业出版社，2009.
[29] 刘志刚，张巨生·涂料制备——原理·配方·工艺[M]．北京：化学工业出版社，2011.
[30] [美]巴顿 T C．涂料流动和颜料分散[M]．2 版．郭隽奎，王长卓，译．北京：化学工业出版社，1988.
[31] 唐军，寇辉，张旭，等．VOC 与涂料配方及性能的关系[J]．中国涂料，2004，43（6）.
[32] 周芳，蓝桂美，胡居花，等．环氧模塑料玻璃化温度 T_g 的测定方法及其影响因素[J]．电子工业专用设备，2009（7）.

[33] 蒋钧荣．国内外环氧树脂发展概况[J]．热固性树脂，2002，17(4)．
[34] 钟国鸣，陈纪文．防止涂料腐蚀的电化学检验方法[J]．广东科技，2009（5）．
[35] 苏海瑛．丙烯酸金属闪光漆的研制[J]．涂料工业，2000（2）．
[36] 沈业文，肖亚平．汽车水性金属闪光漆的研究及发展[J]．化工时刊，2008，22（11）．
[37] 孙争光，朱杰，黄世强．有机硅涂料研究进展[J]．有机硅材料，2000，14（4）．
[38] 欧阳振图．醋酸纤维素酯在涂料中的应用[J]．广东化工，2003（6）．
[39] 王玲，胡世伟，云高杰，等．环氧树脂降解与稳定化研究进展[J]．热固性树脂，2009，24（3）．
[40] 钱伯容．涂料配方设计的要点及方法[J]．涂料技术与文摘，2010（7）．
[41] 王志军．流平剂[J]．涂料技术与文摘，2009，30（7）．
[42] 王利民．消泡剂的分类与应用技术[J]．中国洗涤用品工业，2009（3）．
[43] 缪建明．有机颜料概况及应用性能[J]．涂料工业，2004，34（9）．
[44] 马振彦，李文双．聚三氟氯乙烯的性能与应用[J]．有机氟工业，2005，11（4）．
[45] 钱伯容．金属闪光漆中效应颜料的取向机理及解决途径[J]．涂料文摘，1996，30（2）．
[46] 唐国风．氨基丙烯酸金属闪光漆的生产工艺试验[J]．涂料工业，2000，30（6）．
[47] 陈东初．刘娅莉，聂庆节，等．涂料溶剂配方的设计[J]．涂料工业，2000，30（10）．
[48] 夏正斌．涂伟萍，杨卓如，等．涂料中溶剂的选择[J]．涂料工业，2000，30（5）．
[49] 钱伯容．非浮型铝粉及珠光颜料在闪光漆中的应用[J]．涂料技术，1997（3）．
[50] 钱莉敏．云母珠光漆及其在高级轿车的应用[J]．涂料技术，1997（3）．
[51] 郎允祥．浅析珠光漆的珠光效果[J]．涂料工业，2001，31（5）．
[52] 华捷．涂料用溶剂的选用和开发[J]．中国涂料，1987（4）．
[53] 刘波．现代汽车金属闪光漆的应用及发展趋势[J]．化工科技市场，2000，30（9）．
[54] 童凤华．涂料研磨细度的判定及注意事项[J]．涂料工业，2001，31（7）．
[55] 张金山．汽车面漆缩孔成因的理论浅析及其排除方法[J]．涂料工业，1997，27（1）．
[56] 朱万强．炭黑研磨分散工艺研究[J]．涂料工业，1999，29（2）．
[57] 柯跃虎，杨卓如．阴极电泳涂料的现状及发展趋势[J]．电镀与涂饰，2003，22（1）．
[58] 蒋卓君．氟树脂涂料．http：//www．wcoat．com/club/．
[59] 南仁植．粉末涂料涂装工艺（Ⅰ）[J]．现代涂料与涂装，1997（4）．
[60] 南仁植．粉末涂料涂装工艺（Ⅱ～Ⅳ）[J]．现代涂料与涂装，1998（1～3）．
[61] 张华东．粉末涂料与涂装发展简史[J]．涂装与电镀，2007（5）．
[62] 张桂英，韩文礼．玻璃鳞片防腐涂料技术[J]．石油工程建设，1991（5）．
[63] 秦国治，王顺．富锌涂料综述[J]．化工设备与防腐，2001（5）．
[64] 李焱．富锌涂料的防腐原理及相关研究进展．http: //www. dpwang. com．
[65] 王军，殷宪霞，柳维成．我国工业防腐涂料及涂装的现状与发展[J]．全面腐蚀控制，2010，24（5）．
[66] 蒋德强，马想生，丁屹．防腐蚀涂料的性能与选择[J]．化工设计，2003，13（3）．
[67] 肖伟，刘勇．丙烯酸粉末涂料的特性及其应用体系[J]．表面技术，2001，30（3）．
[68] 王萃萃，王秋梅，张海龙，等．聚氨酯粉末涂料概论[J]．中国涂料，2010，25（1）．
[69] 孙书静．粉末涂料用环氧树脂的合成研究[J]，现代涂料与涂装，2009，12（7）．
[70] 周韬，徐晓峰．聚酯树脂和粉末涂料[J]．上海涂料，2001（3）．

[71] 戴军，陆惠琴．聚酰胺 11 固体粉末涂料[J]．汽车工艺与材料，2004（11）．
[72] 侣庆法，范晓东，秦华宇．丙烯酸粉末涂料研究进展[J]．涂料工业，2002，32（3）．
[73] 秦传香，杨静．丙烯酸粉末涂料的研究及发展前景[J]．化工新型材料，2004，32（6）．
[74] 郑亚萍，刘冰，但铭伟．丙烯酸粉末涂料的研究进展[J]．现代涂料与涂装，2002，5（4）．
[75] 杨保平，王文忠，崔锦峰，等．EB 固化涂料[J]．现代涂料与涂装，2002，7（3）．
[76] 余丰，范继贤，何典，等，紫外光固化涂料的应用及发展[J]．上海涂料，2006，44（10）．
[77] 戴信友．光固化涂料[J]．上海涂料，1999，34（3）．
[78] 潘祖仁．高分子化学 [M]．3 版．北京：化学工业出版社，2003．
[79] 童国忠．现代涂料仪器分析[M]．北京：化学工业出版社，2006．
[80] 陈燕舞．涂料分析与检测[M]．北京：化学工业出版社，2009．
[81] 虞莹莹．涂料工业用检验方法与仪器大全[M]．北京：化学工业出版社，2007．